最新 計算機概論

陳德來——著
數位新知——策劃

五南圖書出版公司 印行

序

本書專爲商管學群量身訂做，涵蓋計算機概論、最新科技及資訊新知，清楚的章節架構和圖文內容，方便學習者迅速掌握計算機概論核心。精彩篇幅包括：

- 電腦的演進與發展
- 電腦資料表示法與數字系統
- 電腦硬體世界
- 電腦軟體與作業系統
- 多媒體概說
- 現代資訊管理
- 通訊網路基礎入門
- 無線通訊網路
- 網際網路與Web生活應用
- 雲端運算與Google雲端服務
- 物聯網、大數據與人工智慧
- 網路安全的認識與防範
- 電子商務的無限商機
- 網路倫理與相關法律議題
- Word文件教學入門

- Excel試算表快速上手
- PowerPoint簡報製作

另外，在各章中安排了課後習題，方便老師指派作業或驗收學習成果。因此，本書是一本非常適合作爲商管計算機概論相關課程的教材。雖然本書校稿過程力求無誤，唯恐有疏漏，還望各位先進不吝指教！

目錄

第一章

電腦的演進與發展

自動化工廠與現代保全系統的運作都必須仰賴電腦

電腦堪稱是20世紀以來人類最偉大的發明之一，對於人類的影響更甚於工業革命所帶來的衝擊。電腦（computer），或者有人稱爲計算機（calculator），是一種具備了資料處理與計算的電子化設備隨著電腦時代的快速來臨，各行各業都大量使用電腦來提高工作效率及更方便的服務，無論各位是汽車修護工、醫生、老師、電台記者或是太空梭的飛行員，電腦成爲今天現代人工作中不可或缺的一員。

太空梭的運作也必須依靠電腦

1-1 電腦的能力

自從21世紀以來，隨著電腦與網路的蓬勃發展，帶動了人類有史一來最大規模的資訊與社會革命。這種史無前例的高速成長，不但實現了全球資訊的廣泛交流，也全面影響了人類的生活型態。由於新硬體與作業系統的推陳出新，讓電腦的使用更爲方便簡單，舉凡食、衣、住、行、育、樂等方面，無一不受惠於電腦科技的快速發展與應用。電腦在現代社會中，爲何會有如此舉足輕重的地位，應該與它具備的四項功能密不可分。

1-1-1 精確計算能力

早期的數學家必須花上數年的時間才能計算出圓周率π小數點後數百個精確位數，但是今天的電腦只要花上不到數秒鐘的時間，就可以計算到小數點後數百萬位，甚至於數千萬位以上。例如應用在飛機上以電腦爲運作中樞的自動駕駛系統，藉著電腦精確且快速的運算，迅速感知所有天候狀況，並可以配合人造衛星，協助駕駛人員來操控飛機。

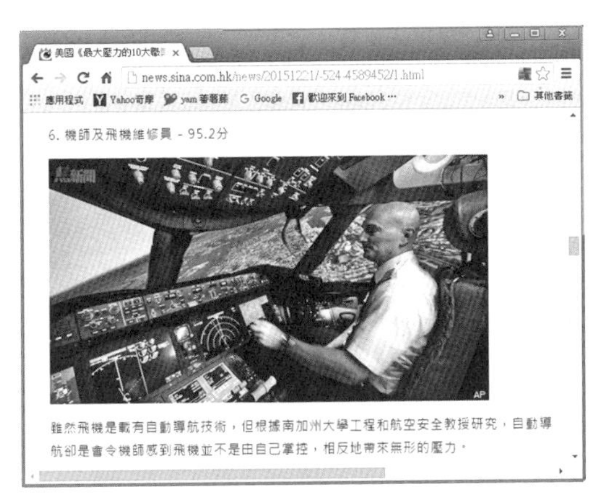

飛機上的自動駕駛系統能夠相當精確控制飛行

1-1-2 快速執行能力

現代電腦的快速執行能力已經遠遠超越過去人類所能想像，因此也造就了電腦應用的無限想像空間，例如過去南亞大海嘯發生時，美國國家海洋大氣總署（NOAA）的研究人員就透過人造衛星所收集的資訊與內部的超級電腦，迅速計算與分析出大海嘯的規模、方向、速度、形成原因與未來可能變化，並立刻提供給世界各國作爲防災參考。

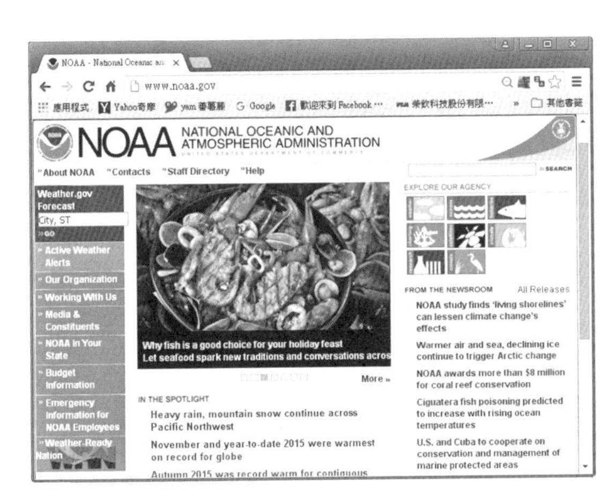

NOAA利用電腦來即時分析全球天候

1-1-3 大量儲存能力

電腦的記憶單元除了本身的主記憶體外，還包含了許多不同的輔助媒介來儲存資料，例如磁帶、軟碟、硬碟與光碟等。隨著儲存媒體技術的快速進步，一種能將常用的文件或資料隨身攜帶隨身碟或硬碟，儲存容量甚至可達數十TB，價格也只要數千元。目前網路的雲端運算平台，每天是以數quintillion（百萬的三次方）位元組的增加量來擴增，就以目前相當流行的Facebook爲例，能夠記錄下每一位好友的資料、動態消息、按讚、打卡、分享、狀態及新增圖片，就是因爲現在電腦儲存技術已大爲進步。

Facebook每天要處理與儲存的資料量相當驚人

Tips

為了讓各位實際了解資料儲存單位，我們整理了下表，提供給各位作為參考：

1 Kilobyte（仟位元組）=1000 Bytes

1 Megabyte=1000 Kilobytes=1000^2 Kilobytes

1 Gigabyte=1000 Megabytes=1000^3 Kilobytes

1 Terabyte=1000 Gigabytes=1000^4 Kilobytes

1 Petabyte=1000 Terabytes=1000^5 Kilobytes

1 Exabyte=1000 Petabytes=1000^6 Kilobytes

1 Zettabyte=1000 Exabytes=1000^7 Kilobytes

1 Yottabyte=1000 Zettabytes=1000^8 Kilobytes

1-1-4 網路通訊能力

在21世紀的今天，電腦與網路的緊密結合，稱的上是如虎添翼，未來的最前瞻產業就是電腦結合通訊的產業，是實現人類整合寬頻網際網路與無線通訊的夢想。網路（network）可將兩台以上的電腦連結起來，即使相距太平洋兩端的使用者也能隨時進行溝通、交換資訊與分享資源。電腦在通訊上的應用與3C（資訊、通訊、視訊）技術密不可分，例如「視訊會議」（Video Conference）是將相隔兩地的會議室，經由影像、語音等輸出入設備以及電信網路的連結，使得與會的雙方人員能夠如同在同一間會議室，即時進行資訊交換與意見溝通的一種服務，可以輕鬆為您省下大量的交通及時間成本。

圖片來源：http://itcfax.com/product.htm

1-2 電腦與現代生活

現代人對於電腦的相關產品，從驚爲天人般的摸索與嘗試，到今天正如追求流行時尚般，徹底改變了每一個人對於工作、休閒、學習、表達想法與花錢的方式。我們就來看看現代人的生活中，到底有哪些地方深受電腦的影響。

1-2-1 居家生活

「智慧性家電」（Information Appliance）是從電腦、通訊、消費性電子產品3C領域匯集而來，是一種可以做資料雙向交流與智慧判斷並做適當應用。目前較能夠看到的是電腦與通訊的互相結合，未來所有家電都會整合在智慧型家庭網路內，並藉由管理平台連結外部廣域網路服務。例如最近日本推出了一款FUZZY智慧型衣機，就是依據所洗衣物的纖維成分，來決定水量和清潔劑的多寡及作業時間長短。

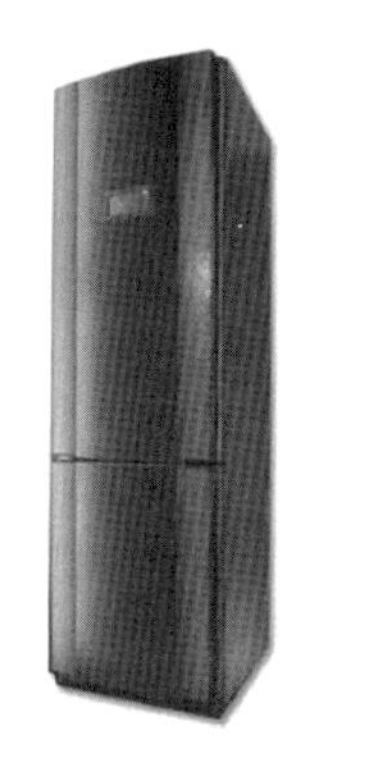

智慧型冰箱與洗衣機

1-2-2 職場技能

在某些特殊職場技能訓練課程或實驗中，往往需要耗費大量金錢，或在執行過程中有安全上顧慮，而無法經常性實施。不過拜電腦科技發展之賜，現今能夠利用3D電腦技術或虛擬實境（Virtual Reality, VR）技術，來模擬這些訓練或實驗的過程。例如以電腦 3D 視覺效果及虛擬實境技術來重現飛行軌跡與環境，使接受訓練的飛行員能有機會作出正確反應，可應用於軍機作戰、民航機飛行教學與太空飛行訓練等。

飛行模擬訓練的應用

至於最新式現代化的工廠生產線在透過「電腦輔助設計」（Computer Aided Design, CAD）與「電腦輔助製造」（Computer Aided Manufacturing, CAM）軟體的協助，不但設計者可以大量應用於模具開發、板金設計、造形設計、動態模擬等作業，更可以設計橋梁、房屋、隧道、大廈。

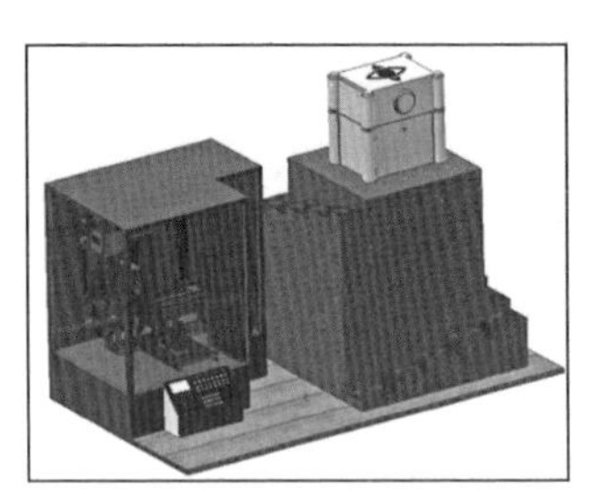

CAD設計的精彩成果

圖片來源：http://brand.autodesk.com.tw

1-2-3 數位學習

現代教育環境因為電腦與網路技術的蓬勃發展，使得學校行政效率提高、教學方式多元化，並提供了更豐富的教學資源與內容。「數位學習」（e-Learning）則是指在網際網路上建立一個方便的學習環境，讓使用者連上網路就可以學習到所需的知識，是一種結合傳統教室與書面教材的新興多媒體學習模式。具體來說，數位學習內容整合了網路通訊、電腦與多媒體技術，從傳統教室的面對面教育方式，轉型成為運用網際網路來提供使用者不受時間和地點限制的學習環境。目前除了廣泛應用於大專院校授課學習與適合大眾終身學習課程之外，也有不少企業藉由導入e-Learning來強化企業的競爭力。

知名的巨匠與臺北e大學習網

http://www.pcschool.tv/　　　　http://elearning.taipei.gov.tw/

1-2-4 生活休閒

在資訊科技逐漸進步的今天，體感互動技術（Motion Sensing Technology）成爲熱門話題，當今的人機互動模式，已從傳統控制器輸入方式，邁向以人爲中心的體感偵測方式，體感科技正是下一波電商發展的革

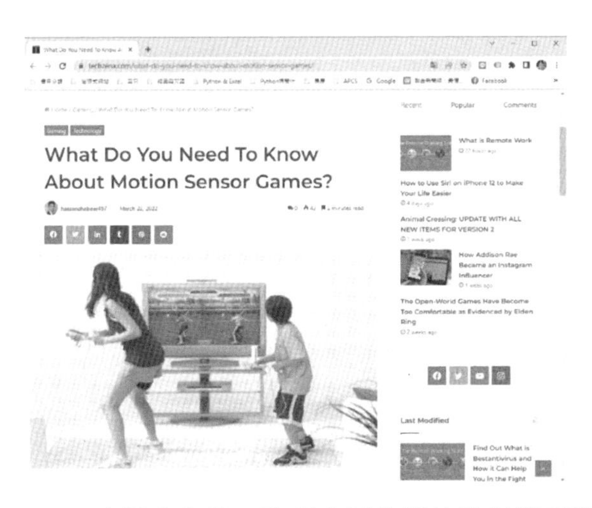

COVID-19疫情宅在家，許多人因此開始使用體感遊戲

命浪頭。近年來許多類比設備開始數位化，新的創作媒介與工具提供了創作者新的思考與可能性，體感設計的產品近年來不斷出現，透過類似各種感測器功能，可讓使用者藉由肢體動作、溫度、壓力、光線等外在變化達到與電腦互動溝通的目的。

「體感科技」是體感模擬、穿戴式裝置等跨域整合的高度創新產業，藉由更自然更精準的人機介面，不僅能創造新應用，例如任天堂Wii、微軟Xbox Kinect、Sony PS5 Move等全新的體感操控方式在遊戲市場陸續推出之後，具備更強大的動態感應功能，也讓玩家能夠隨時、隨地、運用身邊任何可以上網的平台，進入遊戲世界。除了遊戲市場之外，在3C產品、健身運動、電子商務、教育學習、安全監控、家電用品及醫療上都有其應用。體感科技的出現把人們從繁複帶回簡單，根本不需要配戴任何感應的元件，只要透過手勢、身形或聲音，即可和螢幕中的3D立體影像互動。例如語音辨識是人類長久以來的想像創意與渴望，透過語音助理，消費者可以直接說話來訂購商品與操控家電等。

1-3 電腦發展史

電腦今天的成就也不是一天造成，它是經過相當長時間的發展與演進過程。

最早期的構想是源自人類對於計數工具的需求，例如中國人早期發明的算盤，雖然已有加權位數的觀念，不過這還只能算是人力操作的工具。到了17世紀中葉法國數學家巴斯卡（Blaise Pascal）發明了有八個刻度盤的齒輪運作加法器（adder），最多可進行八位數的加法運算，這才眞正進入機械計數的時期。

後來到了18世紀初，堪稱是現代「電腦之父」的英國劍橋大學教授巴貝奇（Charles Babbage）首次發明了可以進行複雜運算的「差分機」（Difference Engine），接著巴貝奇又與他的兒子共同完成了「分析機」

（Analytical Engine），而分析機的構想正是電腦架構的設計雛形，包括了輸入、輸出、處理器、控制單元及儲存裝置等五大部門。不過從眞正具備現代規模的電腦發展技術與組成電子元件角度來看，又可區分爲以下四個演進過程。

1-3-1 第一代電腦──真空管時期（1946～1953年）

在初期的電腦中，由於使用大量的眞空管作爲其記憶體，導致運作時產生大量的熱能，因爲體積龐大的眞空管，這一代的電腦可說是龐然大物，再加上這個時候所使用的電腦語言都是採用0與1組合而成的機器語言，編寫上相當複雜難懂，所以第一代電腦的大部分時間都在維修眞空管或程式除錯中渡過。眞空管的外觀與一般燈泡類似，缺點則是相當耗電，而且眞空管幾乎每15分鐘燒壞一支，使用與修護非常不方便。

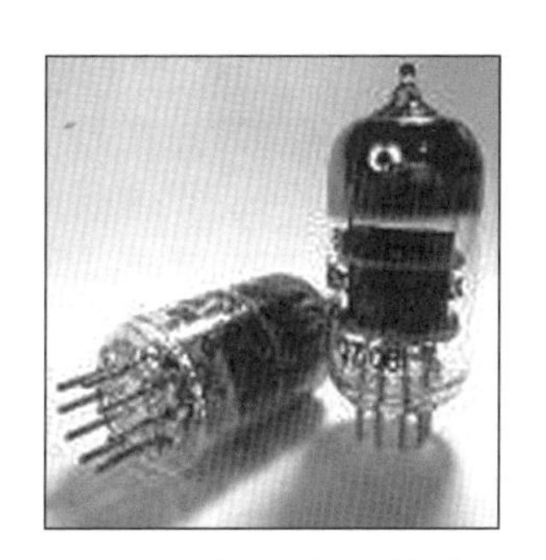

太空梭的運作也必須依靠電腦

1-3-2 第二代電腦──電晶體時期（1954～1964年）

到了1954年，美國貝爾實驗室完成一部以電晶體爲主的第二代電腦（TRADIC），共使用了約800個電晶體，速度以微秒（u sec）爲單位，並且利用磁蕊（Magnetic Core）爲內部記憶單元。與眞空管相比，電晶體大小只有眞空管的二十分之一，具有速度快、散熱佳、穩定性也較高等優點。

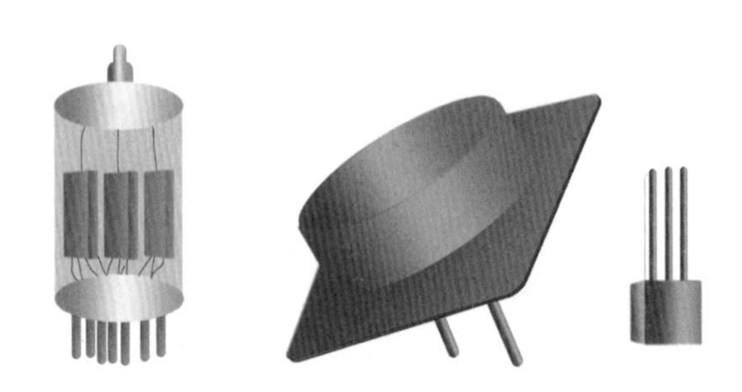

真空管與電晶體外觀比較圖

1-3-3 第三代電腦——積體電路電腦（1966～1972）

積體電路（Integrated Circuit, IC）就是將電路元件，如電阻、二極體、電晶體等濃縮在一個矽晶片上，大小約爲1公厘四方，能傳導電流，內部包含了數百個電子原件，構成一個完整的電子電路。而在1964年，由美國IBM公司使用積體電路設計的IBM SYSTEM-360型電腦推出後，開啓了積體電路電腦的時代。IC的最大好處是體積更小、成本低、穩定性高，速度更幾乎快到以十億分之一秒爲單位。

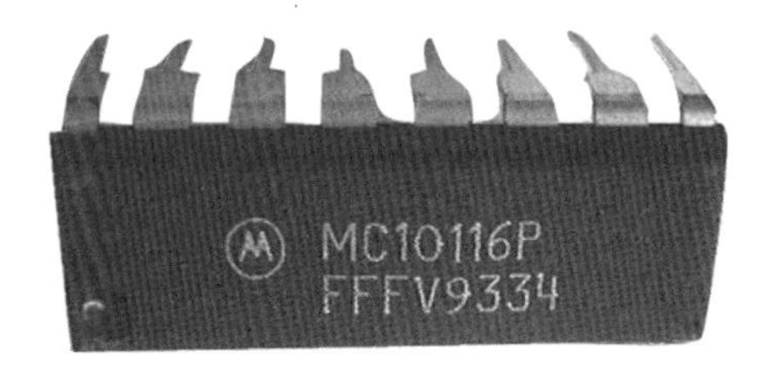

1-3-4 第四代電腦——微處理器時代（1971～2000）

這一代的電腦可以說是延續第三代積體電路電腦，隨著電子工業技術的不斷進步，到了1971年，英特爾公司首次宣布單片4位元微處理器4004試製成功，正式開啓了微處理器與個人電腦蓬勃發展的新時代。所謂微處理器就是指中央處理器（Central Processing Unit，簡稱爲CPU），例如從早期的 8088 CPU至今天的奔騰（Pentium）級CPU電腦，都是微處理器電腦。

Athlon™ XP

英特爾Pentium IV

1-3-5 人工智慧電腦的誕生

過去這半世紀以來，電腦的發展幾乎可以用一日千里來形容，目標是朝向體積小、速度快、儲存容量大、功能多元與價格便宜等方向進行。不過對於未來電腦的可能發展趨勢，許多專家學者提出了「人工智慧」（Artificial Intelligence, AI）的構想。正如微軟亞洲研究院所指出：「未來的電腦必須能夠看、聽、學，並能使用自然語言與人類進行交流。」所謂未來電腦，也就是具有人工智慧的電腦。此類型電腦可與人類交談，並擁有接近人類的智慧、推理能力、邏輯判斷、圖形、語音辨識等能力。

國立海洋生物博物館中具備人工智慧的虛擬水族館

1-4 電腦的種類

從早期一台執行速度只有4.77MHz的個人電腦Apple II，到現在Intel Core i7-3960X等級的執行速度幾乎到了3.3 GHz以上，不止機械效能大幅提升，連其周邊裝置也更爲多元化及先進。如果電腦依照功能、速度、需求與價格等因素，可以大致區分爲五類。畢竟上班族所使用的個人電腦和氣象局裡的超級電腦，無論是在大小、功能與速度，絕對有天壤之別。從廣義的角度來看，電腦可分爲以下五種類型。

Tips

MHz是CPU執行速度（執行頻率）的單位，是指每秒執行百萬次運算，而GHz則是每秒執行10億次。至於電腦常用的時間單位如下：

毫秒（Millisecond, ms）：千分之一秒

微秒（Microsecond, us）：百萬分之一秒

奈秒（Nanosecond, ns）：十億分之一秒

1-4-1超級電腦

「超級電腦」（Super Computer）是一種運行速度最快、功能最強與價格最昂貴的電腦，也就是能夠進行超高速浮點運算的電腦，通常需要建造特殊的空調機房來維護，它的主要用途在於處理超大量的資料，如人口普查、天氣預測報告、人體基因排序、樂透、武器研發等。

超級電腦需要大型機房來安置

超級電腦MDGRAPE-3

1-4-2 大型電腦

大型電腦（Mainframe）是運算速度與規模僅次於超級電腦的電腦類型，體積相當龐大，通常需要整個空房間來容納，多半用於負責航空公司、銀行、圖書館政府機關與大型企業的資訊處理骨幹系統。不過由於90年代開始，個人電腦（PC）功能日漸強大，並成功以低價搶攻市場，逐步取代大型電腦與分食工作站（Workstation）及迷你電腦（Minicomputer）市場。

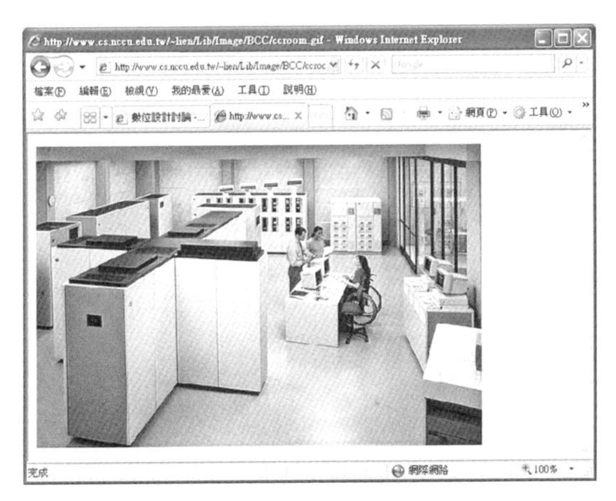

大型電腦運算速度與規模僅次於超級電腦

1-4-3 迷你電腦與工作站

「迷你電腦」（Minicomputer）適用於中小企業或學術機構，迷你電腦的配備比大型電腦略遜一籌，在70年代中期還頗受歡迎，工作站（Workstation）則是特殊專業用途使用的電腦，功能介於個人電腦及迷你電腦之間，價格高出個人電腦許多，常供專業人士使用，例如一般的個人電腦在加裝了專業的3D繪圖卡，或者加裝了極大數量的記憶體之後都可稱之為工作站級個人電腦，功能甚至直逼早期的迷你電腦。

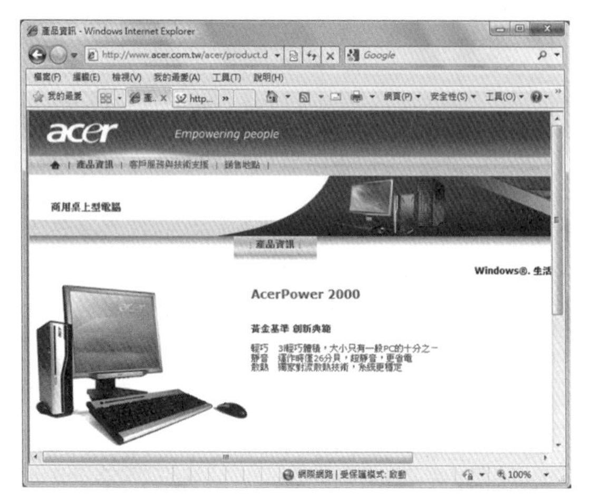

宏碁功能強大的商用桌上型電腦

1-5 個人電腦

個人電腦（Personal Computer, PC）或稱微電腦（Microcomputer）是目前最為普及的電腦，個人電腦的體積愈來愈小，價格也愈來愈便宜，讓一般人士進入資訊化時代的門檻大為降低。PC最早流行是在70年代中期的蘋果家族8位元電腦（Apple II），到了80年代初期，IBM正式推出了以8088微處理器爲主的16位元電腦，此時個人電腦的使用也因此大放異彩，時至今日也陸續推出64位元電腦。

1-5-1 桌上型電腦

桌上型個人電腦是目前使用最普及，眞正融入人們日常生活與工作的電腦，是一般我們在辦公室內所使用的電腦。包含主機、螢幕、鍵盤、滑鼠、喇叭等基本配備。

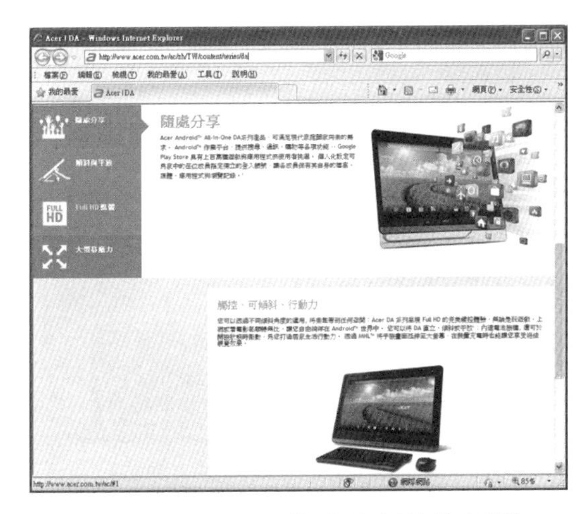

太空梭的運作也必須依靠電腦

Tips

所謂All in one 電腦，就是把將螢幕和主機整合在一起，使主機與螢幕結合的桌上型電腦，具有省電、省空間、富整體造型感。蘋果iMac是最早掀起這股風潮的品牌，目前已經成爲個人電腦的潮流了。

1-5-2 筆記型電腦

隨著網路科技的快速發展，PC使用者開始注重到資料分享與快速傳遞的功能，這時個人電腦的可攜帶性就顯得格外重要。筆記型電腦是迎向行動生活方式的途徑，可以帶著到處遊走，且無論何處都隨時與外界保持聯繫，不過這種電腦的擴充性較低，配備與效能也比桌上型電腦略遜一籌，但機體輕巧耐震、行動力與穩定性高，又具備通訊功能，因此深受商業人士的喜愛。

宏碁出產的筆記型電腦

1-5-3 平板電腦與變形電腦

以 iPad 為首的平板電腦可說是「後PC時代」的代表產品，外型類似平板狀的小型電腦，透過觸控螢幕的概念，取代了滑鼠與鍵盤。平板電腦不但能完成傳統 PC 產品能做的任務，更能真正實踐行動上網與雲端運算服務的新趨勢，稱得上是下一代移動商務PC的代表，提供了接近筆記型電腦的功能，除了可儲存大量電子書外，還可隨時隨地、方便使用者貼身攜帶，而且能接受手寫觸控螢幕輸入或使用者的語音輸入模式來使用。讓學生不要再像從前要像忍者龜一樣，背個大背包上學。

Tips

電子書的出現將出版界延伸到數位的領域。電子書並不是單純的將紙本的圖書數位化或電子化，更擁有許多豐富的超連接影像和文字，尤其在全文檢索方面，最重要的是透過電子書超連接的性質，讀者可以隨心所欲的決定自己的閱讀順序，因此傳統書籍不再占有很多優勢，讀者一次可攜帶數百本以上的書籍，具備傳統紙本書籍無法達到的便利性。

蘋果最新推出的平板電腦：ipad pro

圖片來源：http://www.apple.com/tw/ipad/

近年來隨著行動裝置的快速興起，一種結合桌上型電腦/筆記型電腦/平板電腦，可以拔插組合的或者轉軸式的多合一變形金剛（Transformers）版本，同時兼具了平板的智慧行動力和筆電的高效作業力。顯示螢幕與鍵盤可以分拆與組合，對滿足輕度工作需求並兼顧娛樂體驗的消費者而言，這種變形金剛電腦從2013年起似乎成了個人電腦的主流趨勢之一。例如華碩推出的mer Book T100，整體效能媲美筆記型電腦，只要觸控式螢幕拆卸後，立即可身為平板電腦。

ASUS Transformer Pad TF 300TG

資料來源：華碩網站

1-5-4 智慧型手機

智慧型手機（Smartphone）就是一種運算能力及功能比傳統手機更強的手機，不但規格較高，在傳輸速率較快，多具備能上網的功能，例如最近全球又再次掀起了iPhone 13的搶購熱潮，這款超人氣的蘋果智慧型手機，幾乎在功能上超越一般的桌上型電腦。

蘋果最近推出的iPhone 13手機

圖片來源：http://www.apple.com/tw/

臺灣的知名品牌宏達電（HTC）所研發的智慧型手機也相當獲得消費者的青睞，HTC都是以Andriod系統爲主搭配自家的SENCE介面，這和iPhone所使用蘋果設計的iOS系統不同，優點是使用者對於手機桌面的更換自由度高，機種的選擇很多價格也很廣泛。

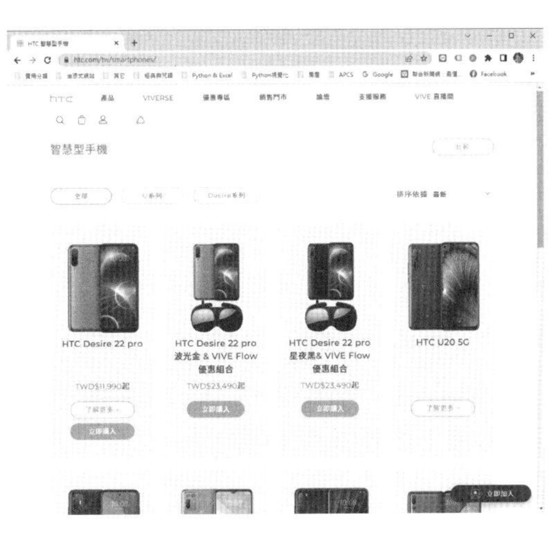

HTC的手機機種多，功能也十分齊全

圖片來源：www.htc.com

【課後評量】

一、選擇題

1. (　　) 被尊稱微電腦之父的人是誰？　(A)巴貝奇　(B)范紐曼　(C)艾可特　(D)巴斯卡

2. (　　) 在傳統建築物中加入通訊設備及照明、防火、防盜等管理機制稱爲　(A)安全型建築　(B)智慧型建築　(C)資訊型建築　(D)警政型建築

3. (　　) 下列何者是電腦科技在「居家安全」方面的應用？　(A)資訊家電　(B)門禁管制　(C)網路購物　(D)理財報稅

4. (　　) CAI 是________的簡稱　(A)電腦輔助設計　(B)電腦輔助教學　(C)電腦輔助工作　(D)電腦輔助學習。

5. (　　) 互動電視服務又稱爲　(A)第四台　(B)電傳視訊　(C)隨選視訊　(D)全球資訊網

6. (　　) 下列何者是財政部推出的便民政策　(A)網路電話　(B)數位ID　(C)電子機票　(D)網路報稅

7. (　　) 所謂CAD就是？　(A)人工智慧　(B)電腦自動化　(C)電腦輔助製造　(D)電腦輔助設計

8. (　　) 下列哪一選項，最適合用來描述「利用網路與媒體來突破空間的限制，將系統化設計的教材傳遞給學習者的教學過程」的概念？　(A)遠距教學　(B)校外教學　(C)模擬教學　(D)電腦教學

9. (　　) 1微秒（microsecond, us）是1奈秒（nanosecond, ns）的______倍長。　(A)100　(B)1000　(C)10　(D)0.001

10. (　　) 使用於手機、錄放影機、微波爐等資訊家電中的電腦是屬於　(A) 嵌入式電腦　(B)微電腦　(C) 超級電腦　(D)大型電腦

11. (　　) 范紐曼（Dr. John Von Neumann）提出________的觀念；資料或程式可以儲存在電腦的記憶體內。 (A)半導體記憶 (B)內儲程式 (C)系統程式 (D)程式編碼
12. (　　) 所謂第四代電腦是以何種電子元件為主要零件 (A)真空管 (B)積體電路 (C)電晶體 (D)超大型積體電路
13. (　　) 對於ENIAC的敘述下列何者錯誤？ (A)美國賓州大學製造完成 (B)屬於第一代電腦 (C)使用積體電路為零件 (D)耗電量大
14. (　　) 我們將電腦分成第一代、第二代、第三代、第四代等，請問劃分的依據為何？ (A)用途 (B)使用之電子元件 (C)功能與速度 (D)發展的年代
15. (　　) 最早發明之第一代電腦，其主要元件為： (A)積體電路 (B) 電晶體 (C)機械 (D)真空管
16. (　　) 下列何者是目前電腦硬體發展的主要技術？ (A)真空管 (B)電晶體 (C)微處理器 (D)超大型積體電路
17. (　　) 世界第一部通用型電子計算機（ENIAC）所採用的基本元件為何？ (A)超大型積體電路 (B)積體電路 (C)電晶體 (D)真空管 (E)齒輪
18. (　　) 下列何者為經常使用在翻譯機、電子錶、行動電話上的特殊用途電腦？ (A)嵌入式電腦（embedded computer） (B)迷你電腦（minicomputer） (C)微電腦（microcomputer） (D)高階電腦（high-end computer）
19. (　　) 將資料數位化，並透過不同的資訊相關設備供人閱讀稱為 (A)電子字典 (B)電子書 (C)CAI (D)多媒體
20. (　　) 所謂的「麥金塔」指的是哪一類型的電腦？ (A)超級電腦 (B)大型電腦 (C)微電腦 (D)嵌入式電腦

二、問答題

1. 您是否可以另外舉出至少三種電腦在生活上的應用？
2. 個人電腦因爲可攜帶性、功能性及品牌區隔，又可分爲以下幾種？
3. 今日電腦具備哪四種特性？
4. 依照功能、速度、需求與價格等因素，可以大致區分爲哪五類？
5. 試簡述未來電腦的特性。
6. 何謂積體電路？積體電路電腦開始於何時？
7. 請說明MHz與GHz的意義。
8. 請簡述「智慧性家電」（Information Appliance）。
9. 請簡述平板電腦（tablet PC）的功能。

第二章

電腦資料表示法與數字系統

由於電腦僅能辨識電路上電流的「通」（ON）與「不通」（OFF），兩種訊號，因此使用「0」或「1」表示電流的脈衝，「0」代表 OFF，「1」代表 ON。所以我們將電腦中所能儲存的最小基本單位（儲存0或1）稱爲1位元（bit），而這種只有「0」與「1」兩種狀態的系統，我們稱爲「二進位系統」（Binary System）。

2-1 資料表示法簡介

電腦所處理的資料相當龐大，因爲一個位元不夠使用，所以又將八個位元組合成一個「位元組」（byte），因爲一個位元有「0」與「1」兩種狀態，一個位元組便有 $2^8 = 256$種狀態。例如一般的英文字母，數字或標點符號（如+、-、A、B、%）都可由一個位元組來表示。電腦中的符號、字元或文字是以「位元組」（byte）爲單位儲存，因此必須逐一轉換成相對應的內碼，然後電腦才能夠明瞭使用者所下達的指令，這就是編碼系統（Encoding System）的由來。

2-1-1 編碼系統簡介

在此種情形下，美國標準協會（ASA）提出了一組以7個位元（Bit）爲基礎的「美國標準資訊交換碼」（American Standard Code for Information Interchange, ASCII）碼，來做為電腦中處理文字的統一編碼方式，也是目前最普便的編碼系統。ASCII採用8 位元表示不同的字元，不過最左邊為核對位元，故實際上僅用到7個位元表示。也就是說ASCII碼最多可以表示$2^7 = 128$個不同的字元，可以表示大小英文字母、數字、符號及各種控制字元。例如ASCII碼的字母「A」編碼為1000001，字母「a」編碼為1100001：

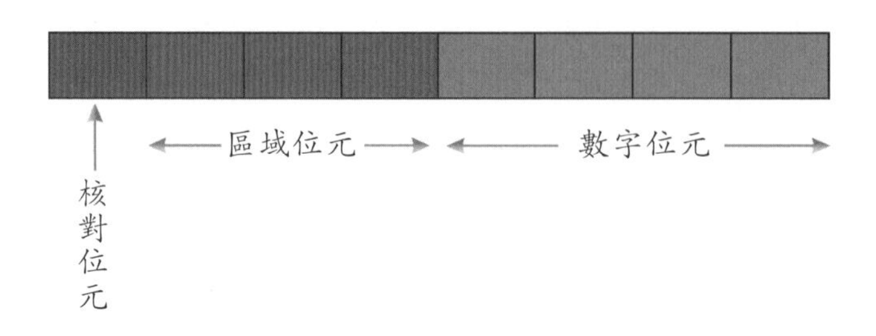

> **Tips**
>
> 所謂電腦中的文數字（Alphanumeric word）資料，則包含數字、字母與特殊符號等。

後來有些電腦系統為了能夠處理更多的字元，將編碼系統擴充到8個位元，與原有的ASCII碼字元集比較之下，新的字元集有更多的圖形字元。例如由IBM所發展的「擴展式BCD碼」（Extended Binary Coded Decimal Interchange Code, EBCDIC），原理乃採用8個位元來表示不同之字元，因此EBCDIC碼最多可表示256個不同字元，比ASCII碼多表示128個字元。例如EBCDIC編碼的'A'編碼11000001，'a'編碼為10000001。如下圖所示：

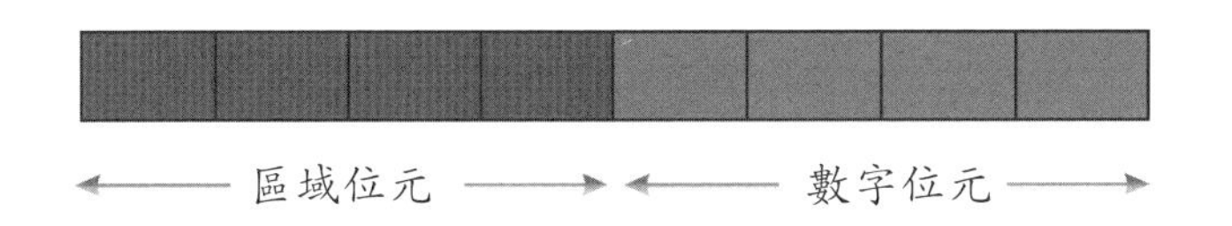

Tips

BCD碼（Binary Coded Decimal）系統是一種以6個位元來表示10進位數，其中2個位元爲區域位元，4個位元爲數字位元，並使用4個二進位數來表示10進位數，共可表示2^6個字元。

■ Big-5碼與GB碼

前面爲各位介紹的ASCII碼、EBCDIC碼都是只適用於英文大小寫字母、數字及特殊符號、換行或列印控制字元等，但是在不同國家、地區所使用的文字也不盡相同。例如各位要使用繁體中文，就必須用中文編碼系統，通常我們在電腦上所看到的繁體中文字，幾乎都是由「Big-5」編碼格式所編定的，是資策會在1985年所公佈的一種中文字編碼系統。它主要是採用兩個字元組成一個中文字的方式來編碼，也就是說一個Big-5碼中文字，占用2個位元組（16Bits）的資料長度，在Big-5碼的字集中包含了5401個常用字、7652個次常用字，以及408個符號字元，可以編出約一萬多個中文碼。不過在中國大陸所使用的簡體中文，卻是採用GB編碼格式。因此如果這些文字內碼無法適當地進行轉換，那麼就會顯示成亂碼的模樣。

2-1-2 Unicode碼

接下來還要特別介紹一種由萬國碼技術委員會（Unicode Technology Consortium, UTC）所制定做爲支援各種國際文字的16位元編碼系統——Unicode碼（或稱萬國碼）。在Unicode碼尚未出現前，並沒有一個編碼系統可以包含所有的字元，例如單單歐州共同體涵蓋的國家，就需要好幾種不同的編碼系統來包括歐洲語系的所有語言，而Unicode碼的最大好處就是對於每一個字元提供了一個跨平台、語言與程式的統一數碼，它的前128個字元和ASCII碼相同目前可支援中文、日文、韓文、希臘文等國語言，同時可代表總數達2^{16} = 65536個字元，因此您有可能在同一份文件上同時看到日文與泰文。Unicode跟其它編碼系統最顯著不同的地方，在於字表所能容納的總字數。

2-2 數值表示法

一般在電腦中的資料，大致可以區分爲文字資料與數值資料兩種。文字資料的表示法在上節中已經說明，接下來要來介紹數值資料。

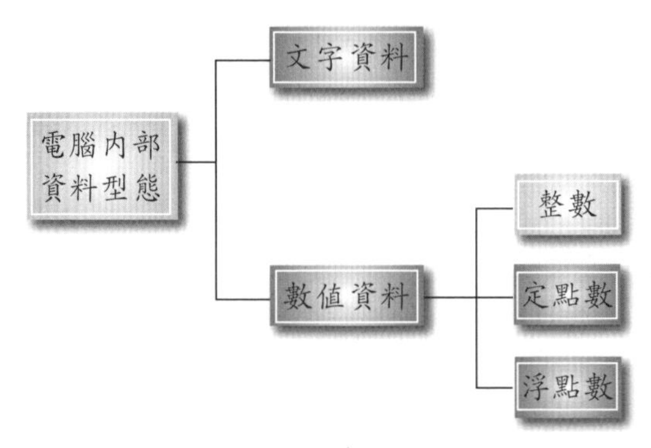

電腦內部資料型態示意圖

2-2-1 整數表示法

對於電腦中的數值資料，使用二進位系統雖然可以正確地表示整數與小數部分，但是僅限於正數部分，而無法表示負數，畢竟電腦內部並無法直接使用「＋」或「－」來表示正、負數。由於負數的表示法會影響電腦運算速度，通常電腦中的負數表示法，多半是利用所謂「補數」的概念。

我們知道整數，就是不帶小數點的數，範圍包括0、正整數、負整數。在電腦系統中只能以固定位數表示數字，所用的位元組（bytes）愈大，儲存位數也會愈大。通常可以區分為「不帶號整數」及「帶號整數」兩種：

■ 不帶號整數

就是正整數，並且儲存時不帶任何符號位元。例如一個正整數是以一個位元組（8 bits）來儲存，則共能表示$2^8 = 256$個數字，且數字範圍為0～255。總結來說，如果某電腦系統是以n位元來表示正整數，則可能表示的有效範圍為$0 \sim 2^n-1$。

■ 帶號整數

可以表示正負整數，必須利用額外的1bit來表示符號位元，符號位元為0表示為正數，如果是1則代表為負數，其他剩下的位元則表示此整數的數值。對於利用n個位元來表示帶號整數的正數範圍為（$0 \sim 2^{n-1}$）。至於負整數的表示，則必須從先從「補數」談起。

所謂「補數」，是指兩個數字加起來等於某特定數（如十進位制即為10）時，則稱該二數互為該特定數的補數。例如3的10補數為7，同理7的10補數為3。對二進位系統而言，則有1補數系統和2補數系統兩種，敘述如下：

■ 1補數系統（1's Complement）

「1補數系統」是指如果兩數之和為1，則此兩數互為1的補數，亦即0和1互為1的補數。也就是說，打算求得二進位數的補數，只需將0變成1，1變成0即可；例如01101010_2的1補數為10010101_2。

CHAPTER 2

■ 2補數系統（2's Complement）

「2補數系統」的作法則是必須事先計算出該數的1補數，再加1即可。

至於談到電腦內部的常用負數表示法，主要是有「帶號大小值法」、「1的補數法」及「2的補數法」三種。分別介紹如下：

■ 帶號大小值法（Sign Magnitude）

如果用N位元表示一個整數，最左邊一位元代表正負號，其餘N-1個位元表示該數值，則此數的變化範圍在$-2^{N-1}-1$～ $+2^{N-1}-1$。如果是以8個位元來表示一個整數，則最大的整數為$(01111111)_2 = 127$，而最小的負數$(11111111)_2 = -127$。

例如±3的表示法：

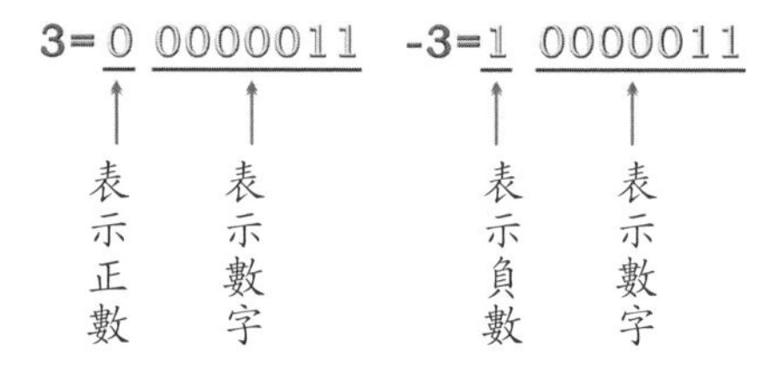

這個方法雖然淺顯易懂，不過使用這種方法會出現$(00000000)_2$與$(10000000)_2$兩種「0」（+0 與-0）表示法，而且電腦內部的ALU（算術及邏輯單位）必須同時具備加法及減法的運算電路，不但成本高，運算速度也慢。

■ 1's 補數法（1's Complement）

最左邊的位元同樣是表示正負號，它的正數的表示法和帶號大小值法完全相同，當表示負數時，由0變成1，而1則變成0，並得到一個二進位字串。例如我們使用8個位元來表示正負整數，那麼$9 = (00001001)_2$，則其「1’s補數」即爲11110110：

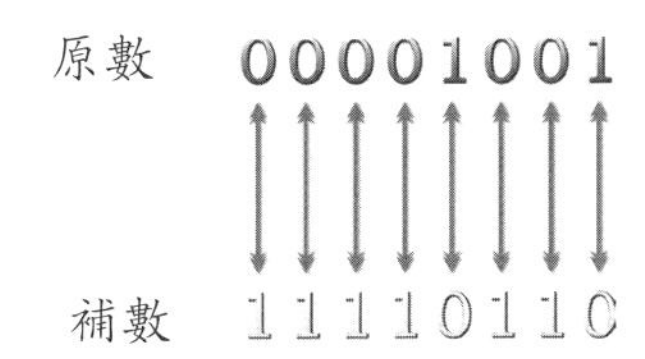

不過這種表示法對於0的表示法還是有兩種，即+0 = $(00000000)_2$，-0 = $(11111111)_2$。

■ 2’s 補數法（2’s Complement）

最左邊的位元還是符號表示位元，正數的表示法則與帶號大小値法相同，但負數的表示法是用1補數法求得，並在最後一位元上加1。基本上，「2's補數法」的做法就是把「1's補數法」加1即可。例如

9 = $(00001001)_2$的「1's補數」爲$(11110110)_2$，其「2’s補數」則爲$(11110111)_2$：

$$
\begin{array}{r}
11110110 \\
+\quad\quad\quad\quad 1 \\
\hline
11110111
\end{array}
$$

使用「2’s 補數法」的處理流程最爲簡單，而且運算上成本最低，至於末端進位，可直接捨去不需要加1，並且0的正負數表示法只有一種，這也是目前電腦所採用的表示法。

2-2-2 定點數表示法

在電腦中的小數表示法可分爲定點數與浮點數表示法兩種。兩者的差別在於小數點的位置，對於正負整數而言，定點數表示法小數點位置固定在右邊，而且不會因爲電腦種類的不同而有差別，例如 16.8、0.2387等。

2-2-3 浮點數表示法

浮點數就是包含小數點的指數型數值表示法，或稱為「科學符號表示法」。而浮點數表示法的小數點位置則取決於精確度及數值而定，另外不同電腦型態的浮點數表示法也有所不同。想要表示電腦內部的浮點數必須先以正規化（Normalized Form）為其優先步驟。假設一數N能化成以下格式：

$N = 0.F*b^e$，其中

F：小數部分

e：指數部分

b：基底

在電腦內部的浮點數表示式，可用下圖來表示：

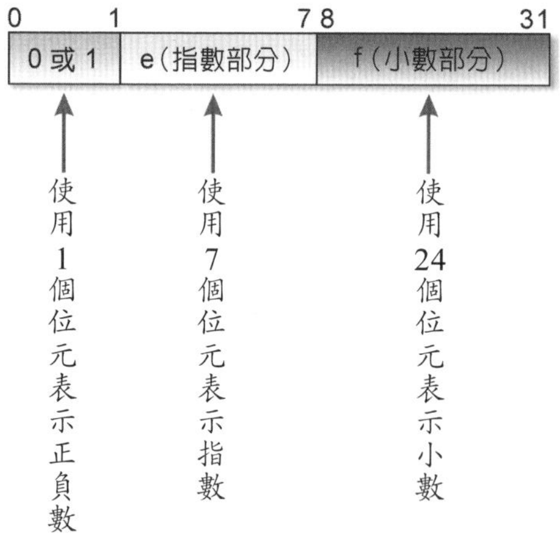

0 或 1 (0)	e（指數部分） (1–7)	f（小數部分） (8–31)
使用1個位元表示正負數	使用7個位元表示指數	使用24個位元表示小數

例如(13.25) = (0.110101)×2^4，存入電腦的儲存格式如下：

0	0000100	11010100000000000000000

2-3 數字系統介紹

人類慣用的數字觀念，通常是以逢十進位的10進位來計量。也就是使用0、1、2、…9十個數字做爲計量的符號，不過在電腦系統中，卻是以0、1所代表的二進位系統爲主，如果這個2進位數很大時，閱讀及書寫上都相當困難。因此爲了更方便起見，又提出了八進位及十六進位系統表示法，請看以下的圖表說明：

數字系統名稱	數字符號	基底
二進位（Binary）	0,1	2
八進位（Octal）	0,1,2,3,4,5,6,7	8
十進位（Decimal）	0,1,2,3,4,5,6,7,8,9	10
十六進位（Hexadecimal）	0,1,2,3,4,5,6,7,8,9 A,B,C,D,E,F	16

2-3-1 二進位系統

「二進位系統」，就是在這個系統下只有0與1兩種符號，以2爲基數，並且逢2進位，在此系統中，任何數字都必須以0或1來表示。例如十進位系統的3，在二進位系統則表示爲11_2。

$$3_{10} = 1*2^1 + 1*2^0 = 11_2$$

2-3-2 十進位系統

十進位系統是人類最常使用的數字系統，以10爲基數且逢十進位，其基本符號有0、1、2、3、4…8、9共10種，例如9876、12345、534都是10進位系統的表示法。

2-3-3 八進位系統

八進位系統是以8爲基數，基本符號爲0，1，2，3，4，5，6，7，並且逢8進位的數字系統。例如十進位系統的87，在八進位系統中可以表示爲127_8。

$$127_8 = 1*8^2 + 2*8^1 + 7 = 64 + 16 + 7 = 87_{10}$$

2-3-4 十六進位系統

十六進位系統是一套以16爲基數，而且逢十六進位的數字系統，其基本組成符號爲0，1，2，3，4，5，6，7，8，9，A，B，C，D，E，F共十六種。其中A代表十進位的10，B代表11，C代表12，D代表13，E代表14，F代表15：

$$A18_{16} = 10*16^2 + 1*16^1 + 8*16^0 = 2584_{10}$$

2-4 數字系統轉換方式

由於電腦內部是以二進位系統方式來處理資料，而人類則是以十進位系統來處理日常運算，當然有些資料也會利用八進位或十六進位系統表示。因此當各位認識了以上數字系統後，也要了解它們彼此間的轉換方式。

2-4-1 非十進位轉成十進位

「非十進位轉成十進位」的基本原則是將整數與小數分開處理。例如二進位轉換成十進位，可將整數部分以2進位數值乘上相對的2正次方值，例如二進位整數右邊第一位的值乘以2^0，往左算起第二位的值乘以2^1，依此類推，最後再加總起來。至於小數的部分，則以2進位數值乘上相對的2 負次方值，例如小數點右邊第一位的值乘以2^{-1}，往右算起第二位的值乘以2^{-2}，依此類推，最後再加總起來。至於八進位、十六進位轉換成十進位的方法都相當類似。

$0.11_2 = 1*2^{-1} + 1*2^{-2} = 0.5 + 0.25 = 0.75_{10}$

$11.101_2 = 1*2^1 + 1*2^0 + 1*2^{-1} + 0*2^{-2} + 1*2^{-3} = 3.625_{10}$

$12_8 = 1*8^1 + 2*8^0 = 10_{10}$

$163.7_8 = 1*8^2 + 6*8^1 + 3*8^0 + 7*8^{-1} = 115.875_{10}$

$A1D_{16} = A*16^2 + 1*16^1 + D*16^0$

$= 10*16^2 + 1*16 + 13$

$= 2589_{10}$

$AC.2_{16} = A*16^1 + C * 16^0 + 2 * 16^{-1}$

$= 10*16^1 + 12 + 0.125$

$= 172.125_{10}$

二進制	八進制	十進制	十六進制
0	0	0	0
1	1	1	1
10	2	2	2
11	3	3	3
100	4	4	4
101	5	5	5
110	6	6	6
111	7	7	7
1000	10	8	8
1001	11	9	9
1010	12	10	A
1011	13	11	B
1100	14	12	C
1101	15	13	D
1110	16	14	E
1111	17	15	F

二、八、十、十六進位數字系統對照圖表

2-4-2 十進位轉換成非十進位

轉換的方式可以分爲整數與小數兩部分來處理，我們利用以下範例來爲各位說明：

(1) 十進位轉換成二進位

$63_{10} = 111111_2$

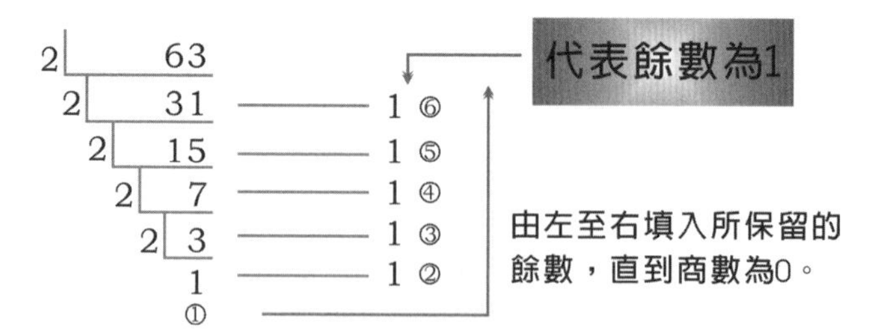

$(0.625)_{10} = (0.101)_2$

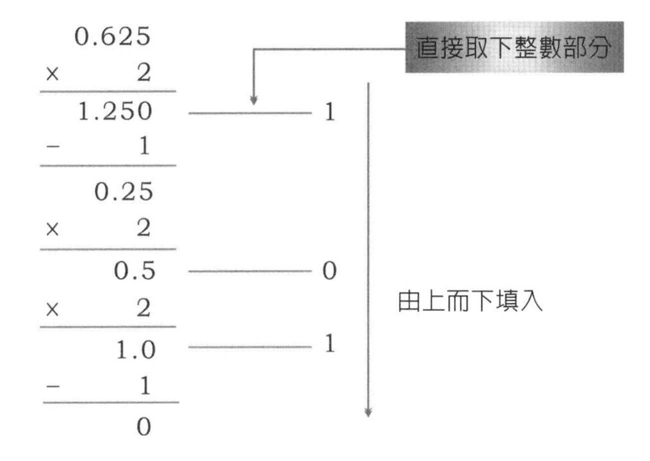

$(12.75)_{10} = (12)_{10}+ (0.75)_{10}$

其中$(12)_{10} = 1100_2$ $(0.75)_{10} = (0.11)_2$

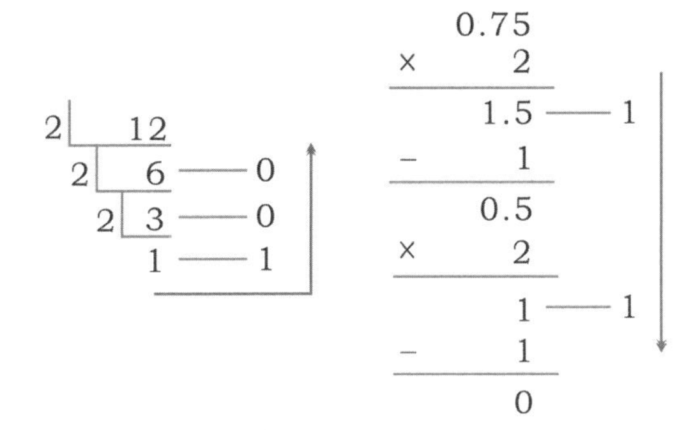

所以$(12.75)_{10} = (12)_{10}+(0.75)_{10}$

$= 1100_{2}+0.11$

$= 1100.11_2$

(2) 十進位轉換成八進位

$63_{10} = (77)_8$

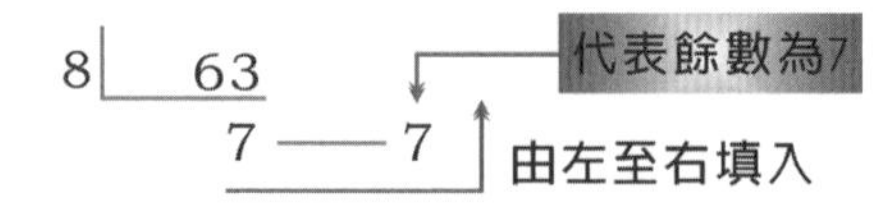

$(0.75)_{10} = (0.6)_8$

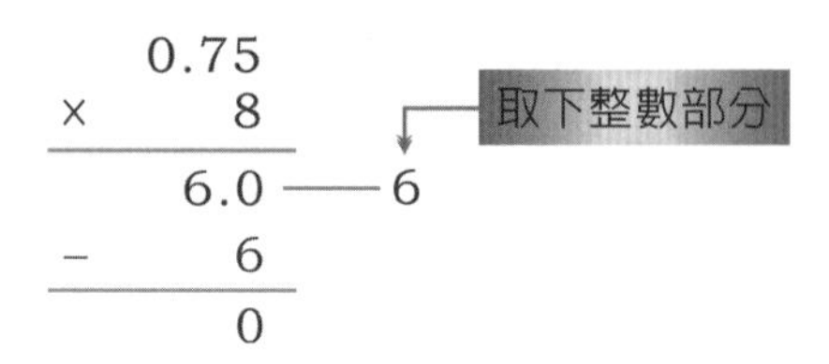

(3) 十進位轉換成十六進位

$(63)_{10} = (3F)_{16}$

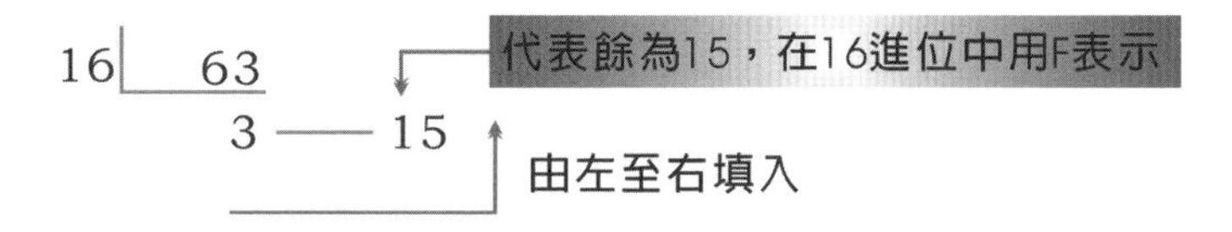

$(0.62890625)_{10} = (0.A1)_{16}$

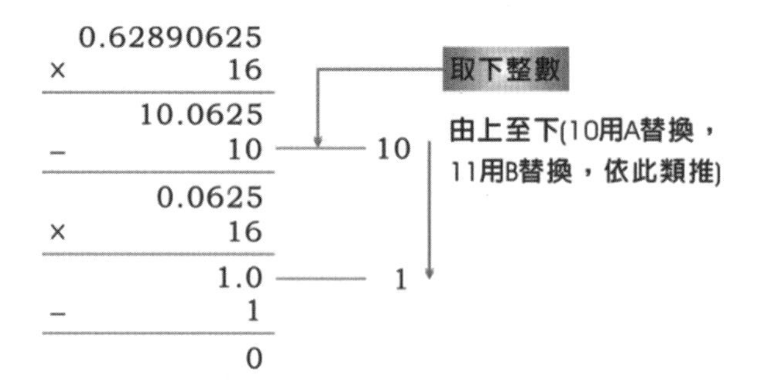

$120.5_{10} = (120)_{10} + (0.5)_{10}$

其中 $(120)_{10} = (78)_{16}$　　$(0.5)_{10} = (0.8)_{16}$

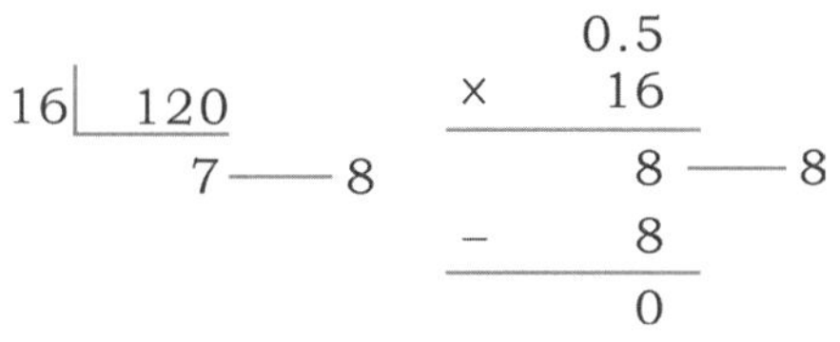

```
16| 120              0.5
  ------         ×   16
    7 —— 8      --------
                      8 —— 8
                 -    8
                --------
                      0
```


2-4-3 非十進位轉換成非十進位

如果各位打算從非十進位轉換另一種非十進位的方式，也相當容易，方法有兩種。第一種方法是只要先行將其中一個非十進位轉換爲十進位制，再依照前述兩節方式轉換即可，例如我們將 $(156)_8$ 轉換成2進位與16進位：

$(156)_8 = 1 \times 8^2 + 5 \times 8^1 + 6 = 110_{10}$

↓

再分別轉成十六進位及二進位

↓

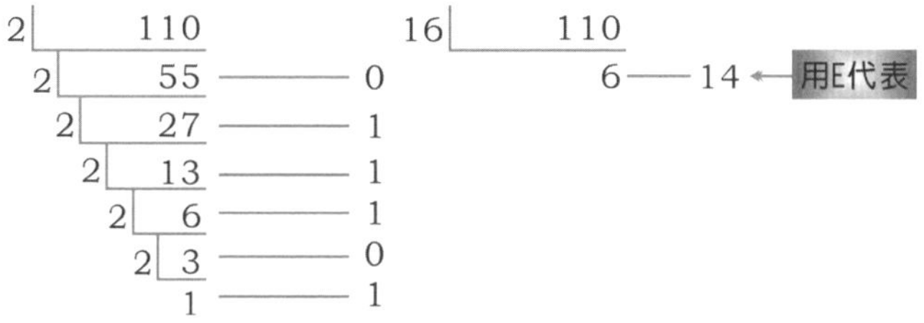

```
2| 110                     16| 110
 2| 55 —— 0                   ------
  2| 27 —— 1                   6 —— 14 ← 用E代表
   2| 13 —— 1
    2| 6 —— 1
     2| 3 —— 0
         1 —— 1
```

除了透過轉換爲十進位方式之外，也可以透過以下方法來進行：

(1) 二進位→八進位

首先請將二進位的數字，以小數點爲基準，小數點左側的整數部分由右向左，每三位打一逗點，不足三位則請在其左側補足0。小數右側的小數部分由左向右，每三位打一逗點，不足三位則請在其右側補足0，接著將每三位二進數字換成八進位數字，即成八進制。例如將 10101110111011.0101011_2 換算成八進位：

10,101,110,111,011.010,101,1

↓

依上述原則補0，3個3個一組

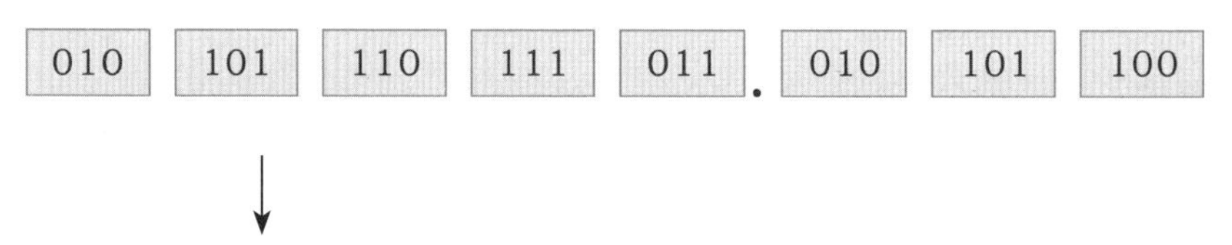

↓

分別轉換或8進位

→ 25673.254

(2) 二進位→十六進位

將二進位的數字，以小數點爲基準，小數點左側的整數部分由右向左，每四位打上一個逗點，不足四位則請在其左側補足0。小數點右側的小數部分由左向右，每四位打一個逗點，不足四位則請在其右側補足0。接著把每四位二進數字，換成十六進位數字，即成十六進制。例如將 10101110111011.0101011_2 換算成十六進位：

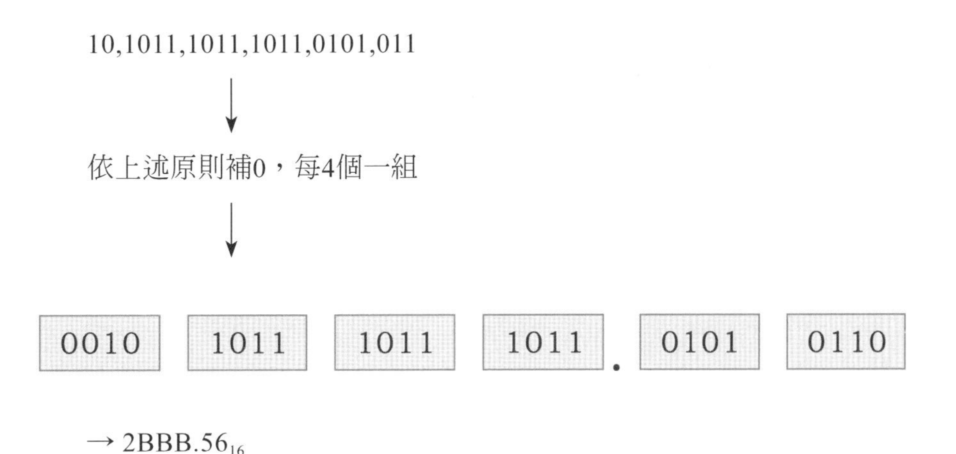

→ $2BBB.56_{16}$

如果打算要將八或十六進位數字轉換成二進位，只要反向思考，例如要將八進位變換成二進位，其轉換規則只要將每八進位數字，換成三位的二進位數字即可。同理要將十六進位變成二進位，轉換規則只要將每十六進位數字，換成四位二進位數字即可。而八進位與十六進位間的轉換，可以先轉成二進位後再進行轉換。

【課後評量】

一、選擇題

1. (　　) 電腦的硬碟空間有40 GB，其容量爲： (A) $40*2^{20}$ bytes (B) $40*2^{30}$ bytes (C) $40*2^{20}$ bits (D) $40*2^{30}$ bits
2. (　　) 主記憶體以K 爲單位，那麼16KB=？bytes (A)2^{10} (B)2^{14} (C)2^{20} (D)2^{24}
3. (　　) 承上題，16KB = ？Bits (A)2^{14} (B)2^{15} (C)2^{16} (D)2^{17}
4. (　　) 若記憶體的容量爲32MB，其意指 (A)2^{25}BITS (B)2^{20}BITS (C)2^{25}BYTES (D) 2^{20}BYTES

5. (　　) 電腦記憶體容量大小的單位通常用KB、TB、GB 或MB 表示，這四種單位，由大到小的排列爲：　(A) KB > TB > GB > MB　(B) GB > TB > MB > KB　(C) TB > GB > MB > KB　(D) MB > KB > TB > GB
6. (　　) 一個byte等於________Bits。　(A)7　(B)16　(C)9　(D)8。
7. (　　) 計算機的記憶容量若爲 2^{20} bytes 則可簡寫爲：　(A)1GB　(B)1MB　(C)1DB　(D)1KB
8. (　　) 資料單位何者係依由小而大順序排列？　(A)bit MB KB GB byte　(B)bit byte KB MB GB　(C)bit byte MB GB KB　(D)bit GB byte KB MB
9. (　　) 資料最小儲存單位僅能儲存二進位値0或1，此儲存單位稱爲　(A)位元（BIT）　(B)位元組（BYTE）　(C)字組（WORD）　(D)字串
10. (　　) 於KB（Kilo Byte）、MB（Mega Byte）、GB（Giga Byte）何者錯誤？　(A)1KB < 1GB　(B)1MB = 1024KB　(C)1GB = 1024KB　(D)1KB = 1024B（Byte）
11. (　　) 已知「A」的ASCII碼16進位表示爲41，請問「Z」的 ASCII 二進位表示爲　(A) 01000001　(B) 01011010　(C) 01000010　(D) 01100001
12. (　　) 以2bytes來編碼，最多可以表示多少個不同的符號？　(A)2　(B) 128　(C) 32768　(D) 65536
13. (　　) 在標準ASCII中使用16進位42表示字元B，則表示字元L的ASCII十六進位値爲多少？　(A)30　(B)4B　(C)4C　(D) 50
14. (　　) 請問$(245)_{10}$以BCD碼系統儲存的內碼爲何？
$(A)(000101000101)_{BCD}$　$(B)(001001000101)_{BCD}$
$(C)(001001000111)_{BCD}$　$(D)(000101000111)_{BCD}$
15. (　　) 美國國家標準局制定的工業標準碼，稱爲美國資訊交換標

準碼，它的英文簡寫是 (A)ANSI (B)BCD (C)ASCII (D)EBCDIC

二、討論與問答題

1. 請問 $(2004)_{10}$轉爲十六進位數字的結果如何？
2. 求2進位數$(11.1)_2$的平方，即$(11.1)_2 \times (11.1)_2$的值。
3. 若某電腦系統以8位元表示一個整數，且負數採用2的補數方式表示，則 $(10010111)_2$換爲十進位，結果應爲？
4. 以8位元表示一整數，若用2的補數表示負數，則表示範圍爲何？
5. $8A_{(16)} - 78_{(10)} + 101010_{(2)}$ = ？，請以8進位表示。
6. 下列運算式中，何者的值最大 (A) $(101001-10010)_2$ (B) $(66-57)_8$ (C) $(101-94)_{16}$ (D) $(3C-34)_{16}$
7. 若欲表示−1000至1000之間的所有整數，至少需要幾個位元（bits）？
8. 一個 24×24點矩陣的中文字型在記憶體中占有多少Bytes？
9. 以二的補數表示法，4個位元來表示十進位數-5，其值爲何？
10. 請列出常見的編碼系統。
11. 試將十進位的15分別以2、8、16進位表示。
12. 請將1010011110001010011100以八進位表示。
13. 電腦的硬碟空間有40 GB，其容量爲多少bytes？
14. 電腦記憶體容量大小的單位通常用KB、TB、GB或MB表示，這四種單位，由大到小的排列爲？
15. $(2B)_{16}$ 的2's 補數以2進位的方式表示爲何？
16. 某一電腦系統以8位元表示整數，負數以2的補數表示，則−78應爲何？
17. 100011.11_2相當於十進位的值是多少？
18. 今有A、B、C三個數分別爲八進位、十進位與十六進位，A之值爲$(24.4)_{(8)}$，B之值爲$(21.2)_{(10)}$，C之值爲$(18.8)_{(16)}$，則A、B、C三個數之大小關係為何？

19. 設一電子計算機系統「2的補數」代表負數值，請問在此系統中 $(010110)_2-(101001)_2$之運算結果為何？

第三章

電腦硬體世界

電腦本身就是用來處理資理，並將其轉換為對人們有用的資訊的一種電子硬體裝置，所帶給現代社會的影響與衝擊相當廣泛，從早期一台執行速度只有4.77MHz的個人電腦Apple II，到現在Intel Core i7-3960X等級的執行速度幾乎到了3.3 GHz以上，不止機械效能大幅提升，連其周邊裝置也更為多元化及先進。現代化電腦的硬體設備可不是只有一台陽春主機，還包括了各式各樣的周邊裝置（Peripheral Devices），例如電腦系統的輸出、輸入設備與圍繞在電腦四周的輔助儲存設備。

聯強Lemel 風雲盟主四核心電腦

圖片來源：http://www.synnex.com.tw/

宏碁AspireL360高優質電腦

圖片來源：http://www.acer.com.tw

Tips

MHz是CPU執行速度（執行頻率）的單位，是指每秒執行百萬次運算，而GHz則是每秒執行10億次。至於電腦常用的時間單位如下：

毫秒（Millisecond, ms）：千分之一秒

微秒（Microsecond, us）：百萬分之一秒

奈秒（Nanosecond, ns）：十億分之一秒

3-1 電腦的基本架構

不論是大型、中型或小型的電腦系統，硬體（hardware）的組成架構還是沒有多大改變。對於任何一部電腦而言，電腦的硬體架構都必須具備五大單元，包括控制單元、算術邏輯單元、記憶單元、輸出單元與輸入單元。

3-1-1 控制單元

「控制單元」（CU）是負責指揮、協調、控制電腦各部門間的相互運作與資料傳送，可以說是電腦的指揮中樞。「中央處理器」（CPU），則是由「算術與邏輯單元」與「控制單元」這兩單元組合而成。

3-1-2 算術與邏輯單元

「算術與邏輯單元」（ALU）負責電腦內部的各種算術運算（如＋、－、×、÷等）、邏輯判斷（如 AND、OR、NOT 等）與關係運算（如＞、＜、＝等）， 並將運算結果傳回記憶單元。

3-1-3 記憶單元

「記憶單元」是電腦中用來儲存程式和資料的地方，可區分爲「主記

憶體」和「輔助記憶體」兩種。

3-1-4 輸入單元

「輸入單元」可接受外界所輸入的指令或資料，並將外部資料的資料碼或訊號轉成電腦所辨識的內碼。常見的輸入裝置包括鍵盤、掃描器、麥克風、數位相機、觸控式螢幕等。

3-1-5 輸出單元

輸出單元可將經過電腦運算或處理過的結果顯示或列印出來，常見的輸出裝置有螢幕、印表機、喇叭等。

3-2 認識電腦主機

無論是哪種形式的電腦，都具有型狀與大小不一的主機。主機可以說是一台電腦的運作與指揮中樞，也是一部電腦的外觀重心。通常桌上型個人電腦的主機可分為直立式與橫立式兩種，目前都是以直立式為主。本節中將為各位說明主機內部各項元件的外觀與功用。

3-2-1 主機板

在電腦零組件中，主機板和CPU的重要性可說是不相上下。主機板（Mainboard）是一塊印刷電路板，其材質大多由玻璃纖維與塑膠所構成，多數使用銅線做為訊號通路，用以連接處理器、記憶體與擴充槽等基本元件，以達到整合系統的目的，俗稱為母板（Motherboard）。擴充槽（expansion slot）是主機板用來容納介面卡的插槽，介面卡則是擴充主機功能的配備。主機板上具有四種記憶體，分別為互補金屬氧化半導體記憶體（CMOS）、快取記憶體、唯讀記憶體、隨機存取記憶體。

CHAPTER 3

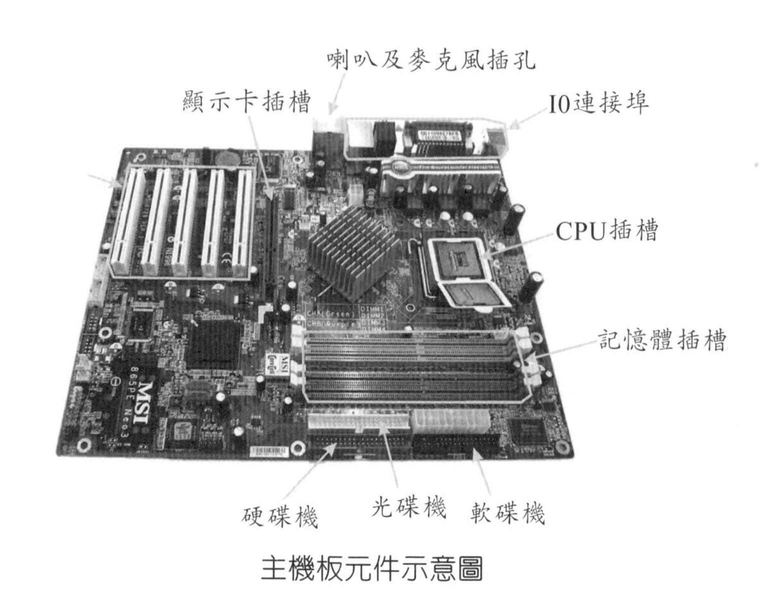

主機板元件示意圖

3-2-2 CPU

CPU是一塊由數十或數百個IC所組成的電路基板，後來因為積體電路的發展，讓處理器所有的處理元件得以濃縮在一片小小的晶片。目前市場上主流的CPU產品大都採取64位元的架構，並且工作時脈也在2GHz以上。如果以生產廠商來區分的話，Intel也不是唯一有能力製造個人電腦處理器的公司。約在1980年代，美商超微（Advanced Micro Devices，簡稱AMD）堂堂也加入了處理器的市場。目前CPU的主流產品有Intel的Core i7/i5/i3系列和AMD的FX、A10/A8/A6/A4系列。

Intel的Core2 Duo與AMD早期的Phenom II CPU

以傳統的單一CPU的處理器來說，如果要達到兩倍運算效能，非得增加耗電量與工作時脈，而且還得應付更嚴重的散熱問題，但雙核心處理器的設計更能節省能源之外，也會製造較少的熱量。例如雙核心運算技術是在同一晶片內放進多個處理器核心，讓相同體積的CPU晶片，可以容納兩倍的運算能力，並且在單一晶片上使用兩個核心來分擔工作量。多核心的主要精神就是將多個獨立的微處理器封裝在一起，使得效能提升不再依靠傳統的工作時脈速度，而是平行處理的技術。通常CPU執行一個指令，需要數個時脈，我們又常以MIPS（每秒內所執行百萬個指令數）或MFLOPS（每秒內所執行百萬個浮點指令數）。以下是CPU速度相關名詞表列說明：

速度計量單位	特色與說明
時脈週期	時脈頻率的倒數，例如CPU的工作時脈（內頻）為500 MHz，則時脈週期為$1/(500 \times 10^6) = 2 \times 10^{-9} = 5$ ns（奈秒）。
內頻	就是中央處理器（CPU）內部的工作時脈，也就是CPU本身的執行速度。例如Pentium 4-3.8G，則內頻為3.8GHz。
外頻	CPU讀取資料時在速度上需要外部周邊設備配合的資料傳輸速度，速度比CPU本身的運算慢很多，可以稱為匯流排（BUS）時脈、前置匯流排、外部時脈等。速率愈高效能愈好。
倍頻	就是內頻與外頻間的固定比例倍數。其中： CPU執行頻率（內頻）= 外頻*倍頻係數 例如以Pentium 4 1.4GHz計算，此CPU的外頻為400MHz，倍頻為3.5，則工作時脈則為400MHz×3.5 = 1.4GHz。

3-2-3 常見連接埠

幾乎主機裡面所有零件跟周邊設備都必須跟主機板相連，連接埠則是主機與周邊設備連結之處，以讓電腦與周邊設備間傳送資料。各位常見的連接埠整理如下表：

連接埠介面名稱	特色與說明
並列埠（平行埠或LPT1）	適合短距離，爲25pin，傳輸速度快，一次可傳輸超過一位元的資料，是爲了代替序列埠而研發。通常拿來接印表機，掃描器或者連接電腦。
序列埠（RS232埠）	爲9 pin，傳輸速度慢，一次可傳輸資料1 bit，通常連接的設備不需要高速傳輸速度。PC上有兩個序列埠COM1、COM2，可拿來接滑鼠、數據機。
PS/2連接埠	可連接PS/2規格的滑鼠或鍵盤等單向輸入設備，無法連接其他雙向輸入設備。
PCI埠	連接PCI（Peripheral Component Interconnect）形式的介面卡，如網路卡、音效卡等，通常插槽爲白色。
AGP埠	連接AGP（Accelerate Graphics Port，加速影像處理埠）形式的顯示卡。通常爲咖啡色，而且傳輸效率高於PCI介面插槽。
USB埠（通用序列匯流排）/USB2.0/USB3.0/USB3.1/USB3.2/Type-C	它是新一代的連接埠，支援PC97系統硬體設計與4 pins的規格，這種四針的小型接頭可以用連續串接或使用USB集線器的方式，同時使用數個USB設備。USB連接埠最多可接127個USB設備，包括滑鼠、數位相機、隨身碟等，並且支援隨插即用安裝與熱插拔功能。常見的USB 2.0 頻寬爲480Mb/s，有些新的週邊設備只能連接USB埠。由於USB是反向相容，所以USB2.0也支援舊型的USB設備。至於USB 3.0是目前推出的連接埠，又稱爲SuperSpeed USB，是應用於通訊產品隨插即用、不需安裝程式的傳輸介面新規格，比USB 2.0的傳輸速度快上十倍之多，最高可達400 Mbytes/second。對於高畫質影片的傳輸，可以大幅節省時間。例如日後在家不用再透過DVD

連接埠介面名稱	特色與說明
	來收看喜歡的影集，只要把隨身碟接上電視的USB就可以輕鬆觀看。此外，隨著微軟的Windows 7堂堂問世之後，特別以支援多點觸控以及支援USB 3.0爲其重要特色的推波助瀾下，預料將帶動整個傳輸介面傾向USB 3.0方向發展，相關的產品勢必如雨後春筍般推出。USB3.1則是基於USB 3.0改良推出的USB連接介面的最新版本，全新的 USB Type-C 介面尺寸爲 8.3×2.5 毫米，支援正反面都可插入，最高連接速度可達10Gbps。USB 3.2的規格，除了將傳輸速度從10Gbps倍增至20Gbps，統一採用Type-C型式端子爲主，由於USB 3.2是以USB 2.0/3.1的基礎所打造，也能向下相容於較舊規格，並確保單或雙通道使用時無縫切換。
IEEE1394連接埠（火線埠）	IEEE1394是由電子電機工程師協會（IEEE）所提出的規格。火線埠（FireWire 埠）和USB埠類似，是一種高速串列匯流排介面，適用於消費性電子與視訊產品，最高傳輸速率爲800Mbits/s，可連接63個周邊與熱插拔功能。
MicIn連接埠	用來連結麥克風。
LineIn連接埠	音源訊號輸入接頭，可以連接家庭音響的輸出音源進行錄製、編輯，可以連接MPEG卡與影音播放器。
LineOut連接埠	音源訊號輸出接頭，可以連接喇叭與耳機。
MidiIn連接埠	可以連接Midi設備。
IrDA埠	可做爲電腦與無線周邊設備的連接埠，但必須將兩者的IrDA埠對準。

3-2-4 介面卡

介面卡是一種布滿電子電路的卡片，是電腦與周邊設備間的橋樑，可用來擴充電腦的功能。必須連接到主機板擴充槽的電路板，並安裝上「驅動程式」（Driver），才能正常運作，例如顯示卡、音效卡、網路卡等。

Tips

顯示卡是一塊連結到主機板上的電路卡，包含了記憶體與電路，能夠將從電腦傳送來的訊號轉變爲螢幕上的視訊，它能夠決定螢幕的更新頻率、色彩總數以及解析度。我們一般所看到的畫面效果除了取決於螢幕之外，顯示卡的優劣亦占有很大的因素。顯示卡中的記憶體稱爲視訊記憶體（Video RAM），目前顯示卡也可直接內建於主機板上，如此一來可以降低成本。

3-2-5 主記憶體

電腦內部的「主記憶體」依照特性可區分爲「隨機存取記憶體」（Ramdm Access Memory, RAM）和「唯讀記憶體」（Read Only Memory, ROM），分別介紹如下。

Tips

快取記憶體（memory cache）則是RAM的一種，其存取速度要比一般RAM來得快，主要的功能在協調CPU和主記憶體間的存取速度差，有助於電腦處理指令和資料的速度。目前的快取記憶體分爲三種，分別是 L1、L2、L3，存取速度L1>L2>L3。

■ 隨機存取記憶體（RAM）

一般電腦使用者與玩家口中所稱的「記憶體」，通常就是指RAM（隨機存取記憶體）。RAM中的每個記憶體都有位址（Address），CPU可以直接存取該位址記憶體上的資料，因此存取速度很快。RAM可以隨時讀取或存入資料，不過所儲存的資料會隨著主機電源的關閉而消失。

RAM 根據用途與價格，又可分為「動態記憶體」（DRAM）和「靜態記憶體」（SRAM）。DRAM的速度較慢、元件密度高，但價格低廉可廣泛使用，不過需要週期性充電來保存資料。至於SRAM的存取速度較快，不過由於價格較昂貴與不需要主機板週期性的為記憶體晶片充電來保存資料，一般被採用作為快取記憶體。

■ 唯讀記憶體

唯讀記憶體（ROM）是一種只能讀取卻無法寫入資料的記憶體，而且所存放的資料也不會隨著電源關閉而消失。通常是用來儲存廠商燒錄的公用系統程式，如「基本輸入及輸出系統」（BIOS），而把如BIOS這樣的軟體燒錄在硬體上的組合，則稱為「韌體」（Firmware）。為了改良ROM無法寫入的缺點，後來又推出了利用電壓（電流脈衝）來抹入或消除資料的EEPROM與兼具RAM與ROM的特性，資料可重複讀寫的「快閃記憶體」（Flash ROM），可應用在數位相機的記憶卡、隨身碟、MP3隨身聽等。

3-3 輸出裝置簡介

輸出裝置（Output Device）的功用是將經過電腦運算或處理過的結果顯示或列印出來，最主要的輸出裝置就是電腦螢幕，藉由螢幕上的文字或圖形，可以讓我們清楚確認操作的正確性。其他常見的輸出裝置還包括有印表機（Printer）、喇叭（Speaker）等。

3-3-1 印表機

印表機可說是目前電腦族必備的熱門商品之一，透過印表機可以將我們辛苦處理的文件或影像的檔案列印在紙張上。依照印表機的工作原理區分，種類有點矩陣、噴墨與雷射印表機三種，以PPM（每分列印張數）或DPI（每吋列印點數）為單位，DPI則是目前評量列印品質的常用標準。目前最常見的雷射印表機（Laser Printer）的工作原理是利用雷射光射在感光滾筒上，並在接受到光源的地方，會同時產生正電與吸附帶負電的碳粉，帶出碳粉後加熱溶化至紙上。目前雷射印表機可以列印黑色與彩色，乃是利用不同顏色的碳粉混合，產生多種色彩。雷射印表機列印品質最好、耗材碳粉匣也較墨水匣便宜，而且聲音小、列印速度快，不過機器價格較高。

3-3-2 螢幕

螢幕的主要功能是將電腦處理後的資訊顯示出來，以讓使用者了解執行的過程與最終結果，因此又稱為「顯示器」。螢幕最直接的區分方式是以尺寸來分類，顯示器的大小主要是依照正面對角線的距離為主，並且以「英吋」為單位，以下是螢幕規格相關資訊：

- 螢幕解析度（resolution）：是由螢幕上的像素數目來決定，例如解析度640×480表示螢幕的水平有640像素而垂直有480像素。
- 螢幕更新頻率（refresh rate）：是電子槍每秒掃描像素的次數，也就是每秒在螢幕上重繪影像的次數，速率是用Hz。如果螢幕更新的速率不夠，影像就會閃爍，對視力不好，更新速率愈快，影像閃爍愈小。
- 點距（dot pitch）：螢幕上光點與光點間的色點距離，彩色螢幕每個像素有紅藍綠3個點，點距愈小，畫面愈精緻。

- 可視範圍：螢幕可以顯示的最大範圍。當解析度愈大時，螢幕的可視範圍相對愈大。
- MPR II：瑞典制定，全世界公認最好的螢幕防幅射標準。

目前常見的液晶螢幕（Liquid Crystal Display, LCD）並沒有映像管，原理是在兩片平行的玻璃平面當中放置液態的「電晶體」，而在這兩片玻璃中間則有許多垂直和水平的細小電線，透過通電與不通電的動作來顯示畫面，因此顯得格外輕薄短小，而且具備零輻射、低耗電量、全平面等特性目前液晶螢幕已經取代映像管螢幕，成為市場上的主流產品。

3-3-3 喇叭

喇叭（Speaker）主要功能是將電腦系統處理後的聲音訊號，再透過音效卡的轉換後將聲音輸出，這也是多媒體電腦中不可或缺的周邊設備。早期的喇叭僅止於玩遊戲或聽音樂CD時使用，不過現在通常搭配高品質的音效卡，不僅將聲音訊號進行多重的輸出，而且音質也更好，種類有普通喇叭、可調式喇叭與環繞喇叭。

常見的二件式造型喇叭

3-4 輸入裝置簡介

假如CPU可以看成是電腦的大腦，那麼輸入裝置肯定就是眼睛及耳朵。不但可接受外界所輸入的指令或資料，還能將外部資料的資料碼或訊號轉成電腦所辨識的內碼。最常被使用的輸入裝置有鍵盤（Keyboard）、滑鼠（Mouse）、掃描器（Scanner）、麥克風（Microphone）、數位相機（Digital Camera）等。

3-4-1 鍵盤

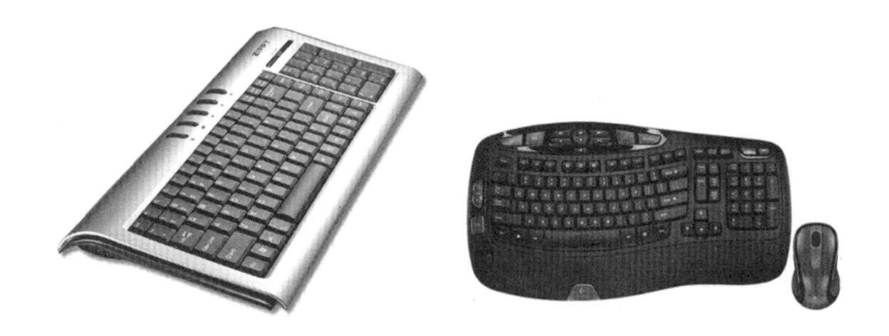

鍵盤（Keyboard）屬於輸入裝置的一種，藉著鍵盤上的按鍵，我們可以鍵入組合鍵的語法，也能利用單鍵功能，告訴電腦您想執行的動作。當使用者在鍵盤上按下一個鍵時，鍵盤內的電路板隨即偵測到此輸入訊號，並將此訊號轉換成代表按鍵的電腦內碼與將所輸入的資料顯示在螢幕上。

3-4-2 滑鼠

滑鼠是另一個主要的輸入工具，它的功能在於產生一個螢幕上的指標，並能讓您快速的在螢幕上任何地方定位游標，而不用使用游標移動鍵，您只要將指標移動至螢幕上所想要的位置，並按下滑鼠按鍵，游標就會在那個位置，這稱之爲定位（pointing）。滑鼠如果依照工作原理來區分，可分爲「機械式」與「光學式」兩種。

造型新穎的光學式滑鼠

3-4-3 掃描器

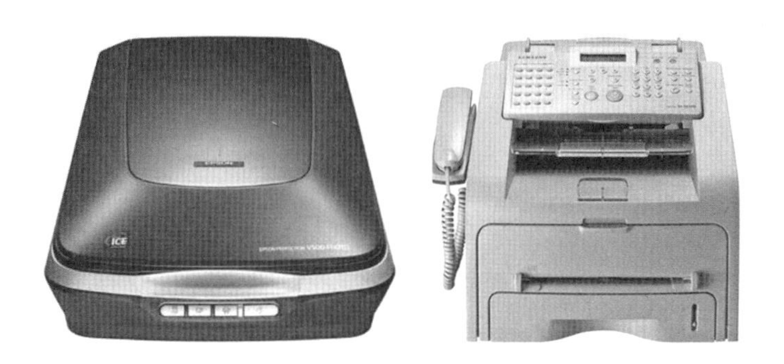

掃描器曾經是美術專業設計人士用來將靜態影像轉爲數位影像的專業設備，不過隨著價格降低與功能增加，目前已經是相當普遍與熱門的大眾化產品。掃描器是利用光學的原理，將感應到的文件、相片等轉換成電子訊號傳送至電腦，如果搭配適當的文字辨識軟體，還可以成爲另類的文書輸入工具。目前常見的掃描器型式大都以平台式爲主，少部分爲手持型或饋紙式的機種。除了上述兩種型式外，市面上還流行一種「多功能事務機」，整合了掃描、列印、傳真及影印等功能，相當適合於小型辦公室中使用。

3-4-4 數位相機

許多人使用傳統相機時，最擔心的問題就是不知道所拍的相片，當底片沖洗出來時，不知道效果好不好。如今有了數位相機，愛怎麼拍就怎麼拍，並且可以立即看見作品，或者可將所儲存的影像資料傳送到電腦中加以美化處理。

數位相機主要以CCD感光元件來進行拍攝，因此「像素」（Pixel）的多寡，便直接影響相片輸出的解析度與畫質。例如我們常聽見的「1000萬像素」、「1200萬像素」等，就是指相機的總像素。隨著數位相機技術成熟，價錢也降得愈來愈便宜，至於各位在購買數位相機時，別忘了必須考慮影像解析度、相機鏡頭、液晶顯示幕、相片記憶卡等四項因素，如果要拍攝更多的相片，則必須選購可擴充記憶體儲存容量的機型。

3-5 儲存設備簡介

由於主記憶體的容量有限，因此必須利用輔助記憶裝置（儲存設備）來儲存大量的資料及程式，例如光碟、硬碟與隨身碟等。由於關閉電源後資料不會消失，具有永久保持資料的特性。在本節中，我們將會介紹到目前常見的儲存媒體主流及未來的趨勢。

3-5-1 USB隨身碟

目前相當流行一種以USB為介面的隨身碟，它的外型相當輕巧。使用者只要將它插入電腦的USB插座中，即可存取其中的資料內容，而且不需要將電腦重新開機或關機。目前市場上最大提供可多達2TB的空間。

3-5-2 硬碟

硬碟（Hard Disk）是目前電腦系統中主要的儲存裝置，硬碟是由幾個磁碟片堆疊而成，上面佈滿了磁性塗料，對於各個磁碟片（或稱磁盤）上編號相同的磁軌，則稱為磁柱（cylinder）。磁碟片以高速運轉，透過讀寫頭的移動從磁碟片上找到適當的磁區並取得所需的資料。談到目前市面上販售的硬碟尺寸，是以內部圓型碟片的直徑大小來衡量，有3.5吋與2.5吋兩種。個人電腦幾乎都是3.5吋的規格，而且儲存容量在數百GB，有的高達數十TB，且價格相當便宜。

3-5-3 固態式硬碟

固態式硬碟（Solid State Disk, SSD）是一種新的永久性儲存技術，屬於全電子式的產品，可視為是目前快閃式記憶體的延伸產品，跟一般硬碟使用機械式馬達和碟盤的方式不同，完全沒有任何一個機械裝置，重量可以壓到硬碟的幾十分之一，而且也不必擔心遇到緊急狀況時因為震動會造成硬碟刮傷。規格有SLC（Single-Level Cell）與MLC（Multi-Level

Cell）兩種，與傳統硬碟相較，具有低耗電、耐震、穩定性高、耐低溫等優點，效能與隨機存取速度更較傳統硬碟提升許多。

3-5-4 光碟

近年來多媒體相關產品的不斷發展與推陳出新，相當程度是受到光碟媒體技術的普及與進步，尤其是目前最廣為流行的CD與DVD。CD與DVD在多媒體上的應用，最初是那些龐大資料的備份功能，例如圖書館資料、參考系統或是零件手冊等。但是隨著多媒體的流行，現在許多光碟片開始設計應用多媒體資料的儲存裝置。一般說來，DVD與CD的外觀相似，直徑都是120毫米，兩者之間的差異主要在於雷射光的波長與儲存的媒體。

Tips

藍光光碟（Blu-ray Disc, BD）主要用來儲存高畫質影像及高容量資料，它是繼DVD的下一代光碟格式之一，採用波長405奈米（nm）的藍色雷射光束來進行讀寫操作，其中單層的藍光光碟儲存容量為25或是27GB的資料（大部分DVD只能儲存4.7GB），差不多可以儲存接近4小時的高解析影片。在相容性方面，藍光光碟向下相容，包括DVD-ROM、VCD以及CD，只有部分CD無法正常播放

【課後評量】

一、選擇題

1. (　) 在電腦硬體的組成單元中，下列何者與算術邏輯單元（ALU）合稱為中央處理單元（CPU）？　(A)控制單元

（Control Unit） (B)輸出單元（Output Unit） (C)儲存單元（Storage Unit） (D)輸入單元（Input Unit）

2. ( ) 下列何者不是CPU中控制單元的功能？ (A)控制程式與資料進出主記憶體 (B)啓動處理器內部各組件動作 (C)讀出程式並解釋 (D)計算結果並輸出

3. ( ) 下列何者不屬於電腦的周邊設備？ (A)主記憶體 (B)輔助記憶體 (C)印表機 (D)滑鼠。

4. ( ) 個人電腦之CPU部分目前不含哪一單元？ (A)控制單元 (B)算術單元 (C)輸出入單元 (D)邏輯單元

5. ( ) 電腦中負責計算的組件是 (A)主記憶體 (B)匯流排 (C)CPU (D)BIOS

6. ( ) 算術邏輯單元（ALU）運算後的結果可以被傳送到______。 (A)記憶單元 (B)控制單元 (C)輸出單元 (D)記憶單元或輸出單元

7. ( ) 計算機系統中，有關ALU作用的描述，何者爲正確？ (A)只做算術運算，不做邏輯運算 (B)只做加法 (C)只存加法的結果，不能存其它運算的結果 (D)以上各答案皆非

8. ( ) 電腦用來和使用者溝通的要件爲： (A)算術與邏輯單元 (B)主儲單元 (C)主控制單元 (D)輸出、輸入單元

9. ( ) 整個電腦系統的心臟是： (A)算術／邏輯單元 (B)控制單元 (C)記憶單元 (D)中央處理單元

10. ( ) 用來計算解碼、指令及指示各部門執行工作的設備是： (A)ALU (B)記憶單元 (C)控制單元 (D)I/O

11. ( ) 下列何者不屬於微處理機（Microprocessor）的內部基本結構 (A)輸入／輸出單元 (B)控制單元 (C)算術邏輯單元 (D)暫存器

12. ( ) 64位元的個人電腦，如果要搬動8KB的資料，共需多少次？

(A) 256 (B) 512 (C) 1024 (D) 2048

13. ( ) 在購買電腦時，若電腦商品型錄爲Pentium III 800，則其中「800」指的是 (A)主記憶體有800MB (B)硬碟有 800MB (C)CPU的速度爲800MHz (D)主機板型號爲800

14. ( ) Intel 80486 是幾位元微處理機？ (A) 64 (B) 48 (C) 32 (D) 16

15. ( ) 電腦中的暫存器（Register）有許多不同的種類，下列何者不屬於暫存器之一種？ (A)程式計數器（ProgramCounter） (B)主記憶體（MainMemory） (C)累加器（Accumulator） (D) 堆疊指標（StackPointer）

二、討論與問答題

1. 簡述電腦硬體架構的五大單元。
2. CPU的性能由哪三項要素來決定？
3. 記憶體存取種類可以分爲哪兩大類？
4. 試舉出主機板上至少五種元件或插槽。
5. 選購主機板有哪些考慮因素？請條列之。
6. 快取記憶體（Cache）的角色爲何？試說明之。
7. CPU的內頻、外頻及倍頻三者的意義及關係如何？請舉例說明。
8. 以Pentium 4 的主機板來說，系統匯流排寬度爲64bits，頻率是400MHz，請問頻寬是多少？
9. 暫存器可以分爲哪四大類？
10. 簡述CPU指令週期包括哪些執行動作？

第四章 

電腦軟體

一部電腦的完整定義是包含了硬體（hardware）和軟體（software）兩部分。有些讀者經常迫不及待的買了一台新電腦，就以爲可以無憂無慮地盡情使用了！事實不然，一部再好的電腦，如果沒有合適的軟體來控制與搭配，絕對也是英雄無用武之地。

標準坐姿

電腦軟體是由各種程式語言所撰寫完成，如果從程式設計功能與層次來區分，電腦軟體可以分爲「系統軟體」（System Program）與「應用軟體」（Application System）兩大類。

4-1 系統軟體

系統軟體的主要功用就是負責電腦中資源的分配與管理，並擔任軟體與硬體間的介面，工作內容包括啓動、載入、監督管理軟體、執行輸出入設備與檔案存取、記憶體管理等，通常我們可以區分爲編譯程式、載入程式、巨集處理程式、組合程式與作業系統五種。

■ 翻譯程式

翻譯程式就是將程式設計師所寫的高階語言原始程式翻譯成能在電腦系統中執行的機器碼形式，例如機器語言、可執行檔或目的碼，也就是寫好一個原始程式（Source Program），並儲存檔案後，就交由翻譯程式處理。

■ 連結與載入程式

載入程式是將目的程式載入到主記憶體中，並進行如配置、連結等準備工作。連結程式（Linker）是載入程式的一種，因爲載入電腦的目的碼有時候可能必須結合其它不同的目的碼才能執行指定的工作，這些情況就必須透過連結程式將所需資源連結起來，然後再一起載入到主記憶體內執行。

■ 巨集處理器

巨集在程式編譯之前會用前置處理程式（preprocessor）先將巨集展開成沒有巨集前的樣子後再編譯，當巨集指令撰寫完畢後，一旦我們要使用它時，只要在主程式中寫上巨集的名稱即可，而不需要使用呼叫指令來搭配。

■ 組譯器

組譯器是將組合語言所寫的程式翻成機器碼。此外它還必須提供給連結器及載入器所需要的資訊與找到每個變數的地址，翻譯出來的機器碼則稱爲目的程式（Object Program），不同的CPU也會有不同的組譯器。

4-2 作業系統

「作業系統」（Operating System）扮演了使用者與應用軟體、電腦硬體、周邊設備間一個掌控與協調的角色。作業系統可說是整個電腦系統的總指揮，一般作業系統如果依照處理特性來區分，可以區分爲以下三種：

作業系統類型	功能說明	應用說明
單人單工作業系統	同一時間內只允許一個使用者來執行程式，並且電腦在同一時間內只能處理一個程序。	例如微軟的MS-DOS。
單人多工作業系統	同一時間內只允許一個使用者來執行程式，不過電腦在單一時間內能提供多件工作同時作業的能力，並會依照程式的需求分配CPU時間給每個工作，如此電腦的資源便可以充分利用，使用者也不必等候執行工作。	例如微軟的Windows 95/98/ME、IBM的OS/2作業系統。
多人多工作業系統	此類作業系統可以允許多個使用者使用多個帳號在同一時間執行不同程式，並共享電腦及周邊資源。	例如WindowsNT/Server 2000/2003/2008/2012XP/vista/7/8/10或Unix、Linux、Mac OS X等作業系統。

4-2-1 微軟作業系統

```
C:\lee>dir/w

 Volume in drive C has no label
 Volume Serial Number is 074F-10E7
 Directory of C:\lee

[.]             [..]            DOSKEY.COM      CHOICE.COM      DISKCOPY.COM
BOOTDISK.BAT    EDIT.COM        FORMAT.COM      KEYB.COM        MODE.COM
MORE.COM        SYS.COM
       10 file(s)        246,709 bytes
        2 dir(s)      1,010.19 MB free

C:\lee>
```

MS-DOS是早期由美國微軟公司爲了配合 IBM 當時極力推出的 16 位元個人電腦而設計發展出來，在1980年代，DOS成爲具有大量市場的IBM及其相容電腦的作業系統，由於MS-DOS作業系統需要記憶相關的文字指令，而且在學習上也較爲不容易，因此微軟公司後續發展出具有圖形化使用者介面（GUI）的Windows 3.X作業系統來拉近使用者與作業系統之間的距離，不過Windows 3.X及其之前版本的作業系統，並不能夠眞正算是一個視窗作業系統，因此它只能算是一種視窗作業環境。目前最新版的Windows 11是微軟於2021年推出的Windows NT系列作業系統，距離上一代Windows 10問世已有6年。正式版本於2021年10月5日發行，並開放給符合條件的Windows 10裝置透過Windows Update免費升級。

至於NT（New Technology）系統是微軟擺脫Intel晶片限制，而邁向跨平台的多功能網路作業系統的開始，它可支援 Intelx86、Alpha、PowerPC、MIPS等晶片與多工處理器的電腦系統。於1993年推出第一款的Windows NT 3.1 版本，直到 Windows NT 4.0 推出，不論在穩定性、安全性及執行效率上，都遠遠超越了Windows95/98，是一套眞正的32位元多人多工作業系統。目前最新的版本是Windows server 2022，最大特色是安全性強化，以提供深度防禦的保護，以抵禦先進的威脅，也是歷代版本中，針對雲端服務平台最爲完備與最佳化的伺服器作業系統。

4-2-2 Mac OS

Mac OS是蘋果電腦（Apple Computer）的麥金塔（Macintosh）採用的作業系統，也是最早使用「圖形化使用者介面」（Graphic User Interface, GUI）的作業系統，不但使用上相當方便，而且穩定性極高。特別是在多媒體處理的卓越能力，往往成爲設計專業人員心中的最愛，還擁有號稱世上最快的 Mac 專用網頁瀏覽器——Safari，及具備 Spotlight 搜尋技術來立即準確地找出與寄送電子郵件。目前最新的MacOS Monterey，全新升級 FaceTime 軟體，還可以加快在 macOS 上的檔案讀寫速度，更採用高效率視訊編碼（HEVC）技術來製作與觀看高解析度影片，特別是改善了Safari 畫面設計，讓你有更多空間瀏覽網頁。

4-2-3 Unix/Linux

UNIX系統的雛型是從貝爾實驗室中誕生，直到1973年才正式發展出UNIX版本，具有可攜帶性高、多工使用、背景處理、多人多工、階層式檔案等特點，多半是由企業機關所使用。UNIX發展初期是使用文字介面操作，對一般使用者的入門障礙很高，但自1984年X Window的出現，UNIX的親合性開始提高，後來發展出所謂「Unix-Like」家族，都是由UNIX演變而來。

Linux則是於1991年由名爲Linux Torvalds的芬蘭大學生所發展出來，簡單的說，就是：「一套能夠免費在PC上運作的UNIX作業系統」，它是POSIX（Portable Operating System Interface for UNIX）規格的完整重新製作，與UNIX相容。由於Linux是完全採用「開放原始碼」（Open Source Code），不但完全免費，而且可以允許任意修改及拷貝，因此衍生出各種不同「整合套件」（Distribution），例如 Fedora、Red Hat、Slackware、BluePoint、Mandrake等。

4-2-4 嵌入式作業系統

嵌入式系統（Embedded System）是軟體與硬體結合的綜合體，主要是強調「量身定做」的基本架構原則。幾乎涵蓋所有微電腦控制的裝置，嵌入式系統的產業是一個龐大的市場，最初是爲了工業電腦而設計，近年來隨著處理器演算能力不斷強化以及通訊晶片能力的進步，嵌入式系統已廣泛運用在資訊產品與數位家電，例如運輸系統工廠、生產的自動控制、數位影音產品、資訊家電、先進醫療器材等，已成爲通訊和消費類產品的未來共同發展方向。嵌入式作業系統採用微處理器去實現相對單一的功能，其採用獨立的作業系統，往往不需要各種周邊設備，資訊家電與智慧型手機才眞正是屬於嵌入式系統的天下。

> **Tips**
>
> 目前最當紅的手機iPhone就是使用原名爲iPhone OS 的 iOS 智慧型手機嵌入式系統，可用於iPhone、iPod touch、iPad與Apple TV，爲一種封閉的系統，並不開放給其他業者使用。最新的Iphone 13所搭載的iOS 15是一款全面重新構思的作業系統。Android則是Google公布的智慧型手機軟體開發平台，結合了Linux核心的作業系統，可讓使用Android的軟體開發套件。Android 擁有的最大優勢，就是跟各項Google 服務的完美整合，不但能享有Google上的優先服務，憑藉著開放程式碼優勢，愈來愈受手機品牌及電訊廠商的支持。

4-3 應用軟體

應用軟體是指針對某個特殊目的而設計的程式，它建構在作業系統的環境中，作業系統可說是基礎建設，要達到某些特殊功能，還要應用軟體與作業系統互相搭配才可以完成，例如文書處理軟體、試算表軟體、簡報製作軟體、資料庫軟體、影像繪圖軟體與遊戲軟體等。本節中將爲各爲介紹幾種常用的應用軟體。

4-3-1 文書處理軟體／試算表軟體／簡報製作軟體／資料庫軟體

要製作或閱讀各類文件（如表格、書面資料、文章、卡片等）都用得到文書處理軟體，也是電腦族日常生活中最經常使用的應用軟體，例如微軟的Word。而試算表軟體則是一套用來統計資料、排序與製作相關圖表的軟體，您可以利用它來算帳、製作資產負債表、損益表與學校成績統計工作，例如微軟的Excel。

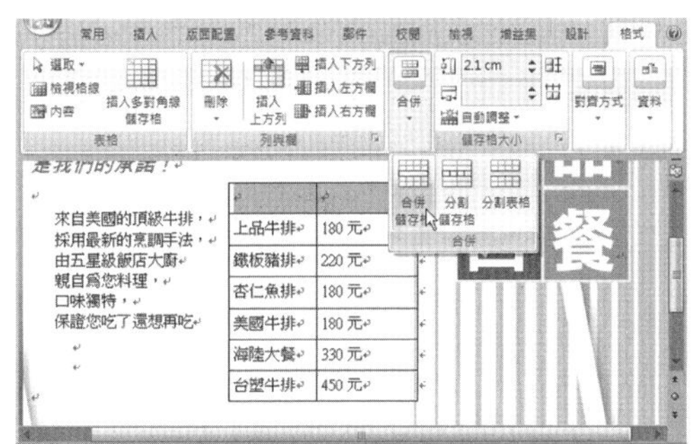

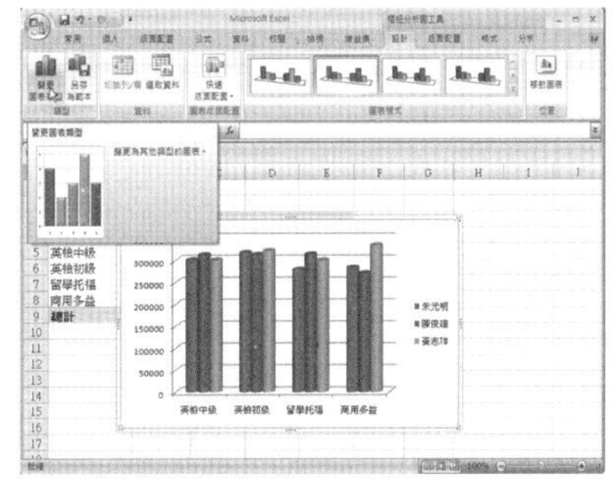

Word 與 Excel 軟體畫面

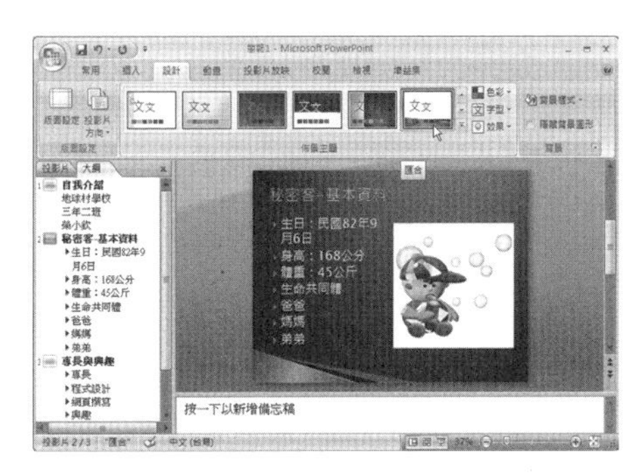

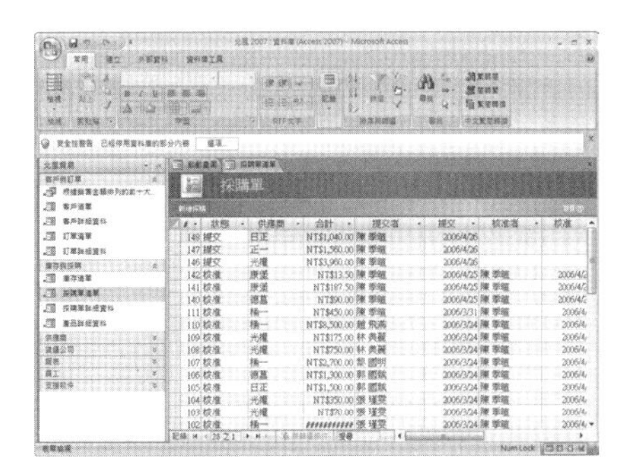

PowerPoint 與 Access 軟體畫面

在簡報軟體尚未出現之前，如果想要製作一份高質素的專業簡報，可說要大費功夫一番，有了簡報製作軟體，不但設計與製作可以自行包辦，還增加了許多相當實用的互動多媒體功能，直接在Internet上呈現。例如微軟的PowerPoint 就是簡報製作專家。目前市面上最知名的資料庫軟體是微軟的Access，屬於一種關聯式資料庫管理系統（Relational Database Management System, RDMS），可以提供使用者許多現成的範本資料來自行製作資料庫管理系統。

4-3-2 點矩陣繪圖軟體／向量繪圖軟體／視訊剪輯軟體

Adobe 出品的2D點矩陣影像處理軟體－PhotoShop 可將各種影像分層重疊，並且圖層間可做出各種的變化、格式轉換、影像掃描等，適合各種影像特效合成。至於CorelDraw則是以向量繪圖為主，不但具有圖層編輯、立體式修飾斜邊、多樣色彩樣式等功能，CorelDraw X3還多了Office影像格式輸出、動態輔助線、智慧型繪圖工具等新增功能。

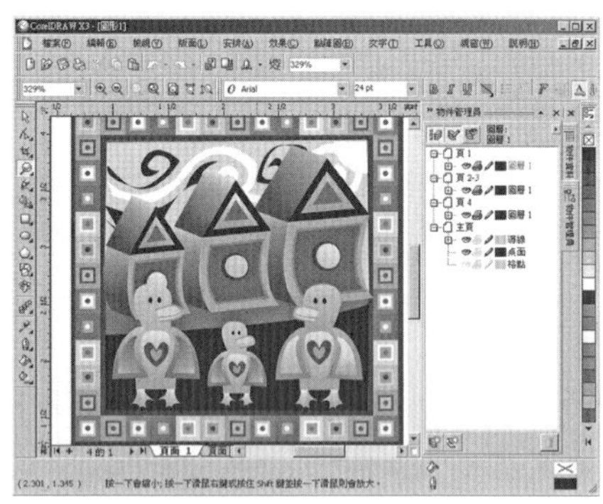

PhotoShop 與 CorelDRAW 軟體 畫面

會聲會影是一套簡單易學、彈指間就能輕鬆編輯家庭視訊的編輯程式，由於它提供簡單易懂的中文化操作介面，能支援大多數的視訊來源，又提供各種的特效轉場效果可以使用，因此不管是電腦高手或是視訊編輯的新鮮人，只要想爲生活增添些許的歡樂與回憶，就可以透過它來留影存檔。

會聲會影的編輯視窗操作介面

4-3-3 動畫製作軟體

3DSMax爲Autodesk公司所生產之3D電腦繪圖軟體。功能涵蓋模型製作、材質貼圖、動畫調整、物理分子系統及FX特效功能等。應用在各個專業領域中，如電腦動畫、遊戲開發、影視廣告、工業設計、產品開發、建築及室內設計等，爲全領域之開發工具。3DSMax已經歷數次改版，每次改版在功能上都有令人驚豔之亮麗表現。

3DSMax的精彩繪圖效果

4-4 程式語言簡介

「程式語言」就是一種人類用來和電腦溝通的語言，也是用來指揮電腦運算或工作的指令集合。程式語言發展的歷史已有半世紀之久，由最早期的機器語言發展至今，已經邁入到第五代自然語言。基本上，不論任何一種語言都有其專有語法、特性、優點及相關應用的領域。依照其演進過程分類如：

4-4-1 機械語言

機械語言（Machine Language）是由1和0兩種符號構成，是最早期的程式語言，也是電腦能夠直接閱讀與執行的基本語言，也就是任何程式或語言在執行前都必須被轉換爲機械語言。不過每一家電腦製造商，都因爲電腦硬體設計的不同而開發不同的機械語言，不但使用不方便，而且可讀性低也不容易維護，並且不同的機器與平台，編碼方式都不盡相同。

4-4-2 組合語言

組合語言（Assembly Language）是一種介於高階語言及機械語言間

的符號語言，比起機械語言來說，組合語言要易編寫和學習。機械語言0和1的符號定義為「指令」（statement）是由運算元和運算碼組合而成，只可以在特定機型上執行，不同CPU要使用不同的組合語言。

4-4-3 高階語言

高階語言（High-level Language）是相當接近人類使用語言的程式語言，雖然執行較慢，但語言本身易學易用，因此被廣泛應用在商業、科學、教學、軍事等相關的軟體開發上。它的特點是必須經過編譯（Compile）或解譯（Interpret）的過程，才能轉換成機器語言碼。所謂編譯，是使用編譯器來將程式碼翻譯為目的程式（object code）。例如：C、C++、Java、Visual C++、Fortran等語言都是使用編譯的方法。至於解譯則是利用解譯器（Interpreter）來對高階語言的原始程式碼做逐行解譯，所以執行速度較慢，例如Basic、Lisp、Prolog等語言皆使用解譯的方法。

4-4-4 非程序性語言

非程序性語言（Non-procedural Language）也稱為第四代語言，特點是它的敘述和程式與眞正的執行步驟沒有關連。程式設計者只須將自己打算做什麼表示出來即可，而不須去理解電腦是如何執行的。資料庫的結構化查詢語言（Structural Query Language，簡稱SQL）就是第四代語言的一個頗具代表性的例子。

4-4-5 人工智慧語言

人工智慧語言稱為第五代語言，或稱為自然語言，其特性宛如和另一個人對話一般。因為自然語言使用者口音、使用環境、語言本身的特性（如一詞多義）都會造成電腦在解讀時產生不同的結果與自然語言辨識上的困難度。因此自然語言的發展必須搭配人工智慧來進行。

4-5 Windows 11快速入門

Windows 11的全新功能包括了優化觸控的全新使用者介面、圓角視窗設計介面、多功能視窗、回歸小工具程式、讓Android App執行於Windows 11、重新設計的Microsoft Store等，另外為了達到資安防護的目的，強制電腦模組升級到TPM 2.0，同時為了吸引更多的遊戲玩家，導入遊戲新技術與雲端遊戲。

4-5-1全新使用者介面（UI）

Windows 11的開始工具列預設的位置是置中顯示，這和以往我們使用的Windows作業系統的「開始」功能表位置左下角，剛開始可能在操作上有點不習慣，但是如果過去習慣MacOS 的用戶，可能會覺得這樣的操作方式用起來還蠻適應的。

4-5-2 導入Fluent Design風格的圓角視窗介面

在 Windows 11 介面中大幅加入 Fluent Design 風格，將視窗改為圓角與半透明風格，整體觀看的舒適感較以往的視窗介面更具設計感。

4-5-3 加入名為Snap Layout的多功能視窗

微軟Windows 11多功能視窗預設四個選項供使用者挑選，使用者也可以依自己的需求自行調整，基本上，多功能視窗可以進行一對一、一對二、或者二對二等視窗分割，有了這項功能各位就可以一邊查看電子郵件，一邊觀看即時新聞，又同時進行Office文書處理作業，在操作上非常地簡便且直覺。

4-5-4 導入觸控的輸入介面

爲了更貼近使用者的操作習慣，除了傳統滑鼠、鍵盤以外的操作模式，並加入了觸控操作介面，可允許用戶透過手寫筆、聲控方式來輸入文字或視窗操作等行爲，同時這次改版的Windows 11也允許可隨著螢幕方向旋轉的互動式介面。使用平板電腦模式時，也可以輕易從工作列上，將觸控式鍵盤按鈕顯示出來，只要按一下工作列右側的「觸控制鍵盤」 win27鈕，就可顯示觸控式鍵盤。

4-5-5 Snap Group將常使用的App設為同群組

用戶可以將目前所有開啓的視窗設定爲單一「Snap Group」群組，這項的功能就可以有助於使用者可以將經常使用的App設定爲同一群組，再將不同工作或娛樂屬性的App設定爲另外一個群組，如此一來，就可以在不同工作或娛樂需求間快速地切換。

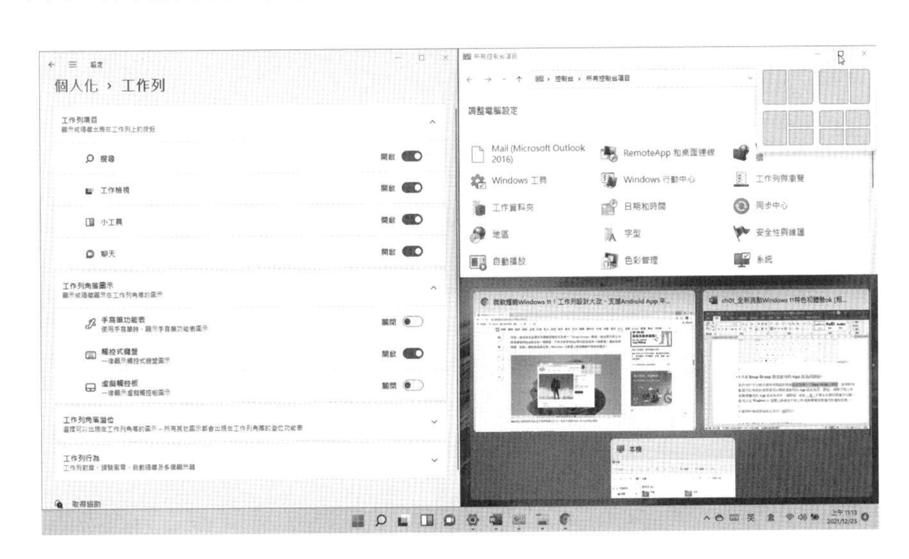

4-5-6 自動語音辨識

語音輸入是一種由 Azure 語音服務所提供之線上語音辨識功能，可以透過說話的方式來輸入文字，Windows 11的語音輸入可以辨識中文及標點符號，對於輸入中文過慢的用戶，這項功能可以協助快速完成中文的輸入工作。如果要使用語音輸入有三個前置工作必須注意：

1. 連接網際網路
2. 可以正常運作的麥克風
3. 游標放在文字方塊中或要輸入開始輸入的所在位置

接著只要在鍵盤上按「Windows標誌鍵 + H」，開啓語音輸入後，系統就會自動開始聆聽，並將所講的話進行語音辨識，以加速中文輸入的速度，爲了確保有較高的辨識率，建議講話要口齒清晰，速度不宜過快。如果要停止語音輸入，只要說出「停止聆聽」等語音輸入命令。

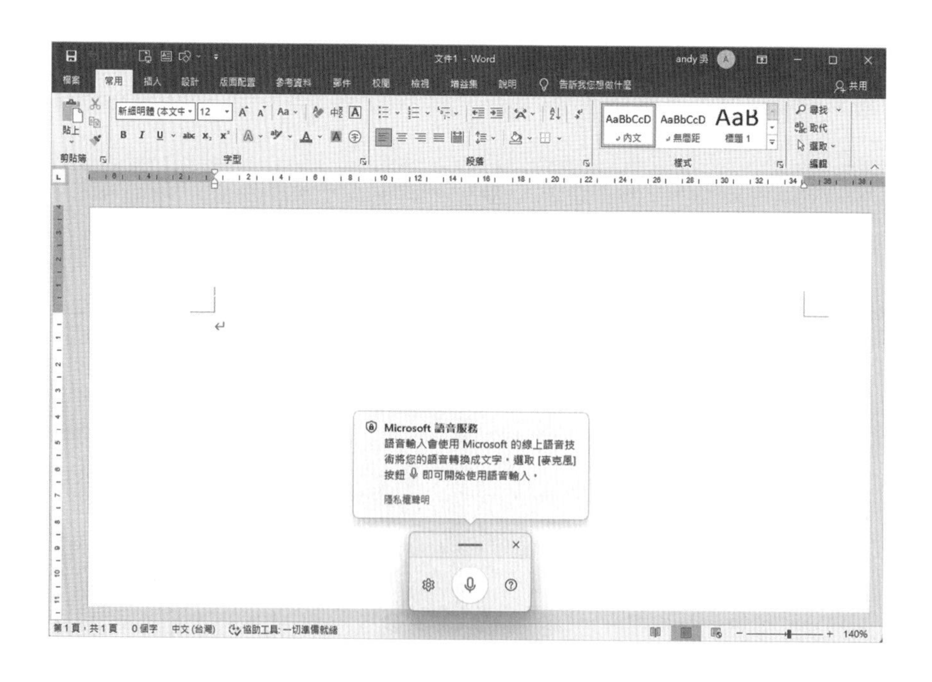

4-5-7 Windows 11安裝概要

在此將說明Windows 10升級成Windows 11的重要過程。在升級前，請先判斷您的電腦或平板是否符合微軟所公布的最低系統需求。微軟所公告的Windows 11最低系統需求，可以參考底下網頁，該網頁詳細列出在電腦上安裝 Windows 11 的最低系統需求。如果您的裝置不符合這些需求，可能無法在裝置上安裝 Windows 11，建議您考慮購買新電腦。

https://www.microsoft.com/zh-tw/windows/windows-11-specifications?r=1

接下來就來示範Windows 11的安裝過程，底下的例子是示範直接由Windows 10升級到Windows 11，首先請在Windows 10「開始」功能表按下「設定」鈕，接著進入如下圖的Windows 10「設定」頁面，而完整的安裝過程摘要如下：

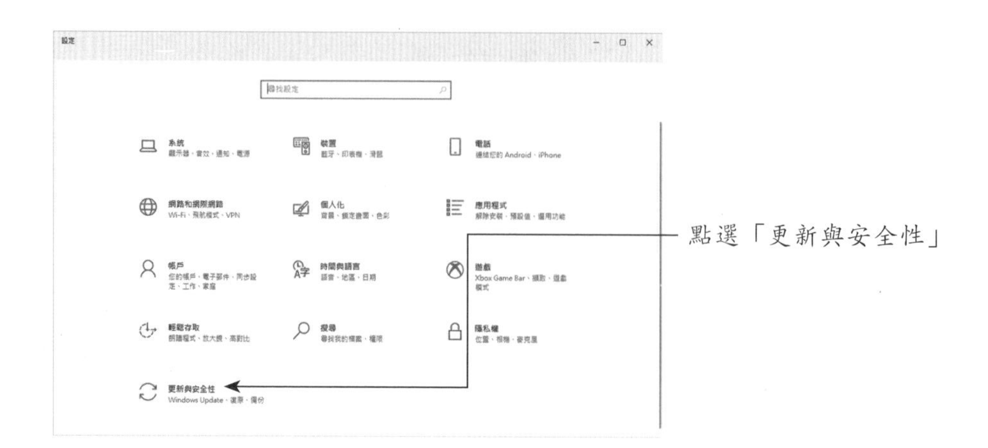
點選「更新與安全性」
更新與安全性

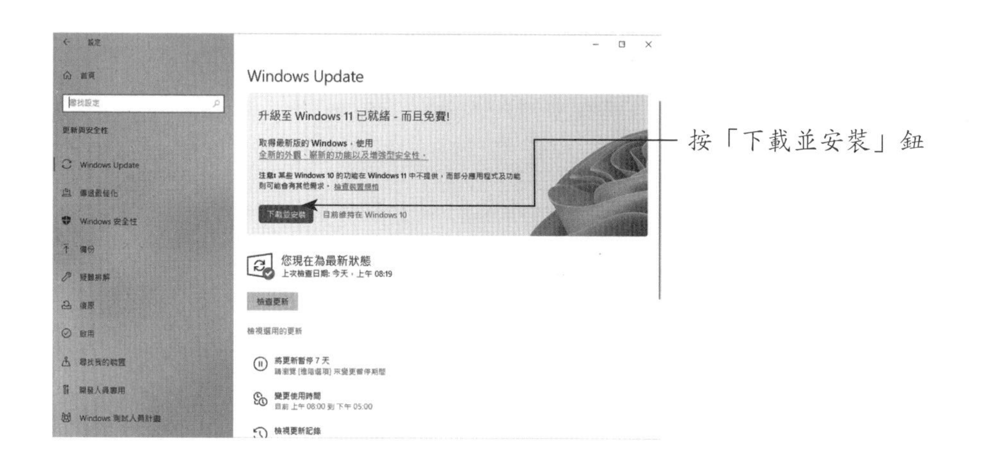
按「下載並安裝」鈕
Windows Update
升級至 Windows 11 已就緒 - 而且免費!
您現在為最新狀態

軟體授權條款

上次更新：2021 年 6 月
MICROSOFT 軟體授權條款
WINDOWS 作業系統
若貴用戶居住 (或若貴公司之主要營業地點) 在美國，請詳讀第 11 節中具有拘束力的仲裁條款以及集體訴訟權利之拋棄條款。相關條款將影響爭議之解決方式。
感謝您選擇 Microsoft！
視貴用戶取得 Windows 軟體的方式而定，本授權合約係由 (i)貴用戶與隨同裝置散布軟體的裝置製造商或軟體代工廠商間所共同締訂；或 (ii)若透過零售商取得軟體，則為貴用戶和 Microsoft Corporation (或其關係企業，視貴用戶的居住地區或貴公司的主要營業地點而定) 間所共同締訂。Microsoft 為 Microsoft 或其關係企業之一所生產之裝置的裝置製造商，且若貴用戶是向 Microsoft 直接取得軟體，則 Microsoft 亦同時為零售商。若貴用戶係大量授權之客戶，則使用軟體時應受貴用戶之大量授權合約規範，而非本合約。
本合約描述貴用戶使用 Windows 軟體之權利、義務及條件。請務必從頭到尾讀完整份合約 (包括軟體隨附的任何增補授權條款及任何連結條款)，因為所有條款全都十分重要，並共同構成這份適用於貴用戶的合約。若要閱讀連結條款，請將 (aka.ms/) 連結貼入貴用戶的瀏覽器視窗中。
一旦接受本合約或使用軟體，即代表　貴用戶接受本合約之全部條款，並同意在軟體啟用及使用期間依照第 3 節的隱私權聲明，允許傳輸特定的資

若要安裝此更新，請接受授權條款。如果您不想立即安裝此更新，請關閉此視窗。

接受並安裝　　關閉

出現軟體授權條款，請按下「接受並安裝」

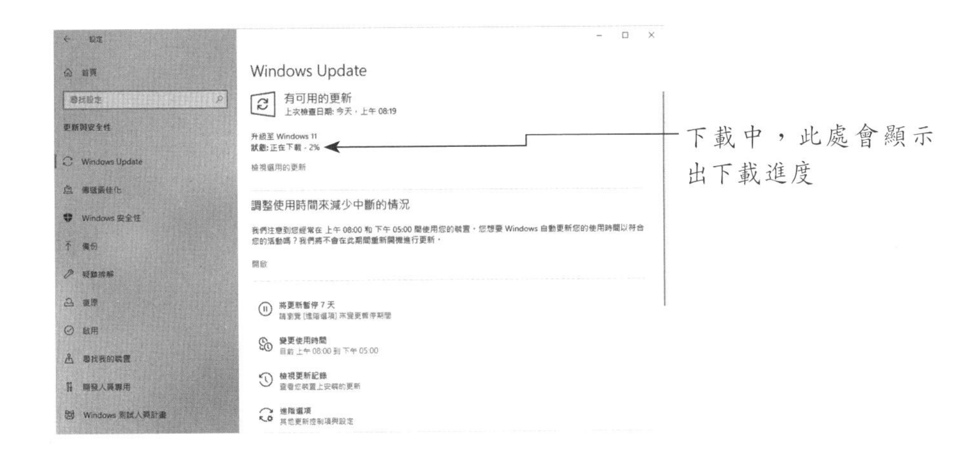

下載中，此處會顯示出下載進度

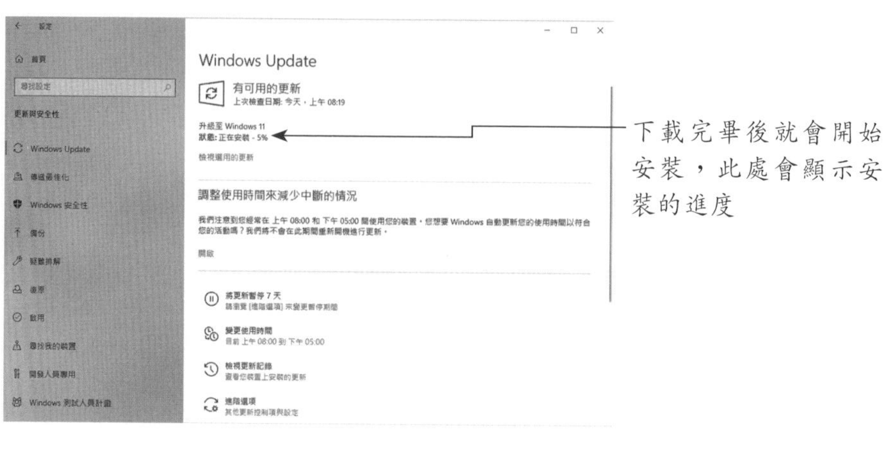

下載完畢後就會開始安裝，此處會顯示安裝的進度

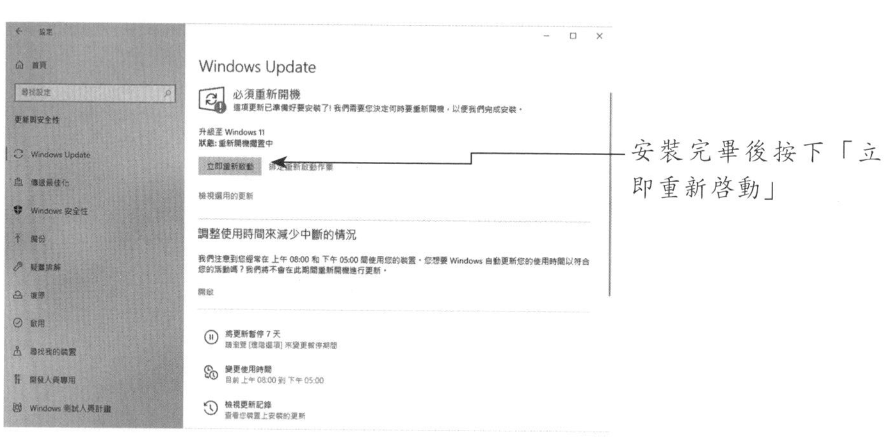

安裝完畢後按下「立即重新啟動」

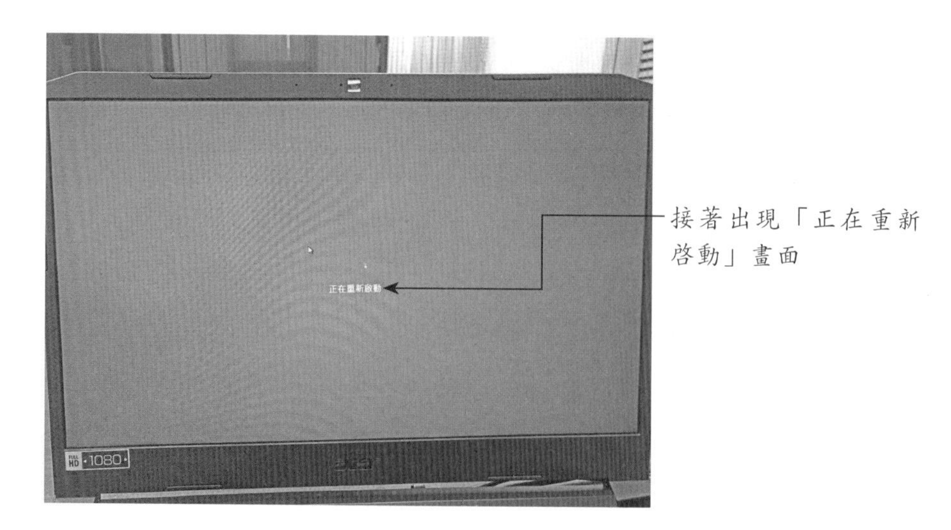

接著出現「正在重新啟動」畫面

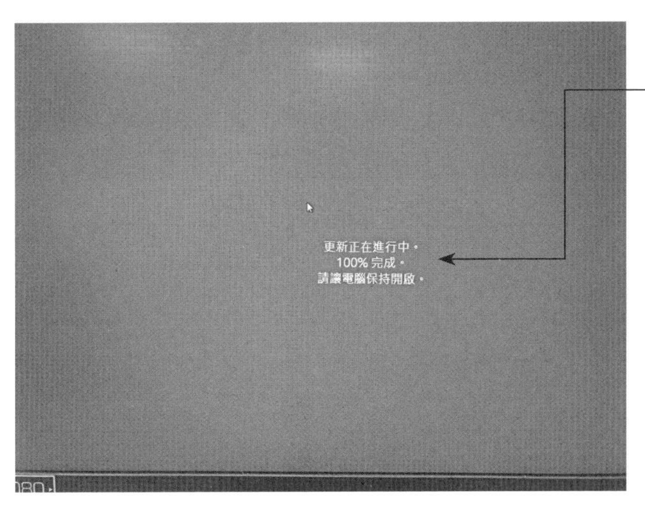

接著會開進行更新動作，並秀出更新的進度，更新的過程中會反覆啓動電腦好幾次，完成後就會秀出「100%完成」

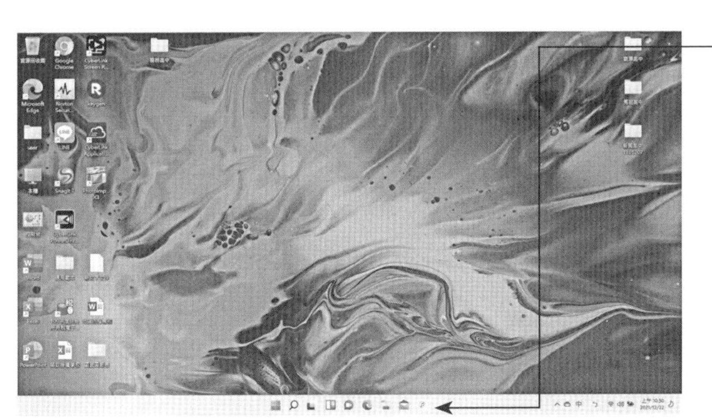

當更新Windows 11的動作完成後，就會進入全新的Windows 11桌面，各位可以看出「開始」工作列預設的位置爲置中顯示，微軟將 Teams 即時會議、通話、遠距教學等功能直接整合到 Windows 11 工作列中

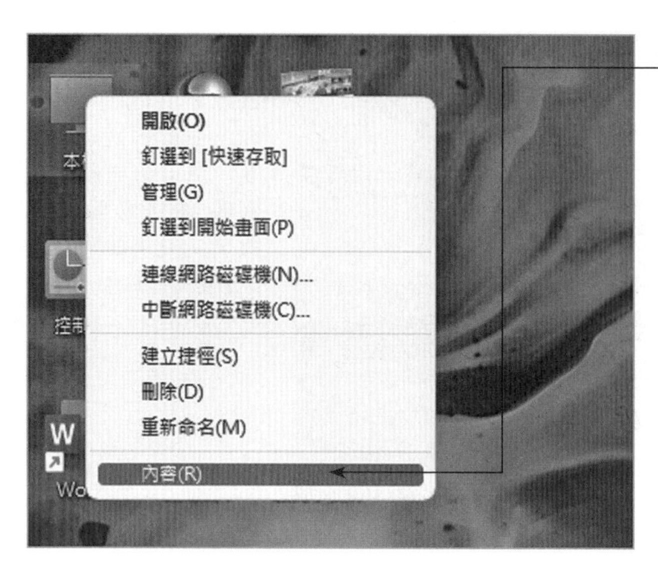

如果想查看是否本機電腦所安裝的作業系統是否爲新版的Windows 11，可於桌面的「本機」圖示按下滑鼠右鍵，並執行快顯功能表中的「內容」指令

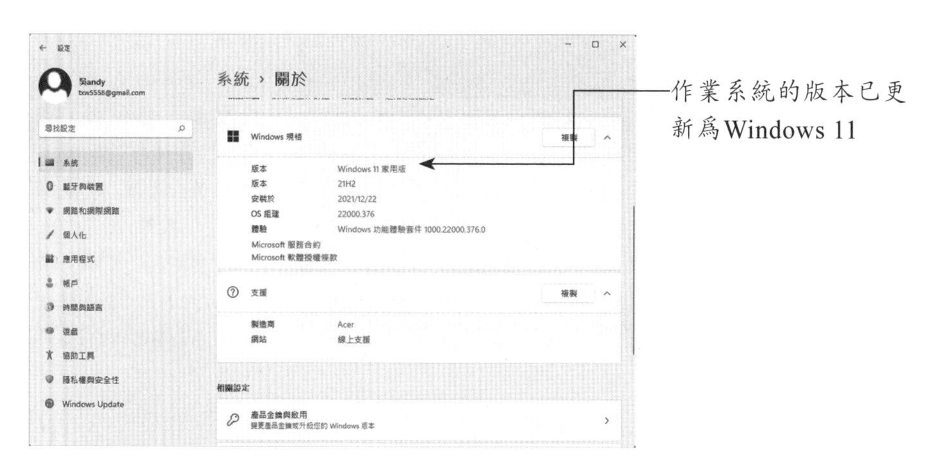

作業系統的版本已更新爲Windows 11

【課後評量】

一、選擇題

1. (　　) 下列哪一項不是電腦的作業系統？ (A)Linux (B)Windows 2000 (C)DBMS (D)MS-DOS

2. (　　) 下列何種作業系統沒有圖形使用者操作介面　(A)Linux　(B)Windows 2000　(C)Windows NT　(D)MS-DOS
3. (　　) 下列有關 Windows 98 的敘述何者錯誤？　(A)Windows 98 具備圖形化的使用介面　(B)Windows 98 提供程式執行的環境，並可控制程式的執行　(C)Windows 98 可以管理主記憶體　(D)Windows 98 允許多位使用者同時操作，而且能同時執行多項工作，是屬於多人多工的作業系統
4. (　　) 下列何者不是作業系統？　(A)Windows　(B)Oracle　(C)Unix　(D)Linux
5. (　　) 作業系統的功能不包含：　(A)分配及管理系統資源　(B)建立使用者介面　(C)執行應用軟體，並提供執行時期所需之服務　(D)文書處理
6. (　　) 在UNIX下，列出目前已LOGIN系統的使用者，可使用下列哪個指令？　(A) who　(B) ls　(C) pwd　(D) mv
7. (　　) 小明想架一部WWW伺服器在網際網路上做生意，他希望購買軟體費用能儘量節省，且又不希望因使用盜版軟體而觸法，基於這些觀點，以下哪一個作業系統最適合小明？(A)DOS　(B) OS/2　(C) Windows 2000/XP　(D) Linux
8. (　　) Linux的標幟爲　(A)企鵝　(B)無尾熊　(C)鬱金香　(D)風車
9. (　　) Linux作業系統是一個什麼類型的系統？　(A)單人單工系統　(B)單人多工系統　(C)多人單工系統　(D)多人多工系統
10. (　　) 下列何者不是Linux的文書編輯器　(A)vi　(B)ed　(C)edit　(D)pico
11. (　　) 在Windows 系統中，可以同時按哪些鍵來循環切換已安裝的輸入法？　(A)Win + Shift　(B) Win + Space　(C) Alt + Del　(D) Ctrl + Alt
12. (　　) 在Windows 系統中，如果同時開啓多個應用視窗，可以使用

以下哪一個按鍵來切換作用中的視窗？ (A) ALT + TAB (B) CTRL + TAB (C) SHIFT + TAB (D) TAB

13. ( ) 工作列上的小圖示可能具有哪一項功能？ (A)快速啓動某一程式 (B)顯示某些硬體（如印表機）的使用狀態 (C)顯示目前正在使用的輸入法 (D)以上皆是

14. ( ) 在Windows作業系統中，對於檔案的管理是透過下列何種結構，來組織磁碟機內的檔案？ (A)網狀結構 (B)環狀結構 (C)排狀結構 (D)樹狀結構

15. ( ) 在Windows檔案總管中，想要選定連續的檔案，只要先按住哪一鍵不放，再點選要選取的第一與最後一個檔案，即可成功選定連續的檔案？ (A)Esc (B)Ctrl (C)Del (D)Shift。

二、問答題

1. 請試著上網查詢相關資料，說明GPL的主要精神。
2. 系統軟體的主要功用爲何，試簡述之。
3. 簡述程式語言的功能。
4. 試舉出至少五類應用軟體。
5. 依照作業系統的特性來區分，可以分爲哪三種？
6. 簡述程式語言演進過程分類。
7. 試簡介嵌入式系統（Embedded System）。
8. 試簡述Android作業系統。
9. 請舉出系統時間調整的兩種方式。
10. 請寫出檔案總管中的至少五種檢視方式。

第五章

多媒體概說

近年來由於電腦科技日新月異，尤其對各種媒體的處理能力大為增加，並且均能夠以電腦與周邊設備將它們轉化成數位資訊內容，然後加以整合與運用來展示多媒體的五光十色效果，使得從電子科技界、資訊傳播界、專業設計業、電信業，甚至於教育界和娛樂領域，無不處處充斥著它的影響力。現代多媒體產品的發展趨勢更由電腦或設計專業人士的特殊工具，轉化為一般大眾的消費性數位產品。

兒童數位博物館的多媒體網站

榮欽科技油漆式多媒體教學網站

5-1 認識多媒體

「多媒體」（Multi Media）可以稱爲是一項包括多種視聽（audio visual）表現模式的創作，在不同的時期有著不同的定義與內含，而其中的差異主要在於當時的電腦技術背景。近年來由於工業社會急速發展，電腦科技日新月異，因此對於各種媒體內容，均能夠以個人電腦將它們轉化成數位型態的資訊內容，然後再透過電腦加以整合與運用，最後配合周邊設備來展示多媒體效果。

國立海洋生物博物館的多媒體導覽系統

5-1-1 多媒體的定義

「多媒體」一詞是由「多」（Multi）及「媒體」（Media）兩字組合而成。所謂「媒體」，在今天的定義，則是代表所有能夠傳播資訊的媒介，其內容主要包含了文字（Text）、影像（Images）、音訊（Sound）、視訊（Video）及動畫（Animation）等媒介。因此對於「多媒體」，我們可以這樣定義：「同時運用與整合一個以上的媒體來進行資訊的傳播，而媒體的範圍則包含了文字、影像、音訊、視訊及動畫等素材」，接下來將分別為各位加以介紹。

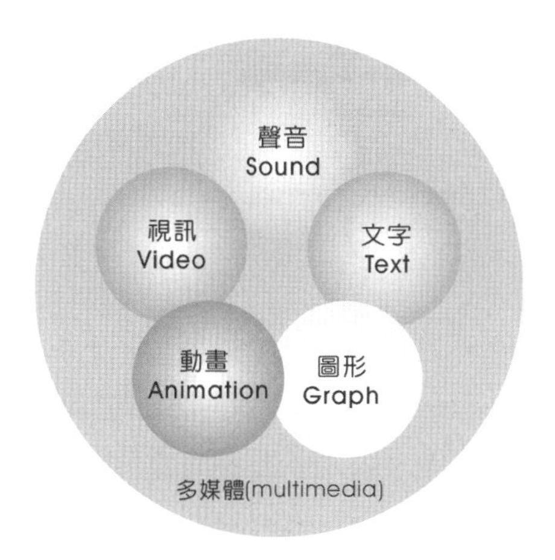

5-2 文字媒體

「文字」是最早出現的媒體型式，甚至可以追溯到數千年前文字發明的時期。人們利用文字來傳遞或交換訊息，例如書信往返就是一個明顯的例子。後來在進入資訊化社會以後，開始將平常在紙張上書寫的文字內容輸入到電腦中，以讓電腦來協助處理這些文字媒體。

5-2-1 文字字型

字型，就是指文字表現的風格和式樣。以中文字而言，是相當具有美感與創意，而中文字型就是漢字作為文字被人們所認識的圖形。而字體就是由數量粗細不同的點和線所構成的骨架。例如各位耳熟能詳的粗體、斜體、細明體、標楷體等。文字的字型型態，通常可區分為「點陣字」與「描邊字」兩種類型。我們將分別介紹如下：

■ 點陣字

點陣字放大後，會出現鋸齒狀

點陣字主要是以點陣圖案的方式來構成文字，也就是說，是一種採用圖形格式（Paint-Formatting）的電腦文字來表示文字外型。例如一個大小為24*24的點陣字，實際上就是由長與寬各為24個黑色「點」（Dot）所組成的一個字元。因此如果將一個16*16大小的點陣字放大到24*24的大小，那麼在這個字元的邊邊，就會出現鋸齒狀失真的現象。

■ 描邊字

描邊字則是採用數學公式計算座標的方式來產生電腦文字。因此當文字被放大或縮小時，只要改變字型的參數即可，而不會出現失真的現象。目前字型廠商所研發的字型集大都屬於此類型，例如華康字型、文鼎字型等。

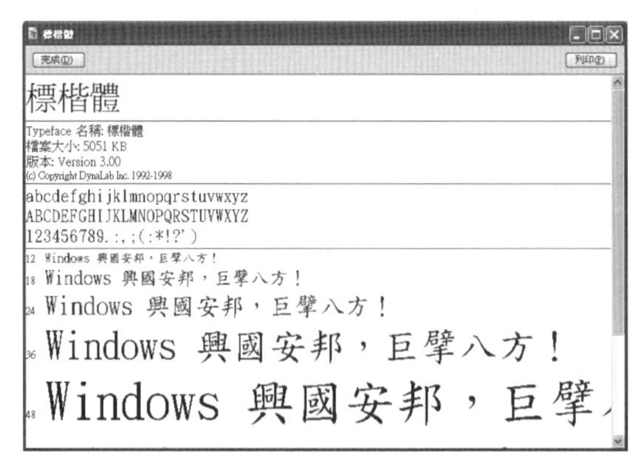

描邊字型即使放大也不會失真

Tips

由於文件交換牽涉各組織有不同版本與作業系統的問題，不同的字型編碼及樣式，在不同的電腦系統或作業環境下，會產生不同的顯示結果，甚至無法顯示。PDF（Portable Document Format）是一種可攜式電子文件，不論使用何種電腦平台或應用軟體編輯的文件，幾乎都可轉換成PDF格式互通使用。

5-3 影像處理

日常生活中隨處可見的照片、圖片、海報，還有電視畫面等，都可以算是影像的一種。影像是由形狀和色彩所組合而成的，但是運用電腦來繪圖時，就必須牽涉到電腦資料的計算、色彩深度、色彩模式等問題，例如電腦繪圖軟體能模仿傳統藝術家的媒體素材，透過電腦來做出筆刷、鉛筆、和暗房技巧。現代電腦影像處理技術主要適用來編輯、修改與處理靜態圖像，以產生不同的影像效果，稱之為「數位影像處理」。

5-3-1 數位影像類型

首先來認識數位影像的類型。常見的數位影像類型可分為點陣圖與向量圖兩種，分別介紹如下：

■ 點陣圖

影像是由螢幕上的像素（Pixel）所組成，所謂像素，就是螢幕畫面上最基本的構成粒子，每一個像素都記錄著一種顏色。而像素的數目愈多，圖像的畫質就更佳，例如一般的相片。解析度（resolution）則是指每一英吋內的像素粒子密度，它是決定點陣圖影像品質與密度的重要因素，通常是密度愈高，影像則愈細緻，解析度也愈高。點陣圖的優點是可以呈現眞實風貌，而缺點則爲影像經由放大或是縮小處理後，容易出現失眞的現象。例如PhotoShop、PhotoImpact、小畫家等，即爲點陣圖繪圖軟體。

點陣圖放大後會產生失真現象

■ 向量圖

向量圖是由線條及面所組成，所有繪製的圖形均是由電腦數學計算式所描述繪成，顯像時再計算出結果來顯示。因爲每次放大、縮小時都會重新計算過，所以就不會造成失眞現象，另外由於向量圖形只需紀錄各點的座標，檔案所占空間自然會比點陣圖形小上許多。也無法表現出如點陣圖般的明暗、顏色等細致變化。常常應用於電腦繪畫領域，例如Corel-DRAW、AutoCAD、Illustrator、Flash，即爲此類型軟體。

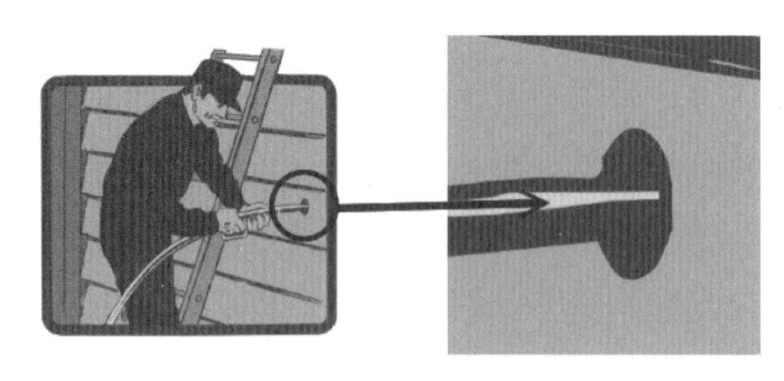

向量圖放大時不會產生失真現象

5-3-2 影像色彩模式

所謂的色彩模式，就是電腦影像上的色彩構成方式，或是決定用來顯示和列印影像的色彩模型。而電腦影像中，常用的色彩模式如下介紹。

■ RGB色彩模式

所謂色光三原色，則爲紅（Red）、綠（Green）、藍（Blue）三種。如果影像中的色彩皆是由紅（Red）、綠（Green）、藍（Blue）三原色各8位元（Bit）進行加法混色所形成，而且同時將此三色等量混合時，會產生白色光，則稱爲RGB模式。所以此模式中每個像素是由24 位元（3個位元組）表示，每一種色光都有256種光線強度（也就是2^8種顏色）。三種色光正好可以調配出2^{24}=16,777,216種顏色，也稱爲24位元全彩。例如在電腦、電視螢幕上展現的色彩，或是各位肉眼所看到的任何顏色，都是選用「RGB」模式。

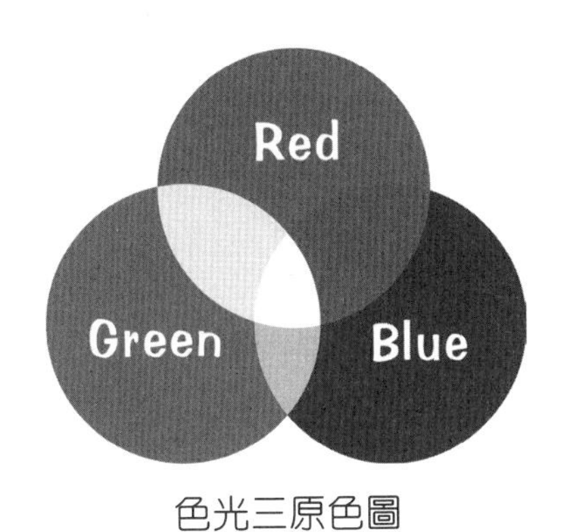

色光三原色圖

■ CMYK色彩模式

所謂色料三原色，則爲洋紅色（Magenta）、黃（Yellow）、青藍（Cyan）。CMYK色彩模式是由C是青色，M是洋紅，Y是黃色，K是黑色，進行減法混色所形成，將此三色等量混合時，會產生黑色光。CMYK模式是由每個像素32 位元（4個位元組）來表示，也稱爲印刷四原色，適合印表機與印刷相關用途。由於CMYK是印刷油墨，所以是用油墨濃度來表示，最濃是100%，最淡則是0%。CMYK模式所能呈現的顏色數量會比RGB模式少，所以在影像軟體中所能套用的特效數量也會相對較少，在使用上多半會先在RGB模式中套用所需特效，等最後輸出時，再轉換爲CMYK模式。

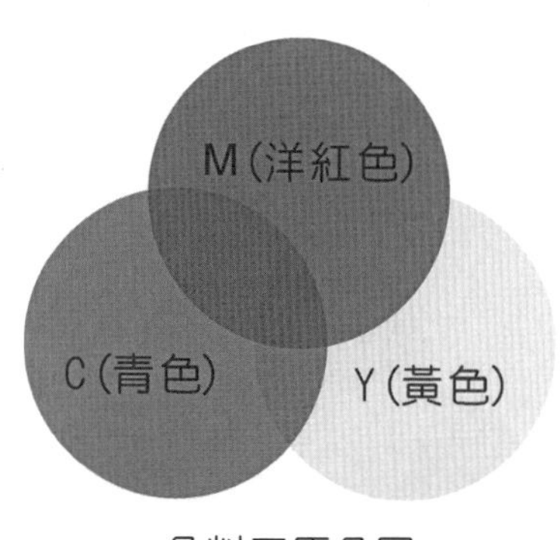

色料三原色圖

■ HSB模式

還有一種HSB模式，可看成是RGB及CMYK的一種組合模式，其中HSB模式是指人眼對色彩的觀察來定義。在此模式中，所有的顏色都用H（色相，Hue）、S（彩度，Saturation）及B（亮度，Brightness）來代表，可視爲是RGB及CMYK的一種組合模式，也是指人眼對色彩的觀察來定義，在螢幕上顯示色彩時，會有較逼眞的效果。

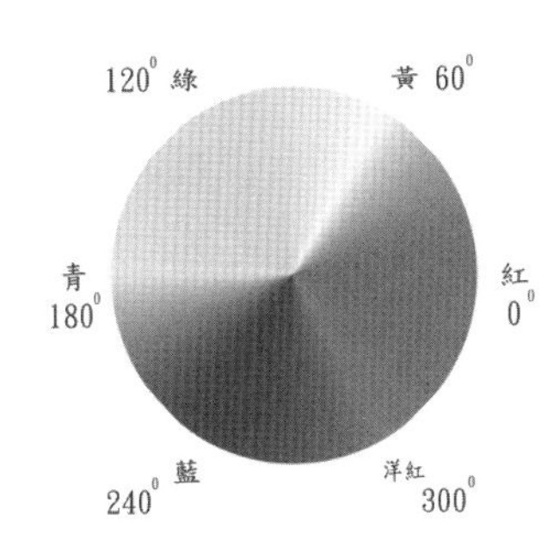

HSB模式的色相環

5-3-3 影像色彩類型

由於一個位元只能表現出黑白兩色，我們平常所說的「色彩深度」便是以位元來表示，當位元數目愈高，就代表影像所能夠具有的色彩數目愈多，相對地，影像的漸層效果就越柔順。在一般常見的數位影像色彩中，主要區分成以下六種影像色彩類型。

■ 黑白模式

在黑白色彩模式中，只有黑色與白色。每個像素用一個位元來表示。這種模式的圖檔容量小，影像比較單純。但無法表現複雜多階的影像顏色，不過可以製作黑白的線稿（Line Art），或是只有二階（2位元）的高反差影像。

黑白影像圖

■ 灰階模式

每個像素用8個位元來表示，亮度值範圍爲0～255，0表示黑色、255表示白色，共有256（2^8）個不同層次深淺的灰色變化，也稱爲256灰階。可以製作灰階相片與Alpha色板。

■ 16色模式

每個像素用4位元來表示，共可表示16種顏色，爲最簡單的色彩模式，如果把某些圖片以此方式儲存，會有某些顏色無法顯示。

16色影像圖

■ 256色模式

每個像素用8位元來表示，共可表示256種顏色，已經可以把一般的影像效果表達的相當逼眞。

■ 高彩模式

每個像素用16位元來表示，其中紅色占5位元，藍色占5位元，綠色占6位元，共可表示65536種顏色。通常在製作多媒體產品時，多半會採用16位元的高彩模式。

■ 全彩模式

每個像素用24位元來表示，其中紅色占8位元，藍色占8位元，綠色占8位元，共可表示16,777,216種顏色。全彩模式在色彩的表現上非常的豐富、完整，不過使用全彩模式及256色模式，光是檔案資料量的大小就差了三倍之多。

全彩影像圖

例如對於影像畫面呈現規格來說，通常是採用640×480、800×600、或1024×768的空間解析度。事實上，影像擁有愈高的空間解析度，相對地影像資料量也會愈大。以一張640×480的全彩（24位元）影像來說，其未壓縮的資料量就需要約900KB的記憶容量（640×480×24/8 = 921,600 bytes）。

5-3-4 影像壓縮

影像壓縮就是根據原始影像資料與某些演算法，來產生另外一組資料，方式可區分爲「破壞性壓縮」與「非破壞性壓縮」兩種。主要差距在於壓縮前的影像與還原後結果是否有失眞現像，「破壞性壓縮」壓縮比率大，但容易失眞，而「非破壞性壓縮」壓縮比率小，不過還原後不容易失眞。例如PCX、PNG、GIF、TIF是屬於「非破壞性壓縮」格式，而JPG是屬於「破壞性壓縮」。

破壞性壓縮模式的全彩效果JPG檔

接著我們來介紹常見的影像圖檔格式：

■ TIF

副檔名爲.tif，爲非破壞性壓縮模式，支援儲存CMYK的色彩模式與256色，能儲存Alpha色版。其檔案格式較大，常用來作爲不同軟體與平台交換傳輸圖片，爲文件排版軟體的專用格式。

■ BMP

副檔名爲.bmp，屬於點陣圖格式在Windows與OS/2的作業系統中，最常使用到，支援全彩、灰白及黑白等色彩類型。因爲檔案較大，無法壓縮，並不適用於網路傳輸。

■ JPG

副檔名爲.jpg或jpeg，針對比較寫實的點陣式影像，採取破壞式壓縮格式，支援全彩。屬於破壞性壓縮，儲存後的影像會造成失真的現象，但壓縮比率可達相當高的程度，適合大自然或人物等連續色調的全彩相片。

■ GIF

是目前網際網路上最常使用的點陣式影像壓縮格式，副檔名為.gif，支援透明背景圖與動畫。網頁中要加入背景圖片，通常會插入GIF圖檔，這樣才能將圖形的透明背景保留下來，也支援交錯圖形式，適合卡通類小型圖片或按鈕圖示。

■ PNG

PNG格式是另外一種可用於網頁的影像格式，除了具有全彩顏色之外，更具有不失真及可製作透明背景的特性。檔案本身可儲存Alpha色版以做為去背的依據。

5-4 音訊處理

聲音是由物體振動造成，並透過如空氣般的介質而產生的類比訊號，也是一種具有波長及頻率的波形資料，以物理學的角度而言，可分為音量、音調、音色三種組成要素。音量是代表聲音的大小，音調是發音過程中的高低抑揚程度，可以由阿拉伯數字的調值表示，而音色就是聲音特色，就是聲音的本質和品質，或不同音源間的區別。

Tips

分貝（dB）是音量的單位，而赫茲（Hz）是聲音頻率的單位，1Hz為每秒震動一次。

隨著多媒體相關技術的進展，利用電腦來製作音訊產品已經是一件相單簡單的工作，例如波形音訊的錄製，甚至於錄好的音訊檔，還可以利用軟體來進行後續的處理與編輯。

5-4-1 語音數位化

語音數位化則是將類比語音訊號，透過取樣、切割、量化與編碼等過程，將其轉為一連串數字的數位音效檔。數位化的最大好處是方便資料傳輸與保存，使資料不易失真。例如VoIP（Voice over IP，網絡電話），就是一種提升網路頻寬效率的音訊壓縮型態，不過音質也會因為壓縮技術的不同而有差異。由於聲音的類比訊號進入電腦中必須要先經過一個取樣（sampling）的過程轉成數位訊號，這就和取樣頻率（sample rate）和取樣解析度（sample resolution）有密切的關聯，請看以下的說明。

■ 取樣

將聲波類比資料資料數位化的過程，稱為「取樣」，會產生一些誤差，取樣也分為單聲道（單音）或雙聲道（立體聲）。至於取樣頻率，每秒鐘聲音取樣的次數，以 赫茲（Hz）為單位。取樣解析度可以決定被取樣的音波是否能保持原先的形狀，愈接近原形則所需要的解析度愈高。

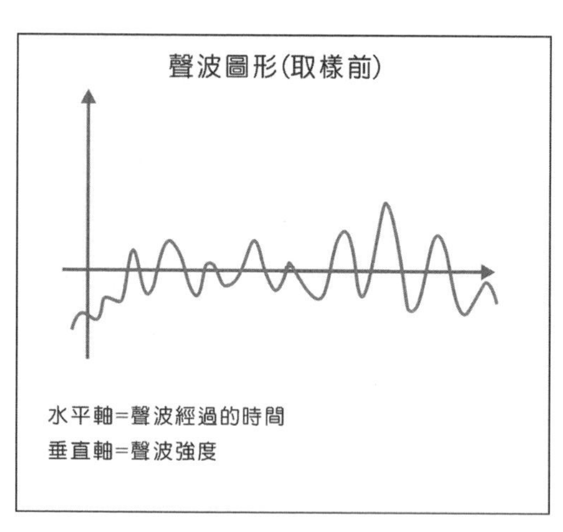

太空梭的運作也必須依靠電腦

■ 取樣頻率

取樣時的頻率密度或聲音頻率的取樣範圍。也就是每秒對聲波取樣的次數，以赫茲（Hz）為單位。常見的取樣頻率可分為11KHz及44.1KHz，分別代表一般聲音及CD唱片效果。而現在最新的錄音技術，甚至DVD的標準則可達96 KHz。密度愈高當然取樣後的音質也會愈好，愈接近原始來源聲音，不過所占用的空間也愈大。

■ 取樣解析度

取樣解析度（sampling resolution）代表儲存每一個取樣結果的資料量長度，以位元為單位，也就是要使用多少硬碟空間來存放每一個取樣結果。如果音效卡取樣解析度為8位元，則可將聲波分為$2^8 = 256$個等級來取樣與解析，而16位元的音效卡則有65536種等級。如下圖中切割長條形的密度為取樣率，而長條形內的資料量則為取樣解析度：

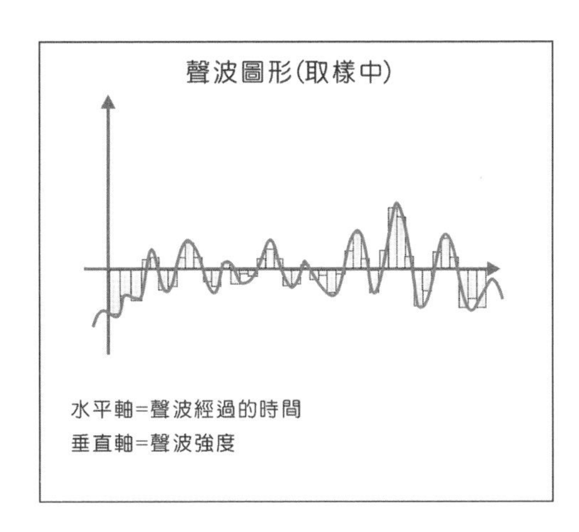

5-4-2 數位音效簡介

數位音效依照聲音的種類區分，可分爲「波形音訊」及「MIDI音訊」。分述如下：

■ 波形音訊

波形音訊是由震動音波所形成，也就是一般音樂格式，因時間點的不同而產生聲音強度的高低。在它轉換成數位化的資料後，電腦便可以加以處理及儲存，例如旁白、口語、歌唱等，都算是波形音訊。

■ MIDI音訊

MIDI音訊爲電腦合成音樂所設計，並不能算是眞正音樂格式，是利用儲存於音效卡上的音樂節拍資料來播放音樂。也就是Midi音樂檔案本身只儲存有關於音樂的節拍、旋律等資料。它能紀錄各種不同音質的樂器，也能紀錄樂器演奏時所設定的聲音高低、時間長短、以及聲音大小。

5-4-3 音效檔案格式

電腦上所使用的音效檔（經過數位化，能夠在電腦上播放的檔案）種類相當多，根據相關軟體與應用領不同也有區別。例如透過網際網路，用戶可以線上收聽無線電台、訪談、音樂和特效聲等，以下是常用的音效檔案格式介紹：

■ WAV

波形音訊常用的未壓縮檔案格式，也是微軟所制定的PC上標準檔案。以取樣的方式，將所要紀錄的聲音，忠實的儲存下來。其錄製格式可分爲8位元及16位元，且每一個聲音又可分爲單音或立體聲，是Windows中標準語音檔的格式，可用於檔案交流的音樂格式。

■ MIDI

MIDI是Musical Instrument Digital Interface的縮寫，爲電子樂器與電腦的數位化界面溝通的標準，是連接各種不同電子樂器間的標準通訊協定。它的特點是容量小，音質佳。不直接儲存聲波，而儲存音譜相關資訊。缺點是難以使每台電腦達到一致的播放品質，因爲Midi格式檔案中的聲音資訊不若Wave格式檔案來得豐富。

■ MP3

MP3是當前相當流行的破壞性音訊壓縮格式，全名爲MPEG Audio Layer 3，爲MPEG（Moving Pictures Expert Group）這個團體研發的音訊壓縮格式。也就是採用MPEG-1 Layer 3（MPEG-1 的第三層聲音）來針對音訊壓縮格式所製造的聲音檔案，可以排除原始聲音資料中多餘的訊號，並能讓檔案大量減少。例如使用早期的電腦音樂格式，這些檔案可能超過20MB以上，而使用 MP3 格式來儲存，一首歌曲的大小可以低於3MB，而仍然能夠保持高音質。

■ MP4

MP4格式，爲多媒體數據壓縮提供了一個更爲廣闊的平台，定義的是一種規格而不像MP3是種具體演算法，所使用的是MPEG-2 AAC技術，可以將各種各樣的多媒體技術充分用進來，影像畫質接近DVD，且音質更好，但壓縮比更高，容量也較小。另外MP3只能呈現音訊，但MP4可以是影片、音訊、影片、音訊的方式呈現。其中MP4播放器（Mp4 Player），是一種攜帶型媒體播放器，除了可聽MP3音樂外，還可欣賞影片、瀏覽數位照片等。

■ AIF

aif是Audio Interchange File Format的縮寫，爲蘋果電腦公司所開發的一種聲音檔案格式，主要應用在Mac的平台上。

■ CDA

音樂CD片上常用的檔案格式，是CD Audio的縮寫，由飛利浦公司訂製的規格，要取得音樂光碟上的聲音必須透過音軌抓取程式做轉換才行。

■ WMA

WMA（Windows Media Audio）是微軟公司開發的一種音樂格式，檔案大小只有原來的MP3 的1/3到1/4大小，也具備線上播放的能力，是目前相當普遍的音樂格式。

5-5 數位化視訊處理

視訊，就是由會動的影像與聲音兩要素所構成，通常是由一連串些微差異的實際影像組成，當快速放映時，利用視覺暫留原理，影像會產生移動的感覺，這正是視訊播放的基本原理。「視覺暫留」現象指的是當有一連串的「靜態影像」在各位居面前「快速的」循序播放時，只要每張影像的變化夠小、播放的速度夠快，就會產生影像移動的錯覺。視訊的型態可以區分爲兩種：

■ 類比視訊

類比視訊是一種連續且不間斷的波形，藉由波的振幅和頻率來代表傳遞資料的內容，不過這種信號的傳輸會受傳輸介質、傳輸距離或外力而產生失眞的現象，例如電視、錄放影機、V8、Hi8攝影機所產生的視訊信號。

■ 數位視訊

數位視訊是以視訊信號的0與1來記錄資料，這種視訊格式比較不會因爲外界的環境狀態而產生失眞現象，不過其傳輸範圍與介面會有其限制。數位視訊資料可以透過特定傳輸介面傳送到電腦之中，由於資料本身儲存時便以數位的方式，因此在傳送到電腦的過程中不會產生失眞的現象，透過視訊剪輯軟體，使用者還可以來進行編輯工作。

5-5-1 視訊原理

我們知道當電影從業人員使用攝影機在拍攝電影時，便是將畫面記錄在連續的方格膠卷底片，等到日後播放時再快速播放這些靜態底片，達成讓觀衆感覺上有畫面動作的效果。通常每秒所顯示的畫格數愈多，動態的感覺愈流暢自然，這些所拍攝的畫面即爲類比式視訊。

視訊資料在無線或有線傳輸的環境下可轉換成無線電波來傳送，例如目前全球常見的三大類比電視播放傳輸系統規格如下表所示，不同的電視播放系統規格所做出來的影帶是無法在另外兩種規格上播放：

規格名稱	掃描線數	畫面更換頻率（畫格）	採用地區
NTSC	525	30fps	美國、台灣、日本、韓國所採用的視訊規格。
PAL	625	25fps	爲歐洲國家、中國、香港等地所採用的視訊規格。
SECAM	625	25fps	爲法國、東歐、蘇聯及非洲國家採用的電視制式。方面所採用之電視制式。

無線電視數位化是世界潮流，目前世界各國的電視系統已逐漸淘汰類比訊號電視系統，美國從2009年開始推行數位電視，我國則在2012

年7月起台灣5家無線電視中午正式關閉類比訊號，完成數位轉換。數位電視播出方式可分為高畫質數位電視（HDTV）及標準畫質數位電視（SDTV），HDTV解析度為1920*1080，SDTV解析度為720*480。目前全球數位電視的規格三大系統：分別為美國ATSC（Advanced Television Systems Committee）系統、歐洲DVB-T（Digital Video Broadcasting）系統及日本ISDB-T（Integrated Services Digital Broadcasting）系統，台灣數位電視系統是採用歐洲DVB-T系統。

5-5-2 視訊檔案格式

由於數位視訊會產生大量的資料，這會造成傳輸與儲存的不便，因此發展出AVI、MOV、MPEG視訊壓縮格式。相信各位對於視訊壓縮有了基本認識後，接下來要繼續介紹常見的視訊檔案規格：

■ MPEG

MPEG是一個協會組織（Motion Pictures Expert Group）的縮寫，專門定義動態畫面壓縮規格，是一種圖像壓縮和視訊播放的國際標準，並運用較精緻的壓縮技術，可運用於電影、視訊、及音樂等。所以MPEG檔的最大好處在於其檔案較其他檔案格式的檔案小許多，MPEG的動態影像壓縮標準分成幾種，例如MPEG-1用於VCD及一些視訊下載的網路應用上，可將原來的NTSC規格的類比訊號壓縮到原來的1/100大小。MPEG-2相容於 MPEG-1，除了做為DVD的指定標準外，較原先MPEG-1解析度高出一倍。還可用於為廣播、視訊廣播，而DVD提供的解析度達720×480，所展現的影片品質較MPEG-1支援的錄影帶與VCD高出許多。MPEG-4規格畫壓縮比較高，壓縮率大約是MPEG-2的1.4倍，影像品質接近DVD，同樣是影片檔案，以MP4錄製的檔案容量會小很多，所以除了網路傳輸外，目前隨身影音播放器或手機，都是以支援此種格式為主。

■ Avi

Audio Video Interleave，即音頻視訊交叉存取格式，是由微軟所發展出來的影片格式，也是目前Windows平台上最廣泛運用的格式。它可分為未壓縮與壓縮兩種，一般來講，網路上的avi檔都是經過壓縮，若是未壓縮的avi檔則檔案容量會很大。

■ DivX

由 Microsoft mpeg-4v3 修改而來，使用 MPEG-4 壓縮算法，最大的特點就是高壓縮比和清晰的畫質，更可貴的是DivX 的對電腦系統要求也不高。

5-6 動畫處理

從廣義的角度來看，動畫原理和視訊十分類似，都是利用視覺暫留原理來產生畫面上的連續動作效果，並透過剪接、配樂與特效設計所完成的連續動態影像動畫。

5-6-1 動畫原理介紹

動畫的基本原理，也就是以一種連續貼圖的方式快速播放，再加上人類「視覺暫留」的因素，因而產生動畫呈現效果。例如以下的6張影像，每一張影像的不同之處在於動作的細微變化，如果能夠快速的循序播放這6張影像，那麼您便會以為視覺暫留所造成的幻覺而認為影像在運動。如下圖所示：

「到底該以多快的速度來播放動畫？」以電影而言，其播放的速度為每秒24個靜態畫面，基本上這樣的速度不但已經非常足夠令您產生視覺暫留，而且還會覺得畫面非常流暢（沒有延遲現象）。由於衡量影像播放速度的的單位為「FPS」（Frame Per Second），也就是每秒可播放的畫框（Frame）數，一個畫框中即包含一個靜態影像。

換句話說，電影的播放速度為24FPS，這是不是意味著您所製作的動畫也該採用此播放速度呢？答案是，不一定。當然可以採用更高或更低一點的播放速度，基本上10到12FPS已經足以產生視覺暫留。不過也不是一味的調高FPS就可以解決所有的問題，過高的FPS並不保證能帶來最好的效果，並且您該考慮到電腦的等級，在應該多在不同的平台上執行看看，以設定最佳的動畫播放速度。

Tips

2D動畫主要是以手繪為主，再逼真也有限，也就是2D動畫中每個景物皆以平面繪圖方式達成，如果將物體上任何一點引入2D直角坐標系統，那麼只需X、Y兩個參數就能表示其在水平和高度的具體位置。

3D動畫（Three-Dimension），其實就是三維的意思，也就是X軸、Y軸加上Z軸，多了Z軸的考量因素，使物件有了前後及景深的效果，而且可以用任何角度去觀賞物件。不同於一般2D動畫的製作，3D動畫需針對不同應用環境的需求，於影像的製作過程中，必須考量場景深淺，精準地掌握雙眼視差的特性。並依據物件的形狀、材質、光線從不同的距離、角度照射在表面之上，所展現出的顏色層次感。

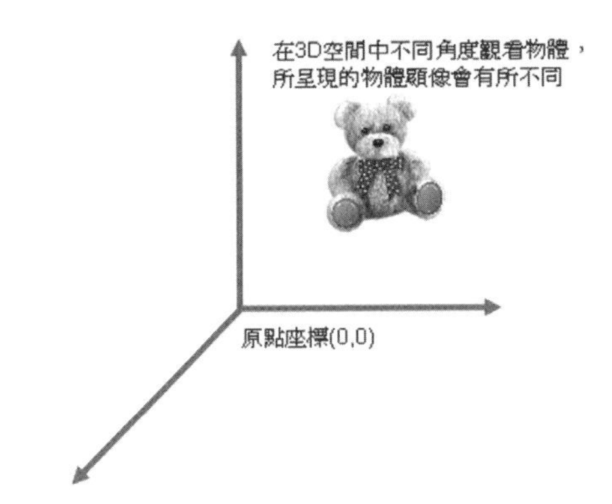

【課後評量】

一、選擇題

1. ( ) 下列何種圖形適合應用於儲存網頁上小型圖示或按鈕？ (A)GIF (B)TIF (C)BMP (D)WMF
2. ( ) 下列哪一種圖形檔格式可以將圖片設成透明色？ (A)GIF (B)JPEG (C)BMP (D)TIFF
3. ( ) 下列哪個應用程式除了具備網頁製作功能外，也具備網站管理功能？ (A)FrontPage (B)記事本 (C)Outlook (D) FreeHand
4. ( ) 網頁上無法支援的影像檔案格式為？ (A)GIF (B)JPEG (C)動態GIF (D)TIF
5. ( ) 下列哪一個圖形格式經常被用在網頁設計上？ (A)BMP (B)TIFF (C)GIF (D)PCX
6. ( ) 下列哪一種影像檔格式所能儲存的影像顏色最少？ (A)BMP (B)GIF (C)TIF (D)JPG
7. ( ) 哪個軟體不可以直接把檔案轉換為網頁？ (A)WordPad (B)Word (C)Excel (D)PowerPoint

8. (　　) 下列何者是向量式影像檔案格式？ (A)BMP (B)AI (C)GIF (D)JPEG
9. (　　) 若有一種影像是以6bits來記錄顏色，最多可以記錄幾種顏色？ (A)512 (B)256 (C)128 (D)64
10. (　　) 在RGB彩色模式中，將紅、綠、藍三色以色彩強度（255, 255, 255）混合，所得顏色爲何？ (A)白 (B)黑 (C)黃 (D)紫
11. (　　) 下列哪一個檔案格式屬於動態圖形檔案？ (A)cgm (B)bmp (C)gif (D)jpg
12. (　　) 下列哪一個軟體可以製作動態圖形檔案 (A)Wordpad (B)Gif Animator (C)Photo Editor (D)Word
13. (　　) 下列何者爲可播放的音樂檔案類型？ (A)wav (B)www (C)wmf (D)wri
14. (　　) 下列哪一個語音格式未經壓縮？ (A)MPEG (B)CDA (C)MP3 (D)MIDI

二、討論與問答題

1. 請說明多媒體的定義。
2. 列舉至少三種現代多媒體的特性。
3. 簡述多媒體編輯軟體的類型。
4. 如果以軟體素材來區分，多媒體有哪幾種編輯工具？
5. 多媒體檔案包括哪幾種類型的資料？
6. 請舉出五種圖形編輯常用的檔案格式。
7. 請舉出三種聲音常用的檔案格式。
8. 目前國際間對於類比視訊的處理主要有哪三種標準？
9. 常用的視訊格式有哪五種？
10. 舉出至少三種多媒體的工具軟體。

第六章

現代化資訊管理

現代化的資訊管理（Information Management），最簡單的定義可以視爲是企業組織對於內部相關資訊所採取的各項管理活動總稱，其中所涵蓋的學科範圍，包括了經濟學、電腦軟硬體科學、管理學、心理學、組織學、社會學等。

Tips

當知識大規模的參與影響社會經濟活動，創造知識和應用知識的能力與效率正式凌駕於土地、資金等傳統生產要素之上，就是以知識作爲主要生產要素的經濟形態，並且擁有、分配、生產和著重使用知識的新經濟模式，就是所謂「知識經濟」（Knowledge Economy）。

6-1 資訊管理簡介

「資訊管理」（Information Management）科學，就是以管理學的理論與方法，應用流通訊息的管道與資訊科技，期望達到企業組織中的人員與資訊設備達成一個最佳整合。從管理學與資訊技術結合的角度來看，「資訊管理」的構成要素包括下列四種：

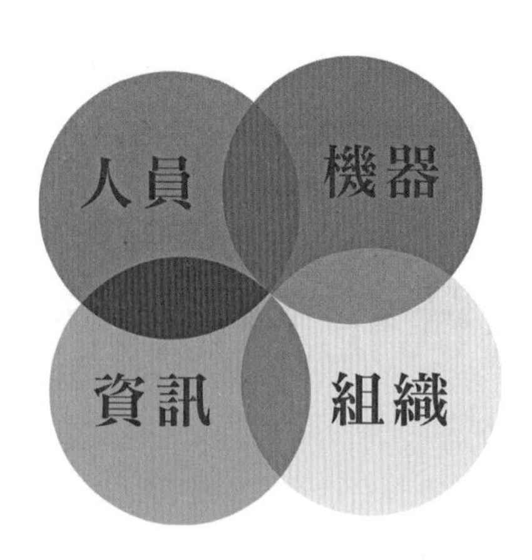

人員：包括企業內部的資料提供者、資料處理者、資料使用者、決策者及使用「資訊科技產品」的相關專業人員。

機器：即是「資訊科技產品」，包括了電腦硬體、軟體及電話、傳真機、網路等通訊設備。

資訊：當組織成員作決策時，所有經過處理的資料。

組織：是指人類爲達成某些共同目標，經由權責分配所結合的完整結構，例如一般的企業組織與公民營機關。

6-1-1 資訊管理的對象

「資訊管理」科學的首要對象就是「資訊」（Information）。什麼是「資訊」呢？首先必須從「資料」（Data）談起。「資料」可以看成是一種未經處理的原始文字（Word）、數字（Number）、符號（Symbol）或圖形（Graph），也就是一種沒有評估價值的基本元素或項目。「資訊」，就是經過「處理」（Process），而且具備某種意義或目的的資料，而這個處理程序就稱爲「資料處理」（Data Processing），包括對於資料進行記錄、排序、合併、整合、計算與統計等動作。

6-1-2 資訊管理的功能

資訊管理的功能主要就是在完成企業組織內的「資訊資源管理」（Information Resource Management, IRM）。企業的資訊資源包括了「內部檔案式資訊資源」、「內部文件式資源」、「外部檔案式資訊資源」、「外部文件式資訊資源」四種。從狹義的角度來看，「資訊資源」（IRM）是指企業組織內相關的資訊資產，但是從廣義的角度來看，IRM則必須包括以下兩項內容：

1. 資訊科技產品
2. 支援與使用資訊科技產品的作業人員

6-1-3 資訊管理的目的

資訊管理科學的目的是在引進資訊科技來處理資訊的過程中，不但促使原組織能適應資訊科技，並同步蛻變新組織中的一套知識與文化。就目的而言，包含了三種概念：資訊、資訊科技與組織（包括原組織及新組織），就管理層面來看，可以區隔如下：

1. 資訊技術管理：包含資訊相關設備的管理與維護，人機整合與溝通等等。

2. 成本績效管理：嘗試利用先進的資訊設備，並找出低成本、高效率的方法來改善企業體質與增加獲利。
3. 人員行爲管理：透過資訊技術來改善人員與組織的溝通意願及方式，並尋求適當的激勵與監督方法。

6-2 認識資訊系統

從資訊管理的實作領域來看，「資訊系統」（Information System, IS）無疑是企業組織中整合資訊科技與管理學常識的具體成果。「資訊系統」的定義可以這樣描述：「將組織中，記錄、保存各種活動的資料。然後加以整理、分析、計算、產生有意義、價値的資訊，做爲未來制定決策與行動參考的系統， 就稱爲資訊系統。」本節中將爲各位介紹幾種常見的現代化資訊系統。

6-2-1 電子資料處理系統

「電子資料處理系統」（Electronic Data Processing System, EDPS），主要用來支援企業或組織內部的基層管理與作業部門，例如員工薪資處理、帳單製發、應付應收帳款、人事管理等等，並且讓原本屬於人工處理的作業邁向自動化或電腦化，進而提高作業效率與降低作業成本，更能加速整合客戶與供應商或辦公室各單位間的生產力。

6-2-2 管理資訊系統

「管理資訊系統」（Management Information System, MIS）是一種「觀念導向」（Concept-Driven）的整合性系統，不像EDPS所著重的是作業效率的增加，MIS的功用則是加強改進組織的決策品質與管理方法的運用效果。美國管理學專家 Gordon B. Davis 曾經將MIS定義爲：「一種人機整合系統，並提供資訊來支援組織性例行作業、管理與決策活動；此系統範圍涵蓋電腦硬體、人工作業程序、決策模式與資料庫。」通常MIS必須架構在一般EDPS（如生產、行銷、財務、人事系統等）之上，並將處理所得結果，經由垂直與水平的整合程序，提供給管理者作爲營運上的判斷依據。下圖則是企業內資訊系統的作業層次圖：

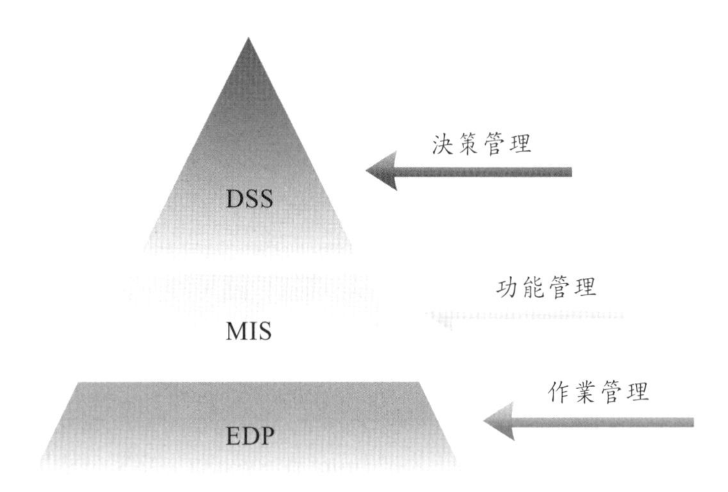

企業內資訊系統的作業層次

6-2-3 專家系統

「專家系統」（Expert System, ES）是存儲了某個領域專家（如醫生、會計師、工程師、證券分析師）水平的知識和經驗的數據 並針對預設的問題，事先準備好大量的對應方式，進行推理和判斷，模擬人類專家的決策過程，例如環境評估系統、醫學診斷系統、地震預測系統等都是大家耳熟能詳的專業系統。

醫療專家系統幾乎可以做到診病望、聞、問、切的程度

6-2-4 決策支援系統

「決策支援系統」（Decision Support System, DSS）的主要特色是利用「電腦化交談系統」（Interactive Computer-based system）協助企業決策者使用「資料與模式」（Data and Models）來解決企業內的「非結構化問題」。通常企業內部所面臨的問題，可以區分爲「結構化問題」（Structured Program）與「非結構化問題」（Unstructured problem）兩種。由於DSS以處理「非結構化問題」居多，因此必須結合第四代應用軟體工具、資料庫系統、技術模擬系統、企業管理知識於一體，而形成一套以「經營管理資料庫」（Business Management Database）與「知識資料庫」（Knowledge Database）爲基礎的「管理資訊系統」。對於DSS的特性而言，是在於支援決策，而並不能取代決策，另外希望是達到「效能」的提升，而不是只要「效率」。

6-2-5 策略資訊系統

「策略資訊系統」（Strategic Information System, SIS）的功能就是

支援企業目標管理及競爭策略的資訊系統，或者可以看成是結合產品、市場，甚至於結合部分風險與獨特有效功能的市場競爭利器。例如目前銀行間的競爭相當激列，各種行銷策略花招百出，例如在24小時的7-11放置的自動櫃員機（ATM），就是一種增加客戶服務時間與據點的創新策略導向的SIS。

7-11號稱全國最大的便利銀行

6-2-6 主管資訊系統

「主管資訊系統」（Executive Information System, EIS）可視爲一種對象更高階、操作更簡單的DSS。EIS主要功用是使決策者擁有超強且「友善介面」的工具，以使他們對銷售、利潤、客戶、財務、生產力、顧客滿意度股、匯市變動、景氣狀況、市調狀況等領域的資訊，加以檢視和分析各項關鍵因素與績效趨勢，及提供多維分析（multi-Dimension）、整合性資料來輔助高階主管進行決策，而這些資訊往往是公司營運的關鍵成功因素（Critical Success Factor, CSF），也是組織制定策略與願景的重要依據。

CHAPTER 6

6-3 認識企業電子化

「企業電子化」（E-Business）的序幕。「企業電子化」的定義可以描述如下：「適當運用資訊工具；包括企業決策模式工具、經濟分析工具、通訊網路工具、活動模擬工具、電腦輔助軟體工具等，來協助企業改善營運體質與達成總體目標。」現代企業電子化的重要範圍主要是以ERP（企業資源規劃）、CRM（顧客關係管理）、SCM（供應鏈管理）、知識管理（Knowledge Management）爲主，而企業流程再造工程（Business Process Reengineering, BPR）爲輔。簡單來說，「企業電子化」的最終目的就是希望利用各種資訊系統將整個產業鏈的上中下游廠商作最迅速予密切的結合，並爲參與成員帶來最佳化的績效表現

例如台塑關係企業源於創辦人王永慶先生對於企業電子化管理的遠見，自民國67年開始將管理制度導入電腦作業，迄今擁有將近四十年的企業e化推動與實行的經驗，在國內製造業中堪稱推動企業電腦化管理的先驅。台塑集團又於2000年4月成立台塑電子商務網站簡稱爲「台塑

台塑網是台塑集團e化效果的最佳典範

網」，由台塑集團旗下的台塑、南亞、塑化、台化、總管理處等共同投資成立，加上擁有台灣七千多家的材料供應商及約三千家的工程協力廠商，就是e化效果的最佳典範。

6-3-1 企業流程再造（BPR）

爲了達成企業電子化的目的，企業經常必須輔以企業流程再造（Business Process Reengineering, BPR）工程，所闡釋的精神是如何運用最新的資訊工具來達成企業崇高的嶄新目標。這個目標不僅是單單改善企業中的任何作業流程，而是希望帶領企業走出一條全新的大道與願景。BPR所闡釋的精神是如何運用最新的資訊工具，包括企業決策模式工具、經濟分析工具、通訊網路工具、電腦輔助軟體工程、活動模擬工具等，來達成企業崇高的嶄新目標。例如宏碁電腦與宏碁科技的合併案就是企業再造工程的成功案例，並轉型以服務爲主的發展方向。施振榮先生指出，新宏碁公司的目標，是希望以資訊電子的產品行銷、服務、投資管理爲核心業務，成爲新的世界級服務公司。

http://www.acer.com.tw/

> **Tips**
>
> 「電子化政府」（e-Government）將列爲我國政府再造之首要工程，目的在做好精簡政府組織與層級的工作、提高政府組織的反應能力，包括線上身分認證、網路報稅、採購電子化、電子化公文、電子資料庫、電子郵遞與政府數位出版。

6-3-2 企業資源規劃（ERP）

隨著市場化程度的深化與競爭的日趨激烈，在競爭日益激烈的今天，任何企業都必須十分關注自己的成本，生產效率和管理效能，適時導入企業資源管理系統（ERP），可以讓企業更合理地配置企業資源與增強企業的競爭力。

甲骨文（Oracle）是世界知名的ERP大廠

「企業資源規劃」系統（Enterprise Resource Planning, ERP）就是一種企業資訊系統，能提供整個企業的營運資料，可以將企業行爲用資訊化的方法來規劃管理，並提供企業流程所需的各項功能，配合企業營運目標，將企業各項資源整合，以提供即時而正確的資訊，並將合適的資源分配到所需部門手上。

今天ERP已經成爲現代企業電子化系統的核心，藉由資訊科技的協助，將企業的營運策略與經營模式導入整個以資訊系統爲主幹的企業體中。ERP系統比起傳統資訊系統最大特色便是達成整個企業資訊系統的整合，以今日全球產業競爭的速度及激烈程度，一般MIS系統早已無法滿足企業實際的需要，許多先知卓見的企業早已經導入ERP基礎系統，中大型企業在財力及人力等資源較充分的情況下，對ERP系統的導入準備能作完善的調查及規劃。

Tips

當進入21世紀全球分工的年代，新一代的管理系統ERP II（Enterprise Resource Planning II）因應而生。ERP II是2000年由美國調查諮詢公司Gartner Group在原有ERP的基礎上擴展後提出的新概念，相較於傳統ERP專注於製造業應用，更能有效應用網路IT技術及成熟的資訊系統工具，還可整合於產業的需求鏈及供應鏈中，也就是向外延伸至企業電子化領域內的其他重要流

鼎新電腦擁有國內最完備的ERP系統與專業

6-3-3 供應鏈管理（SCM）

康是美藥妝店建立了完善的供應鏈管理系統

隨著全球市場競爭態勢日趨激烈，供應鏈管理（Supply Chain Management, SCM）已經成為企業保持競爭優勢與增加企業未來獲利，並協助企業與供應商或企業伙伴間的跨組織整合所依賴的資訊系統。供應鏈管理（SCM）在1985年由邁克爾．波特（Michael E. Porter）提出，可視為一個策略概念，主要是關於企業用來協調採購流程中關鍵參與者的各種活動，範圍包含採購管理、物料管理、生產管理、配銷管理與庫存管理乃至供應商等方面的資料予以整合，並且針對供應鏈的活動所作的設計、計畫、執行和監控的整合活動。

Tips

供應鏈（Supply Chain）的觀念源自於物流（Logistics），目標是將上游零組件供應商、製造商、流通中心，以及下游零售商上下游供應商成為夥伴，以降低整體庫存之水準或提高顧客滿意度為宗旨。

相對於企業電子化需求的兩大主軸而言，ERP是以企業內部資源爲核心，SCM則是企業與供應商或策略夥伴間的跨組織整合，在大多數情況下，ERP系統是SCM的資訊來源，ERP系統導入與實行時間較長，SCM系統實行時間較短。

6-3-4 顧客關係管理（CRM）

叡揚資訊是國內顧客關係管理系統的領導廠商

現代企業無論規模大小，成功的重要關鍵在於能夠有效做好顧客管理，進而創造商機與增加獲利，「顧客導向行銷」也成爲現代行銷的核心精神。顧客關係管理（CRM）最早由Brian Spengler 在1999 年提出，最早開始發展顧客關係管理的國家是美國。顧客關係管理系統就是建立一套資訊化標準模式，運用資訊技術來大量收集且儲存客戶相關資料，加以分析整理出有用資訊，並提供這些資訊用來輔助決策的完整程序。「顧客關係管理」（Customer Relationship Management, CRM）在今日的網路熱潮下，尤其企業競爭力與經營模式必須受到來自全球競爭對手的挑戰，幾乎已經成爲企業面對生存發展的最基本管理課題。

對於一個企業而言，贏得一個新客戶所要花費的成本，幾乎就是維持一個舊客戶的五倍。因此當引入CRM系統時，無論是供應端的產品供應鏈管理、需求端的客戶需求鏈管理，都應該全面整合包括行銷、業務、客服、電子商務等部門，還應該在服務客戶的機制與流程中，主動了解與檢討客戶滿意的依據，並適時推出滿足客戶個人的商品，以客戶為導向才是企業競爭力的基礎工程，進而達成促進企業獲利的整體目標。

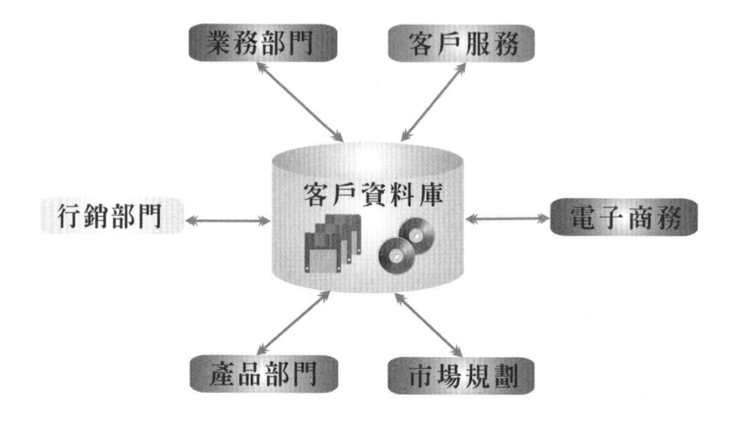

Tips

所謂20-80定律表示，就是對於一個企業而言，贏得一個新客戶所要花費的成本，幾乎就是維持一個舊客戶的五倍，留得愈久的顧客，帶來愈多的利益。小部分的優質顧客提供企業大部分的利潤，也就是80% 的銷售額或利潤往往來自於20% 的顧客。

6-3-5 知識管理

知識（Knowledge）是將某些相關連的有意義資訊或主觀結論累積成某種可相信或值得重視的共識，也就是一種有價值的智慧結晶，當知識大規模的參與影響社會經濟活動，就是所謂知識經濟。在知識經濟的時代，知識取代了傳統的有形產品，知識是企業最重要的資源，知識管理將成爲企業管理的核心目標。對於企業來說，知識可區分爲內隱知識與外顯知識兩種，內隱知識存在於個人身上，與員工個人的經驗與技術有關，是比較難以學習與移轉的知識。外顯知識則是存在於組織，比較具體客觀，屬於團體共有的知識，例如已經書面化的製造程序或標準作業規範，相對也容易保存與分享。通常當企業內部資訊科技愈普及時，愈容易推動知識管理，知識管理的重點之一，就是要將企業或個人的內隱知識轉換爲外顯知識，因爲只有將知識外顯化，才能透過資訊科技與設備儲存起來，以便日後知識的分享與再利用。

例如企業利用較資深員工的帶領，仿照母雞帶小雞的方式讓新進員工從他們的身上開始學習。不過在實際推動實施知識管理內容時，必須與企業經營績效結合，才能說服企業高層全力支持。例如台積電就是台灣最早開始導入知識管理的企業，難怪毛利率可以遙遙領先競爭對手約一倍幅度之大。

6-4 資料庫簡介

在電腦還不普及的年代，醫院會將事先設計好的個人病歷表格準備好，當有新病患上門時，就請他們自行塡寫，之後管理人員可能依照某種次序，例如姓氏或是年齡將病歷表加以分類，然後用資料夾或檔案櫃加以收藏。日後當某位病患回診時，就利用先前整理病歷的分類方式，詢問病患的姓名或是年齡。讓管理人員可以快速地從資料夾或檔案櫃中找出病患的病歷表，而這個檔案櫃中所存放的病歷表就是一種「資料庫」管理的雛型概念。

6-4-1 資料、資料表與資料庫

在日常生活中，無論各位到銀行開戶、醫院掛號或是到學校註冊，一定都會填寫所謂的個人資料，裡面通常包括姓名、性別、生日、電話、住址等項目，而這些項目所要填寫的即爲專屬於個人的「資料」（Data），如下圖所示：

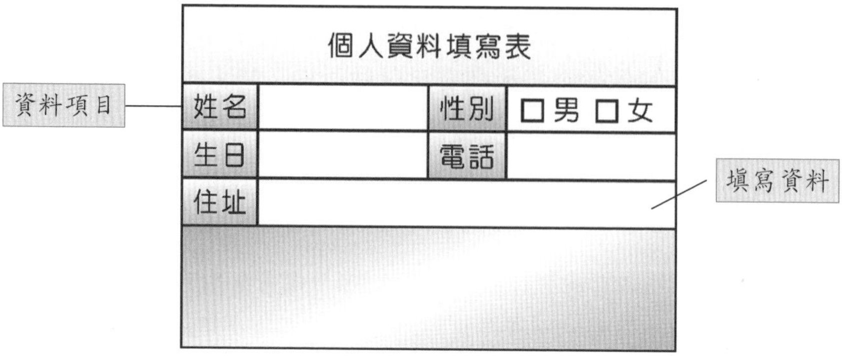

有一種很直覺的資料儲存方式蘊孕而生，那就是運用「資料表」（Table）方式來儲存資料。所謂的「資料表」，其實就是一種二維的矩陣，縱的方向稱爲「欄」（Column），橫的方向我們稱爲「列」（Row），每一張資料表的最上面一列用來放資料項目的名稱，稱爲「欄位名稱」（Field Name），而除了欄位名稱這一列以外，通通都用來存放一項項的資料，則稱爲「值」（Value），如下表所示：

欄位名稱　欄位（欄）

姓名	性別	生日	職稱	薪資
李正銜	男	61/01/31	總裁	200,000.0
劉文沖	男	62/03/18	總經理	150,000.0
林大牆	男	63/08/23	業務經理	100,000.0
廖鳳茗	女	59/03/21	行政經理	100,000.0
何美菱	女	64/01/08	行政副理	80,000.0
周碧豫	女	66/06/07	秘書	40,000.0

列（記錄）　值

在資料表的架構下，每一列記錄就是一筆完整的個人資料，所以也將一列稱爲一筆「記錄」（Record）。換句話說，如果以這張個人資料表爲例，當我們往下找到1000筆記錄，那就表示我們總共收集了1000個人的資料。當然光是一張資料表所能處理的業務並不多，如果要符合各式各樣的業務需求，一般都得結合好幾張資料表才足夠應付。當我們因爲業務或功能的需求所建立的各種資料表集合，那麼這一堆資料表就可以把它稱爲「資料庫」（Database）。

6-4-2 資料庫管理系統

「資料庫」（Database）是什麼？簡單來說，就是存放資料的所在。更嚴謹的定義，「資料庫」是以一貫作業方式，將一群相關「資料集」（Data Set）或「資料表」（Data Table）所組成的集合體，儘量以不重覆的方式儲存在一起，並利用「資料庫管理系統」（DataBase Management System, DBMS）與中央控管方式，提供企業或機關所需的資料。

「資料庫系統」（Database System）則是在電腦上應用的資料庫，一個完整的「資料庫系統」必須包含儲存資料的資料庫，管理資料庫的DBMS，還有讓資料庫運作的電腦硬體設備和作業系統，以及管理和使用資料庫的相關人員。談到所謂「資料庫管理系統」（DBMS），就是負責管理資料庫的系統軟體，它讓一個資料庫除了具有儲存資料功能外，還可提供共享資料資源的管理與定義資料庫的結構，讓資料之間的聯繫能有完整性。使用者可以透過人性化操作介面進行新增、修改的基本操作，系統也要能提供各項查詢功能，針對資料進行安全控管機制，例如目前相當普及的Access 就是一種DBMS。由此看來，「資料庫」、「資料庫管理系統」和「資料庫系統」是三個不同的概念，「資料庫」提供的是資料的儲存，資料庫的操作與管理則必須透過「資料庫管理系統」，而「資料庫系統」提供的是一個整合性的環境。

6-4-3 常見資料庫結構

隨著資訊與網路科技不斷發展，加上企業所需儲存的資料量持續倍增，資料庫的結構方式也需要不斷的改進，以應付企業組織內部的需要。資料庫的結構依照設計的理念與方式來區分，有以下四種常見的結構。

■ 關聯式資料結構

關連式資料庫最早出現在1970年間，它是由IBM的研究員E. F. Codd博士所開發出來的資料庫，此一資料庫管理系統是以數學的集合理論（Set Theory）爲基礎。最主要的特徵爲以二維表格（two-dimension table）方式來儲存資料，由許多行及列資料所組成，表格上的欄位稱爲「屬性」（Attributes），每一個屬性都擁有各自的名稱和其所對應的資料型態（Type），而在屬性內部裡，則存放其所需紀錄的資料，這種行列關係稱爲「關聯」（relational）。使用關聯式資料模型，會將資料儲存「資料表」中，所謂的「關聯」是資料表與資料表之間以欄位值來進行關聯，透過關聯可篩選出所需的資訊：

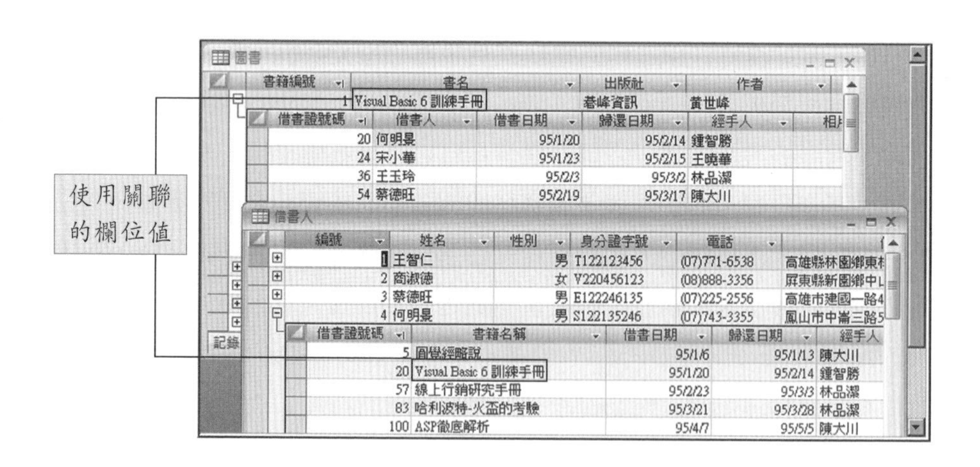

關聯式資料庫的優點是容易理解、設計單純、可用較簡單的方式存取資料，節省程式發展或查詢資料的時間，適合於隨機查詢。缺點是存

取速度慢，所需的硬體成本較高。例如 dBase、FoxPro、Access、SQL Server、Oracle 等軟體。

■ 階層式資料結構

階層式資料庫是最早出現的一種資料庫管理系統，此類型資料庫中各種資料都是以階層結構關係儲存，例如一個父節點可擁有好幾個子節點，但是一個子節點只能有一個父節點，也因爲它的結構是類似以樹枝向外擴散的方式，所以又稱爲樹狀資料庫。優點是適合階層式的資料應用（如一般的公司體系），如果資料不具階層性，則存取方式會較爲複雜，另外當刪除父節點時，子節點的資料也會被刪除。

■ 網路式資料結構

不同於階層式資料庫，網路式資料庫是將資料進一步組成網狀的形式，並透過資料庫管理師或程式設計師所寫的程式，以讓資料彼此的連結。不過除了一個父節點可擁有好幾個子節點，一個子節點也可以存在多個父節點，在網路式資料庫中所使用的基本單位是記錄，透過節點之間的彼此連結，因此可以產生多對多的關連。優點是資料不需要重複儲存，可節省儲存空間，也提供多對多存取關係，彈性較大。缺點是程式設計上相當複雜，另外查詢與修改時相當困難，也容易出問題。

■ 物件導向資料庫結構

物件導向資料庫中對於資料的處理，主要是以指標來建立資料間的鏈結。例如在關聯式資料庫中，訂單資料表以「編號」爲其主鍵建立關聯，輸入客戶名稱就能找到訂購的相關產品，依其關聯可找到「產品資料表」的產品編號。而使用物件導向資料模型時，若以產品物件和客戶物件表示相同的資訊，二個物件間的連繫只須透過指標，就能提高處理的效能，優點是擴充性高、彈性型態定義及操作過程簡化，缺點則是並非實體世界所有物件都具有階層式關係及查詢語言較複雜等。

6-4-4 資料倉儲與資料探勘

在競爭日益激烈的今天，不斷追逐新顧客已經不是聰明的策略了，有效的顧客關係管理系統才能夠協助企業創造更多收益。隨著消費市場需求型態的轉變與資訊技術的快速發展，為了要應付現代龐大的網際網路資訊收集與分析，資料庫管理系統除了提供資料儲存管理之外，還必須能夠提供即時分析結果。

資料倉儲（Data Warehouse）與資料探勘（Data Mining）都是顧客關係管理系統（CRM）的核心技術之一，兩者的結合可幫助快速有效地從大量整合性資料中，分析出有價值的資訊，有效幫助建構商業智慧（Business Intelligence, BI）與決策制定。

Tips

商業智慧（Business Intelligence, BI）早是在1989年由美國加特那（Gartner Group）分析師Howard Dresner提出，是企業決策者決策的重要依據，主要是利用線上分析工具與資料探勘（Data Mining）技術來淬取、整合及分析企業內部與外部各資訊系統的資料資料，目的是為了能使使用者能在決策過程快速解讀出企業所需的重要資訊。

由於傳統資料庫管理系統只能應用在線上交易處理，對於提供線上分析處理（OLAP）功能卻尚嫌不足，因此為了能夠在龐大的資料中提鍊出即時，有效的分析資訊，在西元1 9 9 0年由Bill Inmon提出了資料倉儲（Data Warehouse）的概念。傳統資料庫著重於單一時間的資料處理，而資料倉儲是屬於整合性資料儲存庫，企業可以透過資料倉儲分析出客戶屬性及行為模式等，以方便未來做出正確的市場反應。

Tips

線上分析處理（Online Analytical Processing, OLAP）可被視爲是多維度資料分析工具的集合，使用者在線上即能完成的關聯性或多維度的資料庫（例如資料倉儲）的資料分析作業並能即時快速地提供整合性決策。

企業建置資料倉儲的目的是希望整合企業的內部資料，並綜合各種整體外部資料來建立一個資料儲存庫，是作爲支援決策服務的分析型資料庫，能夠有效的管理及組織資料，並能夠以現有格式進行分析處理，進而幫助決策的建立。通常可使用線上分析處理技術（OLAP）建立多維資料庫（Multi Dimensional Database），有點像是試算表的方式，整合各種資料類型，以提供多維度的線上資料分析，進一步輔助企業做出有效的決策。

至於資料探勘（Data Mining）是一種近年來被廣泛應用在商業及科學領域的資料分析技術。因爲在數位化時代裡，氾濫的大量資料卻未必馬上有用，資料探勘可以從一個大型資料庫所儲存的資料中萃取出有價值的知識，是屬於資料庫知識發掘的一部分，也可看成是一種將資料轉化爲知識的過程。

例如資料探勘可以分析來自資料倉儲內所收集的顧客行爲資料，企業可藉由行銷資訊系統從企業的資料倉儲中收集大量顧客的消費行爲與資訊，然後利用資料探勘工具，找出顧客對產品的偏好及消費模式以後，便可進一步分析確認顧客需求，並將顧客進行分群，配合開發具有利基的商品，以達到利潤最大化的目標。由於現代資訊科技進步與資料數位化的軟體發展，資料探勘技術常會搭配其他工具使用，例如利用統計、人工智慧、大數據或其他分析技術，嘗試在現存資料庫的大量資料中進行更深層分析，自動地發掘出隱藏在龐大資料中各種有意義的資訊。

【課後評量】

一、選擇題

1. (　　) 將有關資料進行一連串有計畫、有系統的處理的過程稱為？ (A)資料處理 (B)資訊處理 (C)事務處理 (D)資料管理
2. (　　) 辦公室自動化的缺點不包含 (A)公司生產效率降低 (B)購置軟硬體及網路設備成本提高 (C)電子文件及網路安全其防護安全有待考驗 (D)工作人員不適應自動化的工作型態
3. (　　) 有關自動化之敘述，下列何者錯誤 (A)自動化的3A，指的是辦公室自動化、家庭自動化及工廠自動化 (B)辦公室自動化的意義是辦公室內的一群人，使用自動化設備來提高生產力 (C)辦公室自動化簡稱QA (D)文書處理、音訊處理、影像處理及通訊網路皆是辦公室自動化的範疇
4. (　　) 下列敘述何者錯誤？ (A)辦公室自動化簡稱OA (B)電腦輔助設計簡稱CAD (C)電腦輔助教學簡稱CAI (D)電腦輔助製造簡稱CAN
5. (　　) 辦公室自動化（Office Automation）之核心為 (A)電子郵遞 (B)文書處理 (C)電子會議 (D)影像處理
6. (　　) 企業與企業間採用一致的特定格式在通訊網路上傳輸資料，達到縮短流程及迅速交易以提昇公司效率。請問這種方式稱做 (A)RPG (B)CPU (C)UPS (D)EDI
7. (　　) 關聯式資料庫系統的英文簡稱是 (A)DSS (B) MIS (C) RDBMS (D) SQL
8. (　　) 下列何者不是資料庫的資料結構之一？ (A)關聯式（relational） (B)階層式（hierachical） (C)網狀式（Network） (D)星狀式（Star）

9. (　　) 以下哪一項不是資料庫管理系統的型態？ (A)階層式（Hierarchical Approach） (B)檔案式（File Approach） (C)網路式（Network Approach） (D)關聯式（Relational Approach）

10. (　　) MICROSOFT ACCESS 是使用何種資料庫模式儲存資料？ (A)網狀式 (B)關聯式 (C)階層式 (D)超連結式

二、討論與問答題

1. 簡述資料、資訊、知識三者間的差異性。
2. 簡述資訊管理的四種構成要素。
3. 請解釋資料、資訊及資料處理三者間的關係。
4. 企業的資訊資源包括哪幾種？
5. 資訊管理科學就管理層面來看，可以區隔成哪幾種管理？
6. 簡述「企業電子化」的定義。
7. 簡述EDPS的五點特色。
8. 試比較「管理資訊系統」（Management Information System, MIS）與「資訊管理」在概念上的差異性。
9. 請詳述專家系統組成元素。
10. 策略資訊系統必須依循哪三道步驟來建立？
11. 企業建置資料倉儲的目的為何？
12. 何謂線上分析處理（Online Analytical Processing, OLAP）？
13. 常見資料庫結構有哪幾種？
14. 試列舉出國內外主流的ERP系統供應商。
15. 試簡述供應鏈管理系統的最終目標。

第七章

通訊網路基礎入門

使用「無孔不入」來形容網路或許稍嫌誇張，但網路確實已經成為現代人生活中的一部分，也全面地影響了人類的日常生活型態，不論是公司、學校或者日常生活的食衣住行中，都可以發現網路通訊的相關應用。網路的一項重要特質就是互動，乙太網路的發明人包博・梅特卡夫（Bob Metcalfe）就曾說過網路的價值與上網的人數呈正比，如今全球已有數十億上網人口。所謂網路（Network）可視為是包括硬體、軟體與線路連結或其它相關技術的結合，並將兩台以上的電腦連結起來，使相距兩端的使用者能即時進行溝通、交換資訊與分享資源。

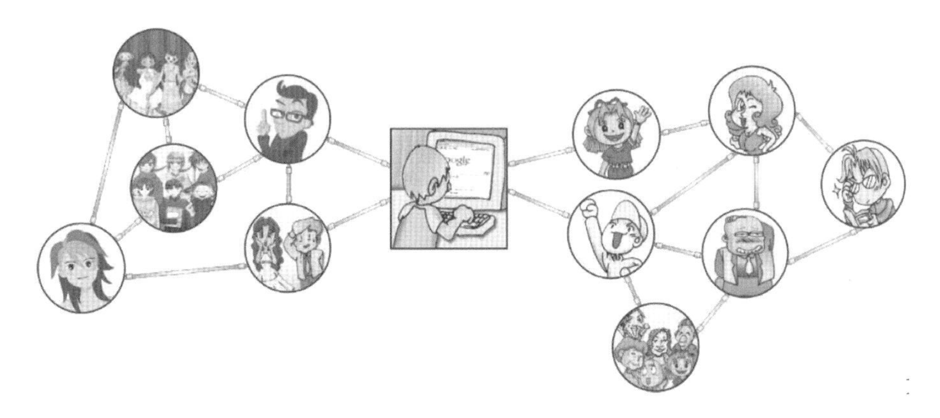

網路系統是由數以千萬計的節點連結而成

隨著網際網路（Internet）的興起與蓬勃發展，網路的發展更朝向多元與創新的趨勢邁進，帶動人類有史一來，最大規模的資訊與社會變動，無論是生活、娛樂、通訊、政治、軍事、外交等方面，都引起了前所未有的新興革命。

Tips

「梅特卡夫定律」（Metcalfe's Law）是1995年的10月2日是3Com公司的創始人，電腦網路先驅羅伯特．梅特卡夫（B. Metcalfe）於專欄上提出網路的價值是和使用者的平方成正比，稱爲「梅特卡夫定律」（Metcalfe's Law），是一種網路技術發展規律，也就是使用者愈多，其價値便大幅增加，產生大者恆大之現象，對原來的使用者而言，反而產生的效用會愈大。

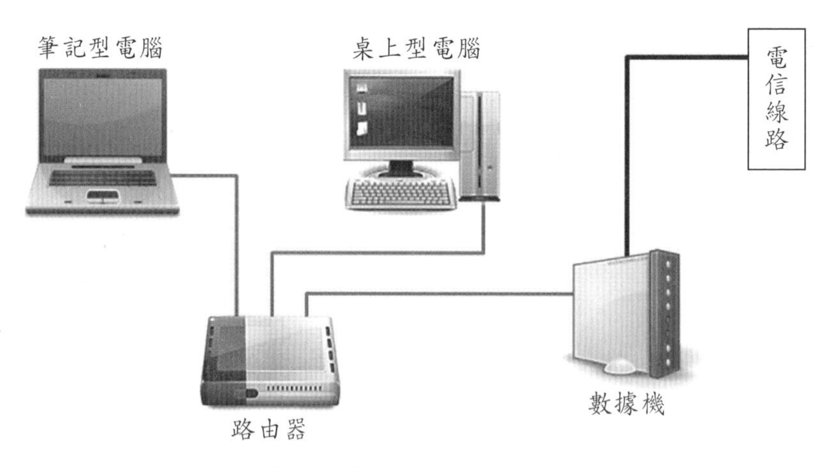

乙太網路簡單架構示意圖

Tips

乙太網路（Ethernet）是目前最普遍的區域網路存取標準，乙太網路的起源於1976年Xerox PARC將乙太網路正式轉爲實際的產品，1979年DEC、Intel、Xerox三家公司（稱爲DIX聯盟）試圖將Ethernet規格交由IEEE協會（電子電機工程師協會）制定成標準。IEEE並公布適用於乙太網路的標準爲IEEE802.3規格，直至今日IEEE 802.3和乙太網路意義是一樣的，一般我們常稱的「乙太網路」，都是指IEEE 802.3 中所規範的乙太網路。

7-1 網路系統簡介

「網路」（Network），最簡單的定義就是利用一組通訊設備，透過各種不同的媒介體，將兩台以上的電腦連結起來，讓彼此可以達到「資源共享」與「訊息交流」的功用。

① 資源共享：包含在網路中的檔案或資料與電腦相關設備都可讓網路上的用戶分享、使用與管理。

② 訊息交流：電腦連線後可讓網路上的用戶彼此傳遞訊息與交流資訊。

隨著電腦科技受到摩爾定律（Moore's law）影響，與網路覆蓋率不斷提高與發展下，各國無不致力於推動網路共通基礎建設措施，新經濟現象帶來許多數位化的衝擊與變革在現代生活中，各位可以透過各種電腦與行動裝置，就可以輕鬆連結上網際網路看股票、聽音樂，這些都是通訊網路大量生活化的實際應用。

Tips

摩爾定律（Moore's law）是由英特爾（Intel）名譽董事長摩爾（Gordon Mores）於1965年所提出，表示電子計算相關設備不斷向前快速發展的定律，主要是指一個尺寸相同的IC晶片上，所容納的電晶體數量，因爲製程技術的不斷提升與進步，造成電腦的普及運用，每隔約十八個月會加倍，執行運算的速度也會加倍，但製造成本卻不會改變。

任何一個透過某個媒介體相互連接架構，可以彼此進行溝通與交換資料，即可稱之爲「網路」。歷史上的第一個可以算得上網路的系統就是以電話線路爲基礎，也就是「公共交換電話網路」（Public Switched Telephone Network, PSTN），就是我們平常打電話用的電信局系統。

Tips

在網路上，當資料從發送到接收端，必須透過傳輸媒介將資料轉成所能承載的訊號來傳送（類比訊號），一旦接收端收到承載的訊號後，再將它轉換成可讀取的資料（數位訊號）。「數位」就如同電腦中階段性的高低訊號，而「類比」則是一種連續性的自然界訊號（如同人類的聲音訊號）。如下圖所示：

類比訊號

數位訊號

網路的大小與規模並不固定，例如只是在一個較小區域內將個人電腦或工作站與各種伺服器連結起來的網路，就稱爲區域網路（Local Area

Network, LAN），最常見的有一般網咖或校園中某個系所間的網路系統，涵蓋範圍可能侷限在一個房間、同棟大樓或者一個小區域內。

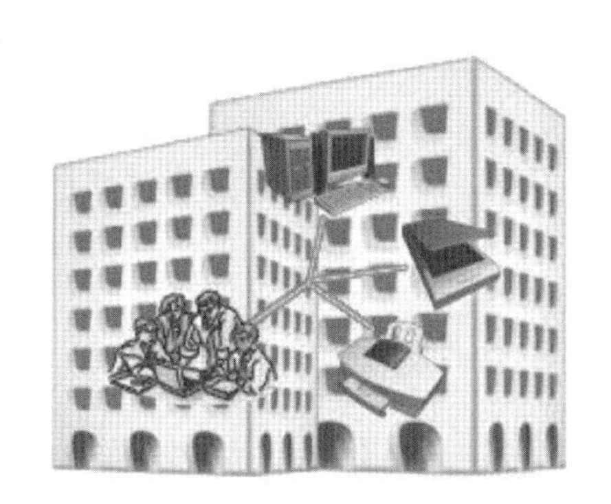

區域網路示意圖

第二種都會網路（Metropolitan Area Network, MAN）的規模則更大，通常就是數個區域網路連結所構成的系統，像一般大學校園中的整個網路系統就算是，或者一個城市中的網路系統。

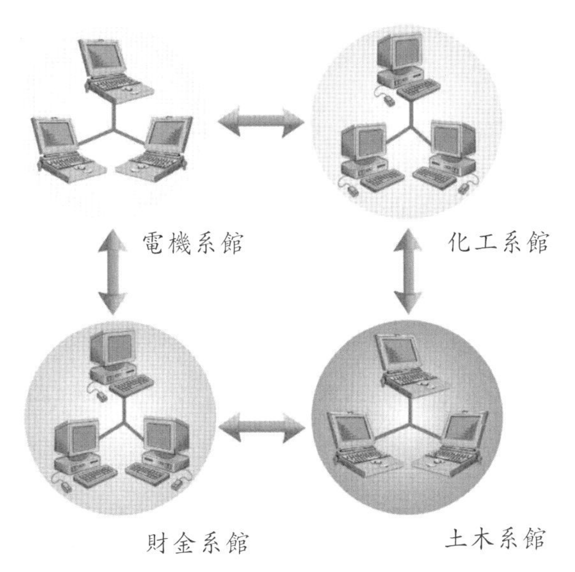

大學校園中的網路系統屬於都會網路

廣域網路（Wide Area Network, WAN）則是最大型的網路系統，範圍可連接無數個區域網路與都會網路，可能是都市與都市、國家與國家，甚至於全球間的聯繫，當然最典型的代表就是無遠弗介的網際網路（Internet）。

廣域網路示意圖

7-1-1 主從式網路與對等式網路

如果從資源共享的角度來說，通訊網路中電腦間的關係，可以區分為「主從式網路」與「對等式網路」兩種：

■ 主從式網路

通訊網路中，安排一台電腦做為網路伺服器，統一管理網路上所有用戶端所需的資源（包含硬碟、列表機、檔案等）。優點是網路的資源可以共管共用，而且透過伺服器取得資源，安全性也較高。缺點是必須有相當專業的網管人員負責，軟硬體的成本較高。

主從式網路示意圖

■ 對等式網路

在對等式網路中，並沒有主要的伺服器，每台網路上的電腦都具有同等級的地位，並且可以同時享用網路上每台電腦的資源。優點是架設容易，不必另外設定一台專用的網路伺服器，成本花費自然較低。缺點是資源分散在各部電腦上，管理與安全性都有一定缺陷。

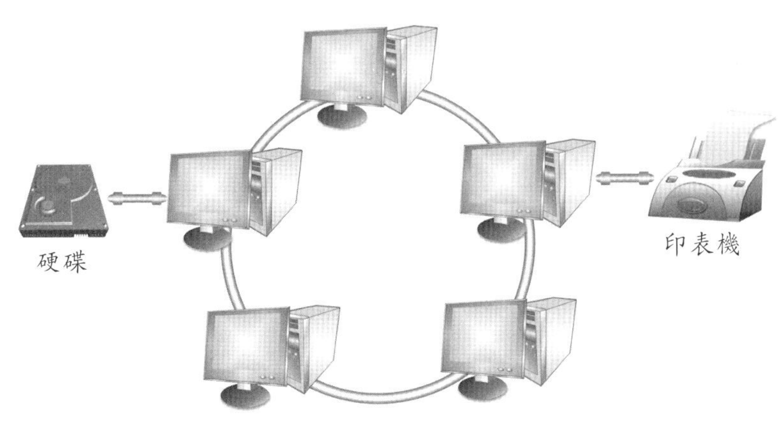

對等式網路示意圖

7-1-2 通訊網路拓樸

網路「拓樸」（Topology）就是指網路連線實體或邏輯排列形狀，或者說是網路連線後的外觀。網路連結型態也就是指網路的布線方式，常見的網路拓樸有匯流排式（bus）拓樸、星狀（star）拓樸、環狀（ring）拓樸、網狀（mesh）拓樸，分別說明如下。

■ 匯流排式拓樸

匯流排式拓樸是最簡單，成本也最便宜的網路拓樸安排方式，使用單一的管線，所有節點與週邊設備都連接到這線上。其外觀如下所示：

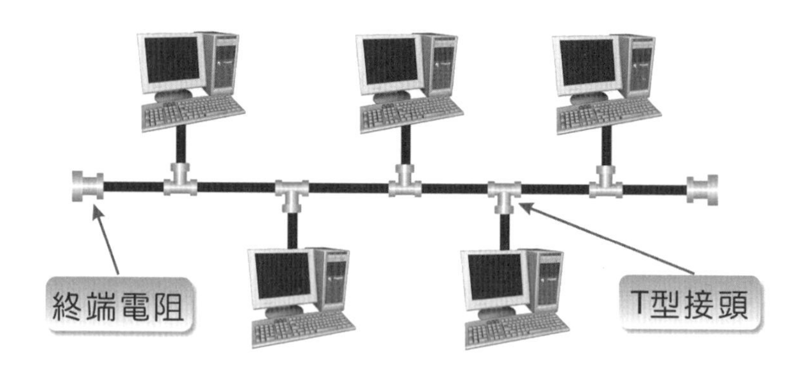

匯流排式拓樸

匯流排式網路的優點是如果要在網路中加入或移除電腦裝置都很方便，所使用的材料也頗爲便宜，而且比任何網路拓樸都使用比較少的纜線，適用於剛起步的小型辦公室網路來使用。不過使用匯流排式網路的缺點是維護不易，如果某段線路有問題，整個網路就無法使用，並且需逐段檢查以找出發生問題線段並加以更換。

■ 星狀拓樸

在星狀拓樸中，個別的電腦會使用各自的線路連接至一台中間連接裝置，這個裝置通常是集線器（Hub），所有的節點都被連接至集線器並透過它進行溝通。這樣的網路從集線裝置往外看起來，就像是放射形的星狀，如下圖所示：

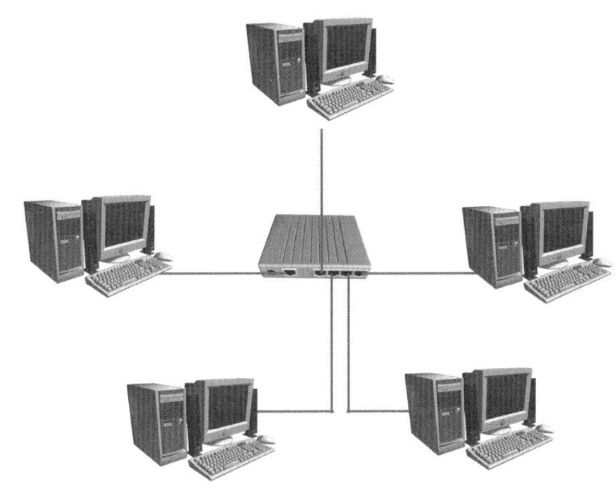

星狀拓樸示意圖

由於每台電腦裝置都使用各自的線路連接至中央裝置，所以即使某個線路出了問題，也不至於影響到其它的線路，星狀拓樸要移除裝置或加入裝置也十分簡單，只要將線路直接從中央裝置中移除就可以了。不過因為每台電腦都需要一條網路線與中心集線器相連，使用線材較多，成本也較多。另外當中心節點集線器故障時，則有可能癱瘓整個網路。

■ 環狀拓樸

將網路上的每台電腦與週邊設備，透過網路線以環狀（ring）方式連結起來。其中各節點連接下一個節點，最後一個節點連接到第一個節點，而完成環狀，各節點檢查經由環狀傳送的資料。如下圖所示：

環狀網路示意圖

環狀拓樸一般較不常見，使用環狀拓樸的網路主要有IBM的「符記環」（Token Ring）網路，符記環網路使用「符記」（Token）來進行資料的傳遞。環狀網路在網路流量大時會有較好的表現，因為不管有多少裝置想要傳送資料，同樣都必須先獲得符記才可以進行資料傳送，所以也就不至於發生「塞車」的情況。優點是網路上的每台電腦都處於平等的地位，缺點是當網路上的任一台電腦或線路故障，其它電腦都會受到影響。

■ 網狀拓樸

網狀拓樸則是一台電腦裝置至少與其它兩台裝置進行連接，由於每個裝置至少與其它兩個裝置進行連接，所以網狀拓樸的網路會具備有較高的容錯能力，也就是如果此條線路不通，還可以用另外的路徑來傳送資料。雖然如此，但網狀拓樸的成本較高，要連接兩台以上的裝置也較為複雜，所以建置不易，一般還是很少看到網狀拓樸的應用。如下圖所示：

網狀拓樸示意圖

7-1-3 通訊傳輸方向

通訊網路依照通訊傳輸方向來分類，可以區分爲三種模式：

■ 單工

單工（simplex）是指傳輸資料時，只能做固定的單向傳輸，所以一般單向傳播的網路系統，都屬於此類，例如有線電視網路、廣播系統、擴音系統等。

喇叭播放音樂是屬於單工傳輸

■ 半雙工

半雙工（half-duplex）是指傳輸資料時，允許在不同時間內互相交替單向傳輸，也就是同一時間內只能單方向由一端傳送至另一端，無法雙向傳輸，例如火腿族或工程人員所用的無線電對講機。在半雙工傳輸模式的環境中，發送端與接收端一次只能做一種傳輸動作，當發送端在進行資料傳輸時，接收端便不能做傳送動作。例如無線電就是一種半雙工的傳輸設備。當按下無線電設備的「talk」按鈕時可以說話，但不能同時進行接聽的工作；當鬆開「talk」按鈕後，就只能做接聽的工作，而無法將聲音傳送出去。

■ 全雙工

全雙工（full-duplex）是指傳輸資料時，即使在同一時間內也可同步進行雙向傳輸，也就是收發端可以同時接收與發送對方的資料，例如日常使用的電話系統雙方能夠同步接聽與說話、電腦網路連線完成後可以同時上傳或下載檔案。

電話聊天是屬於全雙工傳輸

Tips

所謂「頻寬」（bandwidth），是指固定時間內網路所能傳輸的資料量，通常在數位訊號中是以bps表示，即每秒可傳輸的位元數（bits per second），其他常用傳輸速率如下：

Kbps：每秒傳送仟位元數。

Mbps：每秒傳送百萬位元數。

Gbps：每秒傳送十億位元數。

7-2 資料傳輸交換技術

「公眾數據網路」（Public Data Network）是一種於傳輸資料時，才建立連線的網路系統，具有建置成本低、收費低廉、服務項目多等特色。由於資料從某節點傳送到另一節點的可能路徑有相當多，因此如何快速有效地將資料傳送到目的端，必須藉由資料傳輸交換技術。本節中將爲各位介紹常見的資料傳輸交換技術。

7-2-1 電路交換

「電路交換」（Circuit Switching）技術就如同一般所使用的電話系統。當您要使用時，才撥打對方的電話號碼與利用線路交換功能來建立連線路徑，此路徑由發送端開始，一站一站往目的端串聯起來。不過一旦建立兩端間的連線後，它將維持專用（dedicated）狀態 ，無法讓其他節點使用正在連線的線路，直到通信結束之後，這條專用路徑才停止使用。這種方式費用也較貴，而且連線時間緩慢。

7-2-2 訊息交換

「訊息交換」（Message Switching）技術就是利用訊息可帶有目的端點的位址，在傳送過程中可以選擇不同傳輸路徑，因此線路使用率較高。並使用所謂「介面訊息處理器」來暫時存放轉送訊息，當資料傳送到每一節點時，還會進行錯誤檢查，傳輸錯誤率低。缺點是傳送速度也慢，需要較大空間來存放等待的資料，另外即時性較低，重新傳送機率高，較不適用於大型網路與即時性的資訊傳輸，通常用於如電報、電子郵件的傳送方式。

7-2-3 分封交換

「分封交換」（Packet Switching）技術就是一種結合電路交換與訊息交換優點的交換方式，利用電腦儲存及「前導傳送」（Store and Forward）的功用，將所傳送的資料分為若干「封包」（packet），「封包」（packet）是網路傳輸的基本單位，也是一組二進位訊號，每一封包中並包含標頭與標尾資訊。每一個封包可經由不同路徑與時間傳送到目的端點後，再重新解開封包，並組合恢復資料的原來面目，這樣不但可確保網路可靠性，並隨時偵測網路資訊流量，適時進行流量控制。優點是節省傳送時間，並可增加線路的使用率，目前大部分的通信網路都採用這種方式。

7-3 網路傳輸媒介——引導式媒介

正如電力必須透過電線才能傳送至城市的每一個角落，資料如果要透過網路來傳送，也必須透過網路連線媒介才能完成，網路所使用的連線媒介可以分爲兩種：「引導式媒介」（Guided Media）與「非引導式媒介」（Unguided Media）。引導式媒介指的就是有實體線路連結的媒介，例如同軸電纜、雙絞線、光纖電纜等，而非引導式媒介指的是不使用實體線路就可傳送訊號或資料，例如微波、紅外線等無需透過實體線路就可以傳遞。本節中將先爲各位介紹引導式媒介所組成的有線通訊網路。首先來看看常用的有線傳輸媒介特性與應用範圍。

7-3-1 同軸電纜

同軸電纜（Coaxial Cable）是相當常用的線材之一，一般有線電視用來傳送訊號的線材就是使用同軸電纜。同軸電纜是由內外兩層導體構成，所使用的材質通常是銅導體，內層導體爲了避免斷裂常會以多蕊的銅導體集結而成，而外層導體形成網狀圍繞內層導體，因此具有遮蔽的效應，可以減低電磁方面的干擾，兩層導體之間以絕緣體加以隔絕，最外層則爲塑膠套：

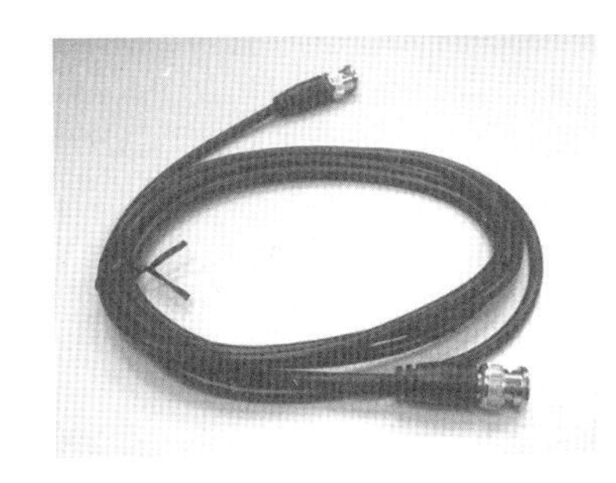

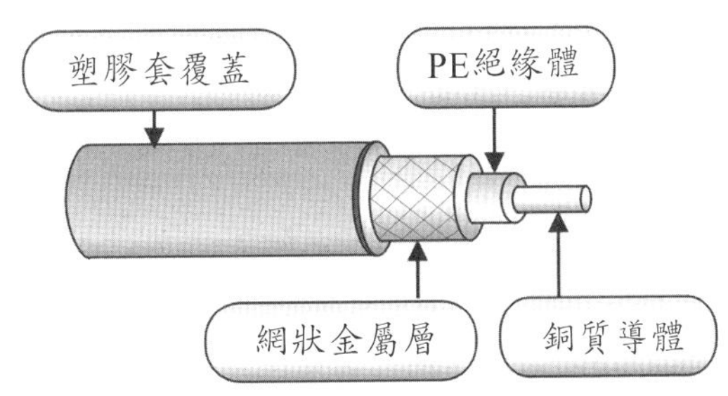

光纖剖面圖

7-3-2 雙絞線

雙絞線（Twisted Pair）就是將兩條導線相互絞在一起，而形成的網路傳輸媒體，這也是最常見的網路傳輸線材。雙絞線將導線成對絞在一起的目的是爲了防止雜訊（Noise）干擾與串音（Crosstalk）現象。這個問題是因爲電流於導線中流動時，會產生電磁場而干擾鄰近線路傳輸中的資料。藉由兩條導線相互絞在一起，則可以降低外部電磁場的干擾（並無法完全消除此干擾），絞繞的次數愈多，抗干擾的效果愈好，但相對地成本也會較高。如下圖所示：

雙絞線外觀圖

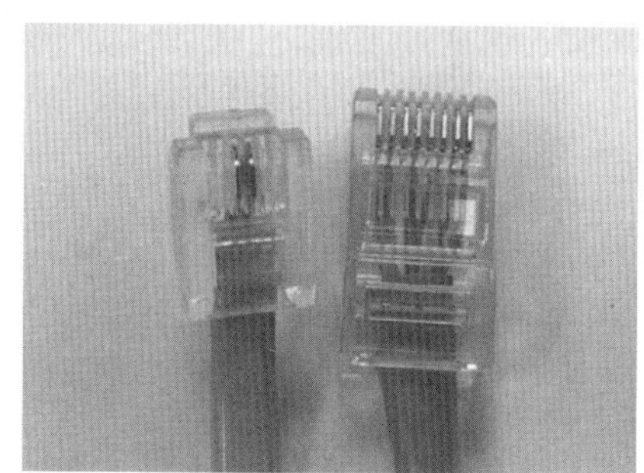

RJ-11與RJ-45接頭外觀圖

7-3-3 光纖電纜

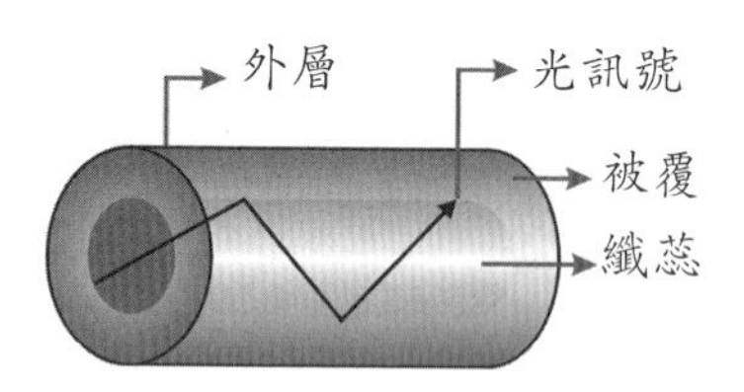

太空梭的運作也必須依靠電腦

光纖（Optical Fiber）的中心材質爲玻璃纖維，外部則爲反射物質，而最外層爲保護的塑膠外套，藉由光線不斷地於玻璃纖維中反射，就可以將訊號傳送至另一個接收端。光纖傳遞原理是當光線在介質密度比外界低的玻璃纖維中傳遞時，如果入射的角度大於某個角度（臨界角），就會發生全反射的現象，也就是光線會完全在線路中傳遞，而不會折射至外界。由於所傳送的是光訊號，所以資料的傳送速度相當快速，且不易有衰減的現象，更不用怕電流流動所發生的電磁干擾，所以可以將一束光纖綁在一起也不會互相干擾。

光纖以內外介質的大小來做爲標示的方式，例如62.5/140，所指的就是中心的蕊（core）爲62.5微米（micrometer）而外面的披覆（cladding）爲140微米。光纖的傳輸速率極快，其最高速率可達2Gbps，所以其應用主要是在高速網路上，例如100BaseFX高速乙太網路、「非同步傳輸模式」網路（Asynchronous Transfer Mode, ATM）、「光纖分散式介面」（Fiber Distributed Data Interface, FDDI）、海底電纜等高速網路上。

7-4 網路參考模型

由於網路的運作也是由許多不同領域的技術所結合起來，而結合的標準就規範於參考模型之中。簡單來說，設立模型的目的就是爲了樹立共同的規範或標準，因爲網路是個運行於全世界的資訊產物，如果不制定一套共同的運作標準，整個網路也無法整合推動起來，而且網路結合了軟體、硬體等各方面的技術，在這些技術加以整合時，如果沒有共同遵守的規範，所完成的產品，就無法達到彼此溝通、交換資訊的目的。

不建立共通的標準，就如同兩個人說不同語言，變成雞同鴨講

網路模型在溝通上扮演極重要的角色，模型或標準通常由具公信力的組織來訂立，而後再由業界廠商共同遵守，OSI模型就是一個例子。不過有時候某些標準是許多廠商使用已久，卻沒有經由公訂組織經正式會議來制定標準，這種大家默許認同的標準，就稱之爲「業界標準」（de facto），例如DoD模型。基於此種模型所建立起來的通訊協定就是大家耳熟能詳的TCP/IP協定組合；如果某些業界標準非常普及，訂立標準的公信組織有時也會順水推舟地將它納入正式的標準之中。

7-4-1 OSI參考模型

OSI參考模型是由「國際標準組織」（International Standard Organization, ISO）於1988年的「政府開放系統互連草案」（Government Open Systems Interconnect Profile, GOSIP）所訂立，當時雖然有要求廠商必須共同遵守，不過一直沒有得到廠商的支持，但是OSI訂立的標準有助於瞭解網路裝置、通訊協定等的運作架構，所以倒是一直被教育界拿來作爲教學討論的對象。至於OSI模型共分爲七層，如下圖所示：

OSI參考模型示意圖

■ 應用層

在這一層中運作的就是我們平常接觸的網路通訊軟體，例如瀏覽器、檔案傳輸軟體、電子郵件軟體等，它的目的在於建立使用者與下層通訊協定的溝通橋樑，並與連線的另一方相對應的軟體進行資料傳遞。通常這一層的軟體都採取所謂的主從模式。

■ 表現層

主要功能是讓各工作站間資料格式能一致，包含字碼的轉換、編碼與解碼、資料格式的轉換等。例如全球資訊網中有文字、圖片、甚至聲音、影像等資料，而表現層顧就是負責訂定連線雙方共同的資料展示方式，例如文字編碼、圖片格式、視訊檔案的開啓等。

■ 會議層

會議層的作用就是在於建立起連線雙方應用程式互相溝通的方式，例如何時表示要求連線、何時該終止連線、發送何種訊號時表示接下來要傳送檔案，也就是建立和管理接收端與發送端之間的連線對談形式。例如在連線遊戲時，就不能發生客戶端按一下方向鍵表示要移動遊戲中的人物1格，伺服端卻認爲這是要移動人物10格，這就是會議層中應該實作的規範。

■ 傳輸層

傳輸層主要工作是提供網路層與會談層一個可靠且有效率的傳輸服務，例如TCP、UDP都是此層的通訊協定。傳輸層所負責的任務就是將網路上所接收到的資料，分配（傳輸）給相對應的軟體，例如將網頁相關資料傳送給瀏覽器，或是將電子郵件傳送給郵件軟體，而這層也負責包裝上層的應用程式資料，指定接收的另一方該由哪一個軟體接收此資料並進行處理。

■ 網路層

網路層的工作就是負責解讀IP位址並決定資料要傳送給哪一個主機，如果是在同一個區域網路中，就會直接傳送給網路內的主機，如果不是在同一個網路內，就會將資料交給路由器，並由它來決定資料傳送的路徑，而目的網路的最後一個路由器再直接將資料傳送給目的主機。

■ 資料連結層

是OSI模型的第二層，主要是負責資料「加框」（Frame）及「還原」（Deframe）處理，並決定資料的實際傳送位址、流量與傳送時間與偵錯的工作等。在流量考量下，會將所接收的封包，切割爲較小的訊框，並在前後加上表頭及表尾，讓接收端予以辨認。此外，資料連結層通常用於兩個相同網路節點間的傳輸，因此像是網路卡、橋接器，或是交換式集線器（Switch Hub）等設備，都屬於此層的產品。

■ **實體層**

是OSI模型的第一層，所處理的是眞正的電子訊號，主要的作用是定義網路資訊傳輸時的實體規格，包含了連線方式、傳輸媒介、訊號轉換等，也就是對數據機、集線器、連接線與傳輸方式等加以規定。例如我們常見的「集線器」（Hub），也都是屬於典型的實體層設備。

7-4-2 DoD參考模型

OSI模型是在1988年所提出，但是網路的發展卻是早在1960年代就開始，所以不可能是按照OSI模型來運作，在OSI模型提出來之前，TCP/IP也早就於1982年提出，當時TCP/IP的架構又稱之爲TCP/IP模型，同年美國國防部（Department of Defense）將TCP/IP納爲它的網路標準，所以TCP/IP模型又稱之爲DoD模型。DoD模型是個業界標準（de facto），並未經公信機構標準化，但由於推行已久，加上TCP/IP協定的普及，因此廣爲業界所採用，DoD模型的層次區分如下圖所示：

DoD模型架構圖

■ 處理層

所謂的處理層顧名思義，就是程式處理資料的範圍，這一層的工作相當於OSI模型中的應用層、表現層與會議層三者的負責範圍，只不過在DoD模型中不若OSI模型區分地這麼詳細。

■ 主機對主機層

主機對主機層所負責的工作，相當於OSI模型的傳輸層，這層中負責處理資料的確認、流量控制、錯誤檢查等事情。

■ 網際網路層

網際網路層所負責的工作，相當於OSI模型的網路層與資料連結層，例如IP定址、IP路徑選擇、MAC位址的取得等，都是在這層中加以規範。

■ 網路存取層

網際存取層所負責的工作，相當於OSI模型的實體層，將封裝好的邏輯資料以實際的物理訊號傳送出去。

請各位注意到之前在說明OSI模型時，曾使用到IP位址、ARP協定等來作為印證，其實這些協定是屬於DoD模型中所規範的，也就是TCP/IP協定組合中運作的機制，只不過兩者之間可以相互對應，下圖列出了OSI模型、DoD模型與TCP/IP三者間的對應關係：

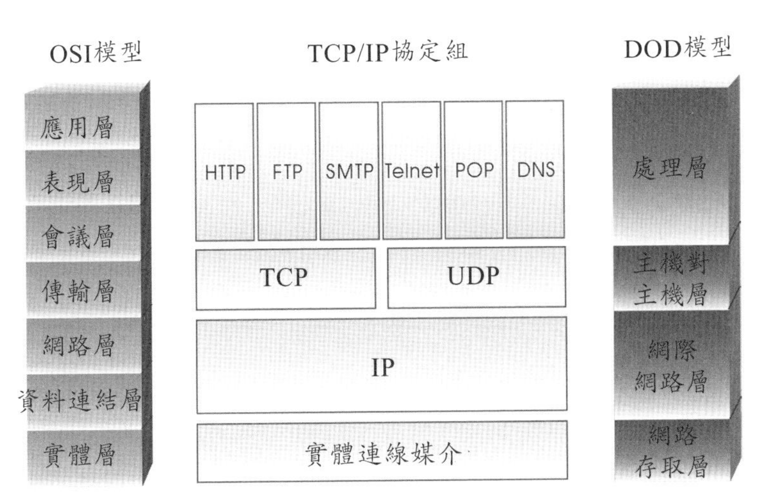

OSI模型、DoD模型與TCP/IP協定套件

7-5 認識通訊協定

在網路世界中，爲了讓所有電腦都能互相溝通，就必須制定一套可以讓所有電腦都能夠了解的語言，這種語言便成爲「通訊協定」（Protocol），通訊協定就是一種公開化的標準，而且會依照時間與使用者的需求而逐步改進。在此將爲各位介紹幾種常見的通訊協定：

7-5-1 TCP協定

「傳輸通訊協定」（Transmission Control Protocol, TCP）是一種「連線導向」資料傳遞方式。當發送端發出封包後，接收端接收到封包時必須發出一個訊息告訴接收端：「我收到了！」如果發送端過了一段時間仍沒有接收到確認訊息，表示封包可能遺失，必須重新發出封包。也就是說，TCP的資料傳送是以「位元組流」來進行傳送，資料的傳送具有「雙向性」。建立連線之後，任何一端都可以進行發送與接收資料，而它也具備流量控制的功能，雙方都具有調整流量的機制，可以依據網路狀況來適時調整。

7-5-2 IP協定

「網際網路協定」（Internet Protocol, IP）是TCP/IP協定中的運作核心，存在DoD網路模型的「網路層」（Network Layer），也是構成網際網路的基礎，是一個「非連接式」（Connectionless）傳輸，主要是負責主機間網路封包的定址與路由，並將封包（packet）從來源處送到目的地。而IP協定可以完全發揮網路層的功用，並完成IP封包的傳送、切割與重組。也就是說可接受從傳輸所送來的訊息，再切割、包裝成大小合適IP封包，然後再往連結層傳送。

7-5-3 UDP協定

「使用者資料協定」（User Datagram Protocol, UDP）是一種較簡單的通訊協定，例如TCP的可靠性雖然較好，但是缺點是所需要的資源較高，每次需要交換或傳輸資料時，都必須建立TCP連線，並於資料傳輸過程中不斷地進行確認與應答的工作。對於一些小型但頻率高的資料傳輸，這些工作都會耗掉相當的網路資源。而UDP則是一種非連接型的傳輸協定，允許在完全不理會資料是否傳送至目的地的情況進行傳送，當然這種傳輸協定就比較不可靠。不過它適用於廣播式的通訊，也就是UDP還具備有一對多資料傳送的優點，這是TCP一對一連線所沒有。

7-6 網路傳輸裝置

一個完整的通訊網路架構，還必須有一些相關設備來配合進行電腦與終端機間傳輸與聯結工作。本節中我們將快速為各位介紹這些常見設備的功能與用途。

7-6-1 數據機

數據機的原理是利用調變器（Modulator）將數位訊號調變爲類比訊號，再透過線路進行資料傳送，而接收方收到訊號後，只要透過解調器（Demodulator）將訊號還原成數位訊號。例如之前相當流行的寬頻上網ADSL數據機與纜線數據機（Cable Modem），不過現在已經是光纖的世代了。

7-6-2 中繼器

訊號在網路線上傳輸時，會隨著網路線本身的阻抗及傳輸距離而逐漸使訊號衰減，而中繼器主要的功能就是用來將資料訊號再生的傳輸裝置，它屬於OSI模型實體層中運作的裝置。例如同軸電纜最大的長度是185公尺，訊號傳遞如果超過這個長度，會由於訊號衰減而變得無法辨識，如果算使用超過這個長度的網路，就必須加上中繼器連結，將訊號重新整理後，再行傳送出去。

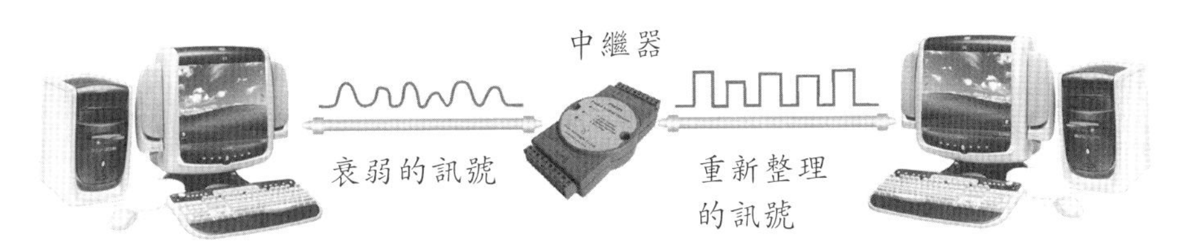

中繼器可以將訊號重新整理再傳送

不過使用中繼器也會有些問題，例如錯誤的封包會同時被再生，進而影響網路傳輸的品質。而且中繼器也不能同時連接太多台（通常不超過3台），因爲訊號再生時多少會與原始訊號不相同，在經過多次再生後，再生訊號與原始訊號的差異性就會更大。

7-6-3 集線器

集線器（Hub）通常使用於星狀網路，並具備多個插孔，可用來將網路上的裝置加以連接，增加網路節點的規模，但是所有的埠（port）只能共享一個頻寬。雖然集線器上可同時連接多個裝置，但在同一時間僅能有一對（兩個）的裝置在傳輸資料，而其它裝置的通訊則暫時排除在外。另外還有一種「交換式集線器」（或稱交換器），交換器與集線器在網路內的功用大致相同，其間最大的差異在於可以讓各埠的傳輸頻寬獨立而不受其它埠是否正在傳送的影響，由於各埠都有各自使用的頻寬，不會發生搶用頻寬的情形，使得網路傳輸效能得於同一時間內所能傳輸的資料量較大。由於集線器的整體效率較差，目前幾乎已是交換器的天下了。

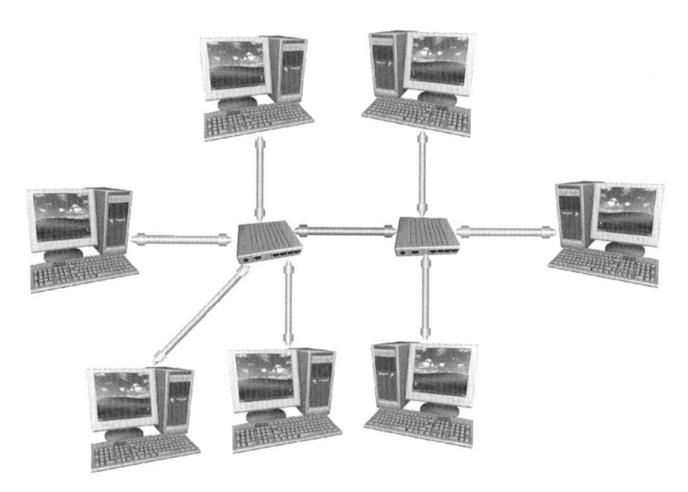

集線器的功用可以擴大區域網路的規模

7-6-4 橋接器

當乙太網路上的電腦或裝置數量增加時，由於傳輸訊號與廣播訊號的碰撞增加，任何訊號在網路上的每一台電腦都會收到，因此會造成網路整體效能的降低。而橋接器可以連接兩個相同類型但通訊協定不同的網路，並藉由位址表（MAC位址）判斷與過濾是否要傳送到另一子網路，是則通過橋接器，不是則加以阻止，如此就可減少網路負載與改善網路效能，是在OSI模型的資料連結層上運作。橋接器能夠切割同一個區域網路，也可以連接使用不同連線媒介的兩個網路。例如連接使用同軸電纜的匯流排網路與使用UTP的星狀網路。不過這兩個網路必須使用相同的存取方式，例如符記環網路就不能使用橋接器來與使用UTP線路的乙太網路連接。

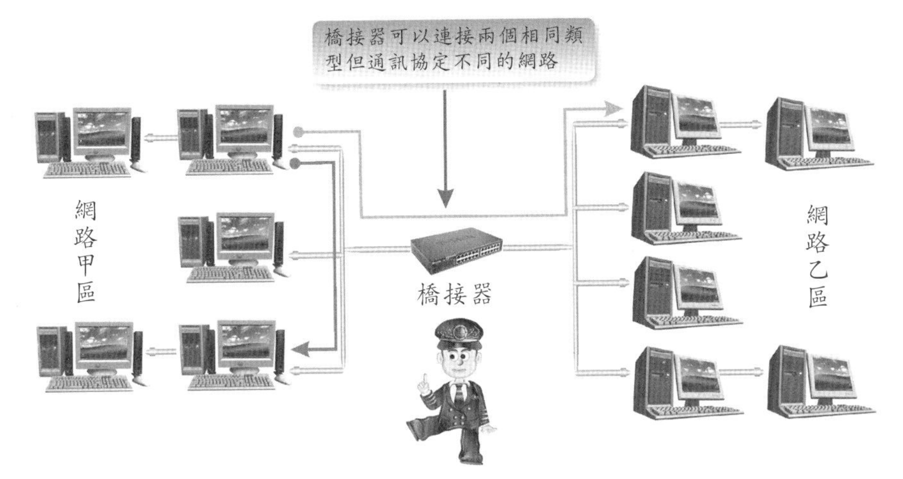

透過橋接器可減少網路負載與改善網路效能

7-6-5閘道器

閘道器（gateway）可連接使用不同通訊協定的網路，讓彼此能互相傳送與接收。由於可以運作於OSI模型的七個階層，所以它可以處理不同格式的資料封包，並進行通訊協定轉換、錯誤偵測、網路路徑控制與位址轉換等。只要閘道器內有支援的架構，就隨時可對系統執行連接與轉換的工作，可將較小規模的區域網路連結成較大型的區域網路。

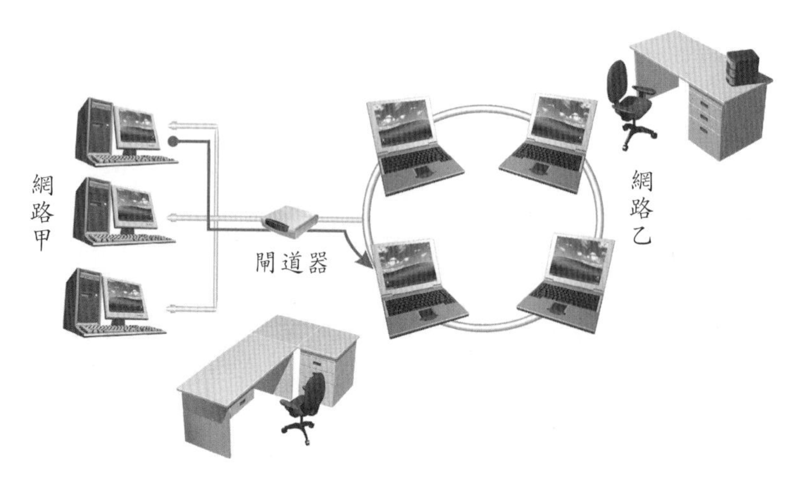

閘道器可轉換不同網路拓樸的協定與資料格式

7-6-6 路由器

「路由器」（router）又稱「路徑選擇器」，是屬於OSI模型網路層中運作的裝置。它可以過濾網路上的資料封包，且將資料封包依照大小、緩急與「路由表」來選擇最佳傳送路徑，綜合考慮包括頻寬、節點、線路品質、距離等因素，以將封包傳送給指定的裝置。路由器是在中大型網路中十分常見的裝置，並兼具中繼器、橋接器與集線器的功用。路由器也相當於網路上的一個網站，它必須擁有IP位址，而且是同時在兩個或兩個以上的網路上擁有這個位址。它可以連接不同的連線媒介、不同的存取方式或不同的網路拓樸，例如下圖所示：

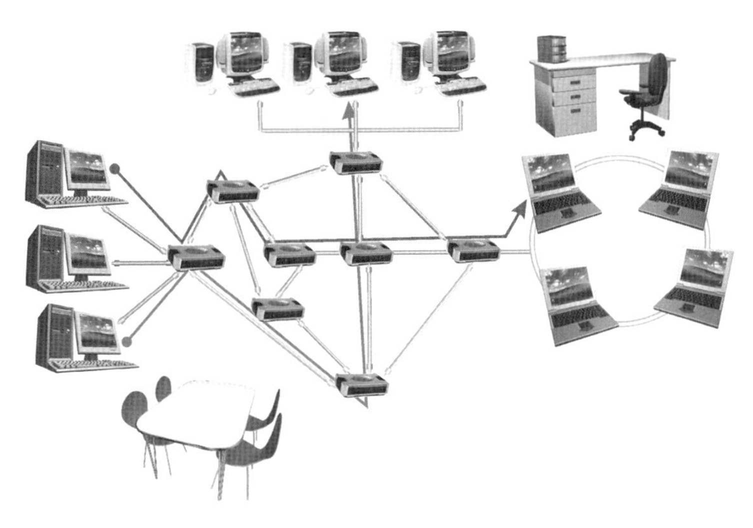

路由器可在不同網路拓樸中選擇最佳封包路徑

【課後評量】

一、選擇題

1. ( ) 資料傳輸可作雙向傳輸，但無法同時雙向傳輸的傳輸方法是下列哪一種方式？ (A)單工 (B)半雙工 (C)多工 (D)全雙工
2. ( ) RS-232C介面是屬於 (A)序列式介面 (B)顯示介面 (C)搖桿介面 (D)並列式介面
3. ( ) 小明將家中的三台電腦連接組成網路，藉以分享檔案與印表機，此種網路類型屬於 (A)LAN (B)MAN (C)WAN (D)Internet
4. ( ) 對於對等式網路而言，哪一個敘述是對的？ (A)比伺服器網路提供更佳的安全及更多的控制 (B)建議使用於只有十個或更少的網路使用者之環境下 (C)需要有功能強大的中央伺服

器 (D)一般而言，使用者是分散在很廣的地理範圍中

5. ( ) 在主從式網路架構中，專門提供特定服務（如收發信件）的電腦稱為 (A)伺服器 (B)用戶端 (C)集線器 (D)媒體

6. ( ) 主機與列表機之間的資料傳輸線路為主 (A)雙工 (B)半雙工 (C)單工 (D)並聯。

7. ( ) 在網路中，通常遠距傳輸資料是採用下列何者？ (A)並列 (B)串列 (C)單列 (D)多列方式。

8. ( ) 一般所謂的WAN（Wide Area Network），其所代表的意義為何？ (A)樹狀網路 (B)匯流排網路 (C)區域網路 (D)廣域網路。

9. ( ) 就傳輸的方式而言，乙太網路交換器（Ethernet Switcher）是將網路通訊改為何種傳輸方式？ (A)單工（Simplex） (B)半雙工（Half-Duplex） (C)全雙工（Full-Duplex） (D)半單工（Half-Simplex）

10. ( ) 下列何者不屬於封包中標頭或標尾資訊的功用？ (A)標明封包的起始與結束 (B)標示封包編號 (C)註明拓樸形式 (D)提供檢查資料正確性的資料

11. ( ) 傳統電話語音系統的訊號是一種？ (A)數位訊號 (B)類比訊號 (C)數位類比訊號 (D)視情況而定

12. ( ) 電腦網路上資料的傳輸的訊號是一種？ (A)數位訊號 (B)類比訊號 (C)數位類比訊號 (D)視情況而定

13. ( ) 一般而言，外接式數據機是利用下列哪一種通訊介面與PC連接？ (A)IEEE-488 (B)RS-232 (C)RS-449 (D)RS-485

14. ( ) 下列哪種網路最適合建立校園網路？ (A)區域網路 (B)都會網路 (C)廣域網路 (D)系館網路

15. ( ) 下列何種網路拓樸在每個節點間，均有兩個以上的傳輸路徑可供選擇？ (A)匯流排 (B)星狀 (C)網狀 (D)環狀

16.(　　) 在星狀拓樸中的中央連接裝置稱爲　(A)中繼器　(B)集線器　(C)數據機　(D)閘道器

17.(　　) 網路上所有的電腦或設備，都與其他的二個節點連接而形成一個圓圈的是　(A)星狀拓樸　(B)環狀拓樸　(C)匯流排拓樸　(D)網狀拓樸

18.(　　) 下列何種架構，不是區域網路架構的一種？　(A)雲狀架構　(B)環狀架構　(C)星狀架構　(D)匯流排架構

19.(　　) 英文稱爲「bus」的網路結構型式是下列何者？　(A)星狀　(B)環狀　(C)匯流排　(D)樹狀網路

20.(　　) 區域網路架構，具廣播特性，且任何一部電腦將資料傳送上電纜線後， 其訊號會向兩端傳遞的是？　(A)星狀　(B)匯流排　(C)環狀　(D)網狀架構

21.(　　) 下列網路架構中，哪一種會因任一部電腦有問題，而導致網路中所有電腦都無法聯繫？　(A)星狀　(B)環狀　(C)樹狀　(D)匯流排

22.(　　) 下列何者是星狀跖樸的連接方式？　(A)網路上的所有工作站都與一個中央控制器連接　(B)網路上的所有工作站都直接與一個共同的通道連接　(C)網路上的所有工作站都是一部接一部的連接　(D)網路上的所有工作站都彼此獨立

23.(　　) 在資料通訊中，下列何者傳輸速率最快？　(A)雙絞線　(B)同軸電纜　(C)光纖　(D)電話線

24.(　　) 下列何者敘述錯誤？　(A)衛星傳輸是一種無線傳輸的方式　(B)光纖網路是一種無線網路　(C)使用手機上網是利用無線網路　(D)使用電話撥接上網是一種無線網路

25.(　　) 資料通訊中，哪種媒介安全性特高？　(A)光纖　(B)微波傳輸　(C)同軸電纜　(D)人造衛星

26.(　　) 下列何者抗雜訊力最好？　(A)細同軸電纜　(B)粗同軸電纜

(C)雙絞線 (D)光纖電纜

27. ( ) 光纖軸心的材質為下列何者？ (A)玻璃 (B)銅 (C)合金 (D)鋁

28. ( ) 雙絞線的絞結主要是為了 (A)增加傳輸速率 (B)增加頻寬 (C)使電線更具有張力 (D)減少串音的影響

29. ( ) OSI中哪一層負責定址與路徑選擇 (A)實體層 (B)應用層 (C)網路層 (D)表達層

30. ( ) 網路卡在OSI中屬於哪一層應用 (A)實體層 (B)應用層 (C)網路層 (D)表達層

二、討論與問答題

1. 簡述網路的定義。
2. 常見的通訊媒介體有哪些？
3. 試解釋主從式網路（client/server network）與對等式網路（peer-to-peer network）兩者間的差異。
4. 依照通訊網路的架設範圍與規模，可以區分為哪三種網路型態？
5. 通訊網路依照通訊方向來分類，可以區分為哪三種模式？
6. 請比較類比訊號與數位訊號間的不同點。
7. OSI參考模型有哪七層？
8. DoD模型有哪四層？
9. 請說明路由表（Routing Table）的主要功能。
10. 何謂CSMA/CD？試說明之。
11. 何謂雲端運算？
12. 試說明目前最流行的創客經濟。
13. 試簡介物聯網（Internet of Things, IOT）。
14. 試簡介網路電視（Internet Protocol Television, IPTV）。
15. 何謂智慧家庭（Smart Home）？

 第八章 

無線通訊網路

隨著新興無線通訊技術與網際網路的高度普及，加速了無線網路的發展與流行，無線通訊網路可應用的產品範圍相當廣泛，各位可以輕鬆在會議室、走道、旅大廳、餐廳及任何含有熱點（Hot Spot）的公共場所，即可連上網路存取資料。

「熱點」（Hotspot），是指在公共場所提供無線區域網路（WLAN）服務的連結地點，讓大眾可以使用筆記型電腦或PDA，透過熱點的「無線網路橋接器」（AP）連結上網際網路，無線上網的熱點愈多，無線上網的涵蓋區域便愈廣。

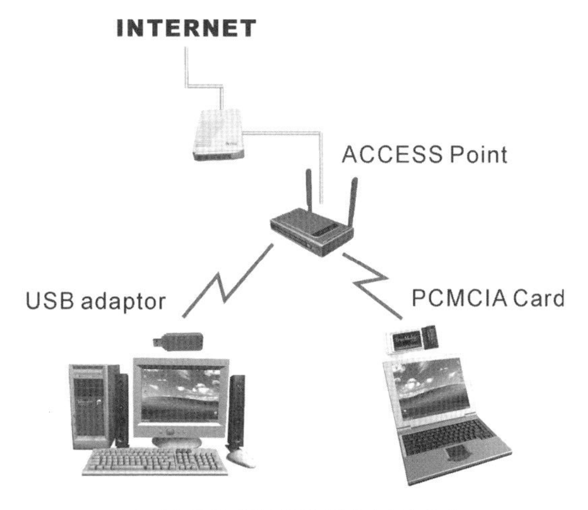

無線區域網路連線示意圖

8-1 認識無線網路

所謂無線網路，最簡單的定義就是不用透過實體網路線就可以傳送資料，以現在的無線通訊技術而言，無線傳輸媒介可以分成兩大類，分別是「光學傳輸」與「無線電波與微波傳輸」，也就是利用光波〔有紅外線（Infrared）和雷射光（Laser）〕或無線電波等傳輸媒介來進行資料傳輸的資訊科技。現在我們就從無線傳輸媒介談起。

8-1-1 光學傳輸

光學傳輸的原理就是利用光的特性來進行資料傳送。以目前所知道的傳輸媒介中，光的傳播速率是最快的。因此在無線通訊技術中，便利用光的特性來進行資料的傳送，以提升資料傳輸的效率。目前採用「光」光做爲傳輸媒介的技術，有「紅外線」（Infrared）與「雷射」（Laser）兩種。

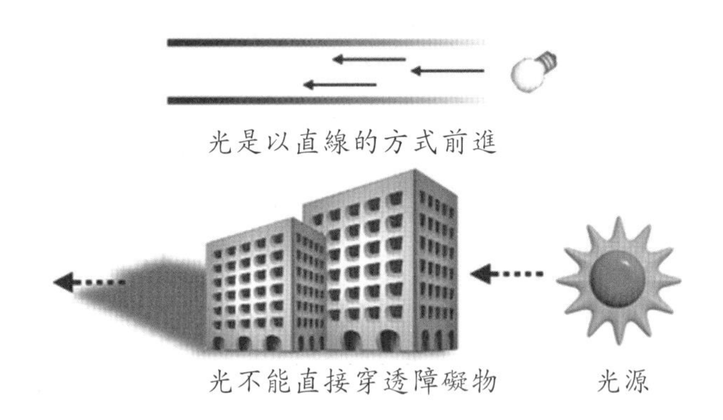

■ 紅外線

「紅外線」（Infrared, IR）是相當簡單的無線通訊媒介之一，經常使用於遙控器、家電設備、筆記型電腦、熱源追蹤、軍事探測等，做爲遙控或資料傳輸之用。頻率比可見光還低，紅外線的頻率從300GHz到385THz，較適用在低功率、短距離（約2公尺以內）的點對點（point to point）半雙工傳輸。紅外線的傳輸比較需要考慮到角度的問題，角度差太多的話，會接收不到。例如無線滑鼠或筆記型電腦間的傳輸，都採用紅外線方式。

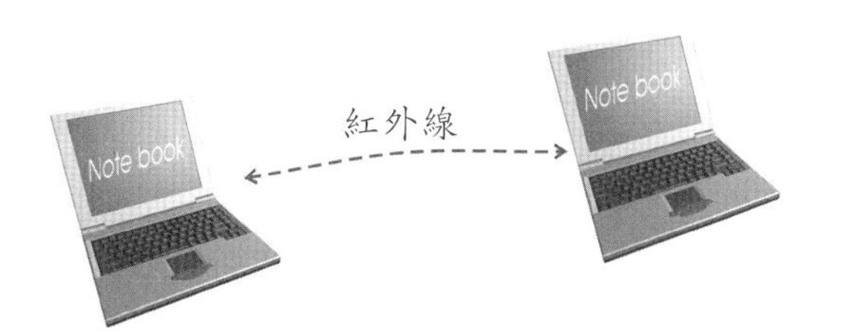

紅外線適合筆記型電腦間的傳輸

■ 雷射光

雷射光（Laser）較一般光線不同之處在於它會先將光線集中成爲「束狀」，然後再投射到目的地。除了本身所具備的能量較強外，同時也不會產生散射的情形。在光學無線網路傳輸的安全機制中，雷射就遠比紅外線來的強，除了攜帶訊號的能力強外，也增加連線的距離。

8-1-2 無線電波與微波

無線電波像收音機發出的電波一樣，具備穿透率強和不受方向限制的全方位傳輸特性，與無線光學技術比較起來，確實較適合使用在無線傳輸。不過由於無線電波的頻帶相當的寶貴，所以它受到各國之間的嚴格控管，爲了可以使用無線電波，因此各國之間便訂定出一個公用的頻帶，頻帶爲2.4G Hz，無線網路也就是採用這個頻帶作爲傳輸媒介，由於電波的頻率與波長成反比，頻率愈高者其波長愈小，傳輸距離就會愈遠。

Tips

「頻帶」（Band）就是頻率的寬度，單位Hz，也就是資料通訊中所使用的頻率範圍，通常會訂定明確的上下界線。

微波（microwave）則是一種波長較短的電磁波，頻率範圍在2GHz～40GHz，與無線電波之間的差異是在於前者是全向性的，而後者是方向性的。微波傳送與接收端間不能存有障礙物體阻擋，並且其所攜帶之能量通常隨傳播之距離衰減，高山或大樓頂樓經常會設置有微波基地台高臺來加強訊號，克服因天然屏障或是建築物所形成的傳輸阻隔。

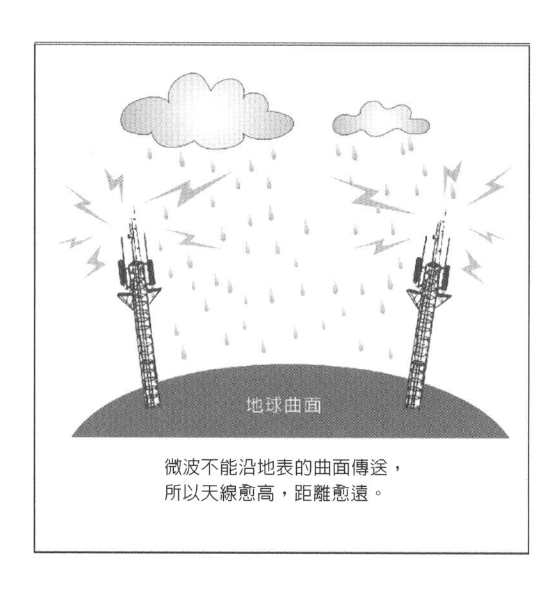

微波不能沿地表的曲面傳送，
所以天線愈高，距離愈遠。

8-2 無線廣域網路

無線網路在目前現代生活中應用範圍也已相當廣泛，如果依其所涵蓋的地理面積大小來區分，無線網路的種類有「無線廣域網路」（Wireless

Wide Area Network, WWAN）、「無線都會網路」（Wireless Metropolitan Area Network, WMAN）、「無線個人網路」（Wireless Personal Area Network, WPAN）與「無線區域網路」（Wireless Local Area Network, WPAN），接下來將從「無線廣域網路」開始為各位介紹。

8-2-1 行動通訊標準

「無線廣域網路」（WWAN）是行動電話及數據服務所使用的行動通訊網路（Mobil Data Network），由電信業者所經營，其組成包含有行動電話、無線電、個人通訊服務（Personal Communication Service, PCS）、行動衛星通訊等，包括了早期的AMPS，到現在通行的GSM，GPRS與第五代行動通訊系統（5G），多半用於行動通訊系統，配合如行動電話、筆記型電腦或PDA等通訊設備，可以傳輸語音、影像、多媒體等內容。以下將為各位介紹常見的行動通訊標準。

■ AMPS

AMPS（Advance Mobile Phone System, AMPS）系統是北美第一代行動電話系統，採用類比式訊號傳輸，即是第一代類比式的行動通話系統（1G）。類比式行動電話的缺點是通話品質差、服務種類少、沒有安全措施、門號容量少等。在國內，類比式行動電話系統已經正式走入歷史，例如早期耳熟能詳的「黑金剛」大哥大，原本090開頭的使用者將自動升級為0910的門號系統。

■ GSM

「全球行動通訊系統」（Global System for Mobile communications, GSM）是於1990 年由歐洲發展出來，故又稱泛歐數位式行動電話系統，即為第二代行動電話通訊協定。GSM是屬於無線電波的一種，因此必須在頻帶上工作，頻帶有900MHz、1800MHz及1900MHz三種，過去世界上兩大GSM系統為GSM 900及GSM1800，由於採用不同頻率，因此適用手機也不同。

■ GPRS

「整合封包無線電服務技術」（General Packet Radio Service, GPRS）的傳輸技術允許兩端線路在封包轉移的模式下發送或接收資料，而不需要經由電路交換的方式傳遞資料，屬於2.5G行動通訊標準，算是GSM的加強改良版。在資料傳輸的速率上，理論上高達168Kbps，而且用戶的手機開機後，即處於全天候連線狀態，也就是來電時，仍然可連線，而不須斷線重新上網。

■ 3G

3G（3rd Generation）是第3代行動通訊系統，主要目的是透過大幅提升數據資料傳輸速度，並將無線通訊與網際網路等多媒體通訊結合的新一代通訊系統，比2.5G-GPRS（每秒160Kbps）更具優勢。除了2G時代原有的語音與非語音數據服務，還多了網頁瀏覽、電話會議、電子商務、視訊電話、電視新聞直播等多媒體動態影像傳輸，更重要的是在室內、室外和通訊的環境中能夠分別支援2Mbps（室內）、384kbps（戶外）以及144kbps（行車）的傳輸速度，大大提升了傳輸的速度與品質。

■ 4G /LTE

4G（fourth-generation）是指行動電話系統的第四代，為新一代行動上網技術的泛稱，4G所提供頻寬更大，由於新技術的傳輸速度比3G/3.5G更快，能夠達成更多樣化與更私人化的網路應用，也是3G之後的沿伸，所以業界稱為4G。LTE（Long Term Evolution, 長期演進技術）則是以現有的GSM/UMTS的無線通信技術為主來發展，能與GSM服務供應商的網路相容，最快的理論傳輸速度可達170Mbps以上，例如各位傳輸1個95M的影片檔，只要3秒鐘就完成，除了頻寬、速度與高移動性的優勢外，LTE的網路結構也較爲簡單。

LTE已經成為全球電信業者發展 4G 標準的新寵兒

■ 5G

5G（fifth-generation）指的是移動電話系統第五代，也是4G之後的延伸，由於大衆對行動數據的需求年年倍增，因此就會需要第五代行動網路技術，現在我們已經習慣用4G頻寬欣賞愈來愈多串流影片，5G很快就會成爲必需品。5G技術是整合多項無線網路技術而來，包括幾乎所有以前幾代移動通信的先進功能，對一般用戶而言，最直接的感覺是5G比4G又更快了、更聰明、更不耗電，方便各種新的無線裝置。雖然目前全球還沒有一個具體標準，不過在5G時代，全球將可以預見有一個共通的標準。韓國三星電子曾在2013年宣布，已經在5G技術領域獲得關鍵突破，預計未來將可實現10Gbps以上的傳輸速率，在這樣的傳輸速度下，下載一部電影可能只需要不到1秒鐘的時間！

8-3 無線都會網路

無線都會區域網（WMAN）路是指傳輸範圍可涵蓋城市或郊區等較大地理區域的無線通訊網路，例如可用來連接距離較遠的地區或大範圍校園。此外，IEEE組織於2001年10月完成標準的審核與制定802.16 爲「全球互通微波存取」（Worldwide Interoperability for Microware Access, WIMAX），是一種應用於都會型區域網路的無線通訊技術。

8-3-1 WiMax簡介

WiMax最早於2001年6月由WiMax 論壇（WiMAX Forum）提出，固定式WiMax於2004年完成規格的制定，其標準稱爲IEEE 802.16-2004。802.16技術有能力確保用戶以一固定不變的速度完成傳輸任務，至於在通訊安全上採用資料加密標準（DES）技術，例如許多學校將逐步嘗試於校園中建立802.16試驗網路。WiMax有點像Wi-Fi無線網路（即802.11），最大的差別之處是WiMax通信距離是以數十公里計，而Wi-Fi是以公尺，WiMax與Wi-Fi最大的差別就是在頻寬的大小。WiMax通常被視爲取代固網的最後一哩，作爲電纜和xDSL之外的選擇，實現廣域範圍內的移動WiMax 接入。能夠藉由寬頻與遠距離傳輸，協助ISP業者建置無線網路。

Tips

Wi-Fi（Wireless Fidelity）是泛指符合IEEE802.11無線區域網路傳輸標準與規格的認証。也就是當消費者在購買符合 802.11 規格的關產品時，只要看到 Wi-Fi 這個標誌，就不用擔心各種廠牌間的設備不能互相溝通的問題。

8-4 無線區域網路

無線區域網路（Wireless LAN, WLAN），是讓電腦及行動裝置，透過無線網路卡（Wireless Card）與「無線網路存取點」（Access Point）的結合，來進行區域無線網路連結與資源的存取。特性是高移動性、節省網路成本，並利用無線電波（如窄頻微波、跳頻展頻、HomeRF）等與光傳導（如紅外線與雷射光）作為載波（carrier），將用戶端接取網路的線路以無線方式來傳輸。

Tips

無線基地台扮演中介的角色，或稱「無線網路橋接器」（Access Point），可將有線網路轉化為無線網路訊號並發射傳送，做為無線設備與無線網路及有線網路設備連結的轉接設備，類似行動電話基地台的性質。

8-4-1 無線區域網路通訊標準

無線區域網路標準是由「電機電子工程師協會」（Institute of Electrical and Electronics Engineers, IEEE），在1990年11月制訂出一個稱為「IEEE802.11」的無線區域網路通訊標準，採用 2.4GHz的頻段，資料傳輸速度可達11Mbps。由於IEEE802.11是WLAN相當廣泛的標準，以下將介紹常見的無線區域網路（WLAN）通訊標準：

■ 802.11b

最早開始被廣泛使用的通訊標準是802.11b，802.11b是利用802.11架構作爲一個延伸的版本，採用的展頻技術是「高速直接序列」，頻帶爲2.4GHz，最大可傳輸頻寬爲11Mbps，傳輸距離約100公尺，是目前相當普遍的標準。802.11b使用的是單載波系統，調變技術爲CCK（Complementary Code Keying）。

■ 802.11a

802.11a使用5GHz ISM波段，最大傳輸速率可達54Mbps，傳輸距離約50公尺，因爲普及率較低，而且頻段較寬，能提供比IEEE 802.11b更多的無線電頻道，相對之下干擾源少。雖然擁有比802.11b較高的傳輸能力，不過耗電量高，傳輸距離短，加上與802.11b不相容，改用802.11a需將設備更新，成本過高，尚未被市場廣泛接受。

■ 802.11g

802.11g標準結合了目前現有802.11a與802.11b標準的精華，在2.4G頻段使用OFDM調製技術，使數據傳輸速率最高提升到54 Mbps的傳輸速率。並且保證未來不會再出現互不相容的情形，由於802.11b的Wifi系統後向相容，又擁有802.11a的高傳輸速率。802.11g使得原有無線區域網路系統可以向高速無線區域網延伸，同時延長了802.11b產品的使用壽命。

■ 802.11p

IEEE 802.11p是IEEE在2003年以802.11a為基礎所擴充的通訊協定，稱為車用環境無線存取技術（Wireless Access in the Vehicular Environment, WAVE）這個通訊協定主要用在支援車用智慧型運輸系統（Intelligent Transportation Systems, ITS）的相關應用，使用5.9 GHz（5.85～5.925GHz）波段，此頻帶上有75MHz的頻寬，以10MHz為單位切割，將有七個頻道可供操作，可增加在高速移動下傳輸雙方可運用的通訊時間，並加強車用安全，包括碰撞警示、道路危險警示等功能。

■ 802.11n

IEEE 802.11n是一項新的無線網路技術，也是無線區域網路技術發展的重要分水嶺，它使用2.4GHz與5GHz雙頻段，所以與802.11a、802.11b、802.11g皆可相容，雖然基本技術仍是WiFi標準，不過提供了可媲美有線乙太網路的性能與更快的數據傳輸速率，網路的覆蓋範圍更為寬廣。尤其在未來數位家庭環境中，將大量以無線傳輸取代有線連接，802.11n資料傳輸速度估計將達540Mbit/s，此項新標準要比802.11b快上50倍，而比802.11g快上10倍左右。

■ 802.11ac

802.11ac俗稱第5代Wi-Fi（5th Generation of Wi-Fi），比目前主流的第四代802.11n技術在速度上將提高很多，與802.11n相容，算是它的後繼者。802.11ac可以透過5GHz頻帶進行通訊，支援最高160 MHz的頻寬，傳輸速率最高可達6.93Gbps，在實際傳輸速度上，甚至可達到與有線網路相比擬的Gbps等級高速。

Tips

Li-Fi（Light Fidelity）是新一代的光通訊爲無線光通訊技術，這是一種新興的無線協議，是一種類似於Wi-Fi的行動通訊，可爲人們提供一個新的無線通訊替代方案，最大不同是使用可見光譜來提供無線網路接入，它利用可見光（LED 光、紅外線或近紫外線）的頻譜來傳送訊號，透過使用連接數據機的 LED 燈具傳輸訊號，無須安裝無線基地台，只要利用目前家中電燈泡，並將每一個燈泡當作熱點，通過控制器控制燈光的通斷，從而控制光源和終端接收器之間的通訊，相較於 Wi-Fi 技術，Li-Fi 的傳輸速度更快，可以達到比Wi-Fi快100倍的高速無線通訊。

Li-Fi能達到比Wi-Fi快100倍的高速無線通訊

8-5 無線個人網路

無線個人網路（Wireless Personal Area Network, WPAN），通常是指在個人數位裝置間作短距離訊號傳輸，通常不超過10公尺，並以IEEE 802.15爲標準。最常見的無線個人網路（WPAN）應用就是紅外線傳輸，目前幾乎所有筆記型電腦都已經將紅外線網路（IrDA，Infrared Data Association）作爲標準配備。優點是耗電省，成本也低廉，速度約爲100Kbps，多應用在少量的資料傳輸，例如電視機、冷氣機、床頭音響等遙控器，均是利用紅外線來傳遞控制指令。以下我們將接紹常見的無線個人網路通訊標準。

8-5-1 藍牙技術

藍牙技術（Bluetooth）最早是由「易利信」公司於1994年發展出來，接著易利信、Nokia、IBM、Toshiba、Intel等知名廠商，共同創立一個名爲「藍牙同好協會」（Bluetooth Special Interest Group，Bluetooth SIG）的組織，大力推廣藍牙技術，並且在1998年推出了「Bluetooth 1.0」標準。可以讓個人電腦、筆記型電腦、行動電話、印表機、掃瞄器、數位相機等數位產品之間進行短距離的無線資料傳輸。隨著藍牙技術不斷的演變進化，目前藍牙4.0技術規格爲最新的藍牙技術規格，低功耗（Low Energy）、讀取便利的特性，可透過雙工與單工模式來運作，更擁有極低的運行和待機功耗，促使藍牙技術應用進一步跨足穿戴產品市場，包括健康醫療、運動管理、消費電子等相關概念的應用。

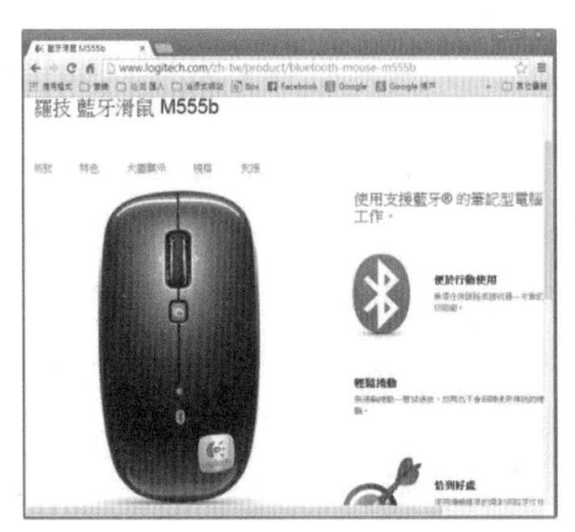

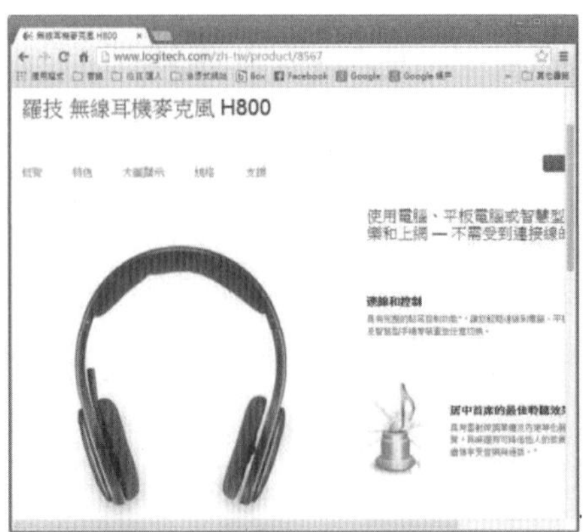

小巧精緻的藍牙耳機

Tips

Beacon是種低功耗藍牙技術（Bluetooth Low Energy, BLE），藉由室內定位技術應用，可做爲物聯網的小型串接裝置，具有主動推播行銷應用特性，比GPS有更精準的微定位功能，可包括在室內導航、行動支付、百貨導覽、人流分析，及物品追蹤等近接感知應用。隨著支援藍牙4.0 BLE的手機、平板裝置愈來愈多，利用Beacon的功能，能幫零售業者做到更深入的行動行銷服務。

8-5-2 ZigBee

ZigBee是一種低速短距離傳輸的無線網路協定，是由非營利性ZigBee聯盟（ZigBee Alliance）制定的無線通信標準，ZigBee工作頻率爲868MHz、915MHz或2.4GHz，主要是採用 2.4GHz 的 ISM 頻段，傳輸速率介於20kbps～250kbps之間，每個設備都能夠同時支援大量網路節點，並且具有低耗電、彈性傳輸距離、支援多種網路拓撲、安全及最低成本等優點，成爲各業界共同通用的低速短距無線通訊技術之一，可應用於無線感測網路（WSN）、工業控制、家電自動化控制、醫療照護等領域。

8-5-3 HomeRF

HomeRF也是短距離無線傳輸技術的一種。HomeRF（Home Radio Frequency）技術是由「國際電信協會」所發起，它提供了一個較不昂貴，並且可以同時支援語音與資料傳輸的家庭式網路，也是針對未來消費性電子產品數據及語音通訊的需求，所制訂的無線傳輸標準。HomeRF設計的目的主要是為了讓家用電器設備之間能夠進行語音和資料的傳輸，並且能夠與「公用交換電話網路」（Public Switched Telephone Network，簡稱PSTN）和網際網路各種進行各種互動式操作。工作於2.4GHz頻帶上，並採用數位跳頻的展頻技術，最大傳輸速率可達2Mbps，有效傳輸距離50公尺。

8-5-4 無線射頻辨識技術（RFID）

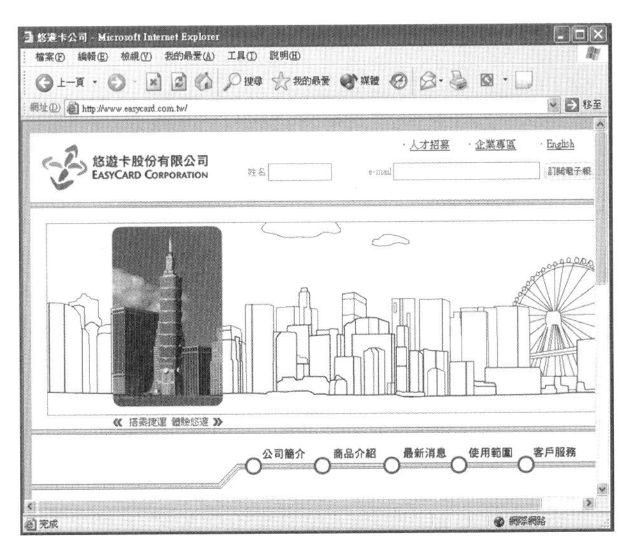

悠遊卡是RFID的應用

http://www.easycard.com.tw/

相信各位都有在超級市場瘋狂購物後，必須帶著滿車的貨品等在收銀臺前，耐心等候收銀員慢慢掃描每件貨品的條碼，這些不僅結帳人力負荷沉重，也會影響消費者的高度困擾。不過這些困難都可以透過現在最流行的RFID技術來解決。「無線射頻辨識技術」（radio frequency identification, RFID）是一種自動無線識別數據獲取技術，可以利用射頻訊號以無線方式傳送及接收數據資料，而且卡片本身不需使用電池，就可以永久工作。RFID主要是由 RFID標籤（Tag）與RFID感應器（Reader）兩個主要元件組成，原理是由感應器持續發射射頻訊號，當RFID標籤進入感應範圍時，就會產生感應電流，並回應訊息給RFID辨識器，以進行無線資料辨識及存取的工作，最後送到後端的電腦上進行整合運用，也就是讓RFID標籤取代了條碼，RFID感應器也取代了條碼讀取機。

例如在所出售的衣物貼上晶片標籤，透過RFID的辨識，可以進行衣服的管理。因爲RFID讀取設備利用無線電波，只需要在一定範圍內感應，就可以自動瞬間大量讀取貨物上標簽的訊息。不用像讀取條碼的紅外掃描儀般需要一件件手工讀取。RFID辨識技術的應用層面相當廣泛，包括如地方公共交通、汽車遙控鑰匙、行動電話、寵物所植入的晶片、醫療院所應用在病患感測及居家照護、航空包裹、防盜應用、聯合票證及行李的識別等領域內，甚至於RFID在企業供應鏈管理（Supply Chain Management, SCM）上的應用，例如採用RFID技術讓零售業者在存貨管理與貨架補貨上獲益良多。

Tips

供應鏈管理（Supply Chain Management, SCM）是在1985年由邁克爾・波特（Michael E. Porter）提出，可視爲一個策略概念，主要是關於企業用來協調採購流程中關鍵參與者的各種活動，範圍包含採購管理、物料管理、生產管理、配銷管理與庫存管理乃至供應商等方面的資料予以整合，並且針對供應鏈的活動所作的設計、計畫、執行和監控的整合活動。

RFID也可以應用在日常生活的各種領域

8-5-5 進場通訊（NFC）

NFC目前是最為流行的金融支付應用

近場通訊（Near Field Communication, NFC）是由PHILIPS、NOKIA與SONY共同研發的一種短距離非接觸式通訊技術，又稱近距離無線通訊，最簡單的應用是只要讓兩個**NFC**裝置相互靠近，就可開始啟動**NFC功能**，接著迅速將內容分享給其他相容於 NFC 行動裝置。

RFID與NFC都是新興的短距離無線通訊技術，RFID是一種較長距離的射頻識別技術，主打射頻辨識，可應用在物品的辨識上。NFC則是一種較短距離的高頻無線通訊技術，屬於非接觸式點對點資料傳輸，可應用在行動裝置市場，以13.56MHz頻率範圍運作，一般操作距離可達 10～20公分，資料交換速率可達 424 kb/s，因此成爲行動交易、服務接收工具的最佳解決方案。例如下載音樂、影片、圖片互傳、購買物品、交換名片、下載折價券和交換通訊錄等。

NFC未來已經是一個全球快速發展的趨勢，就連蘋果的iPhone 6/6 Plus開始也搭載NFC，目前可以使用Apple Pay 支付服務。事實上，手機將是現代人包含通訊、 娛樂、攝影及導航等多重用途的實用工具，結合了NFC功能，只要一機在手就能夠實現多卡合一的服務功能，輕鬆享受乘車購物的便利生活。

Tips

QR Code（Quick Response Code）是由日本Denso-Wave公司發明的二維條碼，利用線條與方塊所結合而成的黑白圖紋二維條碼，不但比以前的一維條碼有更大的資料儲存量，除了文字之外，還可以儲存圖片、記號等相關訊。QR Code隨著行動裝置的流行，愈來愈多企業使用它來推廣商品。因爲製作成本低且操作簡單，只要利用手機內建的相機鏡頭「拍」一下，馬上就能得到想要的資訊，或是連結到該網址進行內容下載，讓使用者將資料輸入手持裝置的動作變得簡單。

【課後評量】

一、選擇題

1. (　) 無線通訊中下列何者的規範其最大的傳輸速率可達54Mbps？
(A)IEEE801　(B)IEE802　(C)IEEE802.a　(D)IEEE802.b

2. (　) GPRS是一種　(A)分碼多重擷取系統　(B)全球行動通訊系統　(C)地理資訊系統　(D)整合封包無線電服務技術

3. (　) 目前無線區域（Wireless LAN）使用的通訊協定是　(A)802.2　(B)802.3　(C)802.5　(D)802.11b

4. (　) 在資訊設備的採購案中，有一項規格爲「採用IEEE802.11b/g」，由此推論，此設備是屬於何類的設備？　(A)高解析度的顯示器　(B)綠色環保設備　(C)無線區域網路設備　(D)高容量的儲存設備

5. (　) 無線通訊網路通訊協定IEEE802.11b的傳輸速度可高達
(A)11Mbps　(B)8.02Mbps　(C)54Mbps　(D)100Mbps

6. (　) 目前無線區域（Wireless LAN）使用的通訊協定是　(A)802.2　(B)802.3　(C)802.5　(D)802.11b

7. (　) 無線通訊中下列何者的規範其最大的傳輸速率可達54Mbps？
(A)IEEE801　(B)IEE802　(C)IEEE802.a　(D)IEEE802.b

8. (　) GPRS是一種　(A)分碼多重擷取系統　(B)全球行動通訊系統　(C)地理資訊系統　(D)整合封包無線電服務技術

二、問答題

1. 何謂「熱點」（Hotspot）？
2. 請舉出常見的無線網路的類型。
3. 常見的第三代行動通信標準（3G）技術種類有哪幾種規格？

4. 請說明無線廣域網路的意義及組成。
5. 請簡述GSM的優缺點。
6. Wi-Fi是指哪一方面的認證？
7. 用紅外線來建構無線個人網路有何特點？
8. 請簡述藍牙技術的特點。
9. 試簡述HomeRF。
11. 請簡介LTE。
12. 請問近場通訊（Near Field Communication, NFC）的功用爲何？試簡述之。
13. 何謂無線射頻辨識技術（radio frequency identification, RFID）？
14. 何謂802.11p？試簡述之。

 第九章 

網際網路與Web生活應用

由於網際網路（Internet）的蓬勃發展，帶動人類有史一來，最大規模的資訊與社會革命，無論是民族、娛樂、通訊、政治、軍事、外交等方面，無一不受到Internet的影響。或許我們可以這樣形容：「Internet」不是萬能，但在現代生活中，少了Internet，那可就萬萬不能！」Internet最簡單的說法，就是一種連接各種電腦網路的網路，並且可爲這些網路提供一致性的服務。事實上，Internet並不是代表著某一種實體網路，而是嘗試將橫跨全球五大洲的電腦網路連結一個全球化網路聚合體。

網際網路帶來了現代社會的巨大變革

圖片來源：http://www.disney.com.tw

9-1 網際網路的興起

Internet的誕生，其實可追溯到1960年代美國軍方為了核戰時仍能維持可靠的通訊網路系統，而將美國國防部內所有軍事研究機構的電腦及某些軍方有合作關係大學中的電腦主機是以某種一致且對等的方式連接起來，這個計畫就稱ARPANET網際網路計畫（Advanced Research Project Agency, ARPA）。由於它的運作成功，加上後來美國軍方為了本身需要及管理方便則將ARPANET分成兩部分；一個是新新的ARPANET供非軍事之用，另一個則稱為MILNET。直到80年代國家科學基金會（National Science Foundatioin, NSF）以TCP/IP為通訊協定標準的NSFNET，才達到全美各大機構資源共享的目的。

9-1-1 ISP

各位想要連上網際網路，就必須靠「網際網路供應商」（Internet Service Provider, ISP）來提供連線服務。事實上，ISP主要是提供使用者

中華電信是全台最大的ISP

連線到網際網路物的供應商。一般使用者必須先撥接到ISP機房中的伺服器，然後才能連接到網際網路上，因此ISP最簡單的解釋就是一提供使用者上Internet的各種服務；例如提供帳號、出租硬碟空間、架設伺服器（sever）、製作網頁（Home Page）、網域名稱申請、電子郵件等。

9-1-2 Intranet

「企業內部網路」（Intranet）是指企業體內的Internet，將Internet的產品與觀念應用到企業組織，透過TCP/IP協定來串連企業內外部的網路，以Web瀏覽器作爲統一的使用者界面，更以Web伺服器來提供統一服務窗口。服務對象原則上是企業內部員工，而以聯繫企業內部工作群體爲主，並使企業體內部各層級的距離感消失，達到良好溝通的目的。在不影響企業文件的機密性與安全性考量下，充分利用網際網路達成資源共享的目的。

9-1-3 Extranet

「商際網路」（Extranet）是爲企業上、下游各相關策略聯盟企業間整合所構成的網路，需要使用防火牆管理，通常Extranet是屬於Intranet的一個子網路，可將使用者延伸到公司外部，以便客戶、供應商、經銷商以及其它公司，可以存取企業網路的資源。目前多應用於「電子型錄」與「電子資料交換」（Electric Data Interchange, EDI），企業如果能善用Extranet，不需花費太多費用，就能降低管理成本，大幅提升企業競爭力。

9-2 網際網路位址

任何連上Internet上的電腦，我們都叫做「主機」（host），只要是Internet上的任何一部主機都有唯一的識別方法去辨別它。換個角度來說，各位可以想像成每部主機有獨一無二的網路位址，也就是俗稱的網址。表示網址的方法有兩種，分別是IP位址與網域名稱系統（DNS）兩種。

9-2-1 IP位址

IP位址就是「網際網路通訊定位址」（Internet Protocol Address, IP Address）的簡稱。一個完整的IP位址是由4個位元組，即32個位元組合而成。而且每個位元組都代表一個0～255的數字。

例如以下的IP Address：

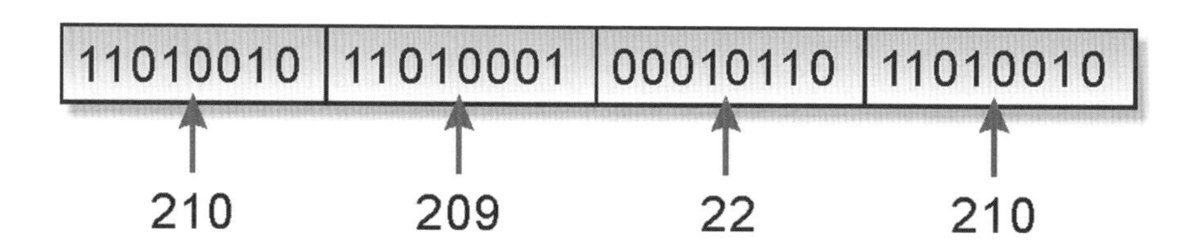

這四個位元組，可以分爲兩個部分——「網路識別碼」（Net ID）與「主機識別碼」（Host ID）：

位址是由網路識別碼與主機識別碼所組成

請注意！IP位址具有不可移動性，也就是說您無法將IP位址移到其它區域的網路中繼續使用。IP位址的通用模式如下：

0~255.0~255.0~255.0~255

例如以下都是合法的IP位址：

140.112.2.33
198.177.240.10

IP位址依照等級的不同，可區分爲A、B、C、D、E五個類型，可以從IP位址的第一個位元組來判斷。如果開頭第一個位元爲「0」，表示是A級網路，「10」表示B級網路，「110」表示C級網路…以此類推，說明如下：

■ Class A：

Class A 0XXXXXXX XXXXXXXX XXXXXXXX XXXXXXXX
|← Net ID →|← Host ID →|

前導位元爲0，以1個位元組表示「網路識別碼」（Net ID），3個位元組表示「主機識別碼」（Host ID），第一個數字爲0～127。每一個A級網路系統下轄2^{24} = 16,777,216個主機位址。通常是國家級網路系統，才會申請到A級位址的網路，例如12.18.22.11。

■ Class B：

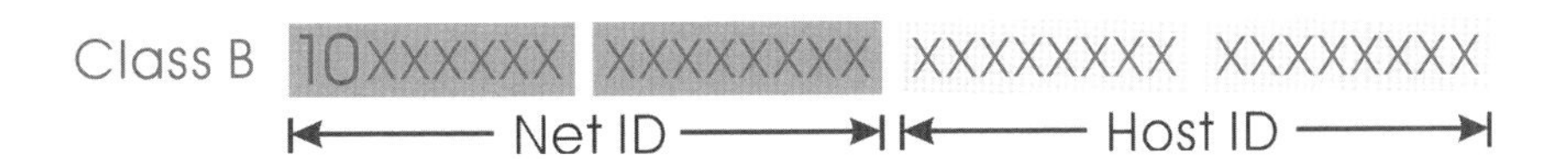

前導位元爲10，以2個位元組表示「網路識別碼」（Net ID），2個位元組表示「主機識別碼」（Host ID），第一個數字爲128～191。每一個

B級網路系統下轄2^{16} = 65,536個主機位址。因此B級位址網路系統的對象多半是ISP或跨國的大型國際企業，例如129.153.22.22。

■ Class C：

前導位元為110，以3個位元組表示「網路識別碼」（Net ID），1個位元組表示「主機識別碼」（Host ID），第一個數字為192～223。每一個C級網路系統僅能擁有2^{8} = 256個IP位址。適合一般的公司或企業申請使用，例如194.233.2.12。

■ Class D：

前導位元為1110，第一個數字為224～239。此類IP位址屬於「多點廣播」（Multicast）位址，因此只能用來當作目的位址等特殊用途，而不能作為來源位址，例如239.22.23.53。

■ Class E：

前導位元為1111，第一個數字為240～255。全數保留未來使用。所以並沒有此範圍的網路，例如245.23.234.13。

9-2-2 認識IPv6

前面所介紹的現行IP位址劃分制度稱為IPv4（32位元），由於劃分方式採用網路識別碼與主機識別碼的劃分方式，以致造成今日IP位址的嚴重不足。雖然目前各種針對IP不足的解決方案或機制都是架構在IPv4上，不過這些方法都僅僅能延緩目前IP位址的消耗速度。行政院國家資訊通信發展（NICI）推動小組於2011年12月開會通過「網際網路通訊協定升級推動方案」，正式宣示「2011年啓動網路升級」。自2012年起6年內投入22億元，引導資通產業掌握以IPv6爲基礎發展先機。在IPv6發展的過程中，涉及的產業包括網路資通訊設備、軟體系統研發、資訊服務產業等，對台灣來說將是一個絕佳的機會，也是台灣下一波重要的產業發展契機。詳細情況可參考IPv6 Forum Taiwan網站：http://www.ipv6.org.tw/

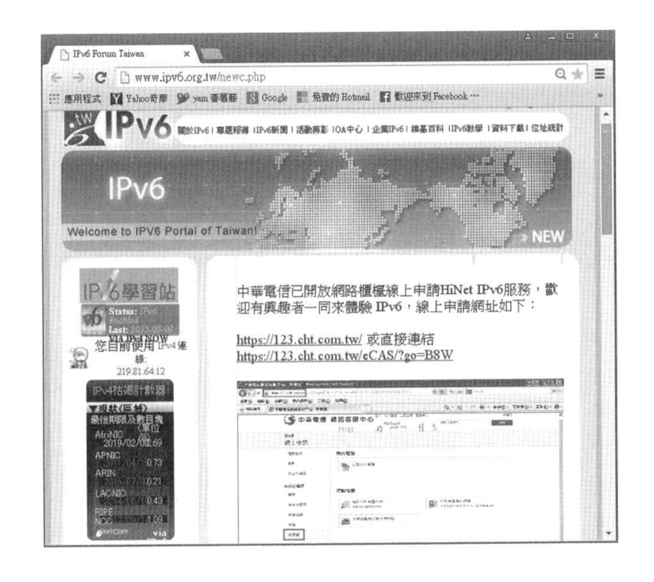

我們知道傳統的IPv4使用32位元來定址，因此最多只能有2^{32} = 4,294,927,696個IP位址。而爲了解決IP位址不足的問題，提出了新的IPv6版本。IPv6採用128位元來進行定址，如此整個IP位址的總數量就有2^{128}個位址。至於定址方式則是以16個位元爲一組，一共可區分爲8組，而每組之間則以冒號「：」區隔。IPv6位址表示法整理如下：

■ 以128Bits來表示每個IP位址

■ 每16Bits爲一組，共分爲8組數字

■ 書寫時每組數字以16進位的方法表示

■ 書寫時各組數字之間以冒號「：」隔開

例如：

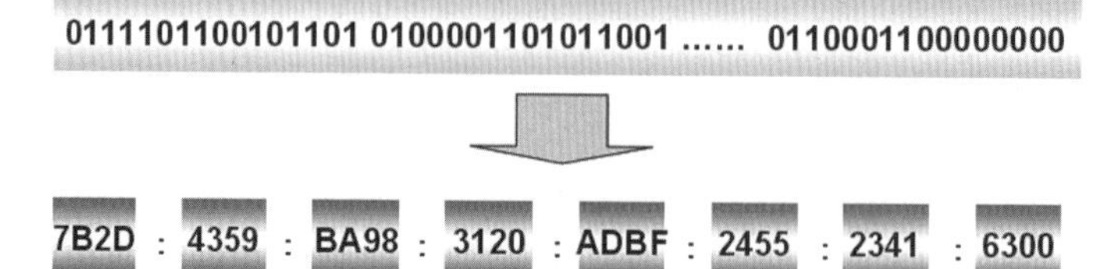

IPv6的IP位址表示法

因此IPv6的位址表示範例如下：

2001：5E0D：309A：FFC6：24A0：0000：0ACD：729D

3FFE：0501：FFFF：0100：0205：5DFF：FE12：36FB

21DA：00D3：0000：2F3B：02AA：00FF：FE28：9C5A

IPv6定址方式將有下列的好處，包括徹底解決IP不足的問題、提升路由（Routing）效率、提高安全性等優點。基本上，IPv6的出現不僅在於解除IPv4位址數量之缺點，更加入許多IPv4不易達成之技術，兩者的差異可以整理如下表：

特性	IPv4	IPv6
發展時間	1981年	1999年
位址數量	$2^{32} = 4.3 \times 10^{9}$	$2^{128} = 3.4 \times 10^{38}$
行動能力	不易支援跨網段；需手動配置或需設置系統來協助	具備跨網段之設定；支援自動組態，位址自動配置並可隨插隨用

特性	IPv4	IPv6
網路服務品質	網路層服務品質（Quality of service, QoS）支援度低	表頭設計支援QoS機制
網路安全	安全性需另外設定	內建加密機制

9-2-3 網域名稱

由於IP位址是一大串的數字組成，因此十分不容易記憶。如果每次要連接到網際網路上的某一部主機時，都必須去查詢該主機的IP位址，十分不方便。至於「網域名稱」（Domain Name）的命名方式，是以一組英文縮寫來代表以數字爲主的IP位址。而其中負責IP位址與網域名稱轉換工作的電腦，則稱爲「網域名稱伺服器」（Domain Name Server, DNS）。這個網域名稱的組成是屬於階層性的樹狀結構。共包含有以下四個部分：

主機名稱、機構名稱、機構類別、地區名稱

例如榮欽科技的網域名稱如下：

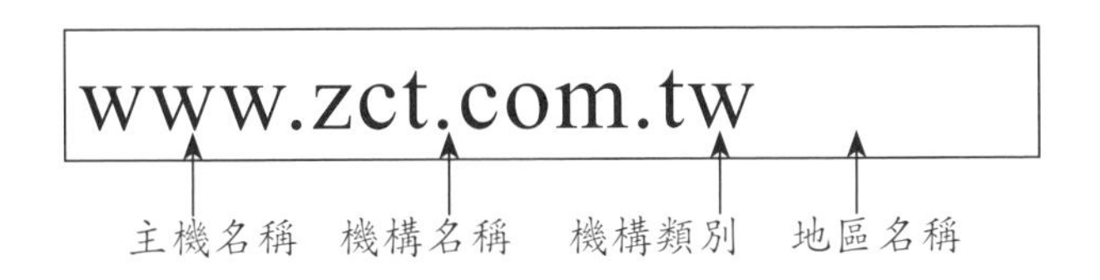

以下網域名稱中各元件的說明：

元件名稱	特色與說明
主機名稱	指主機在網際網路上所提供的服務種類名稱。例如提供服務的主機，網域名稱中的主機名稱就是「www」，如www.zct.com.tw，或者提供bbs服務的主機，開頭就是bbs，例如bbs.ntu.edu.tw
機構名稱	指這個主機所代表的公司行號、機關的簡稱。例如微軟（microsoft）、台大（ntu）、zct（榮欽科技）
機構類別	指這個主機所代表單位的組織代號。例如www.zct.com.tw，其中com就表示一種商業性組織
地區名稱	指出這個主機的所在地區簡稱。例如www.zct.com.tw，這個tw就是代表台灣）

常用的機構類別與地區名稱簡稱如下：

機構類別	說明
edu	代表教育與學術機構
com	代表商業性組織
gov	代表政府機關單位
mil	代表軍事單位
org	代表財團法人、基金會等非官方機構
net	代表網路管理、服務機構

常用的機構類別名稱如下：

地區名稱代號	國家或地區名稱
at	奧地利
fr	法國
ca	加拿大
be	比利時
jp	日本

9-3 網際網路連線方式

如何從各位眼前的電腦連上Internet有許多方式，早期是利用現有的電話線路，在撥接至伺服器之後，就可以與網路連線。由於是透過電話線的語音頻道，在資料的傳送速率上目前只能到56Kbps，而且不能同時進行資料傳送與電話語音服務。本節中我們將會介紹各種連線方式，各位可以考慮本身的主客觀條件來選擇最合適的連線方式。

9-3-1 ADSL連線上網

ADSL上網是寬頻上網的一種，它是利用一般的電話線（雙絞線）為傳輸媒介，這個技術能使同一線路上的「聲音」與「資料」分離，下載時的連線速度最快可以達到9Mbps，而上網最快可以達到1Mbps；也因為上傳和下載的速度不同，所以稱為「非對稱性」（Asymmetric）。

如果各位使用ADSL方式連線，則可以同時上網及撥打電話，不必要另外再申請一條電話線。另外有關申請ADSL帳號的過程和撥接帳號類

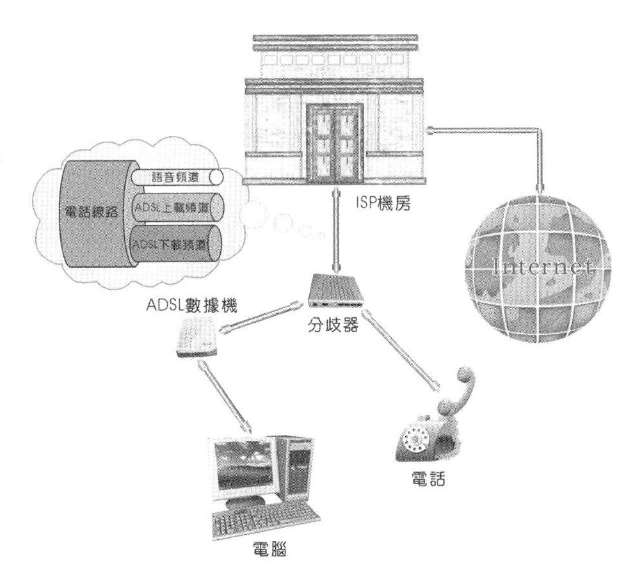

ADSL數據機傳輸路線示意圖

似，不過申請ADSL撥接服務時，相關線路連接及設定的工作都會由工程人員來進行安裝：

9-3-2 有線電視上網

纜線數據機（Cable Modem）是利用家中的有線電視網的同軸電纜線來作為和Internet連線的傳輸媒介。由於同軸電纜中包含有數據的數位資料，以及電視訊號的類比資料，因此能夠在進行數據傳輸的同時，還可以收看一般的有線電視節目。各位家中如果接有有線電視系統，可以直接向業者申請帳號即可，由於纜線數據機的連線架構是採用「共享」架構，當使用者增加時，網路頻寬會被分割掉，而造成傳輸速率受到影響。

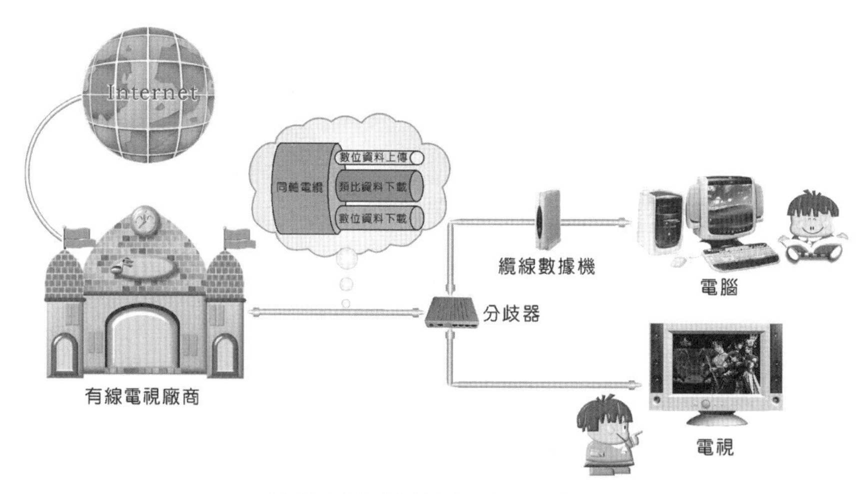

纜線數據機傳輸路線示意圖

9-3-3 光纖寬頻上網

對於頻寬的需求帶動了光纖網路的發展，如前所述，由於價格高昂及需求的問題，所以早期光纖發展僅限於長途通訊幹線上的運用，不過近幾年在通訊量的快速增加及網際網路的爆炸性成長下，光纖網路的應用已從過去的長途運輸（Long Haul Transport）的骨幹網路擴展到大城市運輸（Metro Transport）的區域幹線。

隨著通訊技術的進步，上網的民眾對於頻寬的要求愈來愈高，與ADSL相較，光纖（optical fiber）上網可提供更高速的頻寬，最高速度可達1Gbps，隨著光纖成本日益降低，更提供了穩定的連線品質，光纖的主要用戶群已經首度超越ADSL的主要用戶群，ADSL頻寬會隨裝機地離機房愈遠，速率愈低，光纖網路頻寬則無此距離限制問題，預估兩者消長情形會愈來愈明顯，光纖將逐漸成爲國內寬頻上網的首選。

FTTx是「Fiber To The x」的縮寫，意謂光纖到x，是指各種光纖網路的總稱，其中x代表光纖線路的目的地，也就是目前光世代網路各種「最後一哩（last mile）」的解決方案，透過接一個稱爲ONU（Optical Network Unit）的設備，將光訊號轉爲電訊號的設備。因應FTTx網路建置各種不同接入服務的需求，根據光纖到用戶延伸的距離不同，區分成數種服務模式，包括「光纖到交換箱」（Fiber To The Cabinet, FTTCab）、「光纖到路邊」（Fiber To The Curb, FTTC）、「光纖到樓」（Fiber To The Building, FTTB）、「光纖到家」（Fiber To The Home, FTTH），請看以下說明：

- 光纖到街角（Fiber To The Curb, FTTC）：可能是幾條巷子有一個光纖點，而到用戶端則是直接以網路線連接光纖，並沒有到你家，也沒到你家的大樓，是只接到用戶家附近的介接口。再透過其它的通訊技術（如VDSL）來提供網路通訊。從中央機房到用戶端附近的交換箱或稱中繼站是使用光纖纜線，之後只能透過網路線或稱雙絞線連接到你家中。
- 光纖到樓（Fiber To The Building, FTTB）：光纖只拉到建築大樓的電信室或機房裡。再從大樓的電信室，以電話線或網路線等的其它通訊技術到用戶家。從中央機房直接拉光纖纜線到用戶端的那棟大樓電信室（FTTB）。

- 光纖到家（Fiber To The Home, FTTH）：是直接把光纖接到用戶的家中，範圍從區域電信機房局端設備到用戶終端設備。光纖到家的大頻寬，除了可以傳輸圖文、影像、音樂檔案外，可應用在頻寬需求大的VoIP、寬頻上網、CATV、HDTV on Demand、Broadband TV等。不過缺點就是布線相當昂貴。
- 光纖到交換箱（Fiber To The Cabinet, FTTCab）：這比FTTC又離用戶家更遠一點，只到類似社區的一個光纖交換點，再一樣以不同的網路通訊技術（同樣，如VDSL），提供網路服務。

9-3-4 專線上網

專線（Lease Line）是數據通訊中最簡單也最重要的一環，專線的優點是工作容易查修方便，其服務性能與備便度高達99.99%。用戶端與專線服務業者之間透過中華電信等 ISP所提供之數據線路相連申請一條固定傳輸線路與網際網路連接，利用此數據專線，達到提供二十四小時全年無休的網路應用服務。1960年代貝爾實驗室便發展了T-Carrier r（Trunk Carrier）的類比系統，到了1983年AT&T發展數位系統，主要是使用雙絞線傳輸，T-Carrier系統的第一個成員是T1，可以同時傳送24個電話訊號通道，即第零階訊號（Digital. Signal Level 0, DS0）所組成，每路訊號為 64 Kbps，總共可提供1.544Mbps 的頻寬，這是美制的規格。T2則擁有96個頻道，且每秒傳送可達6.312Mbps的數位化線路。T3則擁有672個頻道，且每秒傳送可達44.736Mbps的數位化線路。T4擁有4032個頻道，且每秒傳送可達274.176Mbps的數位化線路。

9-3-5 衛星直撥

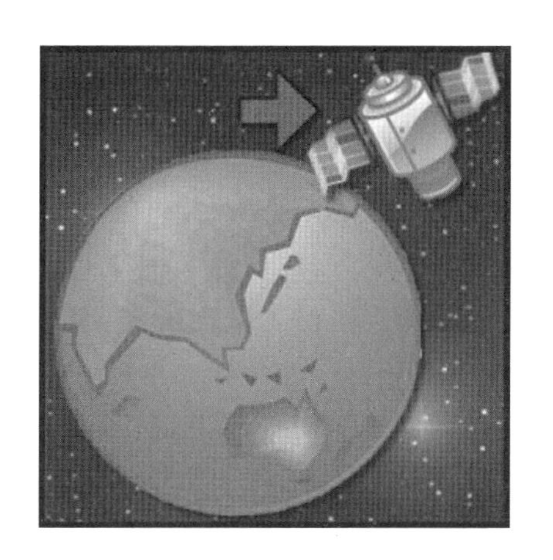

所謂衛星直播（Direct PC）就是透過衛星來進行網際網路資料的傳輸服務。它採用了非對稱傳輸（ATM）方式，可依使用者的需求採用預約或即時，經由網路作業中心及衛星電路，以高達3Mbps的速度，下載資料至用戶端的個人電腦。衛星直撥的使用者必須加裝一個碟型天線（直徑約45～60公分），並在電腦上連接解碼器，如此就能夠透過衛星從網際網路中接收下載資料。以下是用戶端在使用Direct PC時的標準配備如下：

碟型天線（Antenna）	金屬製天線盤，可安裝於室內或室外
接收器（LNB）	衛星訊號接收器，負責接收經由碟型天線匯集的衛星訊號，然後再傳送到用户端
纜線及相關套件	同軸纜線及電力加強設備等
Direct PC 介面卡	驅動程式及使用Direct PC 時，所需的應用程式

9-4 全球資訊網（WWW）

由於寬頻網路的盛行，熱衷使用網際網路的人口也大幅的增加，而在網際網路所提供的服務中，又以「全球資訊網」（WWW）的發展最為快速與多元化。「全球資訊網」（World Wide Web, WWW），又簡稱為Web，一般將WWW唸成「Triple W」、「W3」或「3W」，它可說是目前Internet上最流行的一種新興工具，它讓Internet原本生硬的文字介面，取而代之的是聲音、文字、影像、圖片及動畫的多元件交談介面。

全球資訊網上充斥著各式各樣的網站

WWW主要是由全球大大小小的網站與網頁所組成的，其主要是以「主從式架構」（Client/Server）為主，並區分為「用戶端」（Client）與「伺服端」（Server）兩部分。WWW的運作原理是透過網路客戶端（Client）的程式去讀取指定的文件，並將其顯示於您的電腦螢幕上，而這個客戶端（好比我們的電腦）的程式，就稱為「瀏覽器」（Browser）。目前市面上常見的瀏覽器種類相當多，各有其特色。

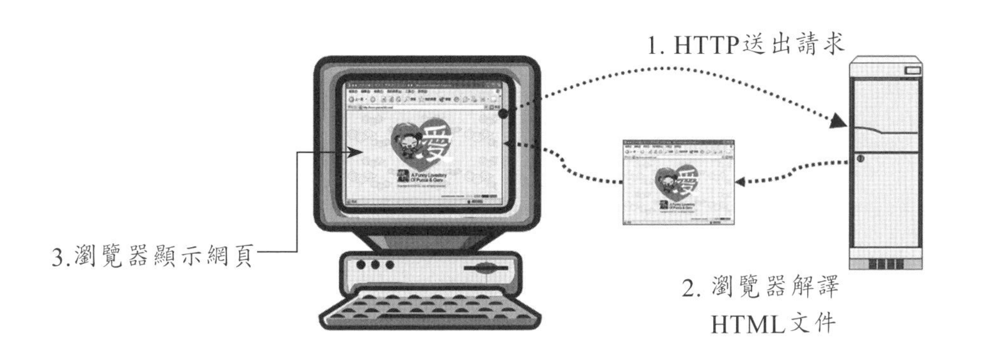

例如我們可以使用家中的電腦（客戶端），並透過瀏覽器與輸入URL來開啓某個購物網站的網頁。這時家中的電腦會向購物網站的伺服端提出顯示網頁內容的請求。一旦網站伺服器收到請求時，隨即會將網頁內容傳送給家中的電腦，並且經過瀏覽器的解譯後，再顯示成各位所看到的內容。

9-4-1 全球資源定位器（URL）

當各位打算連結到某一個網站時，首先必須知道此網站的「網址」，網址的正式名稱應爲「全球資源定位器」（URL）。簡單的說，URL就是WWW伺服主機的位址用來指出某一項資訊的所在位置及存取方式。嚴格一點來說，URL就是在WWW上指明通訊協定及以位址來享用網路上各式各樣的服務功能。使用者只要在瀏覽器網址列上輸入正確的URL，就可以取得需要的資料，例如「http://www.yahoo.com.tw」就是yahoo!奇摩網站的URL，而正式URL的標準格式如下：

protocol://host[:Port]/path/filename

其中protocol代表通訊協定或是擷取資料的方法，常用的通訊協定如下表：

通訊協定	說明	範例
http	HyperText Transfer Protocol，超文件傳輸協定，用來存取WWW上的超文字文件（hypertext document）	http://www.yam.com.tw（蕃薯藤URL）
ftp	File Transfer Protocol，是一種檔案傳輸協定，用來存取伺服器的檔案	ftp://ftp.nsysu.edu.tw/（中山大學FTP伺服器）
mailto	寄送E-Mail的服務	mailto://eileen@mail.com.tw
telnet	遠端登入服務	telnet://bbs.nsysu.edu.tw（中山大學美麗之島BBS）
gopher	存取gopher伺服器資料	gopher://gopher.edu.tw/（教育部gopher伺服器）

host可以輸入Domain Name或IP Address， [:port]是埠號，用來指定用哪個通訊埠溝通，每部主機內所提供之服務都有內定之埠號，在輸入URL時，它的埠號與內定埠號不同時，就必須輸入埠號，否則就可以省略，例如http的埠號爲80，所以當我們輸入yahoo!奇摩的URL時，可以如下表示：

http://www.yahoo.com.tw:80/

由於埠號與內定埠號相同，所以可以省略「:80」，寫成下式：

http://www.yahoo.com.tw/

9-4-2 Web演進史

隨著網際網路的快速興起，從最早期的Web 1.0到邁入Web 3.0的時代，每個階段都有其象徵的意義與功能，對人類生活與網路文明的創新也影響愈來愈大，尤其目前進入了Web 3.0世代，帶來了智慧更高的網路服務與無線寬頻的大量普及，更是徹底改變了現代人工作、休閒、學習、行銷與獲取訊息方式。

Web 1.0時代受限於網路頻寬及電腦配備，對於Web上網站內容，主要是由網路內容提供者所提供，使用者只能單純下載、瀏覽與查詢，例如我們連上某個政府網站去看公告與查資料，只能乖乖被動接受，不能輸入或修改網站上的任何資料，單向傳遞訊息給閱聽大眾。

Web 2.0時期寬頻及上網人口的普及，其主要精神在於鼓勵使用者的參與，讓網民可以參與網站這個平台上內容的產生，如部落格、網頁相簿的編寫等，這個時期帶給傳統媒體的最大衝擊是打破長久以來由媒體主導資訊傳播的藩籬。PChome Online網路家庭董事長詹宏志就曾對Web 2.0作了個論述：如果說Web 1.0時代，網路的使用是下載與閱讀，那麼Web 2.0時代，則是上傳與分享。

部落格是Web 2.0時相當熱門的新媒體創作平台

在網路及通訊科技迅速進展的情勢下，我們即將進入全新的Web 3.0時代，Web 3.0跟Web 2.0的核心精神一樣，仍然不是技術的創新，而是思想的創新，強調的是任何人在任何地點都可以創新，而這樣的創新改變，也使得各種網路相關產業開始轉變出不同的樣貌。Web 3.0能自動傳遞比單純瀏覽網頁更多的訊息，還能提供具有人工智慧功能的網路系統，隨著網路資訊的爆炸與泛濫，整理、分析、過濾、歸納資料更顯得重要，網路也能愈來愈了解你的偏好，而且基於不同需求來篩選，同時還能夠幫助使用者輕鬆獲取感興趣的資訊。

Web 3.0時代，許多電商網站還能根據網路社群來提出產品建議

Tips

人工智慧（Artificial Intelligence, AI）的概念最早是由美國科學家John McCarthy於1955年提出，目標爲使電腦具有類似人類學習解決複雜問題與展現思考等能力，舉凡模擬人類的聽、說、讀、寫、看、動作等的電腦技術，都被歸類爲人工智慧的可能範圍。簡單地說，人工智慧就是由電腦所模擬或執行，具有類似人類智慧或思考的行爲，例如推理、規劃、問題解決及學習等能力。

9-5 瀏覽器

各位用來連上WWW網站的軟體程式稱爲「瀏覽器」（Browser），早期的瀏覽器只支援簡易的HTML，由於瀏覽器的迅速發展，各種版本的瀏覽器紛紛出現。「瀏覽器」必須具有解譯HTML標記的能力，才能以適當方式將圖、文、影、音等多媒體資料顯示出來，以下介紹目前較爲常見的瀏覽器：

9-5-1 Edge

微軟Windows 10開始的瀏覽器改採全新瀏覽器Edge，它擁有更簡潔的介面，並使用新的 Rendering（跑圖或稱算圖）引擎，因此在網頁回應及顯示方面更快更流暢。另外，Microsoft Edge可以在網路上找尋資料、閱讀、作筆記或做標記，讓各位可以將所看到或塗鴉內容分享給好友。要啓動Microsoft Edge，請由「視窗」鈕中點選Microsoft Edge圖磚，即可開啓開程式。

9-5-2 Mozilla Firefox

Mozilla Firefox瀏覽器是一個開放原始碼的應用程式，2004年11月才由Mozilla 基金會所發布正式版，Mozilla的載入速度比 Netscape 和 Internet Explorer 快了很多，不僅有較佳的安全性及網頁標準、還包含眾多的輔助套件、分頁瀏覽及支援搜尋引擎的搜尋列等功能，還內建了郵件程式、網頁編輯器、新聞群組等。

9-5-3 Google Chrome

Google Chrome 則是由 Google 所出品的網頁瀏覽器，從上市到現在人氣一直居高不下。設計的主旨就在快速，希望盡各種可能縮短使用時間，例如快速桌面啟動、瞬間載入網頁，還可迅速執行複雜的網路應用程式，可以使用外掛來強化 Chrome的功能，讓Chrome除了速度之外又增加了強大的附加功能。Chrome還具有多項安全機制，包括排除惡意軟體與網路釣魚的侵入等。由於其獨有的技術，能以相當快的速度執行互動式網頁、網路應用程式以及 JavaScript 指令碼，幾乎可以在瞬間載入網頁：

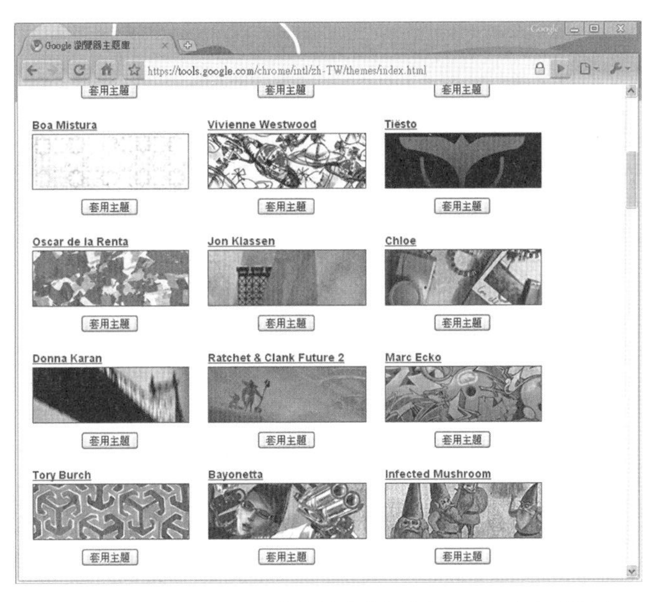

Google Chrome還可改變成設定的主題背景

9-6 電子郵件簡介

電子郵件具有免費、快速、方便的優點，將郵件寄送至世界各地只需短短幾分鐘，拉近了彼此之間的距離，甚至在電子郵件中還可加上聲光十足的多媒體功能。就像我們寄信一樣，必須書寫正確的寄件者與收件者地址，才能使郵件無誤的寄達，電子郵件也是如此。不管寄信者或收信者首先都必須要有「電子郵件地址（E-Mail Address）」也就是E-Mail帳號。

9-6-1 郵件帳號說明

一般來說，電子郵件地址的格式主要由「使用者名稱」與「郵件伺服器名稱」兩部分組成，兩者之間以「@」符號作區隔，如下行所示：

eileen@yahoo.com.tw

使用者名稱　郵件伺服器名稱

「使用者名稱」是由使用者自己選定的，目前只能使用英文字母與數字，命名方式最好是能讓其他人容易識別，例如以自己的英文名字或中文名字的縮寫來命名。「@」正確讀法是「at」，是「在」的意思；「@」後面接的是郵件伺服器名稱，也就是使用者電子郵件帳戶的主機名稱。電子郵件地址具有唯一性，每一個Internet上的E-Mail帳號都不相同。

9-6-2 郵件伺服器

上圖中位址符號「@」之後的「yahoo.com.tw」就是郵件伺服器主機的位置，當各位利用電子郵件軟體寄出信件後，這封信件會透過寄件者的「外寄郵件伺服器」（SMTP協定）發送到收件人的「內收郵件伺服器」（POP3協定）上，正如同「網路郵局」一般。此外，電子郵件必須透過通訊協定，才能在網際網路上進行傳輸，常見的通訊協定整理如下：

用途	通訊協定	說明
收信	POP3	一般電子郵件多採用此通訊協定，收信時會將伺服器上的郵件下載至使用者的電腦，一般POP3和各位電子郵件後的DNS位址相同。
	HTTP	Web Mail即採用此通訊協定，收信時只下載郵件寄件人和標題，等使用者打開信件才傳送完整的郵件內容。
	IMAP	類似HTTP，但不需透過網站伺服器，處理郵件的速度會較快，可直接在郵件伺服器上編輯郵件或收取郵件的協定，但較不普及。例如UNIX的郵件伺服器即採用此通訊協定。
	MAPI	微軟制定的郵件通訊協定，必須和Outlook搭配使用。
送信	SMTP	寄送郵件統一採用此通訊協定，通常取決於您上網的ISP所提供的郵件伺服器位址。

9-6-3 電子郵件的運作機制

在了解電子郵件的相關元件之後，接著我們就來介紹電子郵件的運作機制：首先寄件人從自己的電腦使用電子郵件軟體送出郵件。這時電子郵件會先經過寄件人所在的郵件伺服器1確認無誤後，再透過網際網路將郵件送至收件人所在的郵件伺服器2。接著郵件伺服器2會將接收到的電子郵件分類至收件人的帳號，等待收件人登入存取郵件。收件人從自己的電腦使用電子郵件軟體傳送存取郵件的指令至郵件伺服器2，在驗證使用者帳號和密碼無誤後，即允許收件人開始下載郵件。如下圖所示：

目前常見的電子郵件收發方式，可以分為兩類：POP3 Mail及Web-Based Mail。POP3 Mail是傳統的電子郵件信箱，通常由使用者的ISP所提供，這種信箱的特點是必須使用專用的郵件收發軟體，如電子郵件軟體Outlook。Web-Based是在網頁上使用郵件服務，具備了基本的郵件處理功能，包括寫信、寄信、回覆信件與刪除信件等，只要透過瀏覽器就可以隨時收發信件，走到哪收到哪，如gmail、hotmail等。

9-7 歷久彌新的Web工具

近年來，在資訊科技進步與創意思維地不斷累積下，如雨後春筍般產生了許多熱門的網路資源與利器，例如學生要繳交作業，不妨到WWW上五花八門的網站去尋找相關資訊，保證各位入寶山，絕對不會空手而回。從最早期的Web 1.0到目前即將邁入Web 3.0的時代，更是徹底改變了現代人工作、休閒、學習、表達想法與花錢的方式，每個階段都有其象徵的意義與功能，接下來將爲您介紹幾個永不退流行的Web工具。

網路廣播（Podcast）是Web 2.0時代相當熱門的功能

BBC Podcasts 官網http://www.bbc.co.uk/podcasts

> **Tips**
>
> Podcast是蘋果電腦的iPod和Broadcast兩字的結合，同時具備MP3隨身聽與網路廣播的功能，它就是一種「可訂閱、下載及自行發布的網路廣播」。它和傳統廣播的最大不同點在於，用戶可以訂閱網路廣播網站所提供的網路廣播內容。

9-7-1 BBS

BBS（Bulletin Board System）簡稱電子布告欄，早在WWW全球網

際網路還不發達的年代，BBS就已經十分風行了，國內的大專院校幾乎都會架設許多BBS站台，至今BBS仍是各大專院校學生上網討論的主要園地。BBS也提供電子信箱以及talk的功能，很多學校學生也會自己申請開闢一個討論主題，通常稱為「版主」，主持討論的園地，所以頗受時下年輕學子喜愛。雖然登入BBS站有一些實用熱門的軟體，例如KKman就頗受歡迎。

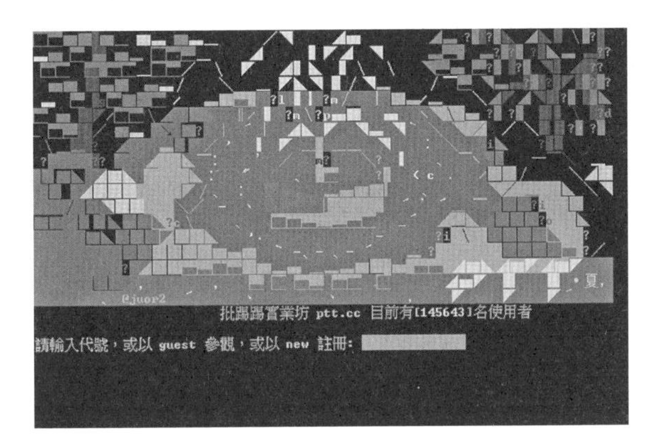

台灣大學PTT BBS網址：telnet://ptt.cc

Tips

中文名批踢踢實業坊（PTT），以電子布告欄（BBS）系統架設，以學術性質為原始目的，提供線上言論空間，是一個知名度很高的電子布告欄類平台的網路論壇，PTT維持中立、不商業化、不政治化，鄉民百科只要遵守簡單的編寫規則，即可自由編寫，每天收錄4萬多篇文章，相當於不到兩秒鐘就有一篇新文章，它有兩個分站，分別為批踢踢兔與批踢踢參，目前在批踢踢實業坊與批踢踢兔註冊總人數超過150萬人以上，逐漸成為台灣最大的網路討論空間。

PTT是台灣本土最大的BBS討論空間

9-7-2 檔案傳輸服務（FTP）

FTP（File Transfer Protocol），是一種檔案傳輸協定，透過此協定，不同電腦系統，也能在網際網路上相互傳輸檔案。檔案傳輸分為兩種模式：下載（Download）和上傳（Upload）。下載是從PC透過網際網路擷取伺服器中的檔案，將其儲存在PC電腦上。而上傳則相反，是PC使用者透過網際網路將自己電腦上的檔案傳送儲存到伺服器電腦上。現在FTP站台都已將FTP檔案傳輸服務網頁化，我們可以在瀏覽器直接輸入網址，就可以根據檔案存放的路徑進行下載，例如義守大學的檔案伺服器，其網址為http://ftp.isu.edu.tw/，底下將示範如何下載所需的檔案：

9-7-3 P2P下載

P2P 為 Peer-to-Peer的縮寫，就是一種點對點分散式網路架構，可讓兩台以上的電腦，藉由系統間直接交換來進行電腦檔案和服務分享的網路傳輸型態，使得資料的傳遞及取得不再受限於單一主機平台，而非傳統主從式架構。不僅下載速度快，其資源也是非常豐富。只要網路的頻寬夠大，下載影片或是其他資源都是非常的快速與便利。早期各位在網路上下載資料時都是連結到伺服器來進行下載（如FTP），也由於檔案資料都是存放在伺服器的主機上，若是下載的使用者太多或是伺服器故障，就會造成連線速度太慢與無法下載的問題：

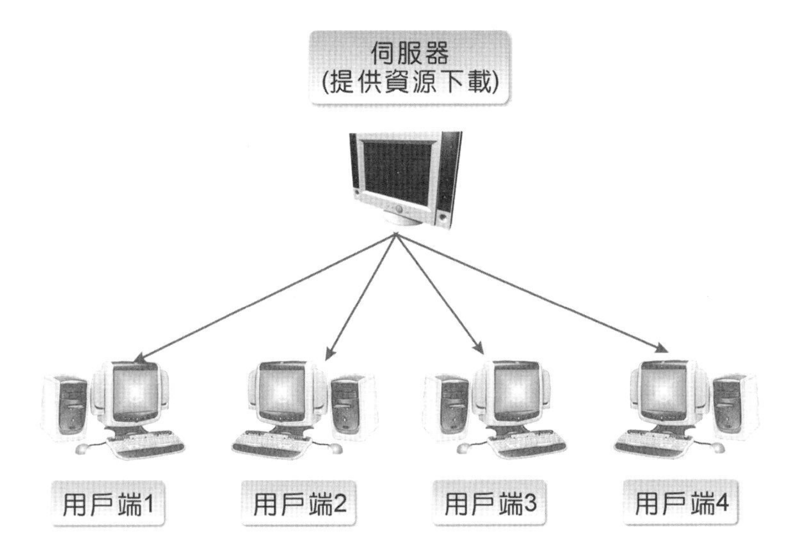

相對而言，P2P點對點技術則是讓每位使用者都能提供資源給其他人，自己本身也能從其他連線使用者的電腦下載資源，以此構成一個龐大的網路系統。至於伺服器本身只提供使用者連線的檔案資訊，並不提供檔案下載的服務：

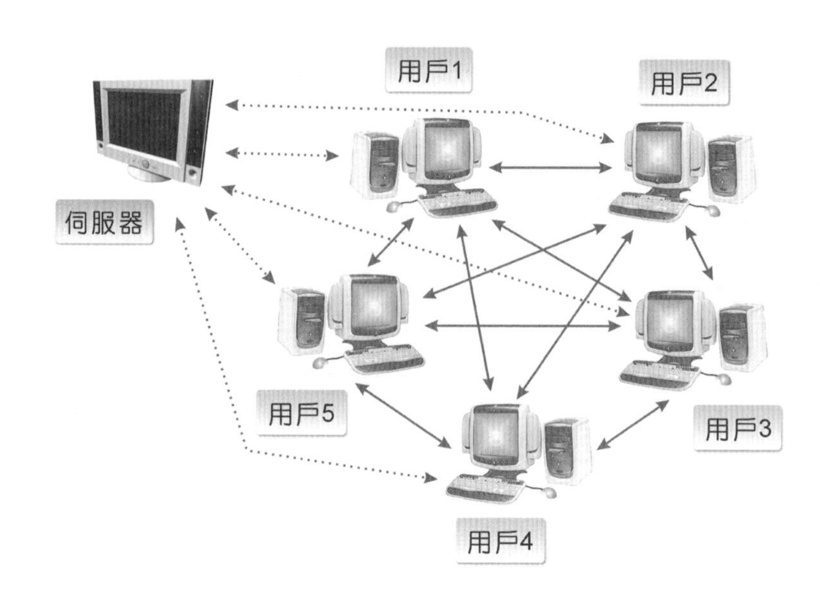

由於投入開發P2P軟體的廠商相當多，且每家廠商實作的作法上有一些差異，因此形成了各種不同的P2P社群。例如BitTorrent（BT）、emule、ezPeer+等。

電子驢與BT下載軟體網站

9-7-4 RSS訂閱

RSS的觀念就和訂閱報紙雜誌相同，它將網站與瀏覽者的立場對調，讓各位從資訊搜尋者變成是資訊接收者。只要網站的畫面中有「RSS」文字或 RSS 圖示，就表示我們可以訂閱這個網站的內容，當這個網站有資訊更新時會主動寄發最新資訊給訂閱者。而訂閱者則可以使用「RSS閱讀器」軟體或是具有接收RSS訊息功能的網頁來進行閱讀：

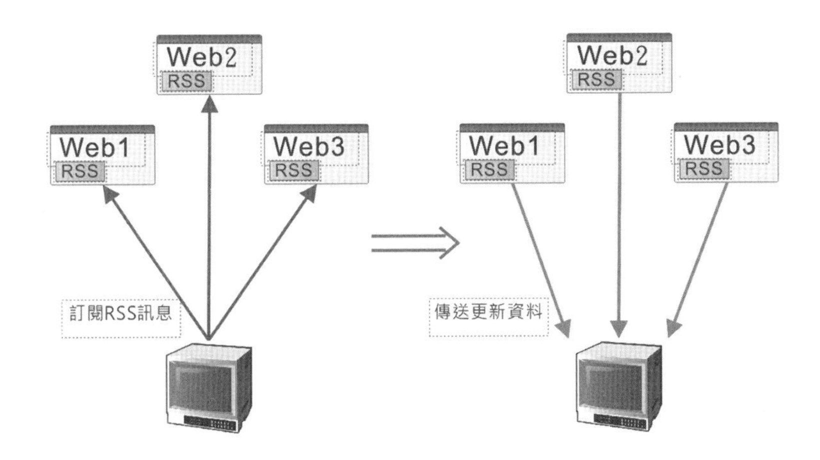

說到訂閱，許多人會聯想到電子報，RSS其實與電子報有異曲同工之妙，兩者差別在於電子報是主動定時以E-Mail發送給讀者，時間間隔通常是一週或一個月，而RSS是透過軟體由讀者主動蒐集想要的資訊，時間間隔可由讀者控制，資訊也較具有即時性。

這樣的做法不但可以得到最新資訊，還可以節省一一到網站找尋的時間，並且資訊也不會重複，不用每天上站確認是否有新內容。透過RSS使用，網頁編輯人員很容易地產生並散播新聞鏈結或標題或摘要等資料，國內外重要媒體或財經網站都使用 RSS 對讀者派送網頁內容。

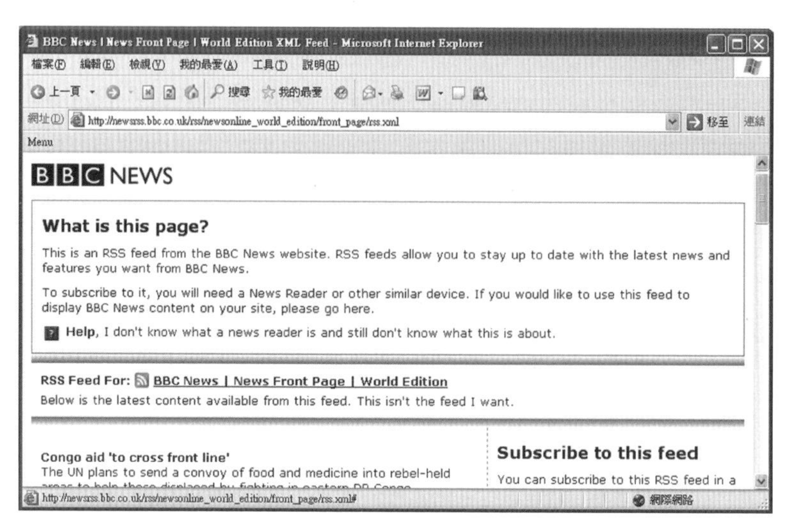

BBC News透過RSS對讀者派送新聞內容

9-7-5 網誌（Blog）

網誌（Web log, Blog），或稱網路日誌、博客、部落格，主要爲個人專屬的創作站台。傳統的部落格的主要媒體爲主字，但發展至今，在部落格上可以張貼文章、圖片、影片、其他部落格或網站的超連結。和傳統電子布告欄（BBS）相比，部落格比BBS功能來得更多，還可以依自己喜好更改網站外觀、設定文章分類，而且還有搜尋的功能。

如果各位也想經營自己的Blog，目前有兩種形式，一種是自行建置Blog站台，另外一種則是利用網路業者提供的Blog平台，各位只需註冊就可以使用。各位可以選擇使用現行的Blog軟體來架置專屬的站台，目前國內較爲廣泛使用的Blog軟體有Movable Type（MT）、WordPress與pLog等。對於沒有任何程式技術背景，又想使用Blog的人來說，直接使用網路業者所提供的Blog服務最爲方便，目前國內有不少提供免費Blog的服務，列表如下：

Blog名稱	網址
新浪部落	http://blog.sina.com.tw/
隨意窩Xuite日誌	https://blog.xuite.net/
udn部落格	http://blog.udn.com/
痞客邦部落格	https://www.pixnet.net/blog

9-7-6 維基百科

Wiki一詞起源於夏威夷語「wee kee wee kee」，意思為「快點快點」，暗諭維基這種系統急需更多人的參與，發明人沃德．坎甯安（Ward Cunningham）以此命名了Wiki這種全新的Web應用模式。相較於傳統網頁或論壇著作權獨占的思維，維基則採用「內容開放」的精神，不但不主張版權的所有權，並提供一種允許自由編輯的開放架構，讓來自世界各地的每一位使用者，都可以自由地閱讀與搜尋網站上所整理的知識。

Wiki網頁內容主要針對特定主題專業及完備的加強

Wiki在著作權的宣告打破傳統的慣例，只要符合維基網站的需要與規範，任何人都可以在維基上撰寫新的詞條，或編輯、修改已經存在的詞條。也就是說，維基系統的中心思維，是希望以共同創作的方法，提供眾人建立與更新網站知識庫文件。它提供了一種共同創作（collaborative）環境的網站，因此非常適用於團隊來建立及共享其特定領域的知識。

維基百科（Wikipedia）就是使用WiKi系統的一個非常有名的例子。所謂的維基百科（Wikipedia, WP），是一種全世界性的內容開放的百科全書協作計畫，這個計畫的主要目標是希望世界各地的人，以他們所選擇的言語，完成一部自由的百科全書（Encyclopedia）。目前也陸續出現眾多Wiki維基網站，例如中國大百科（http://www.cndbk.com.cn）、維庫（http://www.wikilib.com）、互動線上（http://www.hoodong.com）等。

在維基百科中提供了超過二百五十種語言的版本，也無限定編輯者的身份資格，任何人都可針對其本身的專業知識來將其加入到網站中，讓這個知識百科隨時都可以維持在最新的狀態。即使是一般使用者，也可以從維基百科中找到所需要的知識內容。

Wiki百科中文首頁（zh.wikipedia.org）

9-7-7 網路電話

網路電話（IP Phone）是利用VoIP（Voice over Internet Protocol）技術將類比的語音訊號經過壓縮與數位化（Digitized）後，以數據封包（Data Packet）的型態在IP數據網路（IP-based data network）傳遞的語音通話方式。例如Skype是一套使用語音通話的軟體，它以網際網路為基礎，讓線路二端的使用者都可以藉由軟體來進行語音通話，透過Skype可以讓你與全球各地的好友或客戶進行聯絡，甚至進行視訊會議與通話。想要使用Skype網路電話，通話雙方都必須具備電腦與Skype軟體，而且要有麥克風、耳機、喇叭或USB電話機，如果想要看到影像，則必須有網路攝影機（Web CAM）及和高速的寬頻連線，要能視訊的效果較佳，電腦最好可以使用 2.0 GHz雙核心處理器。

http://skype.pchome.com.tw/download.html

9-8 社群網路服務（SNS）

時至今日，我們的生活已經離不開網路，網際網路構建了一個無邊無際的虛擬大世界，在網路及通訊科技迅速進展的情勢下，網路正是改變一切的重要推手，而與網路最形影不離的就是「社群」（Community）。「社群」最簡單的定義，各位可以看成是一種由節點（node）與邊（edge）所組成的圖形結構（graph），其中節點所代表的是人，至於邊所代表的是人與人之間的各種相互連結的關係，整個社群的生態系統就是一個高度複雜的圖表，它交織出許多錯綜複雜的連結，整個社群所帶來的價值就是每個連結創造出個別價值的總和，進而形成連接全世界的社群網路。

網路社群的觀念可從早期的BBS、論壇，一直到部落格、Plurk（噗浪）、Twitter（推特）、Pinterest、Instagram、微博或者Facebook，由於這些網路服務具有互動性，因此能夠讓網友在一個平台上彼此溝通與交流，並且主導了整個網路世界中人跟人的對話。網路傳遞的主控權已快速移轉到網友手上，例如臉書（Facebook）的出現令民眾生活形態有了不少改變，在2018年底時全球每日活躍用戶人數也成長至25億人，這已經從根本撼動我們現有的生活模式了。

SnapChat是目前相當受到歐美年輕人喜愛的社群平台

> **Tips**
>
> 社群網路服務（SNS）就是Web 體系下的一個技術應用架構，基於哈佛大學心理學教授米爾格藍（Stanely Milgram）所提出的「六度分隔理論」（Six Degrees of Separation）來運作。這個理論主要是說在人際網路中，平均而言只需在社群網路中走六步即可到達，簡單來說，即使位於地球另一端的你，想要結識任何一位陌生的朋友，中間最多只要通過六個朋友就可以。

9-8-1 臉書（FaceBook）

提到「社群網站」，許多人首先會聯想到社群網站的代表品牌Facebook，創辦人馬克・祖克柏（Mark Elliot Zuckerberg）開發出Facebook，Facebook是集客式行銷的大幫手，簡稱為FB，中文被稱為臉書，是目前最熱門且擁有最多會員人數的社群網站，也是目前眾多社群網站之中，最為廣泛地連結每個人日常生活圈朋友和家庭成員的社群，對店家來說也是連接普羅大眾最普遍的管道之一。

臉書在全球擁有超過25億以上的使用者

9-8-2 Instagram

從行動生活發跡的Instagram（IG），就和時下的年輕消費者一樣，具有活潑、多變、有趣的特色，尤其是15～30歲的受眾群體。根據天下雜誌調查，Instagram 在台灣 24 歲以下的年輕用戶占46.1%，許多年輕人幾乎每天一睜開眼就先上Instagram，關注朋友們的最新動態，不但可以利用手機將拍攝下來的相片，透過濾鏡效果處理後變成美美的藝術相片，還可以加入心情文字，隨意塗鴉讓相片更有趣生動，然後直接分享到Facebook、Twitter、Flickr等社群網站。

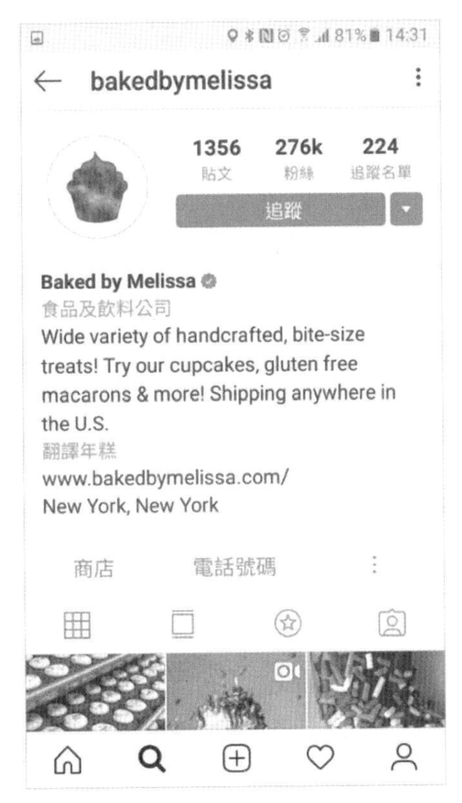

Instagram用戶陶醉於IG優異的視覺效果

9-8-3 推特（Twitter）

Twitter是一個社群網站，也是一種重要的社交媒體行銷手段，有助於品牌迅速樹立形象，2006年Twitter開始風行全世界許多國家，是全球十大網路瀏覽量之一的網站，使用 Twitter，可以增加品牌的知名度和影響力，並且深入到更廣大的潛在族群。Twitter在台灣比較不流行，盛行於歐美國家，比較 Twitter 與臉書，可以看出用戶的主要族群不同，能夠打動人心的貼文特色也不盡相同。有鑒於 Twitter 的即時性，能夠在 Twitter 上即時且準確地回覆顧客訊息，也可能因此提升品牌的形象和評價，整體來說，要獲得新客戶的話可以利用 Twitter，強化與原有客戶的交流則是臉書與Instagram較爲適合。

<Twitter官方網站：https://twitter.com/>

要利用 Twitter 吸引用戶目光，重點在於題材的趣味性以及話題性。由於照片和影片愈來愈受歡迎，爲提供用戶多樣化的使用經驗，Twitter的資訊流現在能分享照片及影片，有許多品牌都以 Twitter 作爲主要的社群網絡，但成功的關鍵在於品牌的特性必須符合 Twitter 的使用者特性。

Tips

微網誌，即微部落格的簡稱，是一個基於使用者關係的訊息分享、傳播以及取得平台。微網誌從幾年前於美國誕生的Twitter（推特）開始盛行，相對於部落格需要長篇大論來陳述事實，微網誌強調快速即時、字數限定在一百多字以內，簡短的一句話也能引發網友熱烈討論。

9-8-4 LINE

隨著智慧型裝置的普及，不少企業藉行動通訊軟體增進工作效率與降低通訊成本，甚至作爲公司對外宣傳發聲的管道，這樣的改變讓行動通訊軟體迅速取代傳統手機簡訊，其中LINE軟體就是智慧型手機上可以使用的一種免費通訊程式，它能讓各位在一天24小時中，隨時隨地盡情享受免費通話與通訊，甚至透過方便不用錢的「視訊通話」和遠在外地的親朋好友通話。

LINE主要是由韓國最大網路集團NHN的日本分公司開發設計完成，NHN母公司位於韓國，主要服務為搜尋引擎NAVER與遊戲入口HANGAME，就好像Skype即時通軟體的功能一樣，也可以打電話與留訊息。國人最常用的APP前十名中，即時通訊類占了四位，第一名便是LINE。全世界有接近三億人口是LINE的用戶，而在台灣就有一千八百多萬的人口在使用LINE。

用LINE打國際電話不但免費，音質也相當清晰

LINE的好友畫面

【課後評量】

一、選擇題

1. (　　) 網際網路（Internet）使用下列哪一種網路通訊協定？ (A)IPX/SPX (B)TCP/IP (C)NetBEUI (D)X.25
2. (　　) 大部分的組織及個人都必須經由ISP的伺服器，才能和網際網路相連，下列何者為台灣學術網路媒介 (A)Hinet (B)TANet (C)SEEDNet (D)Intel
3. (　　) 在「企業內部的網路」稱為下列何者？ (A)Telnet (B)Extranet (C)Intranet (D)Internet
4. (　　) 下列何者不是網際網路（Internet）所提供的服務？ (A)POS (B)FTP (C)WWW (D)Netnews
5. (　　) 使用下列哪一個Internet上的服務項目後，即可將自己的電腦視為遠端主機的一部終端機 (A)IRC (B)Telnet (C)BBS (D)Gopher
6. (　　) 由全世界大大小小的網路連接而成的全球性網路稱為 (A)區域網路（LAN） (B)企業網路（Intranet） (C)網際網路（Internet） (D)環狀網路（Ring Network）
7. (　　) 下列敘述何者錯誤？ (A)ISP是網際網路服務供應商的簡稱 (B)Intranet的中文名稱是台灣學術網路，由教育部主管 (C)Internet Explorer瀏覽器是用來觀看WWW資料的軟體 (D)TCP/IP是目前網際網路中，廣泛使用的通訊協定
8. (　　) 下列何者不是ISP（Internet Service Provider）所提供的服務？ (A)撥接上網 (B)提供個人網頁 (C)提供作業系統安裝 (D)提供個人電子郵件
9. (　　) 下列何者台灣目前最大的網際網路服務供應商？ (A)Hinet (B)Tanet (C)Seednet (D)Kimo

10. (　　) TaNet意指　(A)網際網路　(B)網路伺服器　(C)臺灣學術網路　(D)廣域網路
11. (　　) 下列何者是提供使用者網際網路服務的公司？　(A)IBM　(B)ISP　(C)III　(D)ITRI
12. (　　) ISP所提供的服務不包含下列何者？　(A)提供連線上網　(B)提供免費個人網頁　(C)提供國安局機密資料全文免費查詢　(D)提供免費電子郵件帳號
13. (　　) 使用者備有數據機、並配有撥接帳號，就可透過家裡之電話線路撥接上ISP，連上Internet，下列何者屬學術界使用之免費ISP？　(A)SEEDnet　(B)Hinet　(C)TAnet　(D)UUNet。
14. (　　) 列何者不屬於「寬頻」上網？　(A)56K數據機撥接上網　(B)ADSL　(C)Cable Modem　(D)申請T1專線
15. (　　) 一部電腦要上網至網際網路時，一般均需透過網際網路服務公司（即ISP）的伺服主機進入Internet世界，下列何者不是這類網際網路服務公司？　(A)台灣學術網路（TANet）　(B)奇摩雅虎或蕃薯藤　(C)有線電視業者　(D)HiNet或SeedNet
16. (　　) 在家中上網時，較不常採用下列哪一種方式？　(A)非對稱位用戶線路　(B)纜線數據機　(C)數據機撥接　(D)專線固接
17. (　　) 下列IP位址的寫法，何者正確？　(A)168.95.301.83　(B)207.46.265.26　(C)40.222.0.1　(D)140.333.111.56
18. (　　) 下列何者是屬於Class C網路的IP？　(A)120.80.40.20　(B)140.92.1.50　(C)192.83.166.5　(D)258.128.33.24
19. (　　) IP位址基本上是由四組數字，以「.」符號隔開組成，請問每一組數字的最大值為何？　(A)128　(B)225　(C)226　(D)255
20. (　　) 每部主機在Internet上都有一個獨一無二的識別代號，此一代號稱為：　(A)FTP位址　(B)IP位址　(C)ISP位址　(D)E-mail

位址

21. (　　) 有關全球資訊網的敘述，下列何者錯誤？ (A) WWW 是 World Wide Web 的縮寫 (B) 所使用語言爲超文字標示語言簡寫爲DHL (C) 瀏覽器與WWW 伺服器之間的通訊協定爲 HTTP (D) 入口網站一般都有搜尋功能

22. (　　) 時下流行的On-Line-Game是指 (A)剛剛上市的新遊戲 (B)由網路上下載而來的遊戲軟體 (C)透過網路連線到遊戲主機進行遊戲的方式 (D)3D格鬥遊戲。

23. (　　) 下列有關BBS的敘述何者錯誤？ (A)TANet是台灣學術網路 (B)無法傳送信件 (C)若未在該BBS中註冊，登錄時可用「guest」帳號，無須密碼 (D)若要在該BBS中註冊則使用「new」爲帳號登入申請。

24. (　　) 下列哪一種功能在Internet上不能達成？ (A)聊天室 (B)多人對打遊戲 (C)傳送影像 (D)傳送電力。

25 (　　) 網際網路上的哪種服務，可以提供我們發表自己的看法、提出問題、或回答別人問題時進行即時交談？ (A)WWW (B)BBS (C)E-mail (D)FTP

26. (　　) 使用瀏覽器連至網址爲ftp.abc.com.tw之FTP伺服器，假設該使用者帳號爲xx，則在網址列之輸入，何者正確？ (A)ftp://xx@ftp.abc.com.tw (B)ftp://:xx//ftp.abc.com.tw (C)ftp://ftp.abc.com.tw@xx (D)ftp://ftp.abc.com.tw/:xx

二、討論與問答題

1. 一般而言，ISP提供哪些服務？
2. 通常表示網址的方法有哪兩種？
3. 網域名稱的組成是屬於階層性的樹狀結構，共包含哪四部分？
4. 請列出網際網路的四種連線方式。

5. 請說明Cable modem上網的技術原理。
6. FTTx網路有哪些服務模式？
7. 試說明URL的意義。
8. 試簡介 IPv6位址表示法。
9. 試簡述web 3.0的精神。
10. 檔案傳輸分爲兩種模式可分爲哪兩種？
11. 何謂入口網站？何謂部落格（Blog）？
12. 試評論P2P軟體的優缺點。
13. 試簡述網路新聞匯集系統（Really Simple Syndication, RSS）。
14. 試簡述網路廣播概念。
15. 試簡介影音部落格（Video web log, Vlog）。

第十章

雲端運算與 Google 雲端服務

隨著網際網路（Internet）的興起與發展，雲端運算（Cloud Computing）是一種基於網際網路的運算方式，已經成為下一波電腦與網路科技的重要商機。Google本身也是最早提出雲端運算概念的公司，最初開發雲端運算平台是為了能把大量廉價的伺服器集成起來，以支援自身龐大搜尋服務，例如「搜尋引擎、網路信箱」等，進而通過這種方式，共用的軟硬體資源和資訊可以依照需求提供給各種終端裝置。Google執行長施密特（Eric Schmidt）在演說中更大膽的預言：「雲端運算引發的潮流將比個人電腦的出現更為龐大！」。

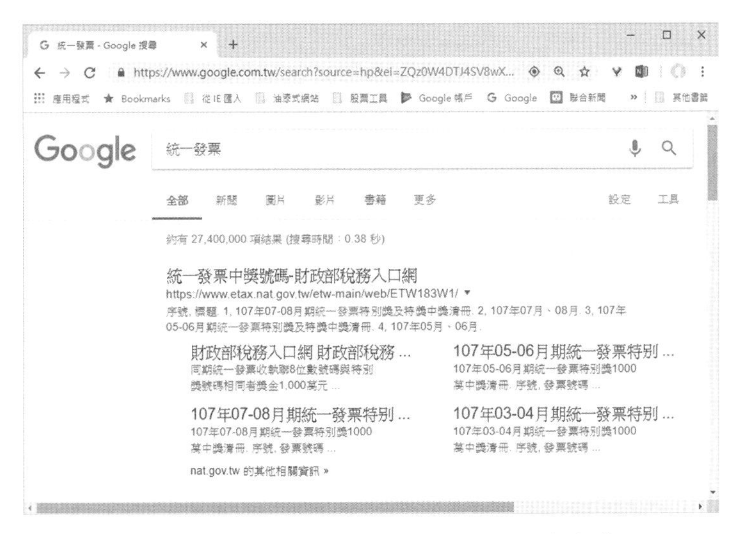

Google 是最早提出雲端運算概念的企業

10-1 雲端運算簡介

所謂「雲端」其實就是泛指「網路」，希望以雲深不知處的意境，來表達無窮無際的網路資源，更代表了規模龐大的運算能力，與過去網路服務最大的不同就是「規模」。雲端運算將虛擬化公用程式演進到軟體即時服務的夢想實現，也就是利用分散式運算的觀念，將終端設備的運算分散到網際網路上眾多的伺服器來幫忙，讓網路變成一個超大型電腦。

未來每個人面前的電腦，都將會簡化成一台最陽春的終端機，只要具備上網連線功能即可。例如雲端概念的辦公室應用軟體，可以將編輯好的文件、試算表或簡報等檔案，直接儲存在網路硬碟空間中，提供各位一種線上儲存、編輯與共用文件的環境。例如隨著全球5G網路服務陸續上路，再度引爆了雲端遊戲（Cloud Gaming）的風潮，雲端遊戲也是網路串流的一種形式，強化現有的手機遊戲，再加上雲端運算，「雲端遊戲」的出現，簡單來說，意味著「遊戲」不再是與「平台」所綁定的狀態，也就是「把遊戲放在雲端」的概念，因爲遊戲運作所需的效能全部都在雲端伺服器端解決，只要玩家想玩，即便家中的電腦沒有夠力的顯卡，只要網路環境允許，就能隨時透過手邊設備來遊玩高品質的遊戲內容，而且遊戲畫面還能不受設備的性能限制。

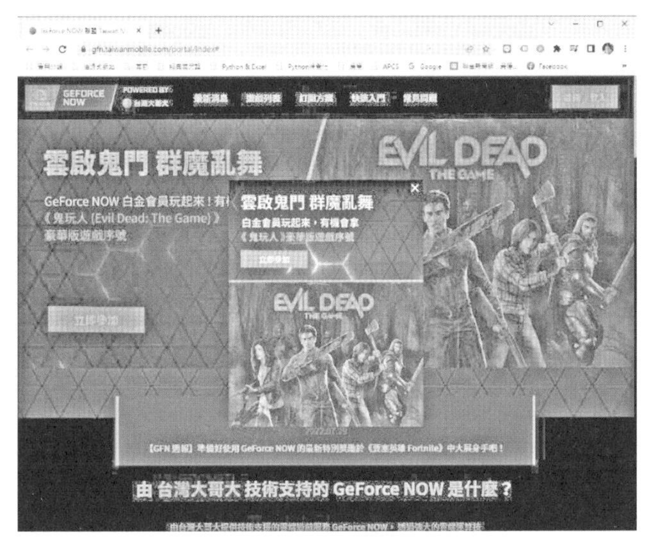

透過雲端遊戲，為玩家帶來不一樣的全身體驗

10-1-1 認識雲端服務

「雲端服務」，簡單來說，其實就是「網路運算服務」，如果將這種概念進而衍伸到利用網際網路的力量，讓使用者可以連接與取得由網路上多台遠端主機所提供的不同服務，就是「雲端服務」的基本概念。根據美國國家標準和技術研究院（National Institute of Standards and Technology, NIST）的雲端運算明確定義了三種服務模式：

■ 軟體即服務（Software as a service, SaaS）：是一種軟體服務供應商透過Internet提供軟體的模式，使用者用戶透過租借基於Web的軟體，使用者本身不需要對軟體進行維護，可以利用租賃的方式來取得軟體的服務，而比較常見的模式是提供一組帳號密碼。例如：Google docs。

只要瀏覽器就可以開啟雲端的文件

- 平台即服務（Platform as a Service, PaaS）：是一種提供資訊人員開發平台的服務模式，公司的研發人員可以編寫自己的程式碼於PaaS供應商上傳的介面或API服務，再於網絡上提供消費者的服務。例如：Google App Engine。
- 基礎架構即服務（Infrastructure as a Service, IaaS）：消費者可以使用「基礎運算資源」，如CPU處理能力、儲存空間、網路元件或仲介軟體。例如：Amazon.com透過主機託管和發展環境，提供IaaS的服務項目。

Tips

1. 公用雲（Public Cloud）：是透過網路及第三方服務供應者，提供一般公眾或大型產業集體使用的雲端基礎設施，通常公用雲價格較低廉。
2. 私有雲（Private Cloud）：和公用雲一樣，都能爲企業提供彈性的服務，而最大的不同在於私有雲是一種完全爲特定組織建構的雲端基礎設施。
3. 社群雲（Community Cloud）：是由有共同的任務或安全需求的特定社群共享的雲端基礎設施，所有的社群成員共同使用雲端上資料及應用程式。
4. 混合雲（Hybrid Cloud）：結合公用雲及私有雲，使用者通常將非企業關鍵資訊直接在公用雲上處理，但關鍵資料則以私有雲的方式來處理。

隨著個人行動裝置正以驚人的成長率席捲全球，成爲人們使用科技的主要工具，不受時空限制，就能即時能把聲音、影像等多媒體資料直接傳送到行動裝置上，也讓雲端服務的眞正應用達到了最高峰階段。雲端服務包括許多人經常使用Flickr、Google等網路相簿來放照片，或者使用雲端音樂讓筆電、手機、平板來隨時點播音樂，打造自己的雲端音樂台；甚至於透過免費雲端影像處理服務，就可以輕鬆編輯相片或者做些簡單的影像處理。

圖片來源：https://photos.google.com/apps

10-1-2 邊緣運算與霧運算

傳統的雲端資料處理都是在終端裝置與雲端伺服器之間，這段距離不僅遙遠，當面臨愈來愈龐大的資料量時，也會延長所需的傳輸時間，特別是人工智慧運用於日常生活層面時，常因網路頻寬有限、通訊延遲與缺乏網路覆蓋等問題，會遭遇極大挑戰，未來AI發展從過去主流的雲端運算模式，必須大量結合邊緣運算（Edge Computing）模式，搭配AI與邊緣運算能力的裝置也將成爲幾乎所有產業和應用的主流。

雲端運算與邊緣運算架構的比較示意圖

圖片來源：https://www.ithome.com.tw/news/114625

邊緣運算（Edge Computing）屬於一種分散式運算架構，可讓企業應用程式更接近本端邊緣伺服器等資料，資料不需要直接上傳到雲端，而是盡可能靠近資料來源以減少延遲和頻寬使用，而具有了「低延遲（Low latency）」的特性。例如在處理資料的過程中，把資料傳到在雲端環境裡運行的App，勢必會慢一點才能拿到答案；如果要降低App在執行時出現延遲，就必須傳到鄰近的邊緣伺服器，速度和效率就會令人驚艷，如果開發商想要提供給用戶更好的使用體驗，最好將大部分App資料移到邊緣運算中心來進行。

音樂類App透過邊緣運算，聽歌不會卡卡

許多分秒必爭的AI運算作業更需要進行邊緣運算，即時利用本地邊緣人工智慧，便可瞬間做出判斷，像是自動駕駛車、醫療影像設備、擴增實境、虛擬實境、無人機、行動裝置、智慧零售等應用項目，例如無人機需要AI即時影像分析與取景技術，由於即時高清影像低延傳輸與運算大量影像資訊，只有透過邊緣運算，資料就不需要再傳遞到遠端的雲端，就可以加快無人機AI處理速度，在即將來臨的新時代，AI邊緣運算象徵了全新契機。

Tips

霧運算（Fog Computing）是一種分散式協作架構，最早是由思科系統（Cisco）所提出，描述介在雲端和邊緣設備之間的中間層（稱爲霧層）設備，也就是霧更貼近地面的雲，專注於將運算、通訊、控制和儲存資源與服務移到更靠近設備的地方所採用，彌補了雲端集中式運算在這方面問題的不足，霧像是更貼近地面的雲，就在你我身邊，以大幅縮短回應時間。

10-1-3 Google搜尋祕技

想要從浩瀚的網際網路上，快速且精確的找到需要的資訊，入口網站是進入WWW的首站。入口網站通常會提供各種豐富個別化的搜尋服務與導覽連結功能。其中「搜尋引擎」便是各位的最好幫手，諸如：Google、Yahoo、蕃薯藤、新浪網等。目前網路上的搜尋引擎種類眾多，Google憑藉其快速且精確的搜尋效能脫穎而出，奠定其在搜尋引擎界的超強霸主地位。

在Google上進行搜尋是件非常簡單的事，只要在搜尋框中輸入想要搜尋的字詞，然後再按下「Enter」鍵或是 Google 搜尋 鈕，就會自動顯示搜尋的結果。

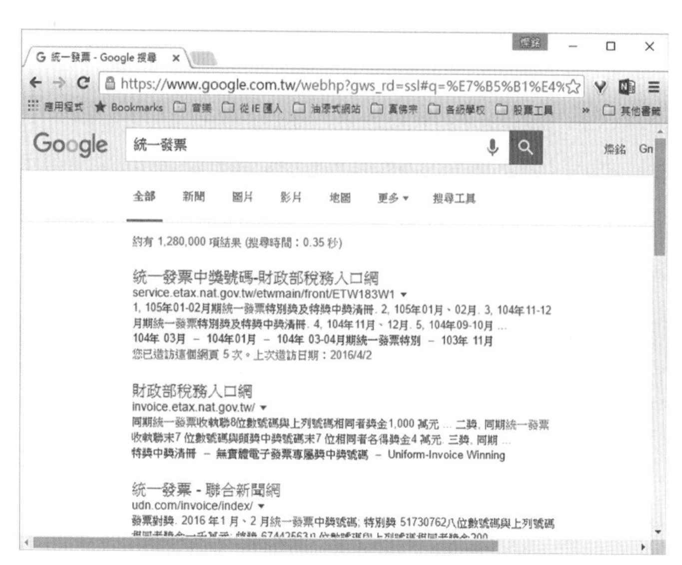

搜尋框中輸入搜尋的字詞，再按下「Enter」鍵或是「Google搜尋」鈕

Google的布林運算搜尋語法包含「+」、「-」和「OR」等運算子，也是一般使用者經常會使用的基本功能。

■ 使用「+」或「空格」

搜尋時必須輸入關鍵字，例如：要搜尋有關「洋基隊王建民」的資料，「洋基隊王建民」即爲關鍵字。如果想讓搜尋範圍更加廣泛，可以使用「＋」或「空格」語法連結多個關鍵字。

■ 使用「-」

如果想要篩選或過濾搜尋結果，只要加上「-」語法即可。例如：只想搜尋單純「電話」而不含「行動電話」的資料。

■ 使用「OR」

使用「OR」語法可以搜尋到每個關鍵字個別所屬的網頁，是一種類似聯集觀念的應用。以輸入「東京 OR 電玩展」搜尋條件爲例，其搜尋結果的排列順序爲「東京」 「電玩展」 「東京電玩展」。

10-1-4 地圖搜尋

Google提供各位尋找商家、查尋地址、或是感興趣的位置。只要輸入地址或位置，它就會自動搜尋到鄰近的商家、機關或學校等網站資訊。在地圖資料方面，可以採用地圖、衛星或是地形等方式來檢視搜尋的位置，也可以將地圖放大或縮小檢視，而搜尋的結果也可以列印、或是以mail方式傳送給親朋好友，功能相當的完善。

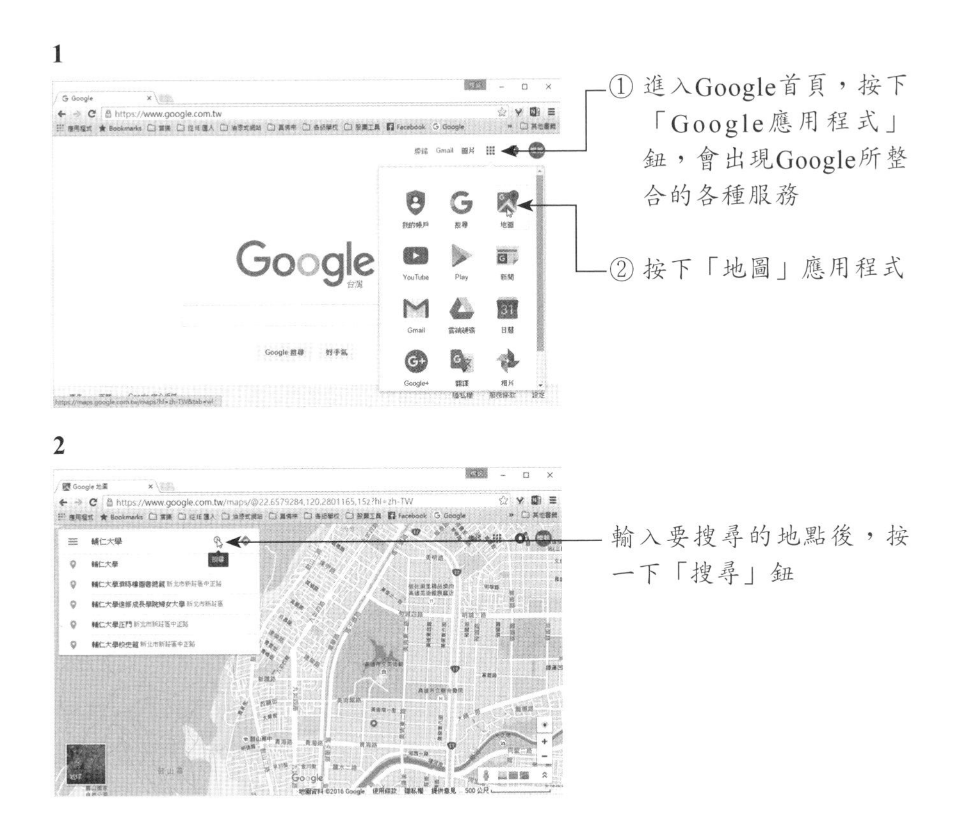

3

這裡顯示輔仁大學附近的相關場所及位置標記

4

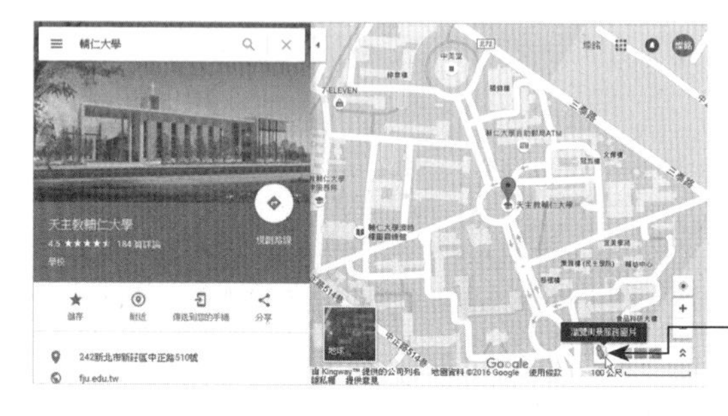

按此鈕可以瀏覽街景服務圖片

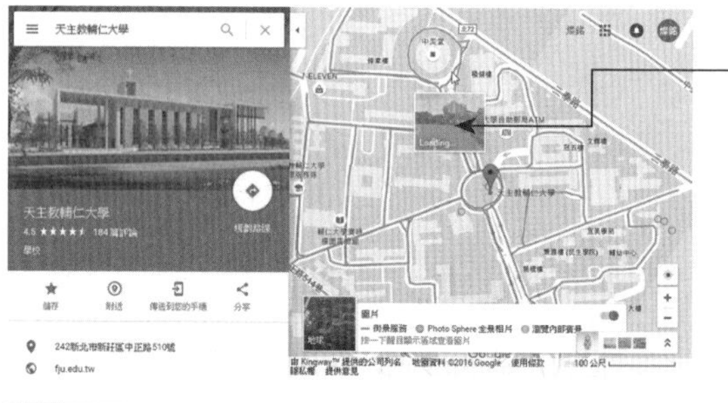

移動滑鼠座標會出現該處街景的預覽圖片縮圖，但如果於該預覽圖片處按一下滑鼠左鍵，則會秀出該處的街景圖片

① 這就是著名的輔仁大學中美堂的街景圖片

② 按此處可以返回Google地圖

10-1-5 圖片搜尋利器

Google的圖片資料庫相當多，幾十億的相片只要以關鍵字進行搜尋，就能快速找到合適的相片。想要尋找圖片時，請由Google Chrome右上角按下「圖片」的文字連結，就會顯示圖片搜尋引擎。

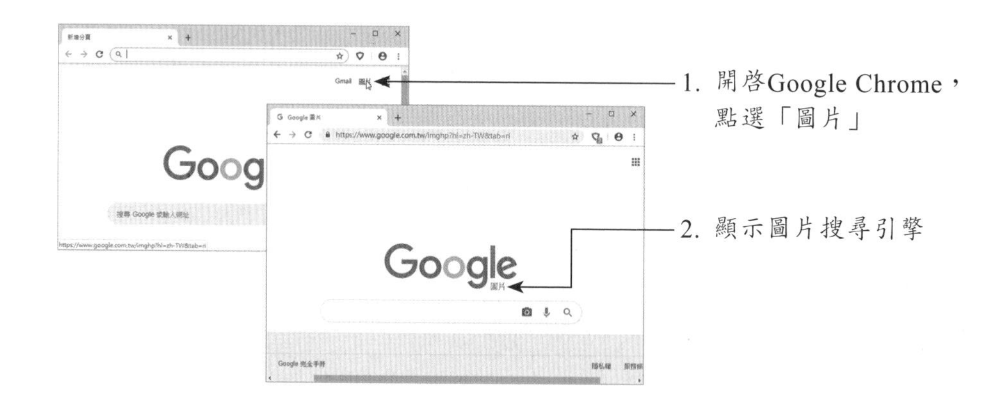

例如筆者在圖片搜尋列上輸入「向日葵」的關鍵字，即可找到如下的各種向日葵圖片。搜尋時還可以篩選圖片的類型、大小、顏色、使用權限等，讓圖片更符合你的需求。請按下搜尋列下方的「工具」鈕，就能顯示篩選的項目。

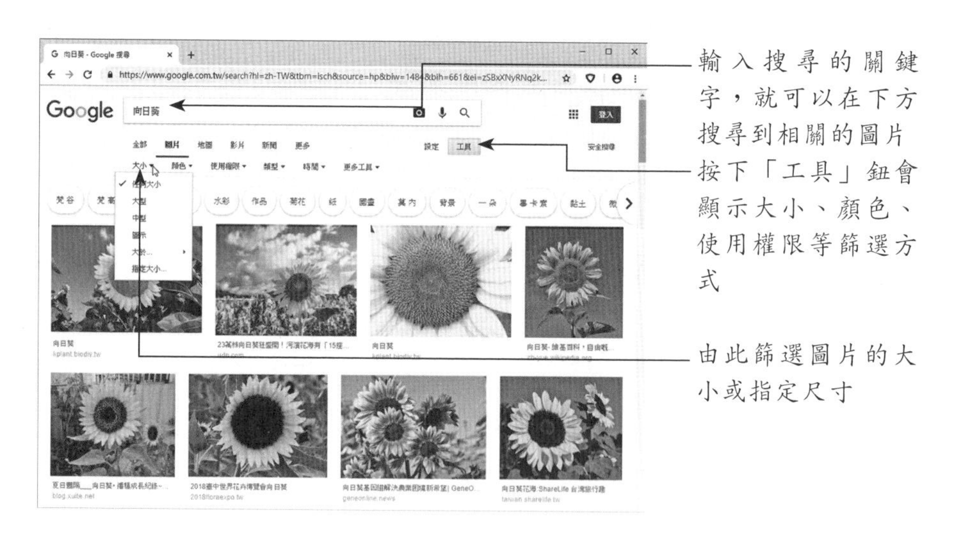

10-2 Google地球

使用「Google 地球」能以各種視覺化效果檢視地理相關資訊，透過「Google地球」可以快速觀看地球上任何地方的衛星圖像、地圖、地形圖、3D 建築物，甚至到天際中探索星系。要使用這套軟體，首先至http://earth.google.com/intl/zh-TW/下載Google地球試用版軟體：

「Google 地球」可讓您從外太空拉近鏡頭，觀看我們的地球。每次啓動「Google 地球」，地球都會出現在主視窗中，這個區域就稱爲「3D 檢視器」，可以顯示地球上的圖像、地形和位置資訊。

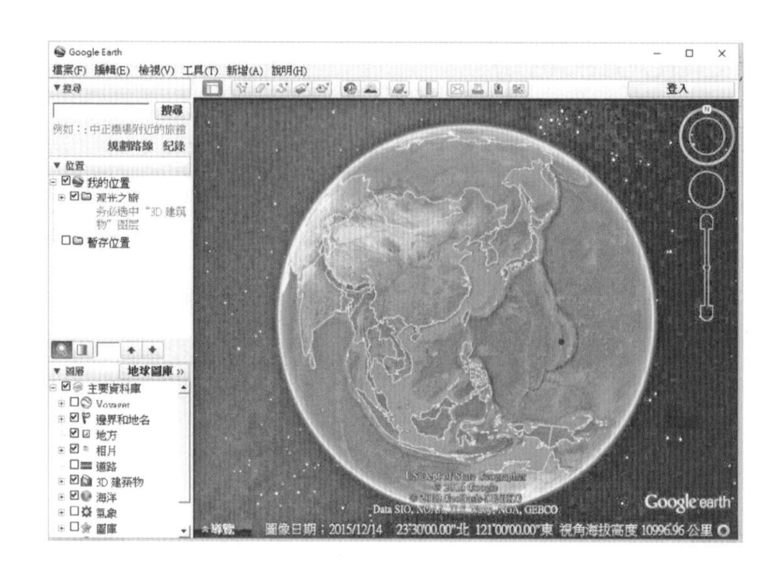

您也可以改變視點，觀看遙遠銀河和星群的圖片，如果想要在天際和地球間進行切換，只要按下圖的 鈕即可地球、星空及其他星球之間進行切換，例如下列三圖分別爲星空、火星及月球的外觀：

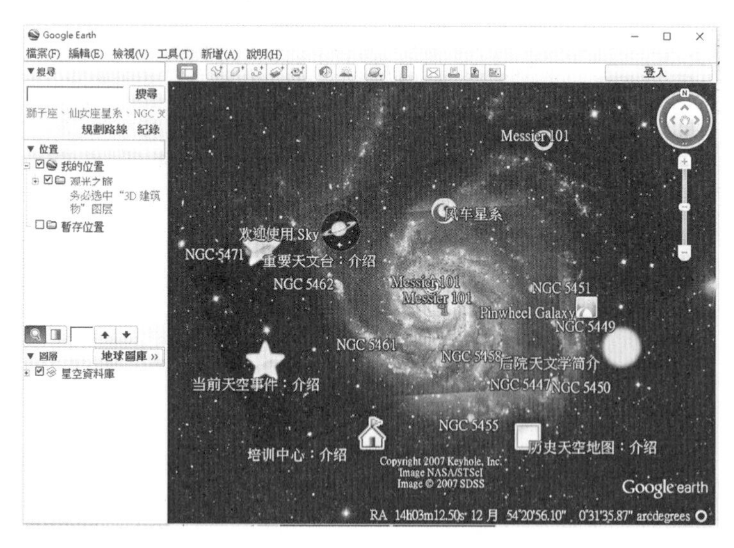

切換到星空的外觀效果

切換到火星的外觀效果

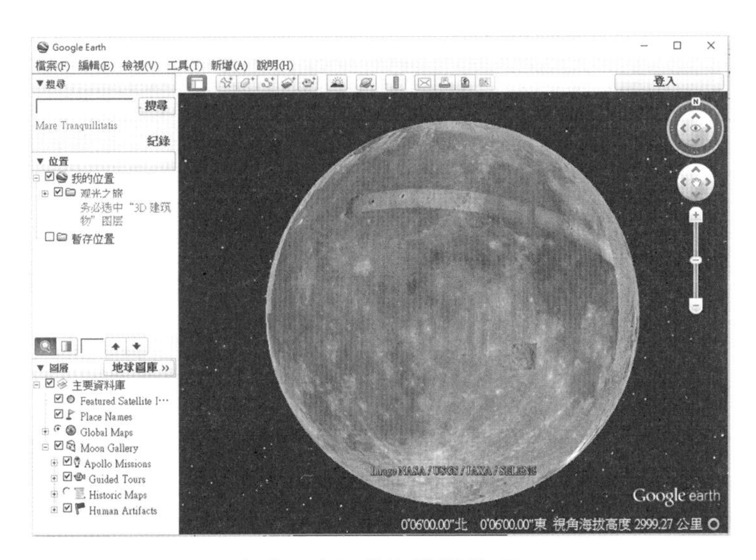

切換到月球的外觀效果

10-2-1 檢視功能

無論各位是在尋找特定地址、兩條街道的交叉口、城市、州或國家，都可在「目的地」方塊中輸入，並按下「搜尋」鈕就可以快速找到所要檢視的目的地。下圖為我們設定在「New York City」的外觀：

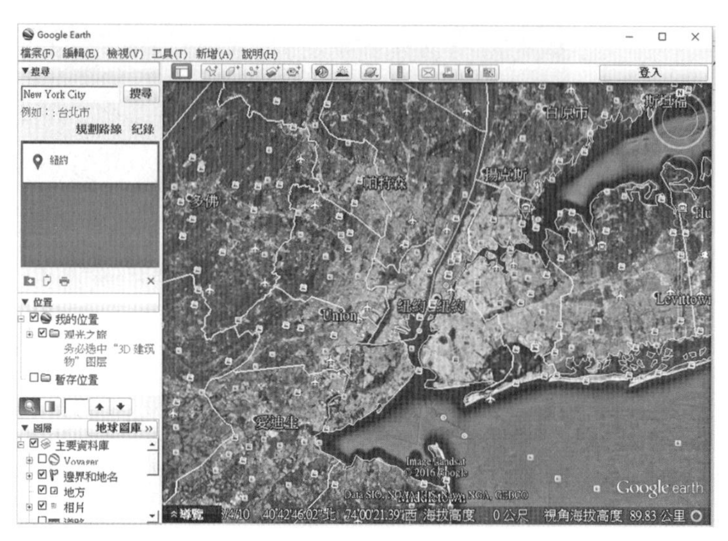

太空梭的運作也必須依靠電腦

另外，使用「Google地球」還可以觀看世界各地許多城市裡的3D 建築物，若要檢視這些建築物，在「圖層」面板中勾選「3D 建築物」資料夾，開啓 3D 建築物，並於「目地的」輸入所要檢視的地點，接著按下「搜尋」鈕 搜尋 ，就可以觀看世界各地的3D 建築物。

除了可以清楚檢視各建築物的3D建築外觀圖外，Google 地球也提供「地圖街道」檢視功能，讓您快速查看所選定的目標或城市的街道分布。下圖為高雄市的街道檢視外觀：

而右側導覽控制項可以查看周圍、移動及放大顯示任何位置，讓您操作更為順暢，輕鬆於各建築物間輕鬆遊覽。另外，也可以使用滑鼠抓住圖片來四處移動。或是向上和向下拖曳右側滑桿來放大和縮小畫面。

若要旋轉圖片，請旋轉瀏覽器螢幕上的滾輪。

10-2-2 日光功能

「Google地球」還加入了「日光」功能，可以觀賞各地的日出與日落，只要移動時間滑桿，就可以觀賞黃昏、清晨以及地球斜影移動的景象。例如下圖爲大峽谷不同時間的不同視覺效果：

10-3 Google雲端硬碟

Google雲端硬碟（Google Drive）可讓您儲存相片、文件、試算表、簡報、繪圖、影音等各種內容，並讓您無論透過智慧型手機、平板電腦或桌機在任何地方都可以存取到雲端硬碟中的檔案。雲端硬碟採用 SSL（Secure Sockets Layer）安全協定，更加確保雲端硬碟資料或文件的安全性。當各位申請Google 帳戶就可以免費取得 15 GB 的 Google雲端硬碟線上儲存空間，如果覺得空間不夠大，還可以購買額外的儲存空間。各位可以先去下列網址申請Google 帳戶：

https://accounts.google.com/SignUp?hl=zh-TW

申請好登入連上下列網址https://accounts.google.com，就可以進入Google帳戶的登入畫面，輸入密碼後，按下「登入」鈕就完成登入Google帳戶的行為：

當各位於瀏覽器連上https://drive.google.com/drive/my-drive 網址，就可以進入雲端硬碟後的主畫面。例如下圖爲登入筆者自己的雲端硬碟後的主畫面，透過新版雲端硬碟主畫面更快速輕鬆地建立、檢視及編輯文件、試算表或簡報：

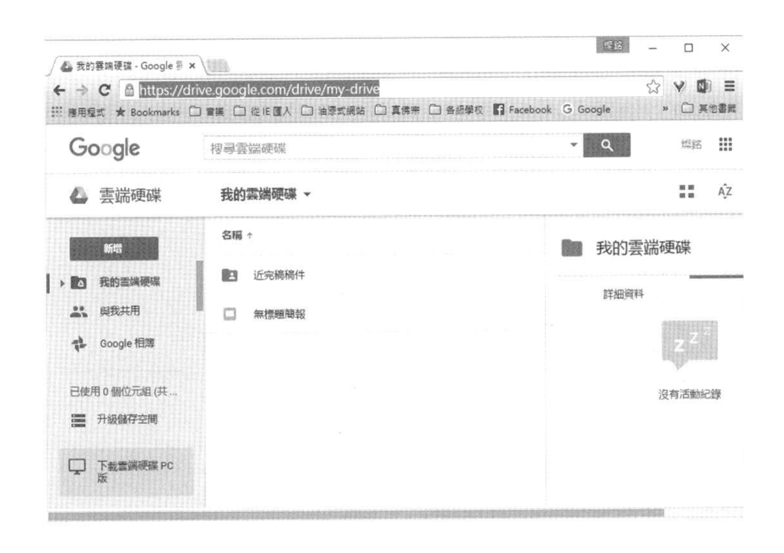

10-3-1 雲端硬碟的特點

前面簡介了Google雲端硬碟的基本特性，同時也介紹了如何申請Google帳戶以獲取免費的雲端硬碟，接著我們整理出Google雲端硬碟的特點摘要：

■ 與他人共用檔案協同合作編輯

雲端硬碟中的文件、試算表和簡報，也可以邀請他人查看、編輯您指定的檔案、資料夾或加上註解，輕鬆與他人線上進行協同作業。如果要建立或存取Google文件、Google試算表和Google簡報，也可以透過下列網址存取各個主畫面：

Google 文件：google.com/docs Google 試算表：google.com/sheets Google 簡報：google.com/slides

上圖中我們可以看到在主畫面不僅可以建立各種Google文件、Google試算表、Google簡報外，還可以在本地端電腦上傳檔案或資料夾到雲端硬碟上。

■ 連結到雲端硬碟應用程式

在Google雲端硬碟還可以連結到超過 100 個以上的雲端硬碟應用程式，這些實用的軟體資源，可以幫助各位豐富日常生活中許多的工作、作品或文件，要連結上這些應用程式，可於上圖中點選「連結更多應用程式」指令，就會出現下圖視窗供各位將應用程式連接到雲端硬碟。

如果各位要上傳檔案或資料夾到Google雲端硬碟，除了在主畫面中從「我的雲端硬碟」下拉的功能選單中執行「上傳檔案」或「上傳資料夾」指令外，假設您的瀏覽器是最新版的 Chrome 或 Firefox，還可以將檔案從本地端電腦直接拖曳到 Google 雲端硬碟的資料夾或子資料夾內。

■ 利用線上表單進行問卷調查

除了建立文件外，Google 雲端硬碟上的Google 表單應用程式可讓您透過簡單的線上表單進行問卷調查，並可以直接在試算表中查看結果。

■ 整合Gmail郵件服務集中重要附件

雲端硬碟也將Gmail郵件服務功能整合在一起，如果要將Gmail的附件儲存在雲端硬碟上，只要將滑鼠游標停在 Gmail 附件上，然後尋找「雲端硬碟」圖示鈕，這樣就能將各種附件儲存至更具安全性且集中管理的雲端硬碟。

10-3-2 變更雲端硬碟設定

如果要在變更Google雲端硬碟的設定環境，首先請連上drive.google.com，按一下右上角的設定圖示，選取「設定」指令：

接著會進入「設定」視窗，各位可以看到「一般」及「管理應用程式」兩個選項，可用來爲雲端硬碟的使用環境進行設定，例如：語言、離線設定、轉換上傳檔案、變更 Google 雲端硬碟顯示檔案的方式等，而這些Google 雲端硬碟的設定都會自動套用至 Google文件、Google試算表和

Google簡報的主畫面。底下分別爲Google雲端硬碟的兩個設定頁面，其中「管理應用程式」頁面中可以查看所有和您 Google 雲端硬碟連結的應用程式：

● 「一般」頁面

設定　完成

一般
管理應用程式

儲存空間　目前使用量：10 GB (儲存空間配額：15 GB)
升級儲存空間

轉換上傳檔案　將已上傳的檔案轉換成 Google 文件編輯器格式

語言　變更語言設定

密度　標準

隱私權與條款　隱私權政策
服務條款

● 「管理應用程式」頁面

設定　完成

一般
管理應用程式

下列應用程式已連接到「雲端硬碟」。 連結更多應用程式 瞭解詳情

Google 我的地圖
使用「我的地圖」，在線上輕鬆製作和分享地...　設為預設應用程式　選項

Google 文件
建立及編輯文件　設為預設應用程式　選項

Google 簡報
建立並編輯簡報　設為預設應用程式　選項

Google 繪圖　設為預設應用程式　選項

10-4 Google相簿

Google於2016年5月1日陸續關閉 Picasa 網路相簿及不再更新與支援Picasa相片管理軟體，雖然使用Picasa 網路相簿來分享照片還算方便，但是Google 相簿不僅可以同步管理 Picasa 相簿，還擁有智慧型的照片分類方式及自動上傳等功能，因此Google大力鼓勵這些Picasa舊用戶改用Google 相簿。那轉到Google相簿後，是否擔心之前在Picasa軟體整理的相片會消失不見呢？這一點請放心，打開Google 相簿就能看到你的 Picasa照片已經在裡面。目前Google相簿軟體包含手機版 APP、電腦上傳工具以及網頁版。

10-4-1 下載Google相簿軟體

在Google相簿中，可以使用「Google相簿上傳軟體」來自動上傳照片到雲端相簿，Google相簿支援 Windows、Mac、Android與iOS平台。各種版本軟體下載網址如下：

https://photos.google.com/apps

以上圖中的「電腦版上傳工具」爲例，它能自動上傳電腦、相機或儲存卡上的相片，當軟體下載完畢後，在安裝的過程中，會要求以Google帳戶登入，如果您沒有Google帳戶，請到Google首頁申請一組帳戶。

使用Google相簿前必須以Google帳戶登入

登入Google帳戶後，會自動進行相片備份，全新的「Google 相簿」可以無限容量上傳 1600萬畫素照片 1080p影片，以網頁版的 Google 相簿來說，只要在相片尺寸的設定中，選擇「高畫質」，就能獲得無限容量的高解析度照片上傳空間。

在Google相簿選擇備份來源及相片尺寸

Google 相簿的智慧型照片整理功能，可以依據日期或事物主題自動分類照片，對不太喜歡手動分類相簿的使用者而言，就將該相片分類工作交給Google相簿即可。另外，在 Google 相簿如果想手動分類照片，只要先上傳照片，在 Google 相簿網頁版中勾選想要分類的照片，點擊右上方的「+」，就能把照片分類到新的相簿中。

在 Google 相簿網頁版中可以手動方式將相片分類

10-4-2 Google 相簿功能簡介

按下Google 相簿官網https://photos.google.com/ 相片左側的 ☰ 功能表鈕，可以呼叫出Google 相簿功能表，如下圖所示：

Google 相簿功能表

● 小幫手

小幫手會自動分析我們的照片、推薦各種照片特效，例如可以將多張照片組合成全景。

小幫手可運用相簿的各項功能

● 相簿

Google相簿會依據時間地點、加上地圖與情境描述，自動製作成一本一本故事相簿，這種自動分類的強大功能，對於懶得整理照片的朋友來說，真是再方便不過。

功能強大的自動相簿、自動分類

另外在 Google 相簿中不需要事先幫照片建立分類資料夾，或幫照片下標籤與說明，當需要某類型照片時，只要利用關鍵字搜尋，Google 就會判斷照片內容，自動幫我們找出這些照片。

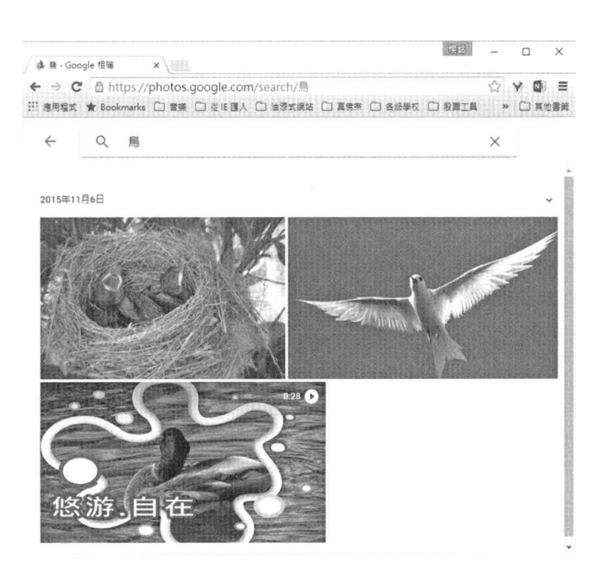

透過關鍵字可以自動搜尋圖片

●共用相簿

新版 Google 相簿建立「共用相簿」，可以讓朋友或親朋好有們在同一個雲端相簿上傳各自的照片，共同分享喜悅與整理。

共用相簿讓親朋好友們的歡樂相片齊聚一起

●設定

在此可以設定Google相簿的相關環境，例如上傳尺寸和儲存空間等。

設定頁面可以決定上傳尺寸和儲存空間

10-5 Google Meet視訊會議

Google Meet是疫情期間是目前學校使用率最高的遠距教學工具，因爲只要擁有Google帳號，就能夠免費使用Google雲端平台的所有應用軟體，當然也包含了視訊會議軟體Google Meet，除了手機裝置必須下載「Meet」APP外，師生們無需再下載任何的程式。

爲了上課教學的方便，老師最好要有兩個Gmail帳號可以使用，一個帳號是用來發起視訊會議與學生互動的帳號，另一個帳號則是以學生的身分進入會議之中，如此老師才可以確認自己分享的畫面是否能正確無誤的顯示在學生面前。

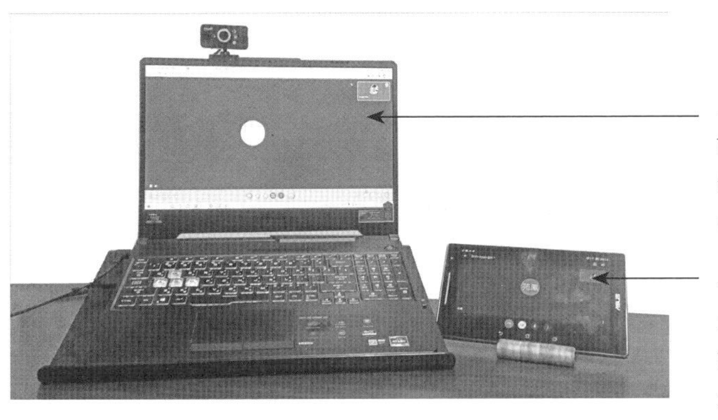

主要設備：老師授課時用以分享畫面和與學生溝通交流的電腦

次要設備：替代學生身分參加會議，讓老師得知學生所看到的畫面

一般筆記型電腦都有包含Webcam攝影機，所以在啟用Google Meet應用程式時，筆記型電腦就會自動抓取設備，如果是使用桌上型電腦，可以購買網路HD高畫質的攝影機，這種外接式的攝影機可夾掛在螢幕上，也可以置於桌面上，提供360度可旋轉的鏡頭，能手動聚焦調整，內建麥克風，還有LED燈可控制光度的大小，或做即時快拍，透過USB的傳輸線就能與電腦連接，價格也相當便宜。Google Meet有免費版和付費版兩種，使用免費版的人如果要發起或加入會議，必須先登入Google帳號才能使用，如果沒有帳號也可以免費註冊申請。

10-5-1 登入Google Meet

各位要啟動Google Meet的應用程式，請開啟Google首頁，按下右上角的「Google應用程式」 鈕，即可在選單中點選「Meet」應用程式。

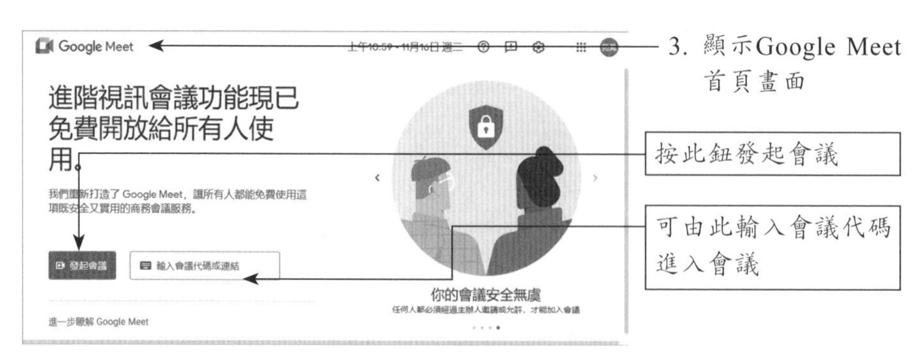

進入Google Meet首頁畫面，會議主持人只要按下藍色的「發起會議」鈕就可以選擇會議建立的方式。不過在建立會議之前，你最好先檢查一下視訊與音訊功能是否正常。請按下Google Meet首頁右上角的「設定」⚙鈕，使顯現如下的「設定」視窗：

音訊

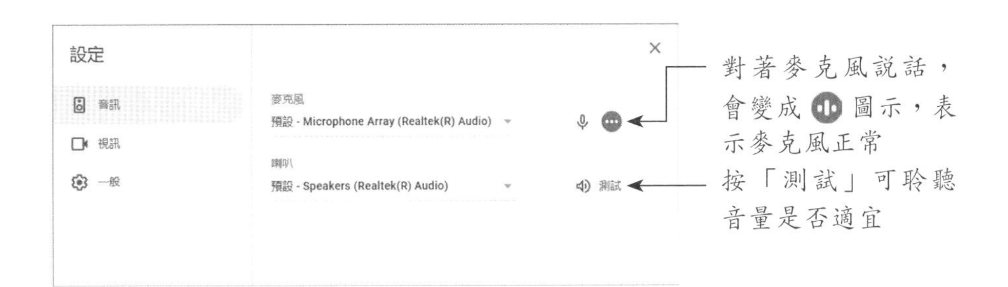

視訊

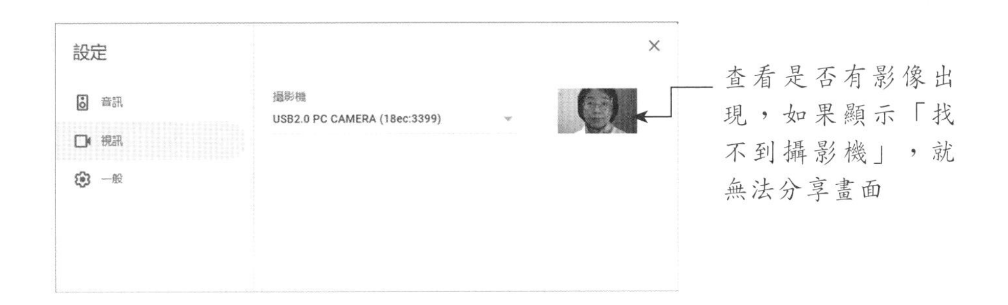

由「設定」⚙鈕確認你的硬體裝備運作正常，且麥克風和音量大小合宜，就可以準備發起會議。

10-5-2 Google Meet會議發起方式

在Google Meet首頁按下「發起會議」鈕，會看到Meet提供的會議發起方式有如下三種方式：

預先建立會議

發起即時會議

在 Google 日曆中安排會議

預先建立會議

例如明天早上才要上課，不是現在要上的課，就可以選擇「預先建立會議」的選項，它會自動產生一個會議連結，只要把這個會議連結傳送給學生或是你邀請的對象，如此一來，等於是預先登記教室並拿到鑰匙，只要明天要上課時前在Google Meet輸入此會議連結，就可以加入會議。

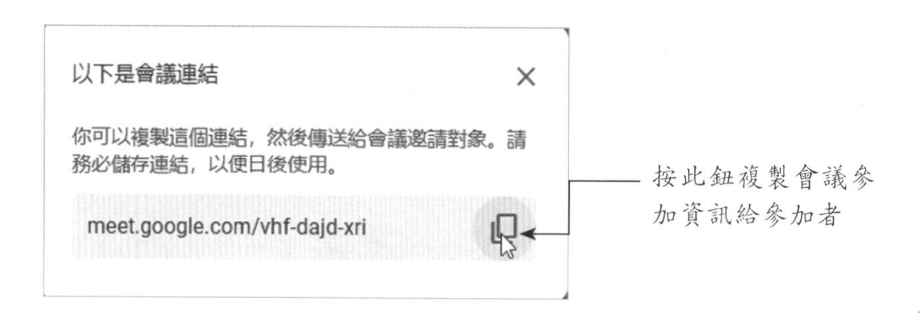

發起會議者就如同是這個會議的擁有者，所以在會議尚未開始之前，擁有者必須提早進入會議，否則你的學生即使知道會議的連結也無法進入會議，就如同他們沒有鑰匙被關在門外一樣，所以建立會議室的人必須預先提早10至15分鐘之前進入教室才行。

發起即時會議

如果想要現在就發起會議，可以選擇「發起即時會議」的選項，它會提供一個會議連結讓你分享給需要參加會議的人，所以按下 ⧉ 鈕複製會議連結後，可以將這個連結轉貼到LINE之類的社群軟體中。透過這樣的方式，使用者必須獲得你的准許才可使用這個會議連結來加入，你可以按下藍色的「新增其他人」鈕來新增成員。

在Google日曆中安排會議

選擇「在Google日曆中安排會議」的選項，就會進入日曆視窗進行活動詳細資料的填寫。透過日曆安排會議事實上好處還蠻多的，等一下我們會跟各位詳細做說明。

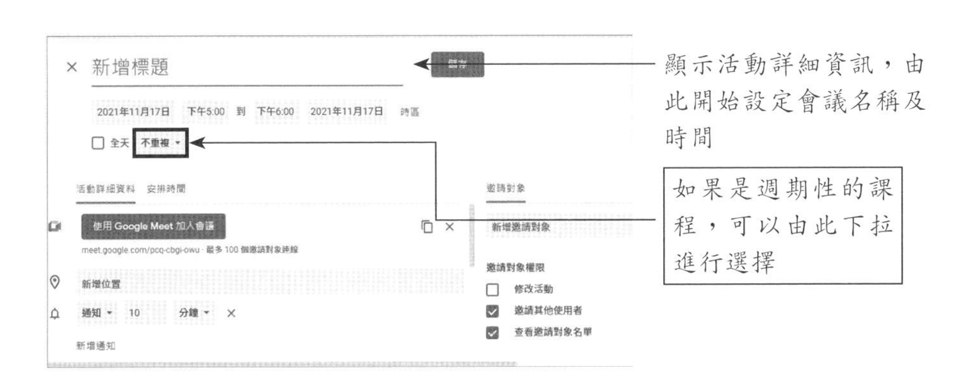

10-5-3 Google Meet操作環境

各位對於會議發起的三種方式有所了解後，這裡先簡要解說一下Google Meet的操作環境，讓各位有個基本的了解。請按下藍色的「發起會議」鈕，我們從「發起即時會議」來做說明。

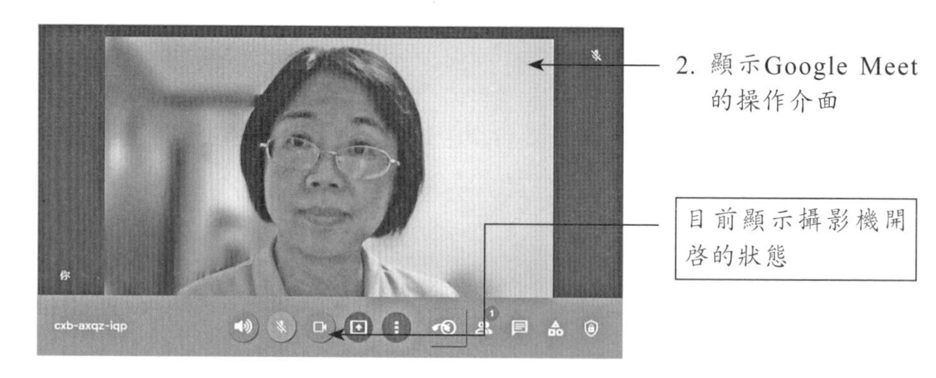

上圖視窗顯示會議主持的視訊畫面，如果關閉攝影機功能，將會以你Google帳號的圖示鈕顯示，如下圖所示。

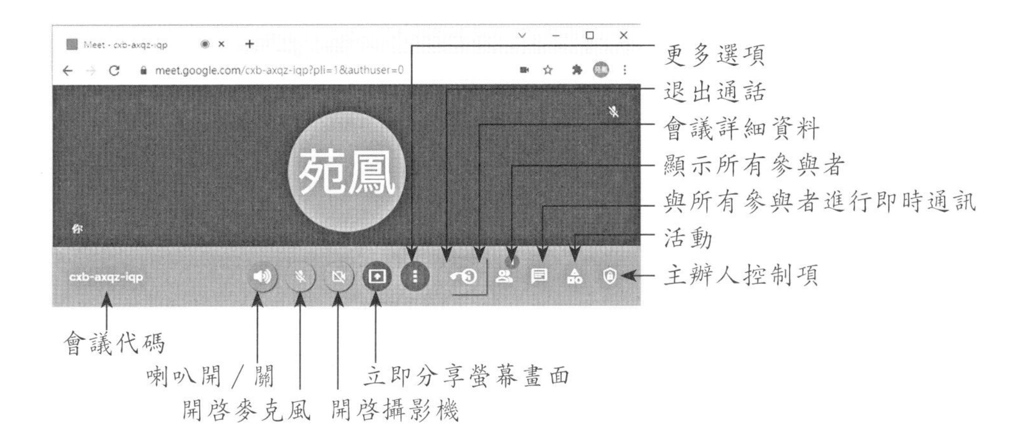

在進行會議時，喇叭、麥克風、攝影機功能需要開啓，使呈現綠色按鈕狀態，這樣才能將分享的畫面或解說的音訊傳送給學生。左下角顯示的是這次會議的代碼，學生只要在Google Meet首頁輸入此會議代碼就能進入會議之中。會議有多少人參加，可以在圖示鈕上看到數字，目前數字「1」表示只有會議主持人1人而已。各按鈕所代表的意義大致如上所示，各位只需概略知曉即可。

【課後評量】

1. 簡述Google的三種布林運算搜尋符號。
2. 試簡述Google雲端硬碟的特性與優點。
3. 簡述Google地球的功能。
4. 什麼是頁庫存檔？試說明之。
5. 簡述Google地圖的功能。
6. 請說明Google公司所提出的雲端Office軟體的內容。
7. 試簡述雲端運算的定義。
8. 舉出至少五種Google應用程式。
9. 舉出至少三種Google文件軟體的主要功能。
10. Google相簿支援哪些平台？

第十一章

物聯網、大數據與人工智慧

當人與人之間隨著網路互動而增加時，萬物互聯的時代已經快速降臨，物聯網（Internet of Things, IOT）就是近年資訊產業中一個非常熱門的議題，物聯網技術再從疫情中重新建立產業、經濟和社會新架構，除了能融入一般民眾的生活，也使百業獲得轉型與升級的契機。隨著擁有蓬勃興旺的生態系統，在 2021 年，全球有超過100億台物聯網裝置，不但已經進入智慧家庭，並有愈來愈多地項目進入智慧城市領域。台積電董事長張忠謀於2014年時出席台灣半導體產業協會年會（TSIA），就曾經明確

國內最具競爭力的台積電公司把物聯網視為未來發展重心

指出：「下一個big thing爲物聯網，將是未來五到十年內，成長最快速的產業，要好好掌握住機會。」他認爲物聯網是個非常大的構想，很多東西都能與物聯網連結。

自從2010年開始全球資料量已進入ZB（zettabyte）時代，並且每年以60～70%的速度向上攀升，面對不斷擴張的巨大資料量，正以驚人速度不斷被創造出來的大數據，爲各種產業的營運模式帶來新契機。特別是在行動裝置蓬勃發展、全球用戶使用行動裝置的人口數已經開始超越桌機，一支智慧型手機的背後就代表著一份獨一無二的個人數據！物聯網的應用發展與大數據分析具高度關聯性，存在密不可分的關係，透過物聯網技術與設備可分析、收集、共享和傳輸數據，物聯網裝置就會即時自衆多資料點收集資料，因此可以在居家、辦公室、娛樂場所等處設置對應的設備，使周圍的環境更加舒適與智慧。

11-1 認識物聯網

物聯網（IOT）最早的概念是在1999 年時由學者Kevin Ashton 所提出，顧名思義就是讓物品上網，透過網路去做資訊的讀取與傳遞，是指將網路與物件相互連接，通常用來表示任何連接到網路的設備。然而實際操作上是將各種具裝置感測設備的物品，例如RFID、藍牙4.0環境感測器、全球定位系統（GPS）雷射掃描器等種種裝置與網際網路結合起來而形成的一個巨大網路系統，甚至手上的小小智慧型手機也算是物聯網裝置，也能收集你的健康相關資料。全球所有的物品都可以透過網路主動交換訊息，愈來愈多日常物品也會透過網際網路連線到雲端，透過網際網路技術讓各種實體物件、自動化裝置彼此溝通和交換資訊。

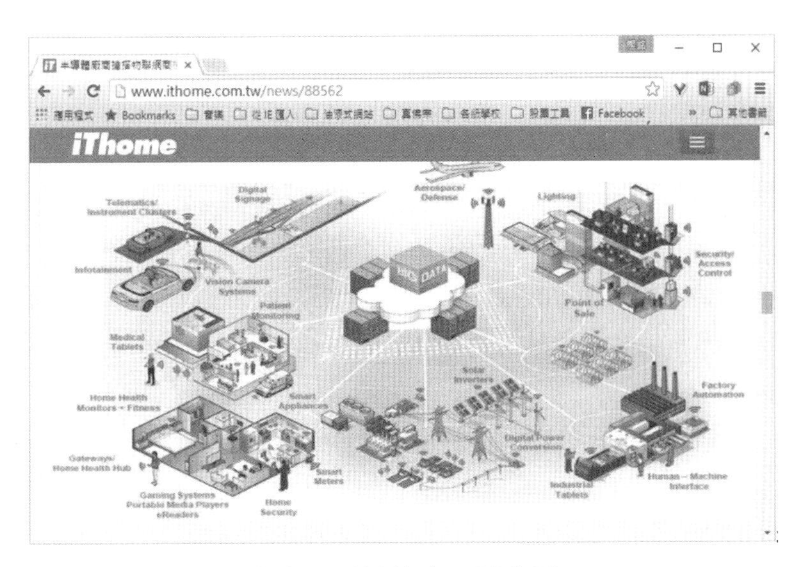

物聯網系統的應用概念圖

圖片來源：www.ithome.com.tw/news/88562

11-1-1 物聯網的架構

物聯網設備通常是由嵌入式系統組成，結合了感測器、軟體和其他技術的互連設備，能夠通知使用者或者自動化動作，最終目標是在任何時間、任何地點、任何人與物都可自由互動，物聯網的運作機制實際用途來看，在概念上可分成3層架構，由底層至上層分別爲感知層、網路層與應用層，這3層各司其職，同時又息息相關：

- 感知層：感知層主要是作爲識別、感測與控制物聯網末端物體的各種狀態，感測裝置爲物聯網底層的基礎元素，對不同的場景進行感知與監控，主要可分爲感測技術與辨識技術，例如RFID、ZigBee、藍牙4.0與Wi-Fi等，包括使用各式有線或是無線感測器及如何建構感測網路，然後再透過感測網路將資訊蒐集並傳遞至網路層。
- 網路層：則是如何利用現有無線或是有線網路來有效的傳送收集到的

數據傳遞至應用層，使物聯網可以同時傳遞與呈現更多異質性的資訊，並將感知層收集到的資料傳輸至雲端，並建構無線通訊網路。

■ 應用層：最後一層應用層則是因應不同的業務需求建置的應用系統，包括結合各種資料分析技術，來回饋並控制感應器或是控制器的調節等，以及子系統重新整合，滿足物聯網與不同行業間的專業進行技術融合，找出每筆資訊的定位與意義，促成物聯網五花八門的應用服務，透過應用層當中集中化的運算資源進行處置，涵蓋的應用領域從環境監測、無線感測網路（Wireless Sensor Network, WSN）、能源管理、醫療照護（Health Care）、家庭控制與自動化與智慧電網（Smart Grid）等。

物聯網的架構式意圖

圖片來源：https://www.ithome.com.tw/news/90461

11-1-2 物聯網的應用

現在的網路科技逐漸延伸到各個生活中的電子產品上，隨著業者端出愈來愈多的解決方案，物聯網概念將爲全球消費市場帶來新衝擊，由於物聯網的應用範圍與牽涉到的軟體、硬體與之間的整合技術層面十分廣泛。在我們生活當中，已經有許多整合物聯網的技術與應用，可以包括如醫療照護、公共安全、環境保護、政府工作、平安家居、空氣汙染監測、土石流監測等領域。物聯網是一個技術革命，由於物聯網的核心和基礎仍然是網際網路，物聯網的功能延伸和擴展到物品與物品之間，進行資訊或資源的交換。

根據市場產業研究指出，2020年物聯網全球市場價值1.7兆美元，物聯網代表著未來資訊技術在運算與溝通上的演進趨勢，在這個龐大且快速成長的網路在演進的過程中，物件具備與其他物件彼此直接進行交流，

透過手機就可以遠端搖控家中的智慧家電

圖片來源：http://3c.appledaily.com.tw/article/household/20151117/733918

無需任何人爲操控，物聯網可搜集到更豐富的資料，因此可直接提供了智慧化識別與管理。例如「智慧家電」（Information Appliance）是從電腦、通訊、消費性電子產品3C領域匯集而來，也就是電腦與通訊的互相結合，未來將從符合人性智慧化操控，能夠讓智慧家電自主學習，並且結合雲端應用的發展。各位只要在家透過智慧電視就可以上網隨選隨看影視節目，或是登入社交網路即時分享觀看的電視節目和心得。

智慧型手機成了促成智慧家電發展的入門監控及遙控裝置，還可以將複雜的多個動作簡化爲一個單純的按按鈕、揮手動作，所有家電都會整合在智慧型家庭網路內，可以利用智慧手機APP，提供更爲個人化的操控，甚至更進一步做到能源管理。例如家用洗衣機也可以直接連上網路，從手機 APP 中進行設定，只要把髒衣服通通丟進洗衣槽，就會自動偵測重量以及材質，協助判斷該用多少注水量、轉速需要多快，甚至用LINE和家電系統連線，馬上就知道現在冰箱庫存，就連人在國外，手機就能隔空遙控家電，輕鬆又省事，家中音響連上網，結合音樂串流平台，即時了解使用者聆聽習慣，推薦適合的音樂及網路行銷廣告。

掃地機器人是目前最夯的智慧家電

11-1-3 智慧物聯網（AIoT）

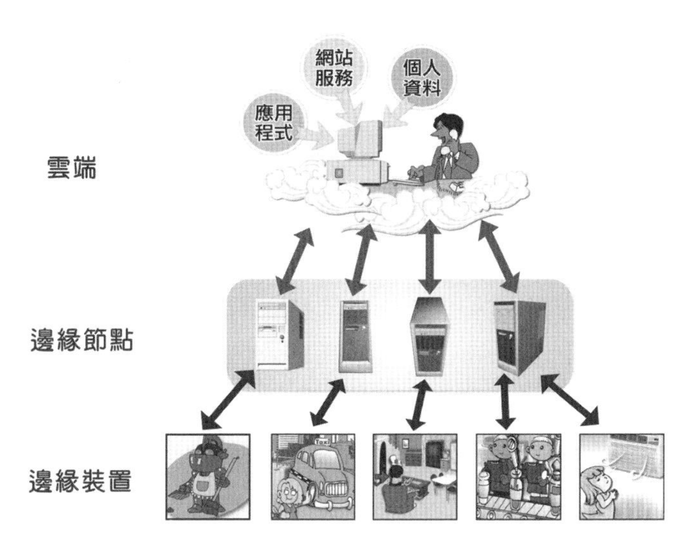

智慧物聯網的應用

現代人的生活正逐漸進入一個始終連接（Always Connect）網路的世代，物聯網的快速成長，快速帶動不同產業發展，除了資料與數據收集分析外，也可以為企業精準偵測和計畫庫存、強化即時客戶的體驗，伴隨回饋進行各種控制，創造出前所未有的價值。這對於未來人類生活的便利性將有極大的影響，人工智慧（AI）結合物聯網（IoT）的智慧物聯網（AIoT），就好比大腦與感官的關係，將會是現代產業未來最熱門的趨勢，例如目前工業物聯網最為廣泛應用的領域是品質控管，可以使用具備圖像辨識功能的物聯網裝置（AIoT）來判別產品的良率範圍。

雖然Amazon Go仍需要員工進行補貨、製作食物以及客戶服務等工作，還不算是真正的無人商店，但已經是商店科技上的一大進步。

智慧無人商店Amazon Go透過IOT裝置偵測消費者動向

企業導入智慧物聯網（AIoT）之後，最大的效益是可以進行決策最佳化（optimization），例如未來企業可藉由智慧型設備來了解用戶的日常行爲，包括輔助消費者進行產品選擇或採購建議等，並將其轉化爲眞正的客戶商業價值。物聯網的多功能智慧化服務被視爲實際驅動電商產業鏈的創新力量，特別是將電商產業發展與消費者生活做了更緊密的結合，因爲在物聯網時代，手機、冰箱、桌子、咖啡機、體重計、手錶、冷氣等物體變得「有意識」且善解人意。此外，物聯網在讓城市更智慧的過程也是必不可缺，扮演的角色即是讓城市的每一個角落串聯在一起，最終的目標則是要打造一個智慧城市，未來搭載5G基礎建設與雲端運算技術，更能加速現代產業轉型。

Tips

從實體商務走到電子商務，新科技繼續影響消費者行爲造成的改變，電子商務市場開始轉向以顧客爲核心的智慧商務（Smarter Commerce）時代，所謂智慧商務（Smarter Commerce）就是利用社群網路、行動應用、雲端運算、物聯網與人工智慧等技術，特別是應用領域不斷拓展的AI，誕生與創造許多新的商業模式，透過多元平台的串接，可以更規模化、系統化地與客戶互動，讓企業的商務模式可以帶來更多智慧便利的想像，並且大幅提升電商服務水準與營業價值。

IBM最早提出了智慧商務的願景

物聯網還可以進行智慧商務應用，**智慧**場域行銷就是透過定位技術，把人限制在某個場域裡，無論在捷運、餐廳、夜市、商圈、演唱會等場域，都可能收到量身訂做的專屬行銷訊息，**舊式**大稻埕是台北市第一個提供智慧場域行銷的老商圈，配合透過布建於店家的Beacon，藉由Beacon收集場域的環境資訊與準確的行銷訊息交換，夠精準有效導引遊客及消費者前往店家，並提供逛商圈顧客更美好消費體驗，讓示範性場域都有

HOME » 大稻埕老舊城新活水

大稻埕是台北市第一個提供智慧場域行銷的老商圈

11-1-4 工業4.0與物聯網

鴻海推出的機器人——Pepper

德國政府2011年提出第四次工業革命（又稱「工業 4.0」）概念，做爲「2020 高科技戰略」十大未來計畫之一，工業 4.0 浪潮牽動全球產業趨勢發展，雖然掀起諸多挑戰卻也帶來不少商機，面對製造業外移、工資上漲的難題，力求推動傳統製造業技術革新，以因應產業變革提升國際競爭力，特別是在傳統製造業已面臨轉型的今日，連製造業也必須接近顧客才能快速滿足客戶需求，如何活化製造生產效能，工業 4.0 智慧製造已成爲刻不容緩的議題。

工業4.0將影響未來工廠的樣貌，智慧生產正一步步化爲現實，轉變成自動化智能工廠，工業4.0時代是追求產品個性化及人性化的時代，是以智慧製造來推動產品創新，並取代傳統的機械和機器一體化產品，主要是利用智慧化工業物聯網大量滿足客戶的個性化需求，因爲智慧工廠直接省略銷售及流通環節，產品的整體成本比過去減少近40%，進而從智慧工廠出發，可以垂直的整合企業管理流程、水平的與供應鏈結合，並進階到「大規模訂製」（Mass Production）。

工業自動化在製造業已形成一股潮流，電子產業需求急起直追，爲了因應全球化人口老齡化、勞動人口萎縮、物料成本上漲、產品與服務生命週期縮短等問題，間接也帶動智慧機器人需求及應用發展。隨著人工智慧快速發展，面對當前機器人發展局勢，未來市場需求將持續成長。隨著機器人功能愈來愈多，生產線上大量智慧機器人已經是可能的場景。台灣在工業與服務型機器人兩大範疇，都具有不錯的潛力與發展空間。國內知名的世界級代工廠鴻海精密與日本軟體銀行、中國阿里巴巴共同推出全球第一台能辨識人類聲音及臉部表情的人型機器人Pepper，就是認爲未來缺工問題嚴重、產品製造日趨精密，並結合三方產業優勢，深耕與擴展全球市場規模。

11-2 大數據簡介

大數據（又稱大資料、大數據、海量資料、big data），是由IBM於2010年提出，主要特性包含三種層面：巨量性（Volume）、速度性（Velocity）及多樣性（Variety）。大數據的應用技術，已經顛覆傳統的資料分析思維，所謂大數據是指在一定時效（Velocity）內進行大量（Volume）且多元性（Variety）資料的取得、分析、處理、保存等動作。而多元性資料型態則包括如：文字、影音、網頁、串流等結構性及非結構性資料。另外，在維基百科的定義，則是指無法使用一般常用軟體在可容忍時間內進行擷取、管理及處理的大量資料。

我們可以這麼解釋：大數據其實是巨大資料庫加上處理方法的一個總稱，而大數據的相關技術，則是針對這些大數據進行分析、處理、儲存及應用。各位可以想想看，如果處理這些大數據，無法在有效時間內快速取得所要的結果，就會大爲降低取得這些資料所產生的資訊價值。

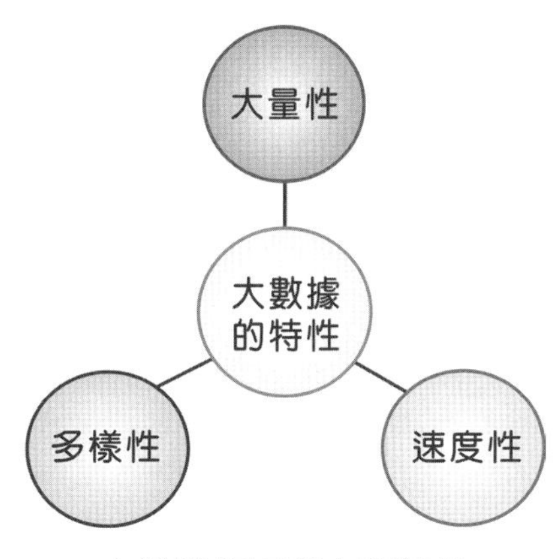

大數據的三項主要特性

大數據（Big Data）處理指的是對大規模資料的運算和分析，例如網路的雲端運算平台，每天是以數quintillion（百萬的三次方）位元組的增加量來擴增，所謂quintillion位元組約等於10億GB，尤其在現在網路講究資訊分享的時代，資料量很容易達到TB（Tera Bytes），甚至上看PB（Peta Bytes）。沒有人能告訴各位，超過哪一項標準的資料量才叫巨量，如果資料量不大，可以使用電腦及常用的工具軟體慢慢算完，就用不到大數據的專業技術，也就是說，只有當資料量巨大且有時效性的要求，較適合應用海量技術進行相關處理動作。爲了讓各位實際了解這些資料量到底有多大，筆者整理了下表，提供給各位作爲參考：

1 Byte（位元組）= 8 Bits（位元）

1 Kilobyte（仟位元組）= 1000 Bytes

1 Megabyte = 1000 Kilobytes = 1000^2 Kilobytes

1 Gigabyte = 1000 Megabytes = 1000^3 Kilobytes

1 Terabyte = 1000 Gigabytes = 1000^4 Kilobytes

1 Petabyte = 1000 Terabytes = 1000^5 Kilobytes

1 Exabyte = 1000 Petabytes = 1000^6 Kilobytes

1 Zettabyte = 1000 Exabytes = 1000^7 Kilobytes

1 Yottabyte = 1000 Zettabytes = 1000^8 Kilobytes

1 Brontobyte = 1000 Yottabytes = 1000^9 Kilobytes

1 Geopbyte = 1000 Brontobyte = 1000^{10} Kilobytes

11-2-1 大數據的應用

大數據現在不只是資料處理工具，更是一種企業思維和商業模式。大數據揭示的是一種「資料經濟」的精神，就以目前相當流行的Facebook爲例，爲了記錄每一位好友的資料、動態消息、按讚、打卡、分享、狀態及新增圖片，因爲Facebook的使用者人數衆多，要取得這些資料必須藉助各種不同的大數據技術，接著Facebook才能利用這些取得的資料去分析每個人的喜好，再投放他感興趣的廣告或粉絲團或朋友。

大數據的三項主要特性

國內外許多擁有大量顧客資料的企業，都紛紛感受到這股如海嘯般來襲的大數據浪潮，這些大數據中遍地是黃金，不少企業更是從中嗅到了商機。大數據分析技術是一套有助於企業組織大量蒐集、分析各種數據資料的解決方案。大數據相關的應用，不完全只有那些基因演算、國防軍事、海嘯預測等資料量龐大才需要使用大數據技術，甚至橫跨電子商務、決策系統、廣告行銷、醫療輔助或金融交易等，都有機會使用大數據相關技術。

我們就以醫療應用爲例，能夠在幾分鐘內就可以解碼整個DNA，並且讓我們製定出最新的治療方案，爲了避免醫生的疏失，美國醫療機構與IBM推出IBM Watson醫生診斷輔助系統，會從大數據分析的角度，幫助醫生列出更多的病徵選項，大幅提升疾病診癒率，甚至能幫助衛星導航系統建構完備即時的交通資料庫。即便是目前喊得震天嘎響的全通路零售，眞正核心價値還是建立在 大數據資料驅動決策上。

IBM Waston透過大數據實踐了精準醫療的成果

阿里巴巴創辦人馬雲在德國CeBIT開幕式上如此宣告：「未來的世界，將不再由石油驅動，而是由數據來驅動！」隨著電子商務、社群媒體、雲端運算及智慧型手機構成的資料經濟時代，近年來不但帶動消費方式的巨幅改變，更爲大數據帶來龐大的應用願景。

星巴克咖啡利用大數據將顧客進行分級，找出最有價值的顧客

如果各位曾經有在Amazon購物的經驗，一開始就會看到一些沒來由的推薦，因爲Amazon商城會根據客戶瀏覽的商品，從已建構的大數據庫中整理出曾經瀏覽該商品的所有人，然後會給這位新客戶一份建議清單，建議清單中會列出曾瀏覽這項商品的人也會同時瀏覽過哪些商品？由這份

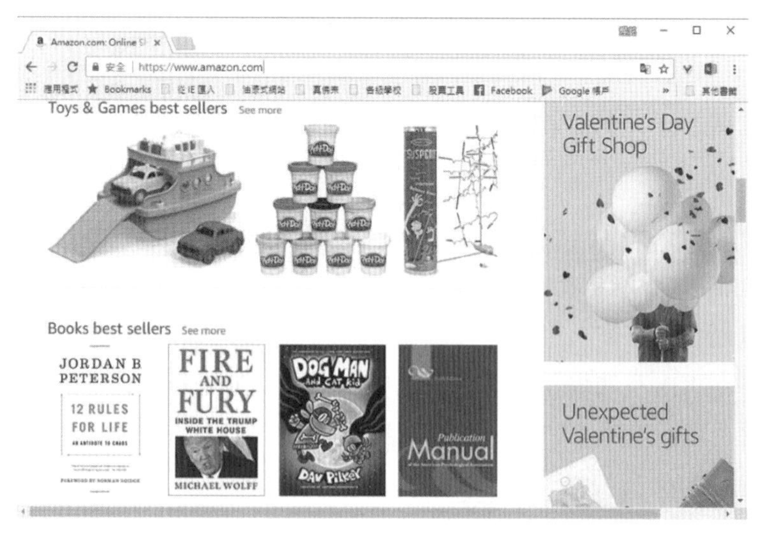

Amazon應用大數據提供更優質的個人化購物體驗

建議清單，新客戶可以快速作出購買的決定，讓他們與顧客之間的關係更加緊密，而這種大數據技術也確實爲Amazon 商城帶來更大量的商機與利潤。

大數據除了網路行銷領域的應用外，我們的生活中是不是有許多重要的事需要利用Big Data來解決呢？就以醫療應用爲例，爲了避免醫生的疏失，美國醫療機構與IBM推出IBM Watson醫生診斷輔助系統，首先醫生會對病人問幾個病徵問題，可是Watson醫生診斷輔助系統會跟從巨量數據分析的角度，幫醫生列出更多的病徵選項，以降低醫生疏忽的機會。

智慧型手機興起更加快大數據的高速發展，更爲大數據帶來龐大的應用願景。例如國內最大的美食社群平台「愛評網」（iPeen），擁有超過10萬家的餐飲店家，每月使用人數高達216萬人，致力於集結全台灣的美食，形成一個線上資料庫，愛評網已經著手在大數據分析的部署策略，並結合LBS和「愛評美食通」APP來完整收集消費者行爲，並且對銷售資訊進行更深層的詳細分析，讓消費者和店家有更緊密的互動關係。

國內最大的美食社群平台「愛評網」（iPeen）

11-2-2 大數據相關技術——Hadoop與Sparks

大數據是目前相當具有研究價值的未來議題，也是一國競爭力的象徵。大數據資料涉及的技術層面很廣，它所談的重點不僅限於資料的分析，還必須包括資料的儲存與備份，並必須將取得的資料進行有效的處理，否則就無法利用這些資料進行社群網路行為作分析，也無法提供廠商作為客戶分析。身處大數據時代，隨著資料不斷增長，使得大型網路公司的用戶數量，呈現爆炸性成長，企業對資料分析和存儲能力的需求必然大幅上升，這些知名網路技術公司紛紛投入大數據技術，使得大數據成為頂尖技術的指標，瞬間成了搶手的當紅炸子雞。

■ Hadoop

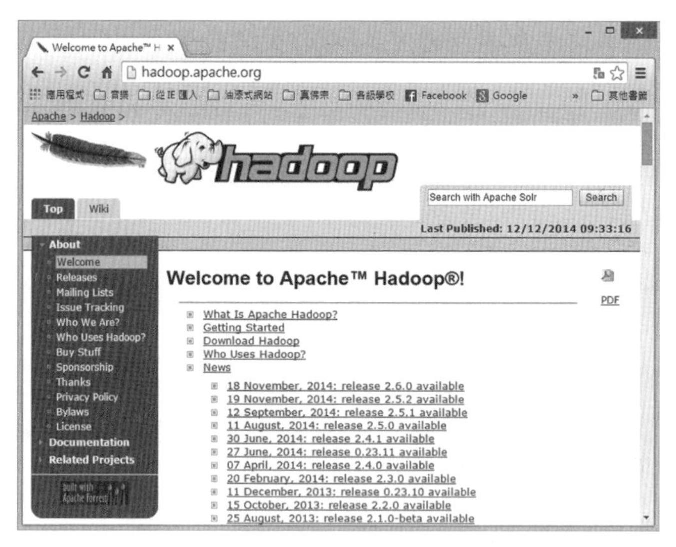

Hadoop技術的官網

隨著分析技術不斷的進步，許多電商、網路行銷、零售業、半導體產業也開始使用大數據分析工具，現在只要提到大數據就絕對不能漏掉關鍵技術Hadoop技術，主要因為傳統的檔案系統無法負荷網際網路快速爆炸成長的大量數據。Hadoop是源自Apache 軟體基金會（Apache Software Foundation）底下的開放原始碼計畫（Open source project），為了因應雲端運算與大數據發展所開發出來的技術，使用 Java 撰寫並免費開放原始碼，用來儲存、處理、分析大數據的技術，兼具低成本、靈活擴展性、程式部署快速和容錯能力等特點，為企業帶來了新的資料存儲和處理方式，同時能有效地分散系統的負荷，讓企業可以快速儲存大量結構化或非結構化資料的資料。基於 Hadoop 處理大數據資料的種種優勢，例如 Facebook、Google、Twitter、Yahoo 等科技龍頭企業，都選擇 Hadoop 技術來處理自家內部大量資料的分析，連全球最大連鎖超市業者Wal-Mart與跨國性拍賣網站eBay都是採用Hadoop來分析顧客搜尋商品的行為，並發掘出更多的商機。

■ Spark

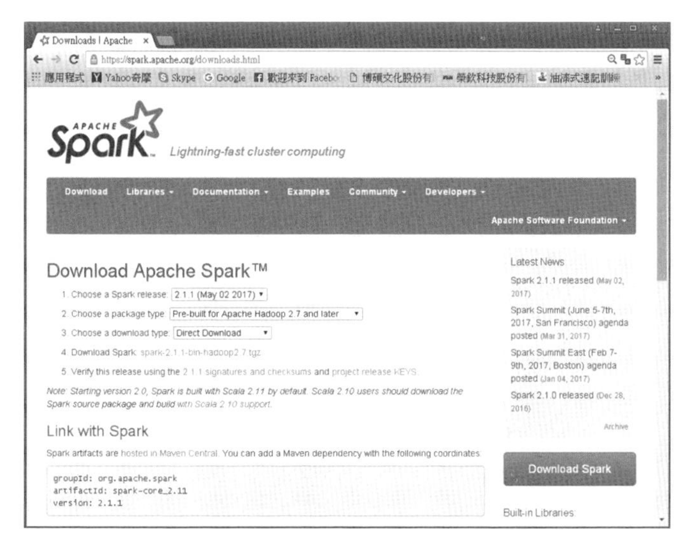

Spark官網提供軟體下載及許多相關資源

快速竄紅的Apache Spark是由加州大學柏克萊分校的 AMPLab 所開發，是目前大數據領域最受矚目的開放原始碼（BSD授權條款）計畫，Spark相當容易上手使用，可以快速建置演算法及大數據資料模型，目前許多企業也轉而採用Spark做爲更進階的分析工具，也是目前相當看好的新一代大數據串流運算平台。由於Hadoop的MapReduce計算平台獲得了廣泛採用，不過還是有許多可以改進的地方。由於Spark是一套和Hadoop相容的解決方案，使用了「記憶體內運算技術（In-Memory Computing）」，大量減少了資料的移動，能夠讓原本使用Hadoop來處理及分析資料的系統快上100倍，繼承了 Hadoop MapReduce 的優點，但是Spark提供的功能更爲完整，可以更有效地支持多種類型的計算。IBM將Spark視爲未來主流大數據分析技術，不但因爲Spark會比MapReduce 快上很多，更提供了彈性「分布式文件管理系統」（resilient distributed datasets, RDDs），可以駐留在記憶體中，然後直接讀取記憶體中的數據。

11-3 大數據與人工智慧

人工智慧為現代產業帶來全新的革命

大數據議題愈來愈火熱的時代背景下，要發揮資料價值，不能光談大數據，AI之所以能快速發展所取得的大部分成就都和大數據密切相關。因為AI下一個真正重要的命題，仍然離不開數據！大數據就像AI的養分，是絕對不該忽略，誰掌握了大數據，未來AI的半邊天就手到擒來。人工智慧（Artificial Intelligence, AI）是當前資訊科學上範圍涵蓋最廣、討論最受注目的一個主題，舉凡模擬人類的聽、說、讀、寫、看、動作等的電腦技術，都被歸類為人工智慧的可能範圍。人工智慧是當前資訊科學上範圍涵蓋最廣、討論最受注目的一個主題，舉凡模擬人類的聽、說、讀、寫、看、動作等的電腦技術，都被歸類為人工智慧的可能範圍。

11-3-1 人工智慧的定義

人工智慧的概念最早是由美國科學家John McCarthy於1955年提出，目標為使電腦具有類似人類學習解決複雜問題與展現思考等能力，舉凡模擬人類的聽、說、讀、寫、看、動作等的電腦技術，都被歸類為人工智慧的可能範圍。簡單地說，人工智慧就是由電腦所模擬或執行，具有類似人類智慧或思考的行為，例如推理、規劃、問題解決及學習等能力。

微軟亞洲研究院曾經指出：「未來的電腦必須能夠看、聽、學，並能使用自然語言與人類進行交流。」人工智慧的原理是認定智慧源自於人類理性反應的過程而非結果，即是來自於以經驗為基礎的推理步驟，那麼可以把經驗當作電腦執行推理的規則或事實，並使用電腦可以接受與處理的型式來表達，這樣電腦也可以發展與進行一些近似人類思考模式的推理流程。

特斯拉公司積極開發自駕車人工智慧系統

近幾年人工智慧的應用領域愈來愈廣泛，主要原因之一就是圖形處理器（Graphics Processing Unit, GPU）與雲端運算等關鍵技術愈趨成熟與普及，使得平行運算的速度更快與成本更低廉，我們也因人工智慧而享用許多個人化的服務、生活變得也更為便利。GPU可說是近年來科學計算領域的最大變革，是指以圖形處理單元（GPU）搭配 CPU的微處理器，GPU則含有數千個小型且更高效率的CPU，不但能有效處理平行處理（Parallel Processing），還可以達到高效能運算（High Performance Computing；HPC）能力，藉以加速科學、分析、遊戲、消費和人工智慧應用。

Tips

平行處理（Parallel Processing）技術是同時使用多個處理器來執行單一程式，以縮短運算時間。其過程會將資料以各種方式交給每一顆處理器，為了實現在多核心處理器上程式性能的提升，還必須將應用程式分成多個執行緒來執行。

高效能運算（High Performance Computing, HPC）能力則是透過應用程式平行化機制，就是在短時間內完成複雜、大量運算工作，專門用來解決耗用大量運算資源的問題。

AI的應用領域不僅展現在機器人、物聯網、自駕車、智能服務等，更與行銷產業息息相關。根據美國最新研究機構的報告，2025年AI更會在行銷和銷售自動化方面，取得更人性化的表現，有50%的消費者希望在日常生活中使用AI和語音技術。例如目前許多企業和粉專都在使用Facebook Messenger 聊天機器人（Chatbot），這是一個可以協助粉絲專頁更簡單省力做好線上客服的自動化行銷工具，不但能夠即時在線上回覆客戶的疑問、引導訪客進行問答或購買、蒐集問卷與回饋，而且聊天機器人被使用得越多，它就有更多的學習資料庫，就能呈現更好的應答服務。

Facebook Messenger 聊天機器人是很好的AI行銷工具

11-3-2 機器學習

機器學習（Machine Learning, ML）：是大數據與人工智慧發展相當重要的一環，機器通過演算法來分析數據、在大數據中找到規則，機器學習是大數據發展的下一個進程，給予電腦大量的「訓練資料（Training Data）」，可以發掘多資料元變動因素之間的關聯性，進而自動學習並且做出預測，充分利用大數據和演算法來訓練機器，機器再從中找出規律，學習如何將資料分類。各位應該都有在YouTube觀看影片的經驗，

YouTube致力於提供使用者個人化的服務體驗，包括改善電腦及行動網頁的內容，近年來更導入了機器學習技術，來打造YouTube影片推薦系統，特別是Youtube平台加入了不少個人化變項，過濾出觀賞者可能感興趣的影片，並顯示在「推薦影片」中。

YouTube透過TensorFlow技術過濾出受眾感興趣的影片

11-3-3 深度學習

深度學習（Deep Learning, DL）算是AI的一個分支，也可以看成是具有層次性的機器學習法，源自於「類神經網路」（Artificial Neural

Network）模型，並且結合了神經網路架構與大量的運算資源，目的在於讓機器建立與模擬人腦進行學習的神經網路，以解釋大數據中圖像、聲音和文字等多元資料。例如隨著行銷接觸點的增加，店家與品牌除了致力於用網路行銷來吸引購物者，同時也在探索新的方法，以即時收集資料並提供量身打造的商品建議，同步增加對客戶的理解，並持續學習描繪出該客戶的消費行爲樣貌。深度學習不但能解讀消費者及群體行爲的的歷史資料與動態改變，更可能預測消費者的潛在慾望與突發情況，能應對未知的情況，設法激發消費者的購物潛能，獨立找出分衆消費的數據，進而提供高相連度的未來購物可能推薦與更好的用戶體驗。

Tips

類神經網路就是模仿生物神經網路的數學模式，取材於人類大腦結構，使用大量簡單而相連的人工神經元（Neuron）來模擬生物神經細胞受特定程度刺激來反應刺激架構爲基礎的研究，這些神經元將基於預先被賦予的權重，各自執行不同任務，只要訓練的歷程愈扎實，這個被電腦系所預測的最終結果，接近事實眞相的機率就會愈大。

最爲人津津樂道的深度學習應用，當屬Google Deepmind開發的AI圍棋程式AlphaGo接連大敗歐洲和南韓圍棋棋王，AlphaGo的設計是大量的棋譜資料輸入，還有精巧的深度神經網路設計，透過深度學習掌握更抽象的概念，讓 AlphaGo 學習下圍棋的方法，接著就能判斷棋盤上的各種狀況，後來創下連勝60局的佳績，並且不斷反覆跟自己比賽來調整神經網路

AlphaGo接連大敗歐洲和南韓圍棋棋王

【課後評量】

1. 試簡介物聯網（Internet of Things, IOT）。
2. 請簡介GPU（graphics processing unit）。
3. 請簡述人工智慧（Artificial Intelligence, AI）。
4. 機器學習（Machine Learning, ML）是什麼？有哪些應用？
5. 請簡述大數據（又稱大資料、大數據、海量資料、big data）及其特性。
6. 請簡介Hadoop。
7. 請簡介Spark。
8. 什麼是類神經網路（Artificial Neural Network）？

第十二章

網路安全的認識與防範

隨著網路的盛行，除了帶給人們許多的方便外，也帶來許多安全上的問題，例如駭客、電腦病毒、網路竊聽、隱私權困擾等。當我們可以輕易取得外界資訊的同時，相對地外界也可能進入電腦與網路系統中。在這種門戶大開的情形下，對於商業機密或個人隱私的安全性，都將岌岌可危。因此如何在網路安全的課題上繼續努力與改善，將是本章討論的重點。

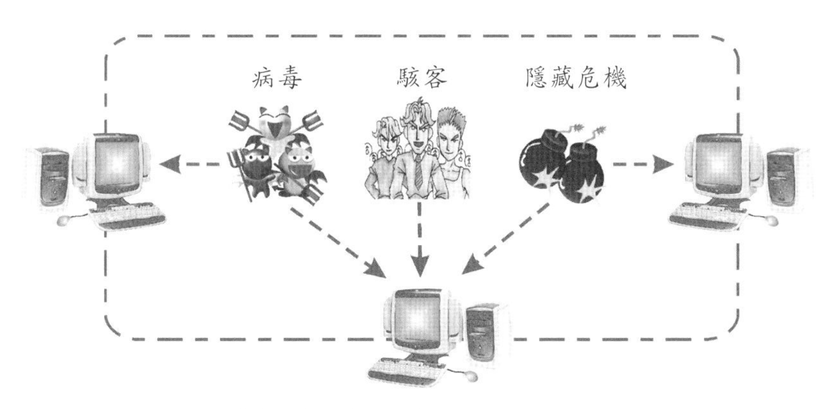

網路安全是雲端時代的重要課題

12-1 漫談資訊安全

網路已成爲我們日常生活不可或缺的一部分，使用電腦或行動裝置上網的機率也愈趨頻繁，資訊可透過網路來互通共享，部分資訊可公開，但部分資訊屬機密，對於資訊安全而言，很難有一個十分嚴謹而明確的定義或標準。例如就個人使用者來說，只是代表在網際網路上瀏覽時，個人資料不被竊取或破壞，不過對於企業組織而言，可能就代表著進行電子商務交易時的安全考量與不法駭客的入侵等。何謂資訊安全（information security）？簡單來說，資訊安全的基本功能就是在達到資料被保護的三種特性（CIA）：機密性（Confidentiality）、完整性（Integrity）、可用性（Availability），進而達到如不可否認性（Non-repudiation）、身分認證（Authentication）與存取權限控制（Authority）等安全性目的。

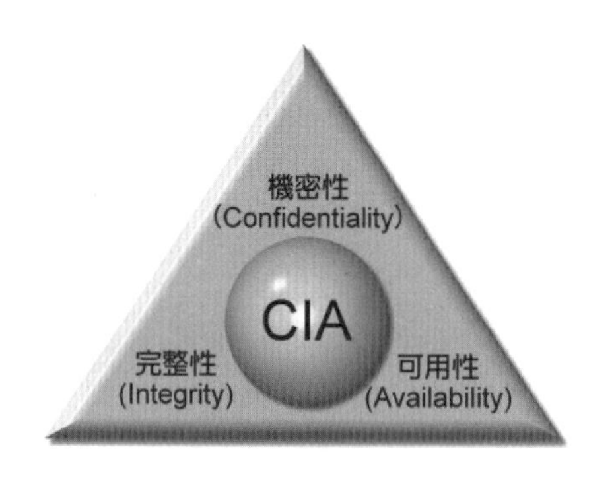

國際標準制定機構英國標準協會（BSI）曾經於1995年提出BS 7799資訊安全管理系統，最新的一次修訂已於2005年完成，並經國際標準化組織（ISO）正式通過成爲ISO 27001資訊安全管理系統要求標準，爲目前國際公認最完整之資訊安全管理標準，可以幫助企業與機構在高度網路化的開放服務環境鑑別、管理和減少資訊所面臨的各種風險。至於資訊安全所討論的項目，也可以分別從四個角度來討論，說明如下：

- 實體安全：硬體建築物與周遭環境的安全與管制，例如對網路線路或電源線路的適當維護，包括預防電擊、淹水、火災等天然侵害。
- 資料安全：確保資料的完整性與私密性，並預防非法入侵者的破壞與人爲操作不當與疏忽，例如不定期做硬碟中的資料備份動作與存取控制。
- 程式安全：維護軟體開發的效能、品管、除錯與合法性。例如提升程式寫作品質。
- 系統安全：維護電腦與網路的正常運作，避免突然的硬體故障或儲存媒體損壞，導致資料流失，平日必須對使用者加以宣導及教育訓練。

資訊安全涵蓋的四大項目

12-2 認識網路安全

網路已經成爲我們日常生活的一部分，使用公共電腦上網的機率也愈趨頻繁，個人重要資料也因此籠罩在外洩的疑慮之下。從廣義的角度來看，網路安全所涉及的範圍包含軟體與硬體兩種層面，例如網路線的損壞、資料加密技術的問題、伺服器病毒感染與傳送資料的完整性等。而如果從更實務面的角度來看，那麼網路安全所涵蓋的範圍，就包括了駭客問題、隱私權侵犯、網路交易安全、網路詐欺與電腦病毒等問題。

對於網路安全而言，很難有一個十分嚴謹而明確的定義或標準。例如就個人使用者來說，可能只是代表在網際網路上瀏覽時，個人資料或自己的電腦不被竊取或破壞。不過對於企業組織而言，可能就代表著進行電子交易時的安全考量、系統正常運作與不法駭客的入侵等。

雖然網路帶來了相當大的便利，但相對地也提供了一個可能或製造犯罪的管道與環境。而且現在利用電腦網路犯罪的模式，遠比早期的電腦病毒來得複雜，且造成的傷害也更為深遠與廣泛。例如網際網路架構協會（nternet Architecture Board, IAB），負責於網際網路間的行政和技術事務監督與網路標準和長期發展，並將以下網路行為視為不道德：

1. 在未經任何授權情況下，故意竊用網路資源。
2. 干擾正常的網際網路使用。
3. 以不嚴謹的態度在網路上進行實驗。
4. 侵犯別人的隱私權。
5. 故意浪費網路上的人力、運算與頻寬等資源。
6. 破壞電腦資訊的完整性。

以下我們將開始為各位介紹破壞網路安全的常見模式，讓各位在安全防護上有更深入的認識。

12-2-1 駭客攻擊

駭客藉由Internet隨時可能入侵電腦系統

駭客（hacker）是專門侵入他人電腦，並且進行破壞的行爲的人士，目的可能竊取機密資料或找出該系統防護的缺陷。多半的駭客是藉由Internet侵入對方主機，接著可能偷窺個人私密資料毀壞網路更改或刪除檔案、上傳或下載重要程式攻擊「網域名稱伺服器」（DNS）等。再加上隨著24小時寬頻上網（always-on）的普及，讓使用者隨時處於連線狀態，更製造了駭客入侵的可能機會，以下列出五種駭客攻擊的方式：

駭客攻擊方式	說明與介紹
癱瘓服務攻擊	利用程式編寫技巧，讓使用者在不知不覺中執行該程式，然後造成電腦系統或伺服器持續地執行某項工作，直到電腦資源耗用完畢爲止。

駭客攻擊方式	說明與介紹
郵件炸彈程式	利用此程式在短時間內，發送數百甚至數千封的郵件到特定使用者的信箱中，會造成使用者的信箱空間超過容量外，網路中的路由器也會造成擁塞或耗盡資源的現象。例如「I LOVE YOU」病毒與梅麗莎病毒，就是一種透過郵件收發程式中的通訊錄來轉寄大量郵件。
伺服器漏洞	另外一種網路安全的漏洞，就是伺服器軟體設計時的疏失，例如微軟公司曾針對Windows NT/2000/XP/2003發出最嚴重警訊，因爲發現在視窗作業系統中的「ASN.1」（抽象語法符號）有嚴重瑕疵，ASN.1是控制電腦間共享檔案的技術，也可以運作內部的安全機制。透過這個漏洞有許多方式能夠入侵電腦、竊取或刪除任何檔案。因此微軟在官方網站上緊急提代碼「KB828028」的修補程序供用戶下載。
特洛伊式木馬	通常會透過特殊管道進入使用者的電腦系統中，然後伺機執行如格式化磁碟、刪除檔案、竊取密碼等惡意行爲，此種病毒模式多半是E-mail的附件檔。
社交工程陷阱（socialengineering）	利用大眾的疏於防範的資訊安全攻擊方式，例如利用電子郵件誘騙使用者開啓檔案、圖片、工具軟體等，從合法用户中套取用户系統的秘密，例如用户名單、用户密碼、身分證號碼或其他機密資料等。

Tips

零時差攻擊（Zero-day Attack）就是當系統或應用程式上被發現具有還未公開的漏洞，但是在使用者準備更新或修正前的時間點所進行的惡意攻擊行爲，往往造成非常大的危害。

CHAPTER 12

12-2-2 網路竊聽

由於在「分封交換網路」(Packet Switch)上,當封包從一個網路傳遞到另一個網路時,在所建立的網路連線路徑中,包含了私人網路區段(例如使用者電話線路、網站伺服器所在區域網路等)及公衆網路區段(例如ISP網路及所有Internet中的站台)。而資料在這些網路區段中進行傳輸時,大部分都是採取廣播方式來進行,因此有心竊聽者不但可能擷取網路上的封包進行分析(這類竊取程式稱爲Sniffer),也可以直接在網路閘道口的路由器設個竊聽程式,來尋找例如IP位址、帳號、密碼、信用卡卡號等私密性質的內容,並利用這些進行系統的破壞或取得不法利益。

Tips

點擊欺騙(click fraud)是發布者或者他的同伴對PPC(pay by per click,每次點擊付錢)的線上廣告進行惡意點擊,因而得到相關廣告費用。

12-2-3 網路釣魚

Phishing一詞其實是「Fishing」和「Phone」的組合,中文稱爲「網路釣魚」,網路釣魚的目的就在於竊取消費者或公司的認證資料,而網路釣魚透過不同的技術持續竊取使用者資料,已成爲網路交易上重大的威脅。網路釣魚主要是取得受害者帳號的存取權限,或是記錄您的個人資料,輕者導致個人資料外洩,侵範資訊隱私權,重則危及財務損失,最常見的伎倆有兩種:

- 利用僞造電子郵件與網站作爲「誘餌」，輕則讓受害者不自覺洩漏私人資料，成爲垃圾郵件業者的名單，重則電腦可能會被植入病毒（如木馬程式），造成系統毀損或重要資訊被竊，例如駭客以社群網站的名義寄發帳號更新通知信，誘使收件人點擊E-mail中的惡意連結或釣魚網站。
- 修改網頁程式，更改瀏覽器網址列所顯示的網址，當使用者認定正在存取眞實網站時，即使你在瀏覽器網址列輸入正確的網址，還是會輕易移花接木般轉接到僞造網站上，或者利用一些熱門粉專內的廣告來感染使用者，向您索取個人資訊，意圖侵入您的社群帳號，因此很難被使用者所查覺。

由於社群網站日益盛行，網路釣客也會趁機入侵，消費者對於任何要求輸入個人資料的網站要加倍小心，跟電子郵件相比，人們在使用社群媒體時比較不會保持警覺，例如有些社群提供的性向測驗可能就是網路釣魚（Phishing）的掩護，甚至假裝臉書官方網站，要你輸入帳號密碼及個人資訊。通常「網路釣魚」詐騙方式，一般不需高竿的程式技巧與電腦知識，只要具備一般網頁的撰寫能力與詐騙腳本也可以變成釣魚駭客。刑事局就曾查獲國內一名十六歲的五專生，利用「網路釣魚」冒充「雅虎奇摩網站客服中心」名義，騙取會員的帳號、密碼資料。想要防範網路釣魚首要方法，必須能分辨網頁是否安全，一般而言有安全機制的網站網址通訊協定必須是https://，而不是http://。

Tips

跨網站腳本攻擊（Cross-Site Scripting, XSS）是當網站讀取時，執行攻擊者提供的程式碼，例如製造一個惡意的URL 連結（該網站本身具有XSS弱點），當使用者端的瀏覽器執行時，可用來竊取用戶的cookie，或者後門開啓或是密碼與個人資料之竊取，甚至於冒用使用者的身分。

12-2-4 個人資料的濫用

隱私權是所有網路使用者最重視的部分，也是資訊安全應該維護的部分，不管是收送電子信件、瀏覽網頁或參與討論區等活動，其個人資料的處理和訊息傳遞過程，可能因爲使用者疏失或他人惡意企圖而外洩，就會讓不法人士用來詐騙或由網路直接竊取財物。所以網站在收集客戶資料之前應該告知使用者，資料內容將如何被收集及如何進一步使用處理資訊，並且要求資料的隱密性與完整性。而目前最常用來追蹤使用者行爲的方式，就是使用Cookie這樣的小型文字檔，Cookie的功能是幫助網站區別到訪者的身分，記錄並儲存到訪者的使用習慣或選擇等。例如各位在瀏覽網頁或存取網站上的資料時，可能輸入一些有關姓名、帳號、密碼、E-mail等個人資訊，並儲存於該網站中。當下次再度光臨此網站時，就不必要在輸入那些驗證的資訊。其實它的作用是透過瀏覽器在使用者電腦上記錄使用者瀏覽網頁的行爲，網站經營者可以利用Cookies來了解到使用者的造訪記錄，例如造訪次數、瀏覽過的網頁、購買過哪些商品等，如果遇到不肖的業者，也可能造成個人資料的濫用。

或者有些較粗心的上網使用者往往會將帳號或密碼設定成類似的代號，或者以生日、身分證字號、有意義的英文單字等容易記憶的字串，來做爲登入系統的驗證密碼，因此盜用密碼也是網路入侵者常用的手段之一。盜用密碼的方法除了可以利用「暴力式猜測工具」（Bruteforce tools）來進行類似字典方式的暴力對比，最後「猜」出正確的密碼，也能利用網路監聽方式來竊取封包內的私密資料（如帳號、密碼、信用卡資料等）。

基本上，要避免入侵者使用以上的方法來破解密碼，使用者本身必須提高警覺，除了定期更換密碼外，密碼最好使用英文或數字符號不規則夾雜的字串。另外系統管理者也要定期檢視，查看是否有不正常的連線請求或登入記錄，藉以找出可能出現侵入的漏洞。例如臉書在2016年時修補了一個重大的安全漏洞，因爲駭客利用該程式漏洞竊取「存取權杖」（access tokens），然後透過暴力破解臉書用戶的密碼，因此當各位在設定密碼時，密碼就需要更高的強度才能抵抗，除了用戶的帳號安全可使用雙重認證機制，確保認證的安全性，建議各位依照下列幾項基本原則來建立密碼：

1. 密碼長度儘量大於8～12位數。
2. 最好能**英文+數字+符號**混合，以增加破解時的難度。
3. 爲了要確保密碼不容易被破解，最好還能在每個不同的社群網站使用不同的密碼，並且定期進行更換。
4. 密碼不要與帳號相同，並養成定期改密碼習慣，如果發覺帳號有異常登出的狀況，可立即更新密碼，確保帳號不被駭客奪取。
5. 儘量避免使用有意義的英文單字做爲密碼。

12-2-5 服務拒絕攻擊與殭屍網路

服務拒絕（Denial of Service, DoS）攻擊方式是利用送出許多需求去轟炸一個網路系統，讓系統癱瘓或不能回應服務需求。DoS阻斷攻擊是單憑一方的力量對ISP的攻擊之一，如果被攻擊者的網路頻寬小於攻擊者，DoS攻擊往往可在兩三分鐘內見效。但如果攻擊的是頻寬比攻擊者還大的網站，那就有如以每秒10公升的水量注入水池，但水池裡的水卻以每秒30公升的速度流失，不管再怎麼攻擊都無法成功。例如駭客使用大量的垃圾封包塞滿ISP的可用頻寬，進而讓ISP的客戶將無法傳送或接收資料、電子郵件、瀏覽網頁和其他網際網路服務。

殭屍網路（botnet）的攻擊方式就是利用一群在網路上受到控制的電腦轉送垃圾郵件，被感染的個人電腦就會被當成執行DoS攻擊的工具，不但會攻擊其他電腦，一遇到有漏洞的電腦主機，就藏身於任何一個程式裡，伺時展開攻擊、侵害，而使用者卻渾然不知。後來又發展出DDoS（Distributed DoS）分散式阻斷攻擊，受感染的電腦就會像殭屍一般任人擺布執行各種惡意行爲。這種攻擊方式是由許多不同來源的攻擊端，共同協調合作於同一時間對特定目標展開的攻擊方式，與傳統的DoS阻斷攻擊相比較，效果可說是更爲驚人。過去就曾發生殭屍網路的管理者可以透過Twitter帳號下命令來加以控制病毒來感染廣大用戶的帳號。

12-3 漫談電腦病毒

電腦病毒（Computer Virus）就是一種具有對電腦內部應用程式或作業系統造成傷害的程式；可能會不斷複製自身的程式或破壞系統內部的資料，例如刪除資料檔案、移除程式或摧毀在硬碟中發現的任何東西。不過並非所有的病毒都會造成損壞，有些只是顯示令人討厭的訊息。例如電腦速度突然變慢，甚至經常莫名其妙的當機，或者螢幕上突然顯示亂碼，出現一些古怪的畫面與撥放奇怪的音樂聲。

12-3-1 病毒感染途徑

早期的病毒傳染途徑，通常是透過一些來路不明的磁片傳遞。不過由於網路的快速普及與發展，電腦病毒可以很輕易地透過網路連線來侵入使用者的電腦，以下列出目前常見的病毒感染途徑：

■ 隨意下載檔案

如果使用者透過FTP或其他方式將網頁中的含有病毒的程式碼下載到電腦中，就可能造成中毒的現象。甚至感染到位於區域網路內的其它電腦。

■ 透過電子郵件或附加檔案傳遞

有些病毒會藏身在某些廣告或外表花俏的電子郵件或附加檔案中，一旦各位開啓或預覽這些郵件，不但會使自己的電腦受到感染，還會主動將病毒寄送給通訊錄中的所有人，嚴重還會導致郵件伺服器當機。

■ 使用不明的儲存媒體

如果各位使用來路不明的儲存媒體（如USB、光碟、MO片等），也會將病毒感染到使用者電腦中的檔案或程式。

■ 瀏覽有病毒的網頁

有些網頁設計者爲了在網頁上能製造出更精彩的動畫效果，而使用ActiveX或Java Applet技術，當您瀏覽有病毒的網頁時，這些潛伏在ActiveX或Java Applet元件中的病毒將會讀取、刪除或破壞檔案、進入隨機記憶體，甚至經由區域網路進入電腦的檔案儲存區。

12-3-2 電腦中毒徵兆

如何判斷您的電腦感染病毒呢？如果您的電腦出現以下症狀，可能就是不幸感染電腦病毒：

1	電腦速度突然變慢、停止回應、每隔幾分鐘重新啓動，甚至經常莫名其妙的當機。
2	螢幕上突然顯示亂碼，或出現一些古怪的畫面與撥放奇怪的音樂聲。
3	資料無故消失或破壞，或者按下電源按鈕後，發現整個螢幕呈現一片空白。
4	檔案的長度、日期異常或I/O動作改變等。
5	出現一些警告文字，告訴使用者即將格式化你的電腦，嚴重的還會將硬碟資料給殺掉或破壞掉整個硬碟。

12-3-3 常見電腦病毒種類

對於電腦病毒的分類，並沒有一個特定的標準，只不過會依發病的特徵、依附的宿主類型、傳染的方式、攻擊的對象等各種方式來加以區分，我們將病毒分類如下：

■ 開機型病毒

開機型病毒又稱「系統型病毒」，被認爲是最惡毒的病毒之一，這類型的病毒會潛伏在硬碟的開機磁區，也就是硬碟的第0軌第1磁區，稱爲啓動磁區（Boot Sector），此處儲存電腦開機時必須使用的開機記錄。當電腦開機時，該病毒會迅速把自己複製到記憶體裡，然後隱藏在那裡，如果硬碟或磁片使用時，伺機感染其它磁碟的開機磁區。知名的此類病毒有米開朗基羅、石頭、磁片殺手等。

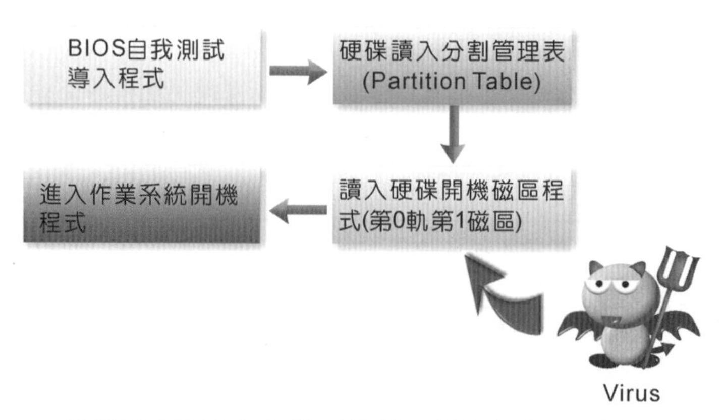

開機型病毒會在作業系統載入前先行進入記憶體

■ 巨集型病毒

巨集病毒的目的是感染特定型態的文件檔案，和其他病毒類型不同的是巨集病毒與作業系統無關，它不會感染程式或啓動磁區，而是透過其他應用程式的巨集語言來散播本身的病毒，例如 Microsoft Word 和 Excel 之類應用程式隨附的巨集。而且也很容易經由電子郵件附件檔、磁片、網站下載、檔案傳輸及合作應用程式散播，也是一種成長最迅速的病毒。巨集病毒可在不同時間（例如開啓、儲存、關閉或刪除檔案時）散播病毒。一般說來，只要具有撰寫巨集能力的軟體，都可能成爲巨集病毒的感染對象。例如Taiwan.NO.1與美女拳病毒。

■ 檔案型病毒

檔案型病毒（File Infector Virus）早期通常寄生於可執行檔（如EXE或COM檔案）之中，不過隨著電腦技術的演進與語言新工具等的提出，使得檔案型病毒的種類也愈來愈趨多樣化，甚至連文件檔案也會感染病毒。當含有病毒的檔案被執行時，便侵入作業系統取得絕對控制權。一般會將檔案型病毒依傳染方式的不同，分爲「長駐型病毒」（Memory Resident Virus）與「非長駐型病毒」（Non-memory Resident Virus）。說明如下：

病毒名稱	說明與介紹
長駐型病毒	又稱一般檔案型病毒，當您執行了感染病毒的檔案，病毒就會進入記憶體中長駐，它可以取得系統的中斷控制，只要有其它的可執行檔被執行，它就會感染這些檔案；長駐型病毒通常會有一段潛伏期，利用系統的計時器等待適當時機發作並進行破壞行爲，「黑色星期五」、「兩隻老虎」等都是屬於這類型的病毒。
非長駐型病毒	這類型的病毒在尚未執行程式之前，就會試圖去感染其它的檔案，由於一旦感染這種病毒，其它所有的檔案皆無一倖免，傳染的威力很強。

■ 混合型病毒

混合型病毒（Multi-Partite Virus）具有開機型病毒與檔案型病毒的特性，它一方面會感染其它的檔案，一方面也會傳染系統的記憶體與開機磁區，感染的途徑通常是執行了含有病毒的程式，當程式關閉後，病毒程式仍然長駐於記憶體中不出來，當其它的磁片與此台電腦有存取的動作時，病毒就會伺機感染磁片中的檔案與開機磁區。由於混合型病毒即可以依附檔案，又可以潛伏於開機磁區，其傳染性十分的強，「大榔頭」（HAMMER）、「翻轉」（Flip）病毒就屬於此類型的病毒。

■ 千面人病毒

千面人病毒（Polymorphic/Mutation Virus）正如它的名稱上所表明的，擁有不同的面貌，它每複製一次，所產生的病毒程式碼就會有所不同，因此對於那些使用病毒碼比對的防毒軟體來說，是頭號頭痛的人物，就像是帶著面具的病毒，例如Whale病毒、Flip病毒就是這類型的病毒。

■ 電腦蠕蟲

是一種以網路爲傳播媒介的病毒，例如區域網路、網際網路或E-mail等。目的是複製自己。有感染力的蠕蟲會以自己的複製分身充斥整個磁碟，也能擴散到網路上的許多架電腦，以複製分身塞滿整個系統。只要開啓或執行到帶有這種病毒的檔案，就會傳染給網路上的其它電腦，例如I Love You病毒等。最廣爲人知的電腦蠕蟲之一名爲Melissa，則是僞裝成Word文件經由電子郵件傳送，並且利用Outlook程式癱瘓許多網際網路和公司的郵件伺服器。

■ 特洛伊木馬

特洛伊木馬是一種很惡毒的程式，此種病毒模式多半是E-mail的附件檔。首先程式會在使用者電腦系統中開啓一個「後門」（Backdoor），並且與遠端特定的伺服器進行連接，然後傳送使用者資訊給遠端的伺服器，或是主動開啓通訊連接埠。如此遠端的入侵者就能夠直接侵入到使用者電腦系統中，來進行瀏覽檔案、執行程式或其它的破壞行爲。因爲特洛伊木馬不會在受害者的磁碟上複製自己，所以在技術上它們不算病毒，但是也具殺傷力，所以被廣義認爲是病毒。

■ 網路型病毒

利用Java及ActiveX設計一些足以影響電腦操作的程式在網頁之中，當人們瀏覽網頁時，便透過用戶端的瀏覽器去執行這個事先設計好的Java及ActiveX的破壞性程式，造成電腦上面的資源被消耗殆盡或當機。

■ 邏輯炸彈病毒

一般通常不會發作，只有在到達某一個條件或日期時，才會發作。

■ 殭屍網路病毒

基本上，特洛伊木馬程式通常只會攻擊特定目標，還有一種殭屍網路病毒程式，侵入方式與木馬程式雷同，不但會藉由網路來攻擊其他電腦，只要遇到主機或伺服器有漏洞，就會開始展開攻擊。當中毒的電腦愈來愈多時，就形成由放毒者所控制的殭屍網路。

■ Autorun 病毒

Autorun 病毒屬於一種隨身碟病毒，也有人稱爲KAVO病毒，可以透過寫入autorun.inf讓病毒或木馬自動發作，會感染給所有插過這個隨身碟的設備，中毒之後可以讓系統無法開機，或者無法開啓隨身碟。如果隨身碟接上電腦後，各位使用滑鼠左鍵雙按隨身碟圖示沒有反應，就可能已經感染該病毒。

12-3-4 防毒基本措施

目前來說，並沒有百分之百可以防堵電腦病毒的方法，爲了防止受到病毒的侵害，我們在這邊提供一些基本的電腦病毒防範措施：

■ 安裝防毒軟體

檢查病毒需要防毒軟體，主要功用就是針對系統中的所有檔案與磁區，或是外部磁碟片進行掃描的動作，以檢測每一個檔案或磁區是否有病毒的存在並清除它們。新型病毒幾乎每天隨時發布，所以並沒有任何防毒軟體能提供絕對的保護。目前防毒軟體的市場也算是競爭激烈，各家防毒軟體公司爲了滿足使用者各方面的防毒需求，在介面設計與功能上其實都已經大同小異。

現在的防毒軟體也可以透過程式本身的線上即時更新功能來進行病毒碼的更新，防毒軟體可以透過網路連接上伺服器，並自行判斷有無更新版本的病毒碼，如果有的話就會自行下載、安裝。網路上也可以找到許多相當實用的免費軟體，例如AVG Anti-Virus Free Edition，其官方網址爲http://free.avg.com/，各位不妨連上該公司的網頁：

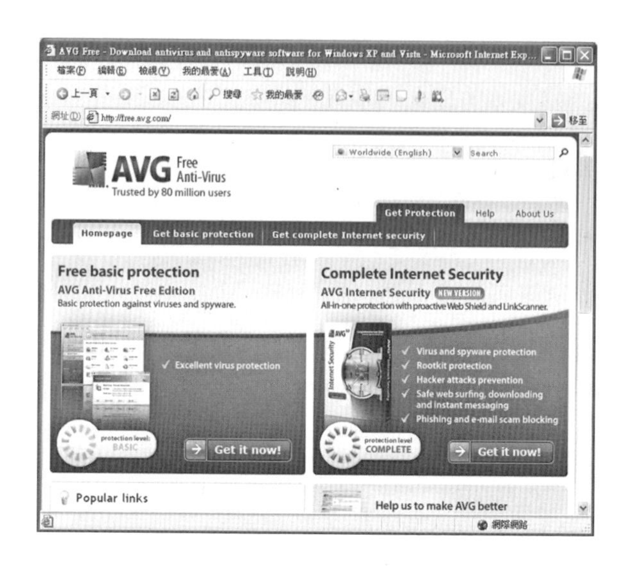

這套軟體除了免費版外，也提供商業版，但就防毒能力而言，免費版並不會比商業版來的差，不僅可以免費線上自動更新病毒碼版，而且占用的資源比起大多數防毒軟體還算少，不致於嚴重影響系統的執行效能，而且提供即時病毒防護及支援POP3郵件病毒防護，對想以較少成本，卻能對電腦病毒有基本防護的使用者而言，也是一項不錯的選擇。

■ 留意防毒網站資訊

在一些新病毒產生的時候，防毒軟體公司在還沒有提出新的病毒碼或解決方法之前，會先行在網站上公布病毒特徵、防治或中毒之後的後續處理方式，網站上通常也會有每日病毒公告。另外對於電腦中檔案和記憶體不正常異動也要經常留意。

■ 不隨意下載檔案或收發電子郵件

病毒程式可能藏身於一般程式或電子郵件中，使用者透過FTP或網頁將含有病毒的程式下載到電腦中，並且執行該程式，結果就會導致電腦系統感染病毒。有些電腦病毒會藏身於電子郵件的附加檔案中，並且使用聳動的標題來引誘使用者點選郵件與開啓附加檔案。例如Word文件檔，但實際上此份文件中卻是包含了「巨集病毒」。

■ 定期檔案備份

無論是再怎麼周全的病毒防護措施，總還是會有疏失的地方，因而導致病毒的侵入，所以保護資料最保險的方式，還是定期作好檔案備份的工作，檔案備份最好是將資料儲存於其它的可移動式儲存媒介中。

12-4 認識資料加密

從古到今不論是軍事、商業或個人爲了防止重要資料被竊取，除了會在放置資料的地方安裝保護裝置或過程外，還會對資料內容進行加密，以防止其它人在突破保護裝置或過程後，就可眞正得知眞正資料內容。尤其當在網路上傳遞資料封包時，更擔負著可能被擷取與竊聽的風險，因此最好先對資料進行「加密」（encrypt）的處理。

12-4-1 加密與解密

「加密」最簡單的意義就是將資料透過特殊演算法，將原本檔案轉換成無法辨識的字母或亂碼。因此加密資料即使被竊取，竊取者也無法直接將資料內容還原，這樣就能夠達到保護資料的目的。

就專業的術語而言，加密前的資料稱爲「明文」（plaintext），經過加密處理過程的資料則稱爲「密文」（Ciphertext）。而當加密後的資料傳送到目的地後，將密文還原成名文的過程就稱為「解密」（de-crypt），而這種「加／解密」的機制則稱為「金鑰」（key），通常是金鑰的長度愈長愈無法破解，示意圖如下所示：

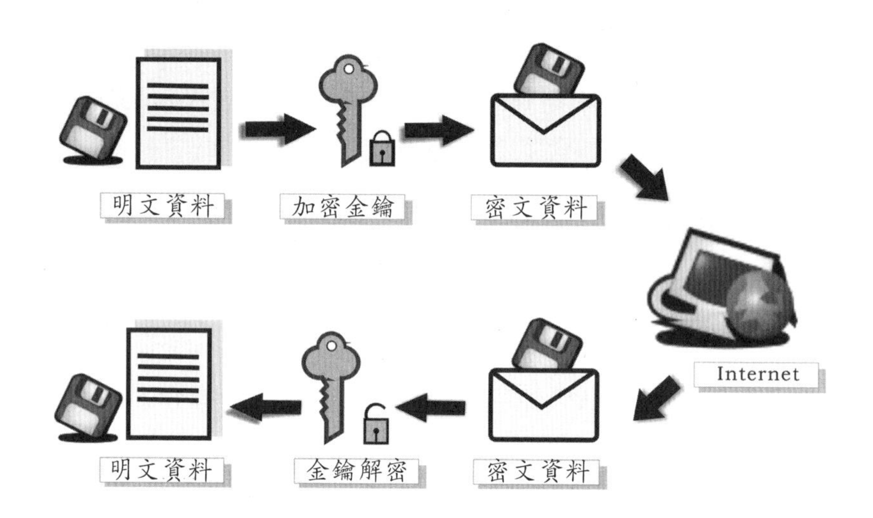

12-4-2 常用加密系統介紹

資料加／解密的目的是為了防止資料被竊取，以下將為各位介紹目前常用的加密系統：

■ 對稱性加密系統

「對稱性加密法」（Sysmmetrical key Encryption）又稱為「單一鍵值加密系統」（Single key Encryption）或「祕密金鑰系統」（Secret Key）。這種加密系統的運作方式，是發送端與接收端都擁有加／解密鑰匙，這個共同鑰匙稱為祕密鑰匙（secret key），它的運作方式則是傳送端將利用祕密鑰匙將明文加密成密文，而接收端則使用同一把祕密鑰匙將密文還原成明文，因此使用對稱性加密法不但可以為文件加密，也能達到驗證發送者身分的功用。

因爲如果使用者B能用這一組密碼解開文件，那麼就能確定這份文件是由使用者A加密後傳送過去，如下圖所示：

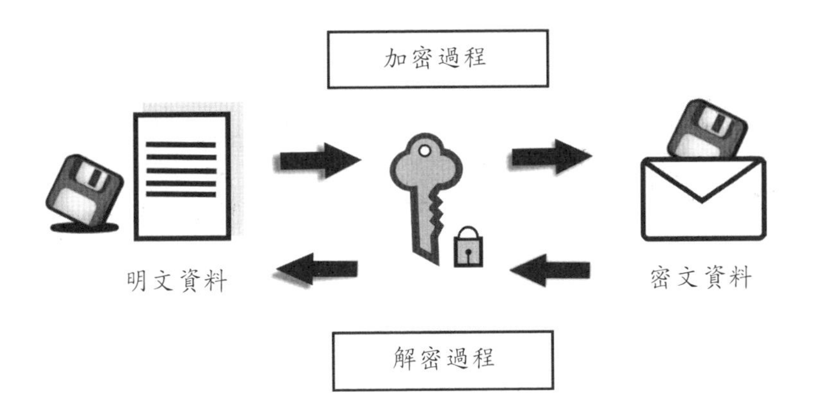

常見的對稱鍵值加密系統演算法有DES（Data Encryption Standard，資料加密標準）、Triple DES、IDEA（International Data Encryption Algorithm，國際資料加密演算法）等，對稱式加密法的優點是加解密速度快，所以適合長度較長與大量的資料，缺點則是較不容易管理祕密鑰匙。

■ 非對稱性加密系統

「非對稱性加密系統」是目前較爲普遍，也是金融界應用上最安全的加密系統，或稱爲「雙鍵加密系統」（Double key Encryption）。它的運作方式是使用兩把不同的「公開鑰匙」（public key）與「祕密鑰匙」（Private key）來進行加解密動作。「公開鑰匙」可在網路上自由流傳公開作爲加密，只有使用私人鑰匙才能解密，「祕密鑰匙」則是由私人妥爲保管。

當使用者A要傳送一份新的文件給使用者B，使用者A會利用使用者B的公開鑰匙來加密，並將密文傳送給使用者B。當使用者B收到密文後，再利用自己的祕密鑰匙解密。過程如下圖所示：

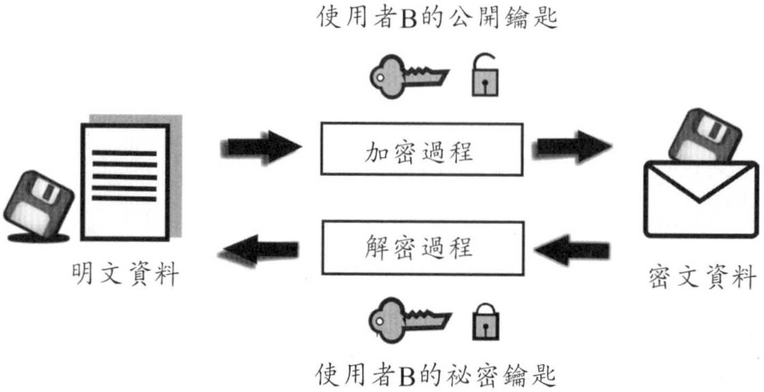

使用者B的公開鑰匙

明文資料 → 加密過程 → 密文資料

明文資料 ← 解密過程 ← 密文資料

使用者B的祕密鑰匙

例如各位可以將公開鑰匙告知網友，讓他們可以利用此鑰匙加密信件您，一但收到此信後，在利用自己的祕密鑰匙解密即可，通常用於長度較短的訊息加密上。「非對稱性加密法」的最大優點是密碼的安全性更高且管理容易，缺點是運算複雜、速度較慢，另外就是必須借重「憑證管理中心」（CA）來簽發公開鑰匙。

目前普遍使用的「非對稱性加密法」爲RSA加密法，它是由Rivest、Shamir及Adleman所發明。RSA加解密速度比「對稱式加解密法」來得慢，是利用兩個質數作爲加密與解密的兩個鑰匙，鑰匙的長度約在 40 個位元到 1024 位元間。公開鑰匙是用來加密，只有使用私人鑰匙才可以解密，要破解以 RSA 加密的資料，在一定時間內是幾乎不可能，所以是一種十分安全的加解密演算法。

■ 憑證管理中心（CA）：

憑證管理中心（CA）是爲了確認使用者身分並確保其公開鑰匙及數位簽章的眞實性，以支援及強化驗證的效力，必須設立一個公信的第三者，主要負責憑證申請註冊、憑證簽發、廢止等管理服務。公開鑰匙憑證猶如電子環境中之印鑑證明，CA須以祕密鑰匙對該憑證簽字。

國內知名的憑證管理中心如下：

政府憑證管理中心：http://www.pki.gov.tw

網際威信：http://www.hitrust.com.tw/

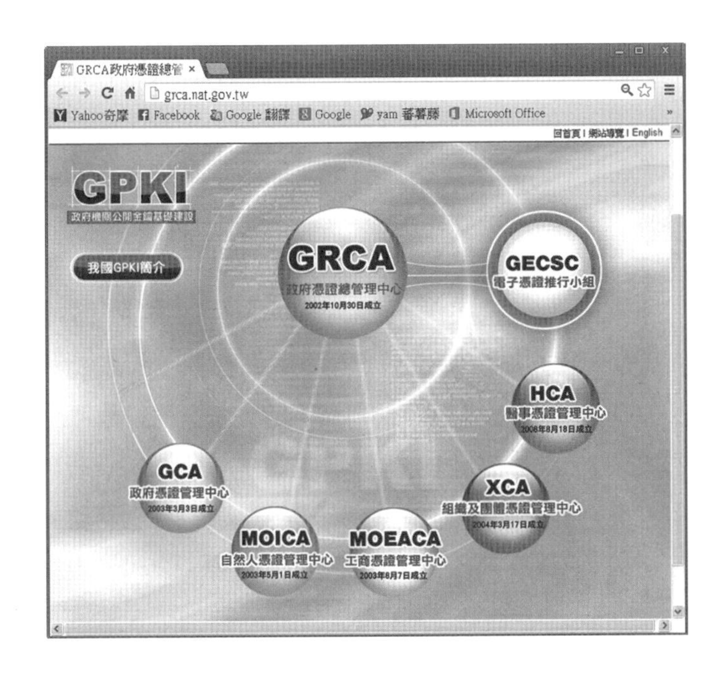

12-4-3 數位簽章

在日常生活中，簽名或蓋章往往是個人對某些承諾或文件署名的負責，而在網路世界中，所謂「數位簽章」（Digital Signature）就是屬於個人的一種「數位身分證」，可以來做爲對資料發送的身分進行辨別。

「數位簽章」的運作方式是以公開鑰匙及雜湊函式互相搭配使用，使用者A先將明文的M以雜湊函數計算出雜湊值H，接著再用自己的祕密鑰匙對雜湊值H加密，加密後的內容即爲「數位簽章」。最後再將明文與數位簽章一啓發送給使用者B。由於這個數位簽章是以A的祕密鑰匙加密，且該祕密鑰匙只有A才有，因此該數位簽章可以代表A的身分。因此數位簽章機制具有發送者不可否認的特性，因此能夠用來確認文件發送者的身分，使其它人無法偽造此辨別身分。

想要使用數位簽章，當然第一步必須先向認證中心（CA）申請電子證書（Digital Certificate），它可用來證明公開鑰匙爲某人所有及訊息發送者的不可否認性，而認證中心所核發的數位簽章則包含在電子證書上。通常每一家認證中心的申請過程都不相同，只要各位跟著網頁上的指引步驟去做，即可完成。

12-5 認識防火牆

爲了防止外來的入侵，現代企業在建構網路系統，通常會將「防火牆」（Firewall）建置納爲必要考量因素。防火牆是由路由器、主機與伺服器等軟硬體組成，是一種用來控制網路存取的設備，可設置存取控制清單，並阻絕所有不允許放行的流量，並保護我們自己的網路環境不受來自另一個網路的攻擊，讓資訊安全防護體系達到嚇阻（deter）、偵測（detect）、延阻（delay）、禁制（deny）的目的。雖然防火牆是介於內部網路與外部網路之間，並保護內部網路不受外界不信任網路的威脅，但它並不是將外部的連線要求阻擋在外，因爲如此一來便失去了連接到Internet的目的了：

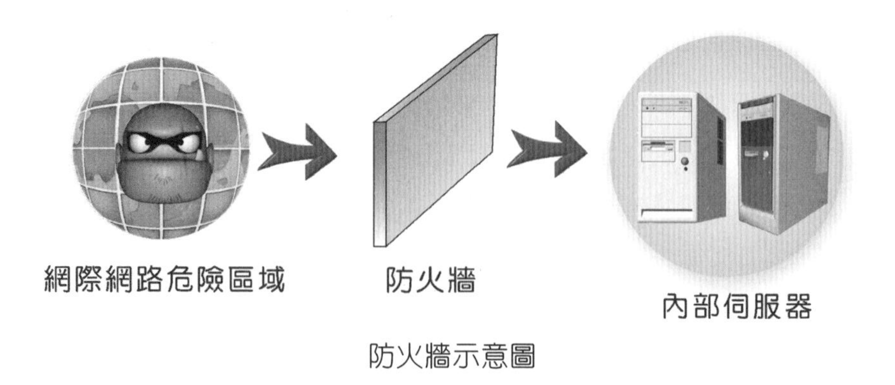

防火牆示意圖

防火牆的運作原理相當於是在內部區域網路（或伺服器）與網際網路之間，建立起一道虛擬的防護牆來做爲隔閡與保護功能。這道防護牆是將另一些未經允許的封包阻擋於受保護的網路環境外，只有受到許可的封包才得以進入防火牆內，例如阻擋如.com、.exe、.wsf、.tif、.jpg等檔案進入，甚至於防火牆內也會使用入侵偵測系統來避免內部威脅，不過防火牆和防毒軟體是不同性質的程式，無法達到防止電腦病毒與內部的人爲不法行爲。事實上，目前即使一般的個人網站，也開始在自己的電腦中加裝防火牆軟體，防火牆的觀念與作法也逐漸普遍。

簡單來說，防火牆就是介於您的電腦與網路之間，用以區隔電腦系統與網路之用，它決定網路上的遠端使用者可以存取您電腦中的哪些服務，一般依照防火牆在TCP/IP協定中的工作層次，主要可以區分爲IP過濾型防火牆與代理伺服器型防火牆。IP過濾型防火牆的工作層次在網路層，而代理伺服器型的工作層次則在應用層。

12-5-1 IP過濾型防火牆

由於TCP/IP協定傳輸方式中，所有在網路上流通的資料都會被分割成較小的封包（packet），並使用一定的封包格式來發送。這其中包含了來源IP位置與目的IP位置。使用IP過濾型防火牆會檢查所有收到封包內的來源IP位置，並依照系統管理者事先設定好的規則加以過濾。

通常我們能從封包中內含的資訊來判斷封包的條件，再決定是否准予通過。例如傳送時間、來源／目的端的通訊連接埠號，來源／目的端的IP位址、使用的通訊協定等資訊，就是一種判斷資訊，這類防火牆的缺點是無法登陸來訪者的訊息。

12-5-2 代理伺服器型防火牆

「代理伺服器型」防火牆又稱爲「應用層閘道防火牆」（Application Gateway Firewall），它的安全性比封包過濾型來的高，但只適用於特定的網路服務存取，例如HTTP、FTP或是Telnet等。它的運作模式主要是讓網際網路中要求連線的客戶端與代理伺服器交談，然後代理伺服器依據網路安全政策來進行判斷，如果允許的連線請求封包，會間接傳送給防火牆背後的伺服器。接著伺服器再將回應訊息回傳給代理伺服器，並由代理伺服器轉送給原來的客戶端。也就是說，代理伺服器是客戶端與伺服端之間的一個中介服務者。

當代理伺服器收到客戶端A對某網站B的連線要求時，代理伺服器會先判斷該要求是否符合規則。若通過判斷，則伺服器便會去站台B將資料取回，並回傳客戶端A。這裏要提醒各位的是代理伺服器會重複所有連線的相關通訊，並登錄所有連線工作的資訊，這是與IP過濾型防火牆不同之處。

12-5-3 防火牆的漏洞

雖然防火牆可將具有機密或高敏感度性質的主機隱藏於內部網路，讓外部的主機將無法直接連線到這些主機上來存取或窺視這些資料，事實上，仍然有一些防護上的盲點。防火牆安全機制的漏洞如下：

1	防火牆必須開啓必要的通道來讓合法封包進出，因此入侵者當然也可以利用這些通道，配合伺服器軟體本身可能的漏洞侵入。
2	大量資料封包的流通都必須透過防火牆，必然降低網路的效能。
3	防火牆僅管制封包在內部網路與網際網路間的進出，因此入侵者也能利用僞造封包來騙過防火牆，達到入侵的目的。例如有些病毒FTP檔案方式入侵。
4	雖然保護了內部網路免於遭到竊取的威脅，但仍無法防止內賊對內部的侵害。

【課後評量】

一、選擇題

1. (　) 將網路線路或電源線路的周邊環境做適當維護管理　(A)實體安全　(B)資料安全　(C)程式安全　(D)系統安全
2. (　) 定期對電腦使用者作教育訓練並宣導安全守則是爲　(A)實體安全　(B)資料安全　(C)程式安全　(D)系統安全
3. (　) 有關電腦中心的安全防護措施，下列何者不正確？　(A)重要檔案定期備份　(B)設置防火設備　(C)裝設不斷電系統　(D)不同部門的資料應互相交流以便彼此支援合作
4. (　) 資訊系統之安全與管理，除了可藉由密碼控制使用者之權限外，最積極之例行工作爲　(A)定期備份　(B)經常變更密碼　(C)硬體設鎖　(D)監控系統使用人員
5. (　) 爲了防止因資料安全疏失所帶來的災害，一般可將資訊安全概分爲下列哪四類？　(A)實體安全，網路安全，病毒安全，系統安全　(B)實體安全，法律安全， 程式安全，系統安全　(C)實體安全，資料安全，人員安全，電話安全　(D)實體安全，資料安全，程式安全，系統安全
6. (　) 爲保障電腦資料安全， 下列何種敘述正確？　(A)資料不宜備份　(B)資料檔案與資料備份置放同一處　(C)資料檔案與資料備份異地置放　(D)資料隨時公開
7. (　) 一般電腦系統在確保系統之安全前提下可採用一些方法，下列何者非最常用之方法？　(A)設定密碼（Password）　(B)設定存取權限（Access Right）　(C)將硬體設備地點予以管制進出　(D)限定使用時間
8. (　) 下列何者無法辨識病毒感染？　(A)檔案儲存容量改變

(B)檔案儲存日期改變 (C)螢幕出現亂碼 (D)電源電壓變小

9. ( ) 關於密碼的管理，下列何者有誤？ (A)密碼愈長愈安全 (B)最好用亂數產生 (C)不要用與自身相關的文字或數字 (D)爲避免忘記，最好寫在明顯易見的地方

10. ( ) 前幾年導致eBay、Yahoo等著名的商業網站一時之間無法服務大眾交易而關閉，這遭受駭客何種手法攻擊？ (A)電腦病毒 (B)阻絕服務 (C)郵件炸彈 (D) 特洛伊木馬

11. ( ) 2001年6月以來，流竄於Internet之Code Red病毒，不具下列哪一種特性？ (A)植入後門程式 (B)癱瘓網路系統 (C)利用MP3檔案感染 (D)入侵具IIS功能之主機

12. ( ) 不停的發封包給某網站，導致該網站無法處理其他服務，這是 (A)電腦病毒 (B)阻絕服務 (C)郵件炸彈 (D)特洛伊木馬

13. ( ) 下列哪一種軟體不會感染電腦病毒？ (A)唯讀記憶體（ROM） (B)執行檔 (C)命令檔 (D)沒有防寫的磁片

14. ( ) 下列哪一種程式具有自行複製繁殖能力，能破壞資料檔案及干擾個人電腦系統的運作？ (A)電腦遊戲 (B)電腦病毒 (C)電腦程式設計 (D)電腦複製程式

15. ( ) 下列何種狀況可能是電腦病毒活動的徵兆？ (A)作檔案存檔寫入時，出現Write Protected Error 訊息 (B)進入中文系統時，螢幕畫面產生上下跳動情形 (C)許多執行檔的檔案長度都突然同時改變了 (D)電腦無故斷電

16. ( ) 下列何者不是電腦病毒的特性？ (A)病毒一旦病發就一定無法解毒 (B)病毒會寄生在正常程式中，伺機將自己複製並感染給其它正常程式 (C)有些病毒發作時會降低CPU的執行速度 (D)當病毒感染正常程式中，並不一定會立即發作，有時須條件成立時才會發病

17. ( ) 「Anti Virus」、「PC-cillin」是屬於？ (A)系統軟體 (B)防毒及掃毒軟體 (C)簡報軟體 (D)文書編輯軟體

18. ( ) 下列何者敘述對於電腦防毒措施有誤？ (A)系統安裝防毒軟體 (B)可合法拷貝他人軟體 (C)不下載來路不明的軟體 (D)定期更新病毒碼

19. ( ) 程式若已中毒，則在執行時，病毒會被載入記憶體中發作，稱為何種病毒？ (A)混合型病毒 (B)開機型病毒 (C)網路型病毒 (D)檔案型病毒

20. ( ) 電腦病毒的侵入是屬於： (A)機件故障 (B)天然災害 (C)惡意破壞 (D)人為過失

21. ( ) 對於「防治電腦病毒」的敘述中，下列何者正確？ (A)一般電腦病毒可以分為開機型、檔案型及混合型三種 (B)電腦病毒只存在記憶體、開機磁區及執行檔中 (C)受病毒感染的檔案，不執行也會發作 (D)遇到開機型病毒，只要無毒的開機磁片重新開機後即可清除

22. ( ) 下列有關網路防火牆之敘述何者為誤？ (A)外部防火牆無法防止內賊對內部的侵害 (B)防火牆能管制封包的流向 (C)防火牆可以阻隔外部網路進入內部系統 (D)防火牆可以防止任何病毒的入侵

23. ( ) 一部專門用來過濾內部網路間通訊的電腦稱為： (A)中繼站 (B)路由器 (C)防毒軟體 (D)防火牆。

24. ( ) 下列何者不是網路防火牆的建置區域？ (A)交通網路 (B)內部網路 (C)外部網路 (D)網際網路

25. ( ) 下列何者不是網路防火牆的管理功能？ (A)支援遠端管理 (B)存取控制 (C)日誌記錄 (D)價格管理

26. ( ) 在網路中傳輸資料時，下列何者可避免資料外洩？ (A)加密資料 (B)壓縮資料 (C)資料錯誤檢查 (D)解壓縮資料

27. (　　) 電子郵件在傳輸時，加入下列哪個動作有助於防止被竊取資料 (A)壓縮 (B)回傳給本人 (C)加密 (D)副本

28. (　　) 爲了要保護資料之安全，防止資料被人竊取或誤用，下列哪一種方式最佳？ (A)將資料備份（Backup） (B)將資料隱藏（Hiding） (C)將資料編號及命名 (D)將資料編成密碼（Encryption）

29. (　　) 爲了避免文字檔案被任何人讀出，可進行加密（Encrypt）的動作。在加密時一般是給予該檔案？ (A)存檔的空間 (B)個人所有權 (C)Key (D)Userid

二、討論與問答題

1. 請簡述社交工程陷阱（social engineering）。
2. 什麼是跨網站腳本攻擊（Cross-Site Scripting, XSS）？
3. 請簡述殭屍網路（botnet）的攻擊方式。
4. 試簡單說明密碼設置的原則。
5. 請簡述「加密」（encrypt）與「解密」（decrypt）。
6. 資訊安全所討論的項目，可以從哪四個角度來討論？
7. 目前防火牆的安全機制具哪些缺點？試簡述之。
8. 請舉出防火牆的種類。

 第十三章 

電子商務的無限商機

後新冠疫情時代，momo購物商城的業績大幅成長

自從網際網路應用於商業活動以來，不但改變了企業經營模式，也改變了大眾的消費模式，以無國界、零時差的優勢，提供全年無休的電子商務（Electronic Commerce, EC）與網路行銷（Internet Marketing）服務。全球電子商務市場正蓄勢待發飛越式的增長，一時之間許多店家與品牌紛紛擁上網路這個虛擬市場中。今天電子商務成了網路經濟（（Network Economy）發展下所帶動的新興產業，阿里巴巴董事局主席馬雲更大膽直

言2022年時電子商務將大幅取代傳統實體零售商家主導地位。根據市場調查機構eMarketer的最新報告指出，2021年的全球零售電子商務銷售額成長至5兆美元，由於網路科技的快速發展與普及，使得購買者逐漸改變從傳統實體商店的購買習慣，轉變成透過便利與快速的網際網路來購買商品。

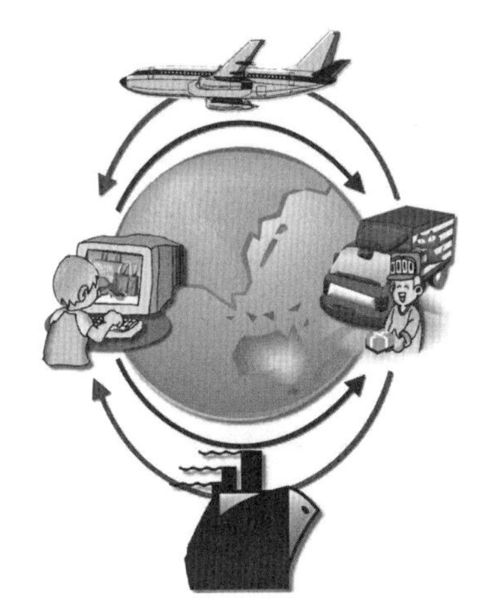

電子商務加速了網路經濟發展速度

Tips

網路經濟（Network Economy）：就是利用網路通訊進行傳統的經濟活動的新模式，網路經濟帶來了與傳統經濟方式完全不同的改變，最重要的優點就是可以去除傳統中間化，降低市場交易成本，而讓自由市場更有效率地運作。對於網路效應（Network Effect）而言，有一個很大的特性就是產品的價值取決於其總使用人數，透過網路無遠弗屆的特性，也就是愈多人有這個產品，那麼它的價值便愈高。

13-1 電子商務簡介

在網際網路迅速發展及電子商務日漸成熟的今日，人們已漸漸改變其購物及收集資訊的方式，電子商務主要是將供應商、經銷商與零售商結合在一起，透過網際網路提供訂單、貨物及帳務的流動與管理，大量節省傳統作業的時程及成本，從買方到賣方都能產生極大的助益，而網路便是促使商業轉型的重要關鍵。

對於電子商務的定義，各學者有衆多不同的看法，經濟部商業司的定義：「電子商務是指任何經由電子化形式所進行的商業交易活動，也就是透過網際網路所完成的商業活動皆可視爲電子商務」。美國學者Kalakota and Whinston認爲所謂電子商務是一種現代化的經營模式，就是指利用網際網路進行購買、銷售或交換產品與服務，並達到降低成本的要求。他們認爲電子商務可從以下四個不同角度的定義，分別說明如下：

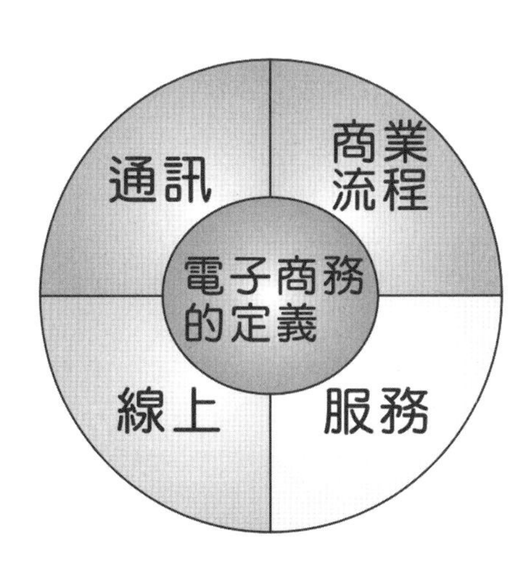

- 通訊角度：電子商務是利用電話線、網路、網際網路或其他通訊媒介來傳遞與產生資訊、產品、服務及收付款行爲。
- 商業流程的角度：電子商務是商業交易及工作流程自動化的相關科技應用。

■ 線上的角度：電子商務提供在網路的各種線上交易與服務，進行購買與販賣產品與資訊的能力。

■ 服務的角度：電子商務可看成一種工具，用來滿足企業、消費者與經營者的需求，並以降低成本、改善產品品質且提升服務傳遞的速度。

13-1-1 網路消費者特性

網際網路的迅速發展改變了科技改變企與顧客的互動方式，創造出不同的服務成果，由於消費者特性以及購買行爲永遠是店家及品牌所關注的焦點，我們要做好網路行銷工作，就必須對網路消費者的輪廓和特性進行分析與了解，進而利用更積極的重要設計，來減輕購物過程的疼痛點。由於一般消費者之購物決策過程，是由廠商將資訊傳達給消費者，並經過一連串決策心理的活動，然後付諸行動，我們知道傳統消費者行爲的AIDA模式，主要是期望能讓消費者滿足購買的需求，所謂AIDA模式說明如下：

■ 注意（Attention）：網站上的內容、設計與活動廣告是否能引起消費者注意。

■ 興趣（Interest）：產品訊息是不是能引起消費者興趣，包括產品所擁有的品牌、形象、信譽。

■ 渴望（Desire）：讓消費者看產生購買慾望，因爲消費者的情緒會去影響其購買行爲。

■ 行動（Action）：使消費者產立刻採取行動的作法與過程。

Tips

公司遞減定律（Law of Diminishing Firms）是指由於摩爾定律及梅特卡菲定律的影響之下，網路經濟透過全球化分工的合作團隊，加上縮編、分工、外包、聯盟、虛擬組織等模式運作，將比傳統業界來的更爲經濟有績效，進而使得現有公司的規模有呈現逐步遞減的現象。

全球網際網路上的商業活動，尚在持續成長階段，同時也促成消費者購買行爲的大幅度改變，網路購物的主要優點是產品多樣化選擇，網路商店之經營時間是全天候，消費者可以隨時隨地利用跨國界網際網路。網路的價值在於這群人共同建構了錯綜複雜的人際網路。當線上與線下交會於現實生活中，愈來愈多的人口將能接觸到網際網路的訊息。相較於傳統消費者來說，隨著購買頻率的增加，消費者會逐漸累積購物經驗，而這些購物經驗會影響其往後的購物決策，網路消費者的模式就多了兩個S，也就是AIDASS模式，代表搜尋（Search）產品資訊與分享（Share）產品資訊的意思。各位平時有沒有一種經驗，當心中浮現出購買某種商品的慾望，你對商品不熟，通常會不自覺打開Google、臉書、IG或搜尋各種網路平台，搜尋網友對購買過這項商品的使用心得或相關經驗，特別是年輕購物者都有行動裝置，很容用來尋找最優惠的價格，所以搜尋（Search）是網路消費者的一個重要特性。

購買時先搜尋產品的資訊是網路消費者的特性

喜歡分享（Share）也是網路消費者的另一種特性之一，網路最大的特色就是打破了空間與時間的藩籬，與傳統媒體最大的不同在於「互動性」，由於大家都喜歡在網路上分享與交流，分享（Share）是行銷的終極武器，除了能迅速傳達到消費族群，也可以透過消費族群分享到更多的目標族群裡。

13-1-2 電子商務生態系統

我們知道生態系統（eco-system）是指一群相互合作並有高度關聯性的個體，這個理論來自生態學，James F. Moore是最早提出「商業生態系統」的概念，建議以商業生態系統取代產業，在商業生態系統中會同時出現競爭與合作的現象，這個想法打破過去產業的界線，也就是由組織和個人所組成的經濟聯合體。

隨著現代網路快速發展與普及，對產業間競合帶來巨大的撼動，電子商務生態系統（E-commerce ecosystem）則是指以電子商務爲主體，並且結合商業生態系統概念。在電子商務環境下，針對企業發展策略的複雜性，包括各種電子商務生態系統的成員，也就是與參與者相關所形成的網路業者，例如產品交易平台業者、網路開店業者、網頁設計業者、網頁行銷業者、社群網站、網路客群、相關物流業者等單位透過跨領域的協同合作來完成，並且與系統中的各成員共創新的共享商務模式和協調與各成員的關係，進而強化相互依賴的生態關係，所形成的一種網路生態系統。

13-1-3 跨境電商與電商自貿區

隨著時代及環境變遷，貿易形態也變得愈來愈多元，跨境電商（Cross-Border Ecommerce）已經成爲新世代的產業火車頭，也是國際貿易的一種新型態。大陸雙十一網購節熱門的跨境交易品項，許多熱賣產品都是台灣製造的強項，當這些消費者在決定是否要進行跨境購買時，整體成本是最大的考量點，因此本土業者應該快速了解大陸跨境電商的保稅進口或直購進口模式，讓更多台灣本土優質商品能以低廉簡便的方式行銷海外，甚至於在全球開創嶄新的產業生態。

「天貓出海」計畫打著「一店賣全球」的口號

所謂跨境電商是全新的一種國際電子商務貿易型態，指的就是消費者和賣家在不同的關境（實施同一海關法規和關稅制度境域）交易主體，透過電子商務平台完成交易、支付結算與國際物流送貨、完成交易的一種國際商業活動，就像打破國境通路的圍籬，透過網路外銷全世界，讓消費者滑手機，就能直接購買全世界任何角落的商品。例如阿里巴巴也發表了「天貓出海」計畫，打著「一店賣全球」的口號，幫助商家以低成本、低門檻地從國內市場無縫拓展，目標將天貓生態模式逐步複製並推行至東南亞、乃至全球市場。

隨著跨境網路購物對全球消費者已經變得愈來愈稀鬆平常，並不僅是一個純粹的貿易技術平台，因爲只要涉及到跨境交易，就會牽扯出許多物流、文化、語言、市場、匯兌與稅務等問題。電子商務自貿區是發展跨境電子商務方向的專區，開放外資在區內經營電子商務，配合自貿區的通關便利優勢與提供便利及進口保稅、倉儲安排、物流服務等，並且設立有關跨境電商的服務平台，向消費者展示進口商品，進而大幅促進區域跨境電商發展與便利化的制度環境。

13-2 電子商務的特性

電子商務不僅讓企業開創了無限可能的商機，也讓現代人的生活更加便利，簡單來說，就是在網路上進行的交易行為，包括商品買賣、廣告推撥、服務推廣與市場情報等。透過網頁技術與科技，還可以收集、分析、研究客戶的各種最新及時資訊，快速調整行銷與產品策略。對於一個成功的電子商務模式，與傳統產業相比而言，具備了以下五種特性。

透過電商模式，小資族就可在網路市集上開店

13-2-1 全年無休經營模式

網路商店最大的好處是透過網站的建構與運作，可以一年365天，全天候24小時全年無休的提供商品資訊與交易服務，不論任何時間、地

點，都可利用簡單的工具上線執行交易行爲。廠商可隨時依買方的消費與瀏覽行爲，即時調整或提供量身訂制的資訊或產品，買方也可以主動在線上傳遞服務要求與意見，透過網站的建構與運作，因爲整個交易資訊也轉變成數位化的形式，更能快速整合上、下游廠商的資訊，即時處理電子資料交換而快速完成交易，取代了傳統面對面的交易模式。

消費者可在任何時間地點透過網路消費

13-2-2 全球化銷售通道

網路連結是普及全球各地，消費者可在任何時間和地點，透過網際網路進入購物網站購買到各種式樣商品，所以範圍不再只是特定的地區或社團，全世界每一角落的網民都是潛在的顧客，遍及全球的無數商機不斷興起。對業者而言，可讓商品縮短行銷通路、降低營運成本，並隨著網際網路的延伸而達到全球化銷售的規模。除了可以將全球消費者納入商品的潛在客群，也能夠將品牌與形象知名度大爲提升。

ELLE時尚網站透過網路成功在全球發販售場品

Tips

全球化整合是現代前所未見的市場趨勢，克里斯・安德森（Chris Anderson）提出的長尾效應（The Long Tail）的出現，也顛覆了傳統以暢銷品爲主流的觀念。由於實體商店都受到80/20法則理論的影響，多數都將主要企業資源投入在20%的熱門商品（big hits），不過透過網路科技的無遠弗屆的伸展性，這些涵蓋不到的80%冷門市場也不容小覷。長尾效應其實是全球化所帶動的新現象，因爲能夠接觸到更大的市場與更多的消費者，過去一向不被重視，在統計圖上像尾巴一樣的小衆商品可能就會成爲意想不到的大商機。

13-2-3 即時互動貼心服務

7-11透過線上購物平台成功與消費者互動

網站提供了一個買賣雙方可即時互動的雙向互動溝通的管道，包括了線上瀏覽、搜尋、傳輸、付款、廣告行銷、電子信件交流及線上客服討論等，具有線上處理之即時與迅速的特性，另外還可以完整記錄消費者個人資料及每次交易資訊，因此可以快速分析出消費者的喜好與消費模式，甚至反其道而行，消費者也能參與廠商產品的設計與測試。

13-2-4 低成本與客制化銷售潮流

網際網路減少了資訊不對稱的情形，供應商的議價能力愈來愈弱，對業者而言，因為網際網路去中間化特質，網路可讓商品縮短行銷通路、降低營運成本，以低成本創造高品牌能見度及知名度。對業者而言，可讓商品縮短行銷通路、降低營運成本，並隨著網際網路的延伸而達到全球化銷售的規模，提供較具競爭性的價格給顧客。客制化（Customization）則是廠商依據不同顧客的特性而提供量身訂製的產品與不同的服務，消費者可在任何時間和地點，透過網際網路進入購物網站購買到各種式樣的個人化商品。

Trivago號稱提供了最低價優惠的全球旅館訂房服務

高度個人化商品對消費者來說，更有獨特魅力，因爲他們可以創造屬於自己、獨一無二的產品。例如「印酷網」是典型將3D列印技術結合電子商務的網站，提供代印服務，可讓創作者於網站直接銷售其設計產品，爲華人世界首創的3D列印線上平台，實現電子商務、文創設計及3D列印的跨界加値應用。目前3D列印已可應用於珠寶、汽車。

印酷網是華人世界首創的3D列印電商平台

Tips

3D列印技術是製造業領域正在迅速發展的快速成形技術，不但能將天馬行空的設計呈現眼前，還可快速創造設計模型，製造出各式各樣的生活用品，不但減少開模所需耗費時間與成本，改善因爲不符成本而無法提供客製化服務的困境，更讓硬體領域的大量客製化（Mass Customization）服務開始興起。

13-2-5 創新科技支援──虛擬實境與元宇宙

電子商務稱得上是一個普及全球的商務虛擬世界，所有的網路使用者皆是商品的潛在客戶。創新科技支援是未來電子商務發展的一項利器，提升了資訊在市場交易上的重要性與績效，無論是寬頻網路傳輸、多媒體網頁展示、資料搜尋、虛擬實境、線上遊戲等。這些新技術除了讓使用者感到新奇感之外，更增加了使用者在交易過程的方便性與適合消費者對話的創新方式。例如虛擬實境（Virtual Reality Modeling Language, VRML）的軟硬體技術逐漸走向成熟，將爲廣告和品牌行銷業者創造未來無限可能，從娛樂、遊戲、社交平台、電子商務到網路行銷。

Tips

虛擬實境技術（Virtual Reality Modeling Language, VRML）是一種程式語法，主要是利用電腦模擬產生一個三度空間的虛擬世界，提供使用者關於視覺、聽覺、觸覺等感官的模擬世界，利用此種語法可以在網頁上建造出一個3D的立體模型與立體空間。VRML最大特色在於其互動性與即時反應，可讓設計者或參觀者在電腦中就可以獲得相同的感受，如同身處在眞實世界一般，並且可以與360度全方位場景產生互動。

「Buy＋」計畫引領未來虛擬實境購物體驗

阿里巴巴旗下著名的購物網站淘寶網，將發揮其平台優勢，全面啓動「Buy＋」計畫引領未來購物體驗，向世人展示了利用虛擬實境技術改進消費體驗的構想，戴上連接感應器的VR眼鏡，例如開發虛擬商場或虛擬展廳來展示商品試用商品等，改變了以往2D平面呈現方式，不僅革新了網路行銷的方式，讓消費者有眞實身歷其境的感覺，大大提升虛擬通路的購物體驗，同時提升品牌的印象，爲市場帶來無限商機。

談到元宇宙（Metaverse），多數人會直接聯想到電玩遊戲，其實打造元宇宙商務環境也是在開發一個新的電商經濟模式。元宇宙可以看成是一個與眞實世界互相連結、多人共享的虛擬世界，今天人們可以輕鬆使用VR/AR的穿戴式裝置進入元宇宙，臉書執行長佐伯格就曾表示「元宇宙就是下一世代的網際網路（Internet）」，並希望要將臉書從社群平台轉型爲 Metaverse 公司，隨後臉書在美國時間2021年10月28日改名爲「Meta」。目前有愈來愈多店家或品牌都正以元宇宙（Metaverse）技術，來提供新服務、宣傳產品及吸引顧客，並期望透過元宇宙的「沉浸感」吸引消費者目光與提升購物體驗，透過賦予人們在虛擬數位世界中的無限表達能力，創造出能吸引消費者的元宇宙沉浸式體驗。

12:12

Vans 在 Roblox 推出「Vans W...
https://www.vans.com.hk

到 **Roblox.com/vans** 了解更多

Vans World 是一個可持續的 3D 空間，粉絲可以在這裡與朋友練習他們的 ollies 和 kickflips，並直接試穿和獲得獨家 Vans 裝備，也是品牌首次踏足元宇宙（metaverse）的嘗試。

太空梭的運作也必須依靠電腦

13-3 電子商務七流

面臨全球環境變遷對各產業所造成的影響，網際網路可視同一個開放性資料的網路，電子商務已經成爲產業衝擊下的一股勢不可擋的潮流。對現代企業而言，電子商務已不僅僅是一個嶄新的配銷通路模式 ，最重要是提供企業一種全然不同的經營與交易模式。透過e化的角度，可將電子商務分爲七個流（flow），其中有四種主要流（商流、物流、金流、資訊流）與三種次要流（人才流、服務流、設計流），分述如下。

電子商務的四種主要流（商流、物流、金流、資訊流）

13-3-1 商流

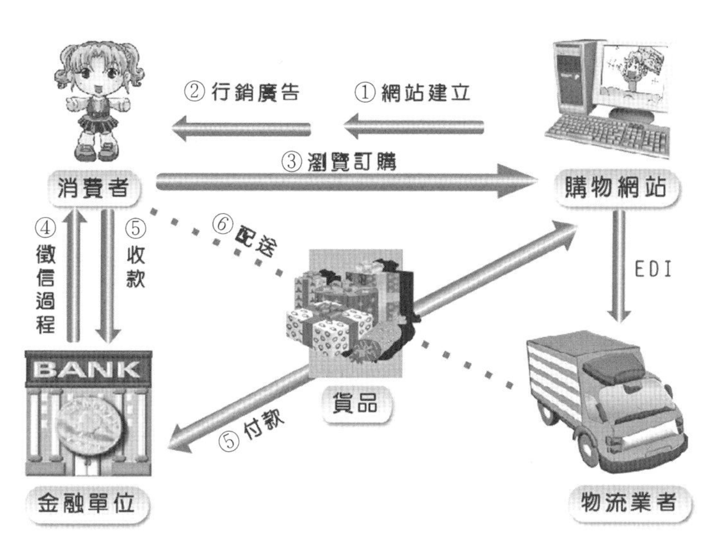

商流是指是指交易作業的流通及所有權移轉過程

電子商務的本質是商務，商務的核心就是商流，「商流」是指交易作業的流通，或是市場上所謂的「交易活動」，是各項流通活動的主軸，代表資產所有權的轉移過程，內容則是將商品由生產者處傳送到批發商手後，再由批發商傳送到零售業者，最後則由零售商處傳送到消費者手中的商品販賣交易程序。商流屬於電子商務的後端管理，包括了銷售行爲、商情蒐集、商業服務、行銷策略、賣場管理、銷售管理等活動。

13-3-2 金流

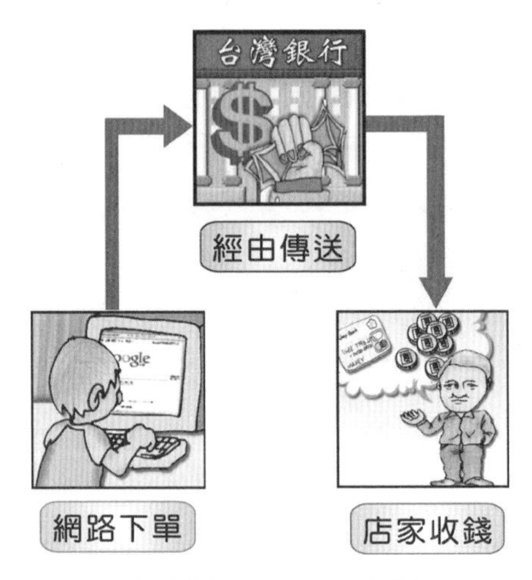

金流傳送過程示意圖

金流就是網站與顧客間有關金錢往來與交易的流通過程，是指資金的流通，簡單的說，就是有關電子商務中「錢」的處理流程，包含應收、應付、稅務、會計、信用查詢、付款指示明細、進帳通知明細等，並且透過金融體系安全的認證機制完成付款。早期的電子商務雖仍停留在提供資訊、協同作業與採購階段，未來是否能將整個交易完全在線上進行，關鍵就在於「金流e化」的成功與否。

「金流e化」也就是金流自動化，在網路上透過安全的認證機制，包括成交過程、即時收款與客戶付款後，相關地自動處理程序，目的在於維護交易時金錢流通的安全性與保密性。目前常見的方式有貨到付款、線上刷卡、ATM轉帳、電子錢包、手機小額付款、超商代碼繳費等。

13-3-3 物流

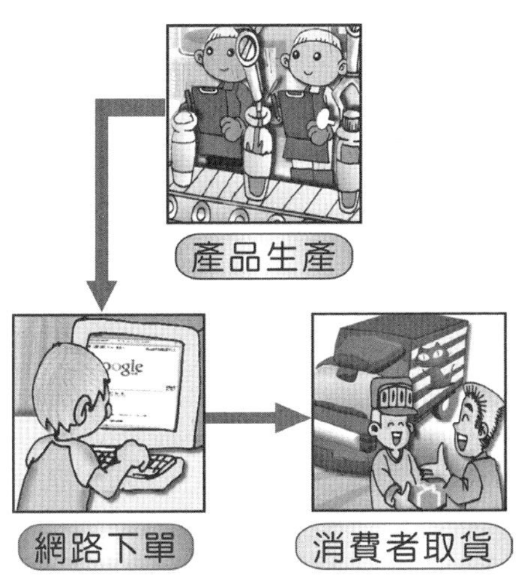

物流過程

物流（logistics）是電子商務模型的基本要素，定義是指產品從生產者移轉到經銷商、消費者的整個流通過程，透過有效管理程序，並結合包括倉儲、裝卸、包裝、運輸等相關活動。電子商務必須有現代化物流技術作基礎，才能在最大限度上使交易雙方得到方便性。由於電子商務主要功能是將供應商、經銷商與零售商結合一起，因此電子商務上物流的主要重點就是當消費者在網際網路下單後的產品，廠商如何將產品利用運輸工具就可以抵達目地的，最後遞送至消費者手上的所有流程。

黑貓宅急便是很優秀的物流團隊

通常當經營網站事業進入成熟期，接單量愈來愈大時，物流配送是電子商務不可缺少的重要環節，重要性甚至不輸於金流！目前常見的物流運送方式有郵寄、貨到付款、超商取貨、宅配等，對於少數虛擬數位化商品和服務來說，也可以直接透過網路來進行配送與下載，如各種電子書、資訊諮詢服務、付費軟體等。

13-3-4 資訊流

資訊流是一切電子商務活動的核心，指的是網路商店的架構，泛指商家透過商品交易或服務，以取得營運相關資訊的過程。所有上網的消費者首先接觸到的就是資訊流，包括商品瀏覽、購物車、結帳、留言版、新增會員、行銷活動、訂單資訊等功能。企業應注意維繫資訊流暢通，以有效控管電子商務正常運作，一個線上購物網站最重要的就是整個網站規劃流程，好的網站架構就好比一個好的賣場，消費者可以快速的找到自己要的產品。

受歡迎的網站必定有好的資訊流

13-3-5 服務流

服務流是以消費者需求為目的，為了提升顧客的滿意度，根據需求把資源加以整合，所規劃一連串的活動與設計，並且結合商流、物流、金流與資訊流，消費者可以快速找到自己要的產品與得到最新產品訊息，廠商也可以透過留言版功能得到最即時的消費者訊息，包含售後服務，也就是在交易完成後，可依照產品服務內容要求服務。有些出版社網站經常辦促銷與贈品活動，也會回答消費者買書的相關問題，甚至辦簽書會讓作者與讀者面對面討論。

服務流的好壞對網路買家有很大的影響

13-3-6 設計流

設計流泛指網站的規劃與建立，涵蓋範圍包含網站本身和電子商圈的商務環境，就是依照顧客需求所研擬之產品生產、產品配置、賣場規劃、商品分析、商圈開發的設計過程。設計流包括設計企業間資訊的分享與共用與強調顧客介面的友善性與個人化。重點在於如何提供優質的購物環境，和建立方便、親切、以客爲尊的服務流，甚至都可透過網際網路和合作廠商，甚至是消費者共同設計或是修改。例如Apple Music是一般人休閒時相當優質的音樂播放網站，不但操作介面秉持著Apple軟體一貫簡單易用的設計原則，使用智慧型播放列表還可以組合出各式各樣的播放音樂方式，這就是結合多項服務所產生一種連續性服務流。

Apple Music網站的設計流相當成功

> **Tips**
>
> 蘋果公司所推出的Apple Music，提供了類似Spotify、KKBOX、Youtube、LINE MUSIC、Pandora的串流音樂服務，可以讓我們在網路上聽歌，只要每個月支付固定費用，就可以收聽雲端資料庫中的所有歌曲。Apple Music提供的不僅是龐大的雲端歌曲資料庫，最重要的是能夠分析使用者聽歌習慣的服務。

13-3-7 人才流

電子商務高速成長的同時，人才問題卻成了上萬商家發展的瓶頸，人才流泛指電子商務的人才培養，以滿足現今電子商務熱潮的人力資源需求。電子商務所需求的人才，是跨領域、跨學科的人才，因此這類人才除了要懂得電子商務的技術面， 還需學習商務經營與管理、行銷與服務。

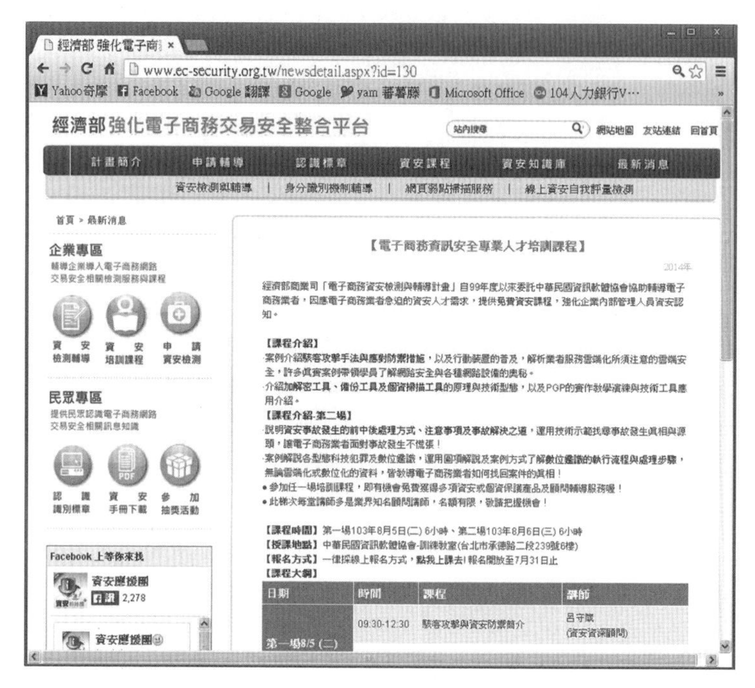

經濟部經常舉辦電子商務人才培訓計畫

13-4 電子商務經營模式

「經營模式」（Business Model）是指一個企業從事某一個領域經營的市場定位和贏利目標，經營模式會隨著時間的演進與實務觀點有所不同，主要是企業用來從市場上獲得利潤，是整個商業計畫的核心。電子商務在網際網路上的經營模式極為廣泛，不論是有形的實體商品或無形的資訊服務，都可能成為電子商務的交易標的，本節中將介紹目前電子商務經由實務應用與交易對象區分，可以分為以下幾種類型。

13-4-1 B2B模式

「企業對企業間電子商務」（B2B）（Business-to-Business, B2B）是指企業與企業間透過網際網路，整合上下游企業之間的交易資訊，所進行的交易與溝通，這樣可以有效管理與快速協同廠商間的交易資訊，如供應商、庫存、採購訂單、發票等，讓「供應鏈」與「配銷鏈」達到縮短與自動化的目標，更可使企業與企業之間的交易流程更加快速。現在透過B2B網路行銷讓實體虛擬化的呈現，卻能發生眞實的交易行為，而不再需要與客戶面對面的交易，大幅縮短消費時間及採購和行銷成本，進而提升企業競爭力，更顯示出了B2B 的重要性。一般來說，B2B占整個電子商務市場中交易金額也是最高。

阿里巴巴是大中華圈相當知名的B2B交易網站

13-4-2 B2C模式

「企業對客戶模式」（Business-to-Customer, B2C）是企業直接以消費者爲交易對象，並透過網際網路提供商品、訂購及配送服務，這也是一般人最熟悉的電子商務模式。它的商品類別從日常生活中書籍到即時的金融交易或股票買賣等都可以包括在內，並提供充足的資訊與便利的操作介面吸引網路消費者選購，這樣的概念整合了廣告、資訊取得、金流及物流，來達到直接將銷售商品送達消費者。B2C商業模式是顧客直接與商家接觸，又稱爲「消費性電子商務」，是電子商務中最常見的經營模式。這種形式的電子商務一般以網路網零售業爲主。

博客來網路書店是最典型的B2C網站

13-4-3 C2C模式－共享經濟與群眾集資

「客戶對客戶型電子商務」（Customer-to-Customer, C2C），就是個人網路使用者透過網際網路與其他個人使用者進行直接交易的商業行爲，主要就是消費者之間自發性的商品交易行為。網路使用者不僅是消費者也可能是提供者，供應者透過網路虛擬電子商店設置展示區，提供商品圖片、規格、價位及交款方式等資訊，最常見的C2C型網站就是拍賣網站，至於拍賣平台的選擇，免費只是網拍者的考量因素之一，擁有大量客群與具備完善的網路交易環境才是最重要關鍵。

eBay是全球最大的拍賣網站

由於這類網站的交易模式是你情我願，一方願意賣，另一方願意買，這樣的好處是原本在B2C模式中最耗費網站經營者成本的庫存與物流問題，在C2C模式中卻由小型買家和賣家來自行吸收，所以較不會交易上的不公或損失，不過因為價高者得，且每次的交易對象會有很大的差異性，所以拍賣者比較不需要維持其忠誠度。

隨著C2C通路模式不斷發展和完善，以C2C精神發展的「共享經濟」（The Sharing Economy）模式正在日漸成長，這樣的經濟體系是讓個人都有額外創造收入的可能，就是透過網路平台所有的產品、服務都能被大眾使用、分享與出租的概念，以合理的價格與他人共享資源，同時讓閒置的商品和服務創造收益。例如類似計程車「共乘服務」（Ride-sharing Service）的Uber，絕大多數的司機都是非專業司機，開的是自己的車輛，大家可以透過網路平台，只要家中有空車，人人都能提供載客服務。

Uber提供比計程車更為優惠的價格

Tips

隨著獨立集資等工具在台灣的興起和普及，台灣的群眾集資（Crowdfunding）發展逐漸成熟，打破傳統資金的取得管道。所謂群眾集資就是過群眾的力量來募得資金，使C2C模式由生產銷售模式，延伸至資金募集模式，以群眾的力量共築夢想，來支持個人或組織的特定目標。近年來群眾募資在各地掀起浪潮，募資者善用網際網路吸引世界各地的大眾出錢，用小額贊助來尋求贊助各類創作與計畫。

13-4-4 C2B模式

「消費者對企業型電子商務」（Customer-to-Busines, C2B）是一種將消費者帶往供應者端，並產生消費行爲的電子商務新類型，也就是主導權由廠商手上轉移到了消費者手中。在C2B的關係中，則先由消費者提出需求，透過「社群」力量與企業進行集體議價及配合提供貨品的電子商務模式，也就是集結一群人用大量訂購的方式，來跟供應商要求更低的單價。例如近年來團購被市場視爲「便宜」代名詞，琳瑯滿目的團購促銷廣告時常充斥在搜尋網站的頁面上，不過團購今日也成爲衆多精打細算消費者紛追求的一種現代與時尙的購物方式。

「GOMAJI 夠麻吉」團購網經常推出超高CP值得促銷活動

13-5 認識行動商務

自從後PC時代來臨後，隨著5G行動寬頻、網路和雲端服務產業的帶動下，消費者在網路上的行爲愈來愈複雜，我們可以在任何時間、地點都能立即獲得即時新聞、閱讀信件，查詢資訊、甚至進行消費購物等無所不在的服務，全面朝向行動化應用領域發展。

Tips

5G（Fifth-Generation）指的是行動電話系統第五代，也是4G之後的延伸，5G智慧型手機已經在2019年上半年正式推出，宣告高速寬頻新時代正式來臨，屆時除了智慧型手機，5G 還可以被運用在無人駕駛、智慧城市和遠程醫療領域。

行動APP已經成為現代人購物的新管道

行動商務（Mobile Commerce, m-Commerce）是電商發展最新趨勢，網路家庭董事長詹宏志曾經在一場演講中發表他的看法：「愈來愈多消費者使用行動裝置購物，這件事極可能帶來根本性的轉變，甚至讓電子商務產業一切重來。」

Tips

APP就是application的縮寫，也就是行動式設備上的應用程式，也就是軟體開發商針對智慧型手機及平版電腦所開發的一種應用程式，APP涵蓋的功能包括了圍繞於日常生活的的各項需求。APP市場交易的成功，帶動了如憤怒鳥（Angry Bird）這樣的APP開發公司爆紅，讓APP下載開創了另類的行動商務模式。

13-5-1 行動商務的定義

談到行動商務（Mobile Commerce, M-Commerce）的定義，簡單來說就是使用者以行動化的終端設備透過行動通訊網路來進行商業交易活動。較狹義的定義爲透過行動化網路所進行的一種具有貨幣價值的交易。而廣義的來說，只要是人們透過行動網路來使用的服務與應用，都可以被定義在行動商務的範疇內。

由於行動商務的出現，不僅突破了傳統定點式電子商務受到空間與時間的侷限，而且在競爭日趨激烈的數位時代裡，還能夠大幅提升企業與個人的作業效率。使用者可以透過隨身攜帶的任何行動終端設備，結合無線通訊，無論人在何處，都能夠輕鬆上網，處理各種個人或公司事務，眞正達到「任何時間、地點皆可以完成任何作業」的境界。

13-5-2 企業行動化

生產力是現今經濟環境中各類型企業最關心的議題，而行動性（Mobility）的增加在生產力提升中占了相當重要地位。從早期的E化（electronic）到接下來的I化（Internet），一直到近來的企業M化（Mobile）已經是時代潮流演進的必然結果。愈來愈多企業視行動上網爲降低成本或提高生產力的利器，因此企業行動化（企業M化）成爲全球專家和業者關注的焦點。M化的基本特性包含了效率、效能與整合，企業M化是E化的延伸，是將企業商務活動行動化，以降低成本、節省時間，提高管理效率。行動商務的願景提供了企業內外管理應用的全新解決方案，包括行動辦公雲、安全防護、行動會議室等服務。企業M化最大的效益，就是透過行動手持裝置來達到流程的改造。無線技術不僅成本低廉，更提供自行調整的自由度，尤其適合搭配持續變遷與擴充的應用環境，進而降低營運成本，並且增加獲利。

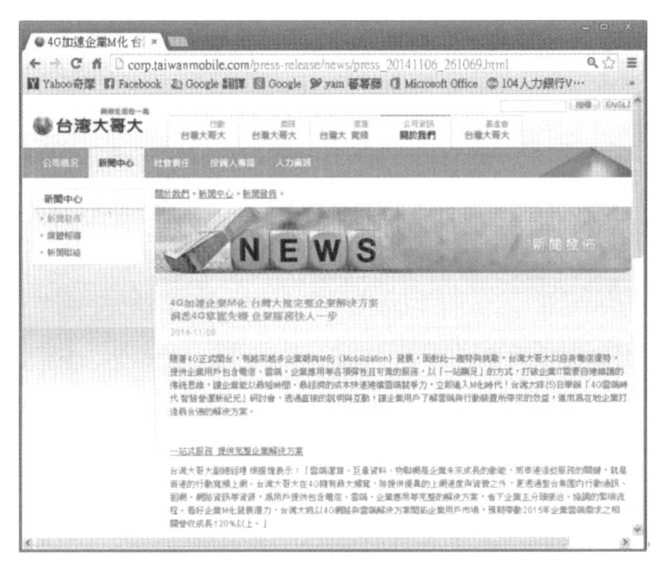

國內電信業者提出完整M化企業解決方案

13-5-3 定址服務（LBS）

「定址服務」（Location Based Service, LBS）或稱爲「適地性服務」，就是行動行銷中相當成功的環境感知的種創新應用，就是指透過行動隨身設備的各式感知裝置，例如當消費者在到達某個商業區時，可以利用手機等無線上網終端設備，快速查詢所在位置周邊的商店、場所以及活動等即時資訊，對企業商家而言，LBS有著目標客群精準、行銷預算低廉和廣告效果即時的顯著優點，只要消費者的手機在指定時段內進入該商家所在的區域，就會立即收到相關的行銷簡訊，爲商家創造額外的營收。

LBS能夠提供符合個別需求及差異化的服務，使人們的生活帶來更多的便利，從許多手機加值服務的消費行爲分析，都可以發現地圖、定址與導航資訊主要是消費者的首選。

圖片來源：LINE官方網站

Tips

任何LINE用戶只要搜尋ID、掃描QR Code或是搖一搖手機，就可以加入喜愛店家的「LINE@」帳號，就是一種LBS的應用。「LINE@」強調互動功能與即時直接回應顧客傳來的問題，像是預約訂位或活動諮詢等，實體店家也可以利用LBS鎖定生活圈5公里的潛在顧客進行廣告行銷。

13-5-4 離線商務模式（O2O）

網路家庭董事長詹宏志曾經在一場演講中發表他的看法：「愈來愈多消費者使用行動裝置購物，這件事極可能帶來根本性的轉變，甚至讓傳統電子商務產業一切重來」，更強調：「未來更是虛實相滲透的商務世界」。新一代的電子商務已經逐漸發展出創新的離線商務模式（Online

To Offline, O2O），透過更多的虛實整合，全方位滿足顧客需求。O2O就是整合「線上（Online）」與「線下（Offline）」兩種不同平台所進行的一種行銷模式，因爲消費者也能「Always Online」，讓線上與線下能快速接軌，因爲當消費者使用管道愈多，總消費金額愈高，透過改善線上消費流程，直接帶動線下消費，消費者可以直接在網路上付費，而在實體商店中享受服務或取得商品，全方位滿足顧客需求。簡單來說，就是消費者在虛擬通路（Online）付費購買，然後再親自到實體商店（Offline）取貨或享受服務的新興電子商務模式。O2O能整合實體與虛擬通路的O2O行銷，特別適合「異業結盟」與「口碑銷售」，因爲O2O的好處在於訂單於線上產生，每筆交易可追蹤，也更容易溝通及維護與用戶的關係，反而傳統交易因爲較無法掌握消費者的個人資料與喜好。

我們以提供消費者24小時餐廳訂位服務的訂位網站「EZTABLE 易訂網」爲例，易訂網的服務宗旨是希望消費者從訂位開始就是一個很棒的體驗，除了餐廳訂位的主要業務，後來也導入了主動銷售餐券的服務，不僅滿足熟客的需求，成爲免費宣傳，也實質帶進訂單，並拓展了全新的營收來源。

易訂網是個成功的O2O模式

行動購物更朝虛實整合O2O體驗發展，包括流暢地連接瀏覽商品到消費流程，線上線下無縫整合的行銷體驗。台灣最大的網路書店「博客來」所推出的APP「博客來快找」，可以讓使用者在逛書店時，透過輸入關鍵字搜尋以及快速掃描書上的條碼，然後導引你在博客來網路上購買相同的書，完成交易後，會即時告知取貨時間與門市地點，並享受到更多折扣。

「博客來快找」還會幫忙搶實體書店客戶的訂單

Tips

零售4.0時代是在「社群」與「行動載具」的迅速發展下，朝向行動裝置等多元銷售、支付和服務通路，消費者掌握了主導權，再無時空或地域國界限制，從虛實整合到朝向全通路（Omni-Channel），迎接以消費者爲主導的無縫零售時代。

全通路則是利用各種通路爲顧客提供交易平台，以消費者爲中心的24小時營運模式，並且消除各個通路間的壁壘，如果讓消費者可以在所有的渠道，包括在實體和數位商店之間的無縫轉換，去眞正滿足消費者的需要，不管是透過線上或線下都能達到最佳的消費體驗，便可以發揮加倍的行銷效益。

13-5-5 行動支付

所謂「行動支付」(Mobile Payment),就是指消費者通過手持式行動裝置對所消費的商品或服務進行賬務支付的一種支付方式,就消費者而言,可以直接用手機刷卡、轉帳、優惠券使用,甚至用來搭乘交通工具,台灣開始進入行動支付時代。對於行動支付解決方案,目前主要是以NFC(近場通訊)、條碼支付與QR Code三種方式為主。

■ NFC行動支付

NFC手機進行消費與支付已經是一個全球發展的趨勢。對於行動支付來說,只要您的手機具備NFC傳輸功能,就能向電信公司申請NFC信用卡專屬的SIM卡,再將NFC行動信用卡下載於您的數位錢包中,購物時透過手機感應刷卡,輕輕一嗶,結帳快速又安全。

Tips

Apple Pay是Apple的一種手機信用卡付款方式,只要使用該公司推出的iPhone或Apple Watch(iOS 9以上)相容的行動裝置,並將自己卡號輸入iPhone中的Wallet App,經過驗證手續完畢後,就可以使用 Apple Pay 來購物,還比傳統信用卡來得安全。

■ QR Code支付

在這QR碼被廣泛應用的時代,未來商品也將透過QR碼的結合行動支付應用。例如玉山銀行推出QR Code行動付款,只要下載QRCode的免費APP,並完成身分認證與鍵入信用卡號後,此後不論使用任何廠牌的智慧型手機,就可在特約商店以QR Code APP掃描讀取商品的方式再完成交易付款。

■ 條碼支付

條碼支付近來也在世界各地掀起一陣旋風，各位不需要額外申請手機信用卡，同時支援 Android 系統、iOS 系統，也不需額外申請 SIM 卡，免綁定電信業者，只要下載 APP後，以手機號碼或 Email 註冊，接著綁定手邊信用卡或是現金儲值，手機出示付款條碼給店員掃描，即可完成付款。例如PChome Online（網路家庭）旗下的行動支付軟體「Pi 行動錢包」，與台灣最大零售商 7-11 與中國信託銀行合作，可以利用「Pi 行動錢包」在全台 7-11 完成行動支付，也可以用來支付台北市和宜蘭縣停車費。

Pi 行動錢包，讓你輕鬆拍安心付

13-6 電子商務交易安全機制

目前電子商務的發展受到最大的考驗，就是線上交易安全性。如果消費者對於線上付款沒有安全感，就會造成消費者不輕易在網路上購買產品或付款。爲了改善消費者對網路購物安全的疑慮，建立消費者線上交易的信心，相關單位做了很多的購物安全原則建議，到目前爲止，最被商家及消費者所接受的電子安全交易機制是SSL及SET兩種。首先我們來介紹目前最爲普遍的「安全插槽層協定」（Secure Socket Layer, SSL）協定。

13-6-1 安全插槽層協定（SSL）／傳輸層安全協定（TLS）

SSL安全通道層是一種128位元傳輸加密的安全機制，由網景公司於1994年提出，是目前網路上十分流行的資料安全傳輸加密協定。不過必須注意的是，使用者的瀏覽器與伺服器都必須支援才能使用這項技術，目前最新的版本爲SSL3.0，並使用128位元加密技術。由於128位元的加密演算法較爲複雜，爲避免處理時間過長，通常購物網站只會選擇幾個重要網頁設定SSL安全機制。當各位連結到具有SSL安全機制的網頁時，在瀏覽器下方的狀態列上會出現一個類似鎖頭的圖示 ，表示目前瀏覽器網頁與伺服器間的通訊資料均採用SSL安全機制：

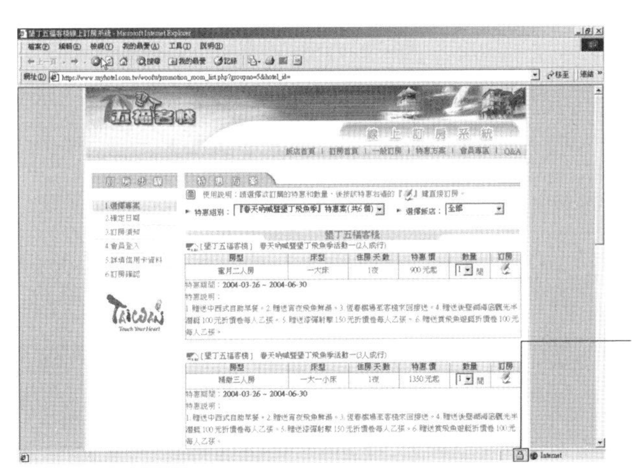

店家使用SSL的優點是消費者不需要經過任何認證程序，就能夠直接解決資料傳輸的安全問題，缺點則是當商家將資料內容還原準備向銀行請款時，這時候商家就會知道消費者的個人相關資料。不過如果商家心懷不軌，還是有可能讓資料外洩，或者被不肖的員工盜用消費者的信用卡在網路上買東西等問題。不過SSL協定並無法完全保障資料在傳送的過程中不會被擷取解密，還是可能遭有心人破解加密後的資料。至於最新推出的傳輸層安全協定（Transport Layer Security, TLS）是由SSL 3.0版本爲基礎改良而來，會利用公開鑰匙基礎結構與非對稱加密等技術來保護在網際網路上傳輸的資料，提供了比SSL協定更好的通訊安全性與可靠性，可以算是SSL安全機制的進階版。

13-6-2 安全電子交易協定（SET）

由於SSL並不是一個最安全的電子交易機制，爲了達到更安全的標準，於是由信用卡國際大廠VISA及MasterCard，於1996年共同制定並發表的「安全交易協定」（Secure Electronic Transaction, SET），並陸續獲得IBM、Microsoft、HP及Compaq等軟硬體大廠的支持，加上SET安全機制採用非對稱鍵值加密系統的編碼方式，並採用知名的RSA及DES演算法技術，讓傳輸於網路上的資料更具有安全性。SET機制的運作方式是消費者網路商家並無法直接在網際網路上進行單獨交易，雙方都必須在進行交易前，預先向「憑證管理中心」（CA）取得各自的SET數位認證資料。

當各位申請認證時，CA會核發一個信用卡的「數位簽章」（Digital Signature），消費者只要將此憑證安裝在電子錢包中，日後只要是使用此瀏覽器進行的網路交易，都視同是消費者的交易行爲。此作法的優點是可將網路上顧客交易資訊分開傳送給網路商店及發卡銀行，商店不會知道顧客的卡號，而發卡銀行也不會知道顧客消費的交易內容，這些資料分別由信用卡組織提供的SET驗證管理中心負責傳遞資訊。使用SET交易機制固然安全上較爲無虞，不過還是有些手續麻煩的地方。例如消費者必須事先申請數位簽章或安裝「電子錢包」軟體，而且所消費的購物網站也必須具有同樣的SET安全機制，才能達到上述保護的功效。

> **Tips**
>
> 「信用卡3D」驗證機制是由VISA、MasterCard及JCB國際組織所推出，作法是信用卡使用者必須在信用卡發卡銀行註冊一組3D驗證碼完成註冊之後，當信用卡使用者在提供3D驗證服務的網路商店使用信用卡付費時，必須在交易的過程中輸入這組3D驗證碼，確保只有您本人才可以使用自己的信用卡成功交易，才能完成線上刷卡付款動作。

13-7 金融科技

面對目前嶄新的數位化新時代，許多商業模式已打破傳統框架，在Web時代，每個產業都會被顛覆，例如金融業是一個受到高度監理的產業，因此金融業一向是被動提供服務，現在只要打開手機，用APP就可以直接下單，系統可能還會幫忙蒐集市場資訊，自動給予投資建議，無論是投資組合管理或投資建議、日常的理財指導，還是協助引導信貸選擇，還是協助引導信貸選擇，都可結合人工智慧（Artificial Intelligence, AI）科技，包括行動支付、機器人理財、KYC、智能客服、作業流程自動化，技術的發展應用於更多金融服務都讓金融業帶來爆炸式革命與新契機！

愈來愈多年輕族群對金融科技表示高度歡迎與信任

所謂金融科技（Financial Technology, FinTech）是指新創企業運用科技進化手段，追求轉型的傳統金融公司嘗試利用這些新興技術，來推出創新產品或讓金融服務變得更有效率，的確爲金融業維持競爭力之關鍵，包括在線上支付、智慧理財、欺詐檢測、身分認證、加密貨幣（如比特幣）、保險科技、線上借貸、資訊安全等金融創新應用。例如大家耳熟能詳的PayPal是全球最大的線上金流系統與跨國線上交易平台，屬於ebay旗下的子公司，可以讓全世界的買家與賣家自由選擇購物款項的支付方式。各位只要提供PayPal帳號即可，購物時所花費的款項將直接從餘額中扣除，或者PayPal 餘額不足的時候，還可以直接從信用卡扣付購物款項。

PayPal是全球最大的線上金流系統

13-7-1 P2P網路借貸

P2P 網路借貸（Peer-to-Peer Lending）就是一個社群平台作爲中介業務的經濟模式，和傳統借貸不同，特色是個體對個體的直接借貸行爲，如此一來金錢的流動就不需要透過傳統的銀行機構，主要是個人信用貸款，網路就能夠成爲交易行爲的仲介，這個平台會透過網路大數據，提供借貸雙方彼此的信用評估資料，去除銀行中介角色，讓雙方能在平台上自由媒合，雙方包括自然人以及法人，而且只有借貸雙方會牽涉到金流，平台只會提供媒合服務，因爲免去了利差，通常可讓信貸利率更低，貸款人就可以享有較低利率，放款的投資人也能更靈活地運用閒置資金，享有較高之投資報酬。

台灣第一家P2P借貸公司

> **Tips**
>
> 隨著獨立集資等工具在台灣的興起和普及，台灣的群眾集資（Crowdfunding）發展逐漸成熟，打破傳統資金的取得管道。所謂群眾集資就是過群眾的力量來募得資金，使C2C模式由生產銷售模式，延伸至資金募集模式，以群眾的力量共築夢想，來支持個人或組織的特定目標。近年來群眾募資在各地掀起浪潮，募資者善用網際網路吸引世界各地的大衆出錢，用小額贊助來尋求贊助各類創作與計畫。

13-7-2 虛擬貨幣與區塊鏈

各位是否聽過虛擬貨幣，或稱爲加密貨幣（Cryptocurrency），也可以在電子商務中購買產品或服務的一種付款方式？例如在線上遊戲虛擬世界中，衍生出一些特殊的交易模式，例如虛擬貨幣、虛擬寶物等。這些商品都可以用實際貨幣來進行買賣兌換，更有人專門玩線上遊戲爲生，目的在得到虛擬貨幣後再販賣給其它的玩家，各種虛擬貨幣已經成爲一種金融資產，這反應出電子商務的經營模式絕對充滿著一種無限想像空間。目前愈來愈多商家開始透過穩定幣跨境交易後，近期全球最熱門的網路虛擬貨幣，如比特幣、以太坊（Ethereum）或萊特幣等，允許來自不同技術設備的購買付款流程具有更大的靈活性，更能讓虛擬貨幣持幣者可以到店家刷卡付款。

比特幣是目前最熱門的虛擬貨幣

比特幣就是一種不依靠特定貨幣機構發行的全球通用加密虛擬貨幣，和線上遊戲虛擬貨幣相比，比特幣可說是這些虛擬貨幣的進階版，比特幣是通過特定演算法大量計算產生的一種P2P模式虛擬貨幣，它不僅是一種資產，還是一種支付的方式。任何人都可以下載Bitcoin的錢包軟體，這像是一種虛擬的銀行帳戶，並以數位化方式儲存於雲端或是用戶的電腦。這個網路交易系統由一群網路用戶所構成，和傳統貨幣最大的不同是，比特幣沒有一個中央發行機構，你可以匿名在這個網路上進行轉賬和其他交易。目前已經有許多電商網站開始接受比特幣交易，甚至已提供包括美元、歐元、日圓、人民幣在內的17種貨幣交易。

Tip

區塊鏈（blockchain）可以把它理解成是一個全民皆可參與的去中心化分散式資料庫與電子記帳本，一筆一筆的交易資料都可以被記錄，簡單來說，就是一種全新記帳方式，也將一連串的紀錄利用分散式賬本（Distributed Ledger）概念與去中心化的數位帳本來設計，能讓所有參與者的電腦一起記帳，可在商業網路中促進記錄交易與追蹤資產的程序，比特幣就是區塊鏈的第一個應用。

13-7-3 非同質化代幣（NFT）

隨著相當熱門的NFT出現，目前在藝術品、音樂、電子存證、身分認證等領域掀起熱潮，許多藝術品以NFT形式拍賣出售，也提供了創作者許多浮上檯面的機會。非同質化代幣（Non-Fungible Token, NFT）也是屬於數位加密貨幣的一種，是一個非常適合用來作爲數位資產的憑證，代表是世界上獨一無二、無法用其他東西取代的物件，交易資訊皆被透明標誌記錄，也是一種以區塊鏈做爲背景技術的虛擬資產，更是新一代科技人投資及獲利工具。每個NFT代幣可以代表一個獨特的數位資料，例如圖畫、音檔、影片等，和比特幣，以太幣或萊特幣等這些同質化代幣是完全不同，由於NFT擁有獨一無二的識別代碼，未來在電子商務領域，會有非常多的應用空間。例如 2021 年底，歐美最大的獨立電商平台 Shopify，宣布與 GigLabs合作，讓這些商家，能夠直接在 Shopify 平台上販賣，開啓了將 NFT 這樣的技術，帶進了電商產業的序幕。

【課後評量】

1. 舉出三種電子商務的類型。
2. 電子商務的交易流程是由哪些單元組合而成？
3. 請說明貨到付款的方式。
4. 請說明使用SSL的優缺點。
5. 請說明SET與SSL的最大差異在何處？
6. 何謂行動支付（Mobile Payment）？
7. 試說明離線商務模式（Online To Offline, O2O）。
8. 試簡述行動商務。

 第十四章 

網路倫理與相關法律議題

隨著資訊科技的快速發展，帶動人類有史一來，最大規模的資訊與社會革命。特別是網際網路快速普及，成功地讓網路的使用成為一種現代人的生活習慣，電腦的使用已不再只是單純的考慮到個人封閉的主機，因為透過網路無遠弗屆的連結，許多前所未有的資訊操作模式，徹底顛覆了傳統人機互動關係，也產生了因為網路發展而產生的新行為，不論是一般民眾的生活型態，企業經營模式或政府機關的行政服務，均朝向網路電子化方向漸進發展，這時許多前所未有的操作與交易模式產生。

網路上圖片或影音的引用都受到著作權相關法律的約束

Tips

由於傳統的法律規定與商業慣例，限制了網上交易的發展空間，我國政府於特別制定「電子簽章法」，並自2002年4月1日開始施行。電子簽章法的目的就是希望透過賦予電子文件和電子簽章法律效力，建立可信賴的網路交易環境，使大衆能夠於網路交易時安心，還希望確保資訊在網路傳輸過程中不易遭到僞造、竄改或竊取，並能確認交易對象眞正身分，並防止事後否認已完成交易之事實。

14-1 認識資訊倫理

資訊的發展影響了我們的生活，帶來了便利生活和豐富的資訊世界，而目前資訊科技對人類所帶來最大的改變，就是增加了人與人之間多元與多元的互動模式，讓溝通與接觸的層面擴大與改變，特別是網際網路正默默地在主導一個人類新文明的成形，當然也帶來了對於傳統倫理與道德的衝擊。

在今天傳統倫理道德規範日漸薄弱下，由於網路的特性，具有公開分享、快速、匿名等因素，在社會中產生了越來越多的倫理價值改變與偏差行爲，因此「資訊倫理」的議題越來越受到廣泛的重視。

14-1-1 資訊倫理的定義

倫理是一個社會的道德規範系統，賦予人們在動機或行爲上判斷的基準，也是存在人們心中的一套價值觀與行爲準則，如同我們討論醫生對病人必須有醫德，律師與他的訴訟人有某些保密的職業道德一樣。對於擁有龐大人口的電腦相關族群，當然也須有一定的道德標準來加以規範，這就是「資訊倫理」所將要討論的範疇。

資訊倫理的適用對象，包含了廣大的資訊從業人員與使用者，範圍則涵蓋了使用資訊與網路科技的態度與行爲，包括資訊的搜尋、檢索、儲存、整理、利用與傳播，凡是探究人類使用資訊行爲對與錯之道德規範，均可稱爲資訊倫理。資訊倫理最簡單的定義，就是利用和面對資訊科技時相關的價值觀與準則法律。

14-1-2 資訊素養

所謂「水能載舟，亦能覆舟」，資訊網路科技雖然能夠造福人類，不過也帶來新的危機。網際網路架構協會（Internet Architecture Board, IAB）主要是負責於網際網路間的行政和技術事務監督與網路標準和長期發展，就曾將以下網路行爲視爲不道德：

1. 在未經任何授權情況下，故意竊用網路資源。
2. 干擾正常的網際網路使用。
3. 以不嚴謹的態度在網路上進行實驗。
4. 侵犯別人的隱私權。
5. 故意浪費網路上的人力、運算與頻寬等資源。
6. 破壞電腦資訊的完整性。

21世紀資訊技術將帶動全球資訊環境的變革，隨著知識經濟時代的來臨與多元文化的社會發展，除了人文素養訴求外，資訊素養的訓練與資訊倫理的養成，也愈來愈受到重視。素養一詞是指對某種知識領域的感知與判斷能力，例如英文素養，指的就是對英國語文的聽、說、讀、寫綜合能力，資訊素養（Information Literacy）可以看成是個人對於資訊工具與網路資源價值的了解與執行能力，更是未來資訊社會生活中必備的基本能力。

資訊素養的核心精神是在訓練普羅大眾，在符合資訊社會的道德規範下應用資訊科技，對所需要的資訊能利用專業的資訊工具，有效地查詢、組織、評估與利用。McClure教授於1994年時，首度清楚將資訊素養的範圍劃分爲傳統素養（traditional literacy）、媒體素養（media literacy）、電腦素養（computer literacy）與網路素養（network literacy）等數種資訊能力的總合，分述如下：

- 傳統素養（traditional literacy）：個人的基本學識，包括聽說讀寫及一般的計算能力。
- 媒體素養（media literacy）：在目前這種媒體充斥的年代，個人使用媒體與還要善用媒體的一種綜合能力，包括分析、評估、分辨、理解與判斷各種媒體的能力。
- 電腦素養（computer literacy）：在資訊化時代中，指個人可以用電腦軟硬體來處理基本工作的能力，包括文書處理、試算表計算、影像繪圖等。
- 網路素養（network literacy）：認識、使用與處理通訊網路的能力，但必須包含遵守網路禮節的態度。

14-2 PAPA理論

資訊倫理就是與資訊利用和資訊科技相關的價值觀，本章中我們將引用Richard O. Mason在1986年時，提出以資訊隱私權（Privacy）、資訊精確性（Accuracy）、資訊所有權（Property）、資訊使用權（Access）等四類議題來界定資訊倫理，因而稱爲PAPA理論。

資訊倫理

14-2-1 資訊隱私權

隱私權在法律上的見解，即是一種「獨處而不受他人干擾的權利」，屬於人格權的一種，是為了主張個人自主性及其身分認同，並達到維護人格尊嚴為目的。「資訊隱私權」則是討論有關個人資訊的保密或予以公開的權利，包括什麼資訊可以透露？什麼資訊可以由個人保有？也就是個人有權決定對其資料是否開始或停止被他人收集、處理及利用的請求，並進而擴及到什麼樣的資訊使用行為，可能侵害別人的隱私和自由的法律責任。

在今天的高速資訊化環境中，不論是電腦或網路中所流通的資訊，都已是一種數位化資料，當網路成功的讓網站伺服器把資訊公開給上百萬的使用者的同時，其他人也可以用同樣的管道侵入正在運作的Web伺服器，間接也造成隱私權被侵害的潛在威脅相對提高。

例如未經同意將個人的肖像、動作或聲音，透過網路傳送到其他人的電腦螢幕上，這都是嚴重侵害隱私權的行為。之前新竹有一名男大學生扮駭客，將「彩虹橋木馬程式」植入某女子的電腦中，並透過網路遠端遙控，開啓電腦上的攝影機，錄下被害女子的私密照片，後來更將其放在部落格上。經報警後，尋線找到該大學生，並以製作犯罪電腦程式、侵入電腦、破壞電磁紀錄、妨害祕密、散布竊錄內容以及加重誹謗等罪嫌起訴。

只有信譽良好的電子商務業者，才能使資訊隱私權得到充分保障

美國科技大廠Google也十分注重使用者的隱私權與安全，當Google地圖小組在收集街景服務影像時會進行模糊化處理，讓使用者無法辨認出影像中行人的臉部和車牌，以保障個人隱私權，避免透露入鏡者的身分與資料。如果使用者仍然發現不當或爭議內容都可以隨時向Google回報協助儘快處理。之前臉書爲了幫助用戶擴展網路上的人際關係，設計了尋找朋友（Find Friends）功能，並且直接邀請將這些用戶通訊錄名單上的朋友來加入Facebook。後來德國柏林法院判決臉書敗訴，因爲這個功能因爲並未得到當事人同意而收集個人資料而爲商業用途，後來臉書這個功能也更改爲必須經過用戶確認後才能寄出邀請郵件。

或者像是企業監看員工電子郵件內容，在於僱主與員工對電子郵件的性質認知不同，也將同時涉及企業利益與員工隱私權的爭議性。就僱主角度而言，員工使用公司的電腦資源，本應該執行公司的相關業務，雖然在管理上的確有需要調查來往通訊的必要性，但如此廣泛的授權卻可能被濫用，因爲任何監看私人電子郵件的舉動，都可能會構成侵害資訊隱私權的

事實。

目前兼顧國內外對於這項爭議的法律相關見解，平衡點應是企業最好事先在勞動企契約中載明表示將採取監看員工電子郵件的動作，那麼監看行爲就不會構成侵害員工隱私權。因此一般電子商務網站管理者也應在收集使用者資料之前，事先告知使用者，資料內容將如何被收集及如何進一步使用處理資訊，並且善盡保護之責任，務求資料的隱密性與完整性。

Tips

爲了遏止網購業者洩露個資而讓網路詐騙有機可乘，經過各界不斷的呼籲與努力，法務部組成修法專案小組於93年間完成修正草案，歷經數年審議，終於99年4月27日完成三讀，同年5月26日總統公布「個人資料保護法」，其餘條文行政院指定於101年10月1日施行。個資法的核心是爲了避免人格權受侵害，並促進個人資料合理利用。

14-2-2 資訊精確性

跨國性大型企業的資訊系統必須能突破時區藩籬，全天候24小時不間斷提供服務，隨時透過網路因應全球生產線與行銷業務的變化與成長，支持企業正常營運所需，不但讓資料匯整到總部的時間更快速，並且獲得更快速且精確的訂單和生產資訊。事實上，資訊時代的來臨，隨著資訊系統的使用而快速傳播，並迅速地深入生活的每一層面，當然錯誤的資訊，也隨著資訊系統的無所不在，嚴重影響到我們的生活。

電腦有相當精確的運算能力，例如遠在外太空中人造衛星的航道計算及洲際飛彈的試射，透過電腦精準的監控，可以精密計算出數千公里以外的軌道與彈著點，而且誤差範圍在數公尺以內。

試想如果是輸入電腦的資訊有誤，而導致飛彈射錯位置，那後果眞不堪設想。例如在波灣戰爭中，一次電腦系統的些微出錯，美國發射的愛國者飛彈落在美軍軍營，造成人員嚴重傷亡一般來說，來自網路電子公布欄的匿名信件或留言，瀏覽者很難就其所獲得的資訊逐一求證。一旦在網路上發表，理論上就能瞬間到世界的每一個角落，很容易造成錯誤的判斷與決策，而且許多言論造成的傷害難以事後彌補。例如有人謊稱哪裡遭到核彈衝突，甚至造成股市大跌，多少投資人血本無歸。更有人提供錯誤的美容小偏方，讓許多相信的網友深受其害，皮膚反而潰爛不堪，但卻是求訴無門。

2014年時三星電子在台灣就發生了一件稱爲三星寫手事件，是指台灣三星電子疑似透過網路打手進行不眞實的產品行銷被揭發而衍生的事件。三星涉嫌與網路業者合作雇用工讀生，假冒一般消費者在網路上發文誇大行銷三星產品的功能，並且以攻擊方式評論對手宏達電（HTC）出產的智慧式手機，這也涉及了造假與資訊精確性的問題。

後來這個事件也創下了台灣網路行銷史上最高的罰鍰金額，公平會依據了公平交易法 24 條規定「除本法另有規定者外，事業亦不得爲其他足以影響交易秩序之欺罔或顯失公平之行爲。」，對台灣三星開罰，罰鍰高達一千萬元，除了金錢的損失以外，對於三星也賠上了消費者對品牌價值的信任。

資訊不精確也給現代資訊社會與組織帶來極大的風險，其中包括了資訊提供者、資訊處理者、資訊媒介體與資訊管理者四方面。資訊精確性的精神就在討論資訊使用者擁有正確資訊的權利或資訊提供者提供正確資訊的責任，也就是除了確保資訊的正確性、眞實性及可靠性外，還要規範提供者如提供錯誤的資訊，所必須負擔的責任。

14-2-3 資訊財產權

在現實的生活中，一份實體財產要複製或轉移都相當不易，例如一臺汽車如果要轉手，非得到要到監理單位辦上一堆手續，更不用談複製一臺汽車了，那乾脆重新跟車行買一臺可能還更划算。資訊產品的研發，一開始可能要花上大筆費用，完成後資訊產品本身卻很容易重製，這使得資訊產權的保護，遠比實物產權來得困難。對於一份資訊產品的產生，所花費的人力物力成本，絕不在一家實體財產之下，例如一套單機板遊戲軟體的開發可能就要花費數千萬以上，而所有的內容可儲存一張薄薄的光碟上，任何人都可隨時帶了就走。

本公司開發的巴冷公主單機版遊戲就花了預算三千萬

因爲資訊類的產品是以數位化格式檔案流通，所以很容易產生非法複製的情況，加上燒錄設備的普及與網路下載的推波助瀾下，使得侵權問題日益嚴重。例如在網路或部路落格上分享未經他人授權的MP3音樂，其中像美國知名的音樂資料庫網站MP3.com，提供消費者MP3音樂下載的服務，就遭到美國五大唱片公司指控其大量侵犯他們的著作權。或者有些公司員工在離職後，帶走在職其間所開發的軟體，並在新公司延續之前的設計，這都是涉及了侵犯資訊財產權的行爲。

資訊財產權的意義就是指資訊資源的擁有者對於該資源所具有的相關附屬權利，包括了在什麼情況下可以免費使用資訊？什麼情況下應該付費或徵得所有權人的同意方能使用？簡單來說，就是要定義出什麼樣的資訊使用行爲算是侵害別人的著作權，並承擔哪些責任。

我們再來討論YouTube上影片使用權的問題，許多網友經常隨意把他人的影片或音樂放上YouTube供人欣賞瀏覽，雖然沒有營利行爲，但也造成了許多糾紛，甚至有人控告YouTube不僅非法提供平台讓大家上載影音

KKBOX的歌曲都是取得唱片公司的合法授權

圖片來源：http://www.kkbox.com.tw/funky/index.html

檔案，還積極地鼓勵大家非法上傳影音檔案，這就是盜取別人的資訊財產權。

YouTube上的影音檔案也擁有資訊財產權

後來YouTube總部引用美國1998年數位千禧年著作權法案（DMCA），內容是防範任何以電子形式（特別是在網際網路上）進行的著作權侵權行為，其中訂定有相關的免責的規定，只要網路服務業者（如YouTube）收到著作權人的通知，就必須立刻將被指控侵權的資料隔絕下架，網路服務業者就可以因此免責，YouTube網站充分遵守DMCA的免責規定，所以我們在YouTube經常看到很多遭到刪除的影音檔案。

14-2-4 資訊存取權

資訊存取權最直接的意義，就是在探討維護資訊使用的公平性，包括如何維護個人對資訊使用的權利？如何維護資訊使用的公平性？與在哪個情況下，組織或個人所能存取資訊的合法範圍，例如在社群中讓可以控制成員資格，並管理社群資源的存取權，也盡量避免共用帳號，以降低資訊存取風險。隨著智慧型手機的廣泛應用，最容易發生資訊存取權濫用的問題，特別要注意勿觸犯個人資料保護法、落實企業義務。

通常手機的資料除了有個人重要資料外，還有許多朋友私人通訊錄與或隱私的相片。各位在下載或安裝APP時，有時會遇到許多APP要求權限過高，這時就可能會造成資訊全安的風險。蘋果IOS市場比android市場更保護資訊存取權，例如App Store對於上架APP的要求存取權限與功能不合時，在審核過程中就可能被踢除外掉，即使是審核通過，iOS對於權限的審核機制也相當嚴格。

我們知道P2P（Peer to Peer）是一種點對點分散式網路架構，可讓兩台以上的電腦，藉由系統間直接交換來進行電腦檔案和服務分享的網路傳輸型態。雖然伺服器本身只提供使用者連線的檔案資訊，並不提供檔案下載的服務，可是凡事有利必有其弊，如今的P2P軟體儼然成為非法軟體、影音內容及資訊文件下載的溫床。雖然在使用上有其便利性、高品質與低價的優勢，不過也帶來了病毒攻擊、商業機密洩漏、非法軟體下載等問題。在此特別提醒讀者，要注意所下載軟體的合法資訊存取權，不要因為

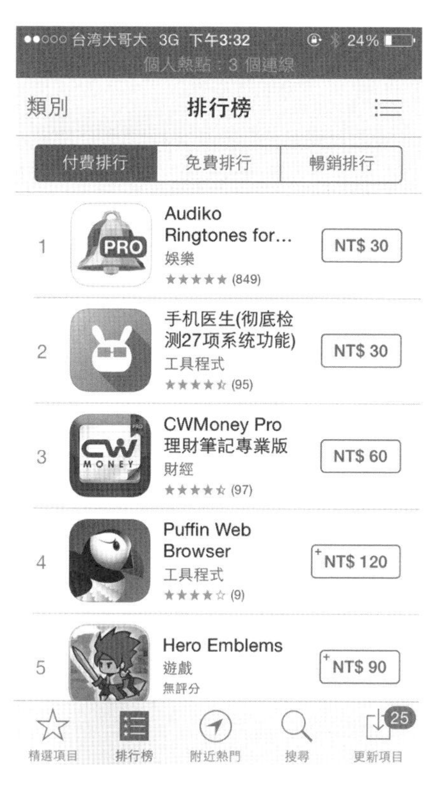

App Store首頁畫面

下載APP時經常會發生資訊存取權的問題

方便且取得容易，就造成侵權的行爲。

14-3 智慧財產權

說到財產權，一般人可能只會聯想到不動產或動產等有形體與價值的所有物，因爲時代的不斷進步，無形財產的價值也愈受到重視，就是人類智慧所創造與發明的無形產品，內容包羅萬象，包括了著作、音樂、圖畫、設計等泛智慧型產品，而國家以立法方式保護這些人類智慧產物與創作人得專屬享有之權利，就叫做「智慧財產權（Intellectual Property

Rights, IPR）」。隨著資訊科技與網路的快速發展，網際網路已然成為全世界最大的資訊交流平台，「智慧財產權」所牽涉的範圍也愈來愈廣，在各位輕易及快速透過網路取得所需資訊的同時，都使得資訊智慧財產權歸屬與侵權的問題愈顯複雜。

14-3-1 智慧財產權的範圍

「智慧財產權」（Intellectual Property Rights, IPR），必須具備「人類精神活動之成果」與「產生財產上價值」之特性範圍，同時也是一種「無體財產權」，並由法律所創設之一種權利。智慧財產權立法目的，在於透過法律，提供創作或發明人專有排他的權利，包括了「商標權」、「專利權」、「著作權」。

權利的內容涵蓋人類思想、創作等智慧的無形財產，並由法律所創設之一種權利。或者可以看成是在一定期間內有效的「知識資本」（Intellectual capital）專有權，例如發明專利、文學和藝術作品、表演、錄音、廣播、標誌、圖像、產業模式、商業設計等。分述如下：

- 著作權：指政府授予著作人、發明人、原創者一種排他性的權利。著作權是在著作完成時立即發生的權利，也就是說著作人享有著作權，不須要經由任何程序，當然也不必登記。
- 專利權：專利權是指專利權人在法律規定的期限內，對保其發明創造所享有的一種獨占權或排他權，並具有創造性、專有性、地域性和時間性。但必須向經濟部智慧財產局提出申請，經過審查認為符合專利法之規定，而授與專利權。
- 商標權：「商標」是指企業或組織用以區別自己與他人商品或服務的標誌，自註冊之日起，由註冊人取得「商標專用權」，他人不得以同一或近似之商標圖樣，指定使用於同一或類似商品或服務。

14-4 著作權

著作權則是屬於智慧財產權的一種，我國也在保護著作人權益，調和社會利益，促進國家文化發展，制定著作權法。所謂著作，從法律的角度來解釋，是屬於文學、科學、藝術或其他學術範圍的創作，包括語言著作及視聽製作，但不包括如憲法、法律、命令或政府公文，或依法令舉行的各種考試試題。

我國著作權法對著作的保護，採用「創作保護主義」，而非「註冊保護主義」而著作權內容則是指因著作完成，就立即享有這項著作著作權，須要經由任何程序，於著作人之生存期間及其死後五十年。至於著作權的內容則包括以下項目。

14-4-1 著作人格權

保護著作人之人格利益的權利，爲永久存續，專屬於著作人本身，不得讓與或繼承。細分以下三種：

- 姓名表示權：著作人對其著作有公開發表、出具本名、別名與不具名之權利。
- 禁止不當修改權：著作人就此享有禁止他人以歪曲、割裂、竄改或其他方法改變其著作之內容、形式或名目致損害其名譽之權利。例如要將金庸的小說改編成電影，金庸就能要求是否必須忠於原著，能否省略或容許不同的情節。
- 公開發表權：著作人有權決定他的著作要不要對外發表，如果要發表的話，決定什麼時候發表，以及用什麼方式來發表，但一經發表這個權利就消失了。

14-4-2 著作財產權

即著作人得利用其著作之財產上權利，包括以下項目：

- 重製權：是指以印刷、複印、錄音、錄影、攝影、筆錄或其他方法有形之重複製作，是著作財產權中最重要的權利，也是著作權法最初始保護的對象。著作權係法律所賦予著作權人之排他權，未經同意，他人不得以任何方式引用或重複使用著作物，所以任何人要重製別人的著作，都要經過著作人的同意。
- 公開口述權：僅限於語文著作有此項權利，是指用言詞或其他方法向公眾傳達著作內容的行爲。
- 公開播放權：指基於公眾直接收聽或收視爲目的，以有線電、無線電或其他器材之傳播媒體傳送訊息之方法，藉聲音或影像，向公眾傳達著作內容。其中傳播媒體包括電視、電臺、有線電視、廣播衛星或網際網路等。
- 公開上映權：以單一或多數視聽機或其他傳送影像之方法，於同一時間向現場或現場以外一定場所之公眾傳達著作內容。
- 公開演出權：是指以演技、舞蹈、歌唱、彈奏樂器或其他方法向現場之公眾傳達著作內容。
- 公開展示權：是特別指未發行的美術著作或攝影著作的著作人享有決定是否向公眾展示的權利。
- 公開傳輸權：指以有線電、無線電之網路或其他通訊方法，藉聲音或影像向公眾提供或傳達著作內容，包括使公眾得於其各自選定之時間或地點，以上述方法接收著作內容。
- 改作權：是指以翻譯、編曲、改寫、拍攝影片或其他方法就原著作另爲創作。因此改作別人的著作，就必須徵得著作財產權人的同意。
- 編輯權：是指著作權人有權決定自己的著作，是否要被選擇或編排在他人的編輯著作中。其實編輯權是常見的社會現象，像是某個年度的排行榜精選曲。
- 出租權：是指著作原件或其合法著作重製物之所有人，得出租該原件或重製物。也就是把著作出租給別人使用，而獲取收益的權利。例如市面上一些DVD影碟出租店將DVD出租給會員在家觀看之用。

- 散布權：指著作人享有就其著作原件或著作重製物對公眾散布或所有權移轉之專有權利。例如販賣盜版CD、畫作、錄音帶等實體物之著作內容傳輸，等皆屬侵害散布權，但透過電台或網路所作的傳輸則不屬於散布權的範圍。

14-4-3 合理使用原則

基於公益理由與基於促進文化、藝術與科技之進步，爲避免過度之保護，且爲鼓勵學術研究與交流，法律上乃有合理使用原則。所謂著作權法的「合理使用原則」，就是即使未經著作權人之允許而重製、改編及散布仍是在合法範圍內。其中的判斷標準包括使用的目的、著作的性質、占原著作比例原則與對市場潛在影響等。

例如爲了教育目的之公開播送、學校授課需要之重製、時事報導之利用、公益活動之利用、盲人福利之重製與個人或家庭非營利目的之重製等等。在著作的合理使用原則下，不構成著作財產權之侵害，但對於著作人格權並不生影響。或者對於研究、評論、報導或個人非營利使用等目的，在合理的範圍之內，得引用別人已經公開發表的著作。也就是說，在這種情形之下，不經著作權人同意，而不會構成侵害著作權。

舉例來說，如果以101大樓爲背景設計廣告或者自行拍攝101大樓照片並作成明信片等行爲，雖然「建築物」也是受著作權法保護的著作之一。但是基於公益考量，定有許多合理使用的條文，101大樓是普遍性的大眾建築，經濟部智慧財產局曾經表示，拍影片將101大樓入鏡或以101爲背景拍攝海報等，以上行爲都是「合理使用」，並不算侵權。但如果以雕塑方式重製雕塑物，那就侵權了。

在此要特別提醒大家注意的是，即使某些合理使用的情形，也必須明示出處，寫清楚被引用的著作的來源。當然最佳的方式是在使用他人著作之前，能事先取得著作人的授權。

14-4-4 電子簽章法

由於傳統的法律規定與商業慣例，限制了網上交易的發展空間，我國政府於民國90年11月14日爲推動電子交易之普及運用，確保電子交易之安全，促進電子化政府及電子商務之發展，特制定電子簽章法，並自2002年4月1日開始施行。

電子簽章法的目的就是希望透過賦予電子文件和電子簽章法律效力，建立可信賴的網路交易環境，使大衆能夠於網路交易時安心，還希望確保資訊在網路傳輸過程中不易遭到僞造、竄改或竊取，並能確認交易對象眞正身分，並防止事後否認已完成交易之事實。除了網路之交易行爲外，並就電子文件之效力也提出相關的規範，藉由電子簽章法的制訂，建立合乎標準的憑證機構管理制度，並賦與電子訊息具有法律效力，降低電子商務之障礙。

14-4-5 個人資料保護法

隨著科技與網路的不斷發展，資訊得以快速流通，存取也更加容易，特別是在享受電子商務帶來的便利與榮景時，也必須承擔個資容易外洩、甚至被不當利用的風險，因此個人資料保護的議題也就愈來愈受到各界的重視。近年來一直不斷發生電子商務網站個人資料外洩的事件，如何加強保護甚至妥善因應個資法，是電子商務產業面臨一大挑戰。

爲了遏止網購業者洩露個資而讓網路詐騙有機可乘，經過各界不斷的呼籲與努力，法務部組成修法專案小組於93年間完成修正草案，歷經數年審議，終於99年4月27日完成三讀，同年5月26日總統公布「個人資料保護法」，其餘條文行政院指定於101年10月1日施行。在新版個資法尚未修訂前，法務部就已將無店面零售業列入「電腦處理個人資料保護法」的指定適用範圍。個資法立法目的爲規範個人資料之蒐集、處理及利用，個資法的核心是爲了避免人格權受侵害，並促進個人資料合理利用。這是對台灣的個人資料保護邁向新里程碑的肯定，但也意味著，各主管機關、公司行號，及全台2300萬人民，日後必須遵守、了解新版個資法的相關規範，與其所帶來的衝擊。

所謂的個人資料，根據個資法第一章第二條第一項：「指自然人之姓名、出生年月日、身分證統一編號、護照號碼、特徵、指紋、婚姻、家庭、教育、職業、病歷、醫療、基因、性生活、健康檢查、犯罪前科、聯絡方式、財務情況、社會活動及其他得以直接或間接方式識別該個人之資料」。

在電子商務平台上面的賣家，無論是有實體的店面，有些會使用身分證字號做爲使用者帳號，這類資料都是個人資料的一部分，都在新版個資法所適用的範圍內，同樣都需要對個人資料進行保護。舉例來說，在拍賣網站上所使用的賣家名稱，因爲無法直接判別個人，所以賣家名稱並不屬於個人資料，但是賣家的聯絡電話、電子郵件、或是匯款帳號，則是屬於個人資料的一部分，個資法更加強了保障個人隱私，遏止過去個人資料嚴重的不當使用。

過去台灣企業對個資保護一直著墨不多，導致民眾個資取得容易，造成詐騙事件頻傳，尤其新版個資法上路後，要求商家應當採取適當安全措施，以防止個人資料被竊取、竄改或洩漏，否則造成資料外洩或不法侵害，企業或負責人可能就得承擔個資刑責及易科罰金。

14-5 網路著作權

在網際網路尚未普及的時期，任何盜版及侵權行爲都必須有實際的成品（如影印本及光碟）才能實行。不過在這個高速發展的數位化網際網路環境裡，其中除了網站之外，也包含多種通訊協定和應用程式，資訊分享方式更不斷推陳出新。數位化著作物的重製非常容易，只要一些電腦指令，就能輕易的將任何的「智慧作品」複製與大量傳送。

雖然網路是一個虛擬的世界，但仍然要受到相關法令的限制，也就是包括文章、圖片、攝影作品、電子郵件、電腦程式、音樂等，都是受著作權法保護的對象。我們知道網路著作權仍然受到著作權法的保護，不過在我國著作權法的第一條中就強調著作權法並不是專爲保護著作人的利益而制定，尚有調和社會發展與促進國家文化發展的目的。

網路著作權就是討論在網路上流傳他人的文章、音樂、圖片、攝影作品、視聽作品與電腦程式等相關衍生的著作權問題，特別是包括「重製權」及「公開傳輸權」，應該經過著作財產權人授權才能加以利用。

在著作權法的「合理使用原則」之下，應限於個人或家庭、非散布、非營利之少量下載，如爲報導、評論、教學、研究或其他正當目的之必要的合理引用。

基本上，網路平臺上即使未經著作權人允許而重製、改編及散布仍是有限度可以，因此並不是網路上的任何資訊取得及使用都屬於違法行爲，但是要界定合理使用原則目前仍有相當的爭議。

很多人誤以為只要不是商業性質的使用，就是合理使用，其實未必。例如單就個人使用或是學術研究等行為，就無法完全斷定是屬於侵犯智慧財產權，網路著作權的合理使用問題很多，本節中將來進行討論。

14-5-1 網路流通軟體介紹

由於資訊科技與網路的快速發展，智慧財產權所牽涉的範圍也愈來愈廣，例如網路下載與燒錄功能的方便性，都使得所謂網路著作權問題愈顯複雜。例如網路上流通的軟體就可區分為三種，分述如下：

軟體名稱	說明與介紹
免費軟體（Freeware）	擁有著作權，在網路上提供給網友免費使用的軟體，並且可以免費使用與複製。不過不可將其拷貝成光碟，將其販賣圖利。
公共軟體（Public domain software）	作者已放棄著作權或超過著作權保護期限的軟體。
共享軟體（Shareware）	擁有著作權，可讓人免費試用一段時間，但如果試用期滿，則必須付費取得合法使用權。

其中像「免費軟體」與「共享軟體」仍受到著作權法的保護，就使用方式與期限仍有一定限制，如果沒有得到原著作人的許可，都有侵害著作權之虞。即使是作者已放棄著作權的公共軟體，仍要注意著作人格權的侵害問題。以下我們還要介紹一些常見的網路著作權爭議問題：

14-5-2 網站圖片或文字

某些網站都會有相關的圖片與文字，若未經由網站管理或設計者的同意就將其加入到自己的頁面內容中就會構成侵權的問題。或者從網路直接下載圖片，然後在上面修正圖形或加上文字做成海報，如果事前未經著作財產權人同意或授權，都可能侵害到重製權或改作權。至於自行列印網頁內容或圖片，如果只供個人使用，並無侵權問題，不過最好還是必須取得著作權人的同意。不過如果只是將著作人的網頁文字或圖片作爲超連結的對象，由於只是讓使用者作爲連結到其他網站的識別，因此是否涉及到重製行爲，仍有待各界討論。

14-5-3 超連結的問題

所謂的超鏈結（Hyperlink）是網頁設計者以網頁製作語言，將他人的網頁內容與網址連結至自己的網頁內容中。例如各位把某網站的網址加入到頁面中，如http://www.google.com.tw，雖然涉及了網址的重製問題，但因爲網址本身並不屬於著作的一部分，故不會有著作權問題，或是單純的文字超鏈結，只是單純文字敘述，應該也未涉及著作權法規範的重製行爲。如果是以圖像作爲鏈結按鈕的型態，因爲網頁製作者已將他人圖像放置於自己網頁，似乎已有發生重製行爲之虞，不過這已成網路普遍之現象，也有人主張是在合理使用範圍之內。

還有一種框架連結（Framing），則因爲將連結的頁面內容在自己網頁中的某一框架畫面中顯示，對於被連結網站的網頁呈現，因而產生其連結內容變成自己網頁中的部分時，應有重製侵權的問題。

此外，國內盛行網路部落格文化，並以悅耳的音樂來吸引瀏覽者，曾經有一位部落格版本只是用HTML語法的框架將音樂播放器崁入網頁中，就被檢察官起訴侵害著作權人之公開傳輸權。因此各位在設計網站架構時，除非取得被連結網站主的同意，否則我們會建議儘可能不要使用視窗連結技術。

14-5-4 轉寄電子郵件

電子郵件可以說是Internet上最重要、應用也是最廣泛的服務，它的出現對於現代人的生活產生了非常大的改變。除了資訊交流以外，大部分的人也習慣將文章及圖片或他人的E-mail，以附件方式再轉寄給朋友或是同事一起分享。電子郵件的附件可能是文章或他人之信件或文字檔、音樂檔、圖形檔、電腦程式壓縮檔等，這些檔案依其情形也等同有各別的著作權，但是這種行為已不知不覺涉及侵權行為。有些人喜歡未經當事人的同意，而將寄來的E-mail轉寄給其他人，這可能侵犯到別人的隱私權。如果是未經網頁主人同意，就將該網頁中的文章或圖片轉寄出去，就有侵犯重製權的可能。不過如果只是將該網頁的網址（URL）轉寄給朋友，就不會有侵犯著作權的問題了。更有些人喜歡惡作劇，常喜歡將一寫附有血腥、恐怖圖片的電子郵件轉寄他人，導至收件人受驚嚇而情緒失控，因為寄發這種恐怖的資訊，因而造成該人精神因此受損，可能觸犯過失傷害罪或普通傷害罪。

14-5-5 快取與映射問題

所謂「快取」（caching）功能，就是電腦或代理伺服器會複製瀏覽過的網站或網頁在硬碟中，以加速日後瀏覽的連結和下載。也就是藉由「快取」的機制，瀏覽器可以減少許多不必要的網路傳輸時間，並加快網頁顯示速度。通常「快取」方式可以區分為「個人電腦快取」與「代理伺服器快取」兩種。

例如「個人電腦快取」的用途就是將曾經瀏覽過的網頁留存在自己PC的硬碟上，以方便使用者可以隨時按下「上一頁」或「下一頁」工具鈕功能來閱讀看過的網頁。

至於「代理伺服器快取」的功用，就是當我們點選進入某網頁時，代理伺服器便會先搜尋主機內是否有前一位網友已搜尋過而留下的資料備份，若有就直接回傳給我們，反之，則代理伺服主機會依照網址向該網路主機索取資料。

一份回傳給我們，一份留存備份，已備日後搜尋時，以達到避免占用網路頻寬與重複傳送到該網路主機所花費時間所特別設計之功能。

像這樣上網瀏覽網頁，以快取方式暫存在伺服器或硬碟中雖然涉及重製行爲，而重製權又是專屬於著作權人的權利。

事實上，就網路傳輸的必然重製這個問題，並不一定觸犯「暫時性重製」行爲，在我國著作權法中，僅禁止一般人非法重製行爲，至於電腦自動產生的重製則無相關規定，目前應該還算是視爲一種合理使用的範圍。

至於映射（mirrioring）功能則與「快取」相似，比如說某些 ISP 的網站，會取得一些廣受歡迎的熱門網站同意與授權，並將該網站的完整資料複製在自己的伺服器上。當使用者連線後，可直接在 ISP 的伺服器上看到這些網站，不必再連線到外部網路。不過這還是會有牽涉到該網站的時效、完備性及相關著作權與隱私權的問題。

14-5-6 暫時性重製

一般說來，資訊內容在電腦中運作時就會產生重製的行爲。例如各位在電腦中播放音樂或影片時，此時記憶體中必定會產生和其相同的一份資料以供播放運作之用，這就算是一種重製。不僅如此，利用硬碟中暫存區空間所放置的資料（原意是用來加快讀取的速度），在法律上而言，也是屬於重製的行爲。

而在電腦與網路行爲有涉及重製權的部分，包括上傳（upload）、下載（download）、轉貼（repost）、傳送（forward）、將著作存放於硬碟（或磁碟、光碟、隨機存取記憶體（RAM）、唯讀記憶體（ROM））、列印（print）、修改（modify）、掃描（scan）、製作檔案或將BBS上屬於著作性質資訊製作成精華區等。

不過按照世界貿易組織「與貿易有關之智慧財產權協定」第九條提到，修正「重製」之定義，使包括「直接、間接、永久或暫時」之重複製作。另增訂特定之暫時性重製情形不屬於「重製權」之範圍。

例如我們使用電腦網路或影音光碟機來觀賞影片、聆聽音樂、閱讀文章、觀看圖片時，這些影片、音樂、文字、圖片等影像或聲音，都是先透過機器之作用而「重製儲存」在電腦或影音光碟機內部的RAM後，再顯示在電視螢幕上。聲音則是利用音響設備來播放，當關機的同時這些資訊也就消失了，這種情形就是一種「暫時性重製」的現象。這是屬於技術操作過程中必要的過渡性與附帶性流程，並不具獨立經濟意義的暫時性重製，因此不屬於著作人的重製權範圍，不必獲得同意。

不過日前行政院所通過的「著作權法」修正草案，已將暫時性重製明列爲著作權法重製的範圍，但爲讓使用人有合理使用的空間，增列重製權的排除規定。也就是說，網路使用者瀏覽網頁內容時的資料暫存或傳輸過程中必要的暫時性重製，都是該條合理使用的範圍。以後單純上網瀏覽網頁內容，收聽音樂或觀賞電影，都不會構成著作權侵害。

雖然我國智慧財產局官員強調只要加上合理使用範圍的相關配套，暫時性重製問題就不會人人皆罪，不過相信只要暫時性重製是著作權法上的重製權範圍，那日後可能的爭議必定會層出不窮。

14-5-7 網域名稱權爭議

在網路發展的初期，許多人都只把「網域名稱」（Domain name）當成是一個網址而已，扮演著類似「住址」的角色，後來隨著網路技術與電子商務模式的蓬勃發展，企業開始留意網域名稱也可擁有品牌的效益與功用，因爲網域名稱不僅是讓電腦連上網路而已，還應該是企業的一個重要形象的意義，特別是以容易記憶及建立形象的名稱，更提升爲辨識企業提供電子商務或網路行銷的表徵，成爲一種有利的網路行銷工具。由於「網域名稱」採取先申請先使用原則，許多企業因爲尚未意識到網域名稱的重要性，導致無法以自身商標或公司名稱作爲網域名稱。近年來網路出現了出現了一群搶先一步登記知名企業網域名稱的「域名搶註者」（Cybersquatter），俗稱爲「網路蟑螂」，讓網域名稱爭議與搶註糾紛日益增加，不願妥協的企業公司就無法取回與自己企業相關的網域名稱。政府爲了處理域名搶註者所造成的亂象，或者網域名稱與申訴人之商標、標章、姓名、事業名稱或其他標識相同或近似，台灣網路資訊中心（TWNIC）於2001年3月8日公布「網域名稱爭議處理辦法」，所依循的是ICANN（Internet Corporation for Assigned Names and Numbers）制訂之「統一網域名稱爭議解決辦法」。

14-5-8 侵入他人電腦

網路駭客侵入他人的電腦系統，不論是有無破壞行爲，都已構成了侵權的舉動。之前曾發生有人入侵政府機關網站，並將網頁圖片換成色情圖片。或者有學生入侵學校網站竄改成績。這樣的行爲已經構成刑法「入侵電腦罪」、「破壞電磁紀錄罪」、「干擾電腦罪」等，應該依相關規定處分。如果是更動電腦中的資料，由於電磁紀錄也屬於文書之一種，因此還會涉及僞造文書罪或毀損文書罪。

隨著網路寬頻的大幅改善，現在許多年輕人都沉迷於線上遊戲，因爲線上遊戲日漸風行，相關的法律問題也隨之產生。線上遊戲吸引人之處，在於玩家只要持續「上網練功」就能獲得寶物，例如線上遊戲的發展

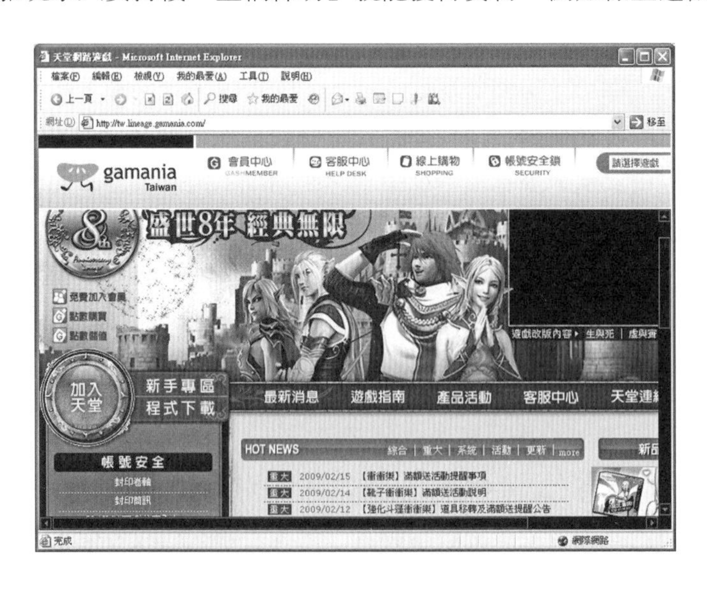

後來產生了可兌換寶物的虛擬貨幣。這些虛擬寶物及貨幣，往往可以轉賣其它玩家以賺取實體世界的金錢，並以一定的比率兌換，這種交易行爲在過去從未發生過。有些玩家運用自己豐富的電腦知識，利用特殊軟體（如特洛依木馬程式）進入電腦暫存檔獲取其他玩家的帳號及密碼，或用外掛程式洗劫對方的虛擬寶物，再把那些玩家的裝備轉到自己的帳號來。

這到底構不構成犯罪行爲？由於線上寶物目前一般已認爲具有財產價值，這已構成了意圖爲自己或第三人不法之所有或無故取得、竊盜與刪除或變更他人電腦或其相關設備之電磁紀錄的罪責。

14-6 創用CC授權簡介

臺灣創用CC的官網

隨著數位化作品透過網路的快速分享與廣泛流通，各位應該都有這樣的經驗，有時因爲電商網站設計或進行網路行銷時，需要到網路上找素材

（文章、音樂與圖片），不免都會有著作權的疑慮，一般人因為害怕造成侵權行為，卻也不敢任意利用。近年來網路社群與自媒體經營盛行，例如一些網路知名電商社群時時常有轉載他人原創內容的需求，因此被檢舉侵犯著作權而造成不少風波，也讓人再次思考網路著作權的議題。不過現代人觀念的改變，多數人也樂於分享，總覺得獨樂樂不如眾樂樂，也有愈來愈多人喜歡將生活點滴以影像或文字記錄下來，並透過許都社群來分享給普羅大眾。

因此對於網路上著作權問題開始產生了一些解套的方法，在網路上也發展出另一種新的著作權分享方式，就是目前相當流行的「創用CC」授權模式。基本上，創用CC授權的主要精神是來自於善意換取善意的良性循環，不僅不會減少對著作人的保護，同時也讓使用者在特定條件下能自由使用這些作品，並因應各國的著作權法分別修訂，許多共享或共筆的網站服務都採用此種授權方式，讓大眾都有機會共享智慧成果，並激發出更多的創作理念。

所謂創用CC（Creative Commons）授權是源自著名法律學者美國史丹佛大學 Lawrence Lessig教授於2001年在美國成立 Creative Commons 非營利性組織，目的在提供一套簡單、彈性的「保留部分權利」（Some Rights Reserved）著作權授權機制。「創用CC授權條款」分別由四種核心授權要素（「姓名標示」、「非商業性」、「禁止改作」以及「相同方式分享」），組合設計了六種核心授權條款（姓名標示、姓名標示－禁止改作、姓名標示－相同方式分享、姓名標示－非商業性、姓名標示－非商業性－禁止改作、姓名標示－非商業性－相同方式分享），讓著作權人可以透過簡單的圖示，針對自己所同意的範圍進行授權。創用CC的4大授權要素說明如下：

標誌	意義	說明
	姓名標示	允許使用者重製、散布、傳輸、展示以及修改著作，不過必須按照作者或授權人所指定的方式，標示出原著作人的姓名。
	禁止改作	僅可重製重製、散佈、展示作品，不得改變、轉變或進行任何部分的修改與產生衍生作品。
	非商業性	允許使用者重製、散佈、傳輸以及修改著作，但不可以爲商業性目的或利益而使用此著作。
	相同方式分享	可以改變作品，但必須與原著作人採用與相同的創用CC授權條款來授權或分享給其他人使用。也就是改作後的衍生著作必須採用相同的授權條款才能對外散布。

透過創用CC的授權模式，創作者或著作人可以自行挑選出最適合的條款作爲授權之用，藉由標示於作品上的創用CC授權標章，因此讓創作者能在公開授權且受到保障的情況下，更樂於分享作品，無論是個人或團體的創作者都能夠在相關平台進行作品發表及分享。

【課後評量】

一、選擇題

1. (　　) 下列何者正確？ (A)爲研究所需可盜版軟體 (B)爲節省經費可盜版軟體 (C)爲營利可盜版軟體 (D)任何情況皆不可盜版軟體

2. (　　) 關於電腦軟體的使用，下列何者不正確？ (A)購買正版軟體，只是取得該軟體所附著磁片的所有權，該電腦程式的著作權仍歸程式的著作權人所有 (B)正版軟體的買受人可以爲備用存檔的需要拷貝該軟體，不需先徵得程式著作權人的同

意 (C)公司或學校機關團體有數台電腦時，每台電腦上都必須配置一套合法軟體，不能只購一套軟體而拷貝到數台機器的硬碟中 (D)將電腦軟體單機版安裝在一個伺服器上，供多數人使用

3. ( ) 智慧財產法要保護的是： (A)一般人知的權利 (B)人類腦力辛勤創作的結晶 (C)國家 (D)消費者消費的樂趣。

4. ( ) 發現製作或販賣盜版光碟時，下列何者正確？ (A)通知警調單位 (B)大量購買 (C)通知親朋好友購買 (D)向其學習製作技術。

5. ( ) 某位學者爲研究之用，發現某著名書刊並無中文譯本，爲便於學生研究，下列行爲何者合法？ (A)逕行翻譯、發行即可 (B)將著作權爲著作權人所有之書籍，透過原出版商同意再翻譯 (C)買回原版，然後供學生整本翻印後，作爲上課教材 (D)經過版權所有人同意再翻譯

6. ( ) 下列何者爲「美國特別301」（Special 301）的正確解釋？ (A)是目前最新的一種電玩 (B)是美國用來報復其他國家未就智慧財產權提供妥善保護時的法律規定 (C)是新進口的一種減肥產品 (D)是美國福特汽車新推出的車型

7. ( ) 大學教授可否將他人著作用在自己的教科書中？ (A)只要付錢給著作權委員會就可以 (B)只要是爲教育目的必要，在合理範圍內就可以 (C)只要是爲教育目的之下有其必要性，且在合理範圍內引用，並且是經教育行政機關審定爲教科書之著作內容才可 (D)只要憑良心即可

8. ( ) 非法複製網路作業系統，係違反下列何種法規？ (A)穩私權 (B)公平交易法 (C)災害防治法 (D)著作權法

9. ( ) 下列何者之敘述不正確？ (A)著作人在著作完成時即享有著作權 (B)沒有申請著作權登記，不影響著作權的取得 (C)沒

有申請著作權註冊，會影響著作權的取得 (D)是否享有著作權，權利人應自負舉證的責任

10. ( ) 著作人死亡後，除其遺囑另有指定外，對於侵害其著作人格權的請求救濟，下列何者的優先權最高？ (A)父母 (B)子女 (C)配偶 (D)祖父母

11. ( ) 重製權是屬於下列何者的權利？ (A)社教單位 (B)任何人 (C)著作人 (D)聽講人

12. ( ) 一個小說的作者，什麼時候能夠取得他所創作那本的小說上著作權？ (A)構思開始時 (B)搜集各式愛情故事時 (C)撰寫完畢時 (D)印刷出售時

13. ( ) 電腦程式在下列哪一法律條款中被列舉爲保護對象之一？ (A)民事訴訟法 (B)著作權法 (C)商標法 (D)電腦處理個人資料保護法

14. ( ) 研究生在論文中要引用他人著作時，下列何者正確？ (A)可任意引用但要著作人同意 (B)可合理引用但要註明出處 (C)可任意引用且不必註明出處 (D)完全不得引用

15. ( ) 從網路下載圖片，然後在上面加一些圖形或文字做成海報，會違反下列哪一項法律？ (A)著作權法 (B)勞動基準法 (C)社團法 (D)公平交易法

16. ( ) 商標註冊應向哪個機關申請？ (A)經濟部智慧財產局 (B)經濟部工業局 (C) 經濟部商業司 (D)經濟部國際貿易局

17. ( ) 聽演講時未經過演講人同意就逕行錄音，可能觸犯下列何者？ (A)專利法 (B)商標法 (C)著作權法 (D)公平交易法。

18 ( ) 著作財產權的期間屆滿後： (A)任何人均可自由利用該著作 (B)只要付錢給著委會就可以利用著作 (C)還是要徵得著作財產權人同意，只是不用付錢 (D)只要付錢給經濟部智慧財產

局就可以利用著作

19. (　　) 以下何者為著作權法所容許的拷貝行為？ (A)為作備份而拷貝電腦程式 (B)因遺失之故而拷貝同學的錄音帶 (C)幫別人全本影印 (D)影印宮澤理惠的照片廉價出售。

20. (　　) 在BBS站上所發表的文章是受著作權法保護，下列何者正確？ (A)站長可予以收錄轉張貼營利 (B)任何公司可予以收錄販賣 (C)網友可予以收錄作營利行為 (D)得到著作財產權人同意後才可使用

二、問答題

1. 資訊精確性的精神為何？
2. 請解釋資訊存取權的意義。
3. 請簡述創用CC的4大授權要素。
4. 請簡介創用CC授權的主要精神。
5. 什麼是網域名稱？網路蟑螂？
6. 著作人格權包含哪些權利？
7. 試簡述專利權。
8. 有些玩家運用自己豐富的電腦知識，利用特殊軟體進入電腦暫存檔獲取其他玩家的虛擬寶物，可能觸犯哪些法律？

第十五章

Word 基本入門

文書處理工作是現代人在日常生活中必備的工作，舉凡寫信、交報告、設計海報、賀卡等，隨著文明的增進而與日俱增。當然，對於一個電腦從業人員，也幾乎絕大多數的時間，都是進行文書作業的處理。談到文書處理軟體，大家第一個想到的就是Microsoft公司的Word軟體。利用這套編輯軟體，不管您要在文件中編排文章段落、加入表格、文字藝術師、美工圖案圖表或組織圖，甚至將完成的文件轉成網頁，或合併列印，只要您想到文件處理的問題，Word都可以幫您輕鬆做到。

Word能製作出許多精彩的文字特效

15-1 Word 環境介紹

啟動Word最常見的方式就是執行在Windows的開始功能表中的Word指令，即可開啟Word視窗。如果要結束或關閉Word視窗，可切換到「檔案」標籤，執行「關閉」指令或按下右上方「關閉」 × 鈕即可。

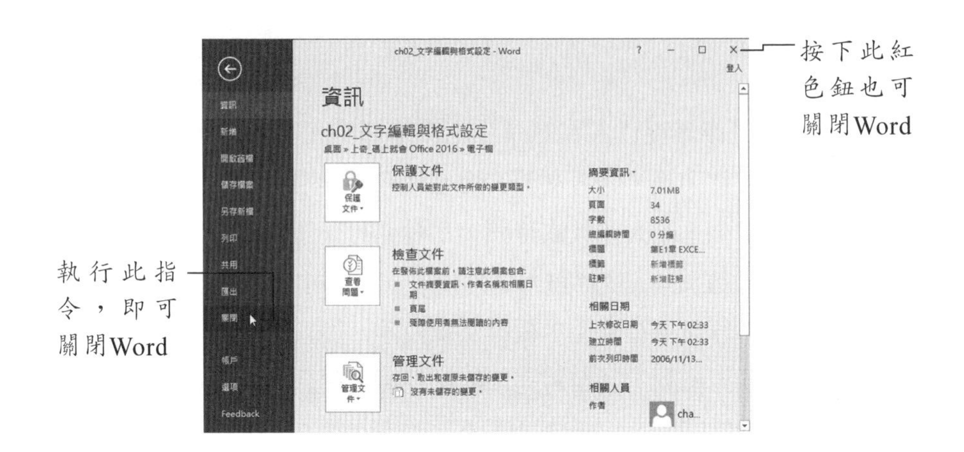

15-1-1 Word介面認識

在使用Word前，首先來對Word的工作環境進行介紹。當啟動Word程式時，會看到一份新的Word文件，如下圖所示：

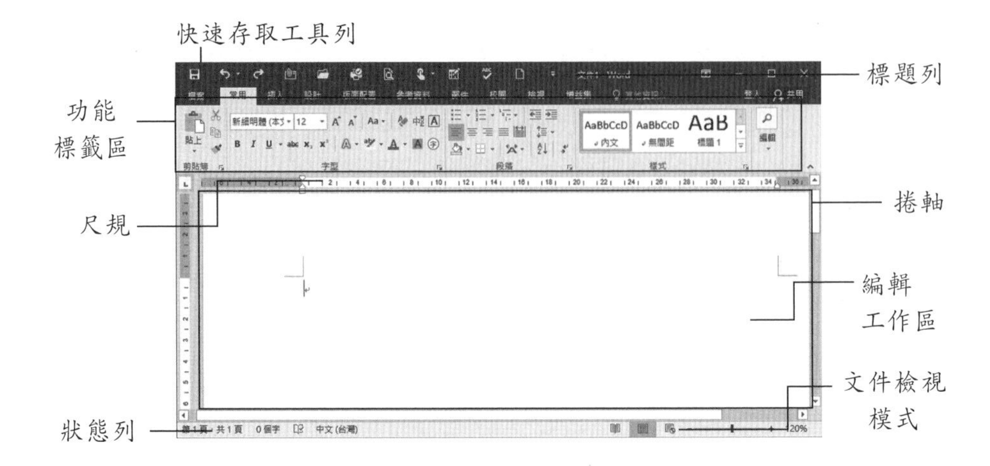

■ 標題列

標題列以顯示目前的檔案與應用軟體的名稱爲主要工作，當各位啓動Word時，即可發現於標題列上會顯示文件名稱爲「文件1」而應用軟體名稱爲「Microsoft Word」。若再開啓新的檔案時，標題列則會以文件2、文件3等做爲檔案的預設名稱，直到另設檔案名稱爲止。

在標題列左方包含了「快速存取工具列」，預設時包含了「儲存檔案」、「復原」與「取消復原」等三個圖示鈕。不過各位可以由 ▾ 鈕下拉新增其他的快速存取鈕，或是由「其他命令」中選擇個人常用的功能指令。

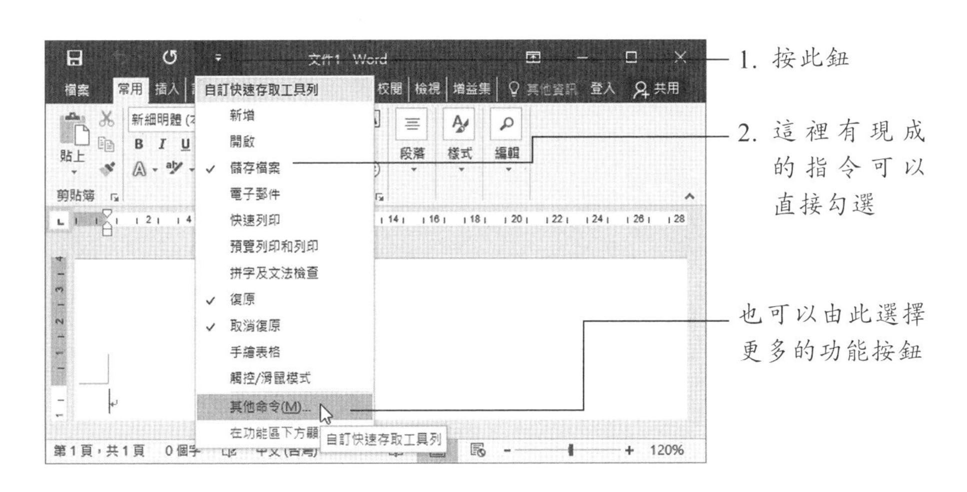

在標題列的右側，若按下 ▣ 鈕，可選擇將功能區整個隱藏起來，以加大編輯工作區的範圍。

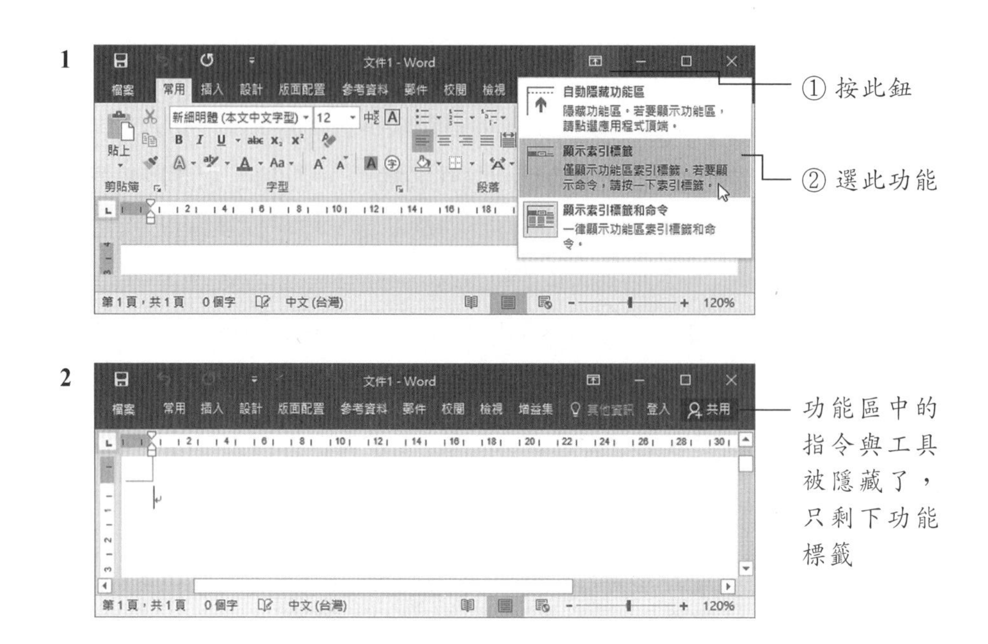

■ 功能標籤區

「功能表區」故名思義即總括了Word的各項功能。若要使用功能標籤中的指令，只需用滑鼠在各功能標籤的標題上按一下左鍵，就會顯示該功能表中所有的指令按鈕。若要了解指令按鈕的確實名稱，可將滑鼠移到該圖示鈕，即會以標籤顯示該指令鈕名稱。

■ 編輯工作區

編輯區以空白背景的方式呈現出來，其內有一條閃爍的直線，此代表文字的插入點，各位可在此區域上輸入文字、插入圖片或其它物件等。

■ 文件檢視模式

位於狀態列的右方，並分爲 閱讀模式、 整頁模式與 Web版面配置模式。Word預設的版面配置方式爲整頁模式，各位可直接點選這三個圖示鈕或者按下「檢視」標籤頁來選擇要進入的檢視模式。以下即爲「整頁模式」下，各位可使用到Word內較爲完整的文件編輯功能，且在整頁模式下所看到的文件將與各位將其列印出來所呈現的效果是一樣的。

■ 尺規

尺規位於編輯區範圍的最上方與左方，分為水平與垂直尺規，主要是用來做為文字定點與顯示邊界之用。

■ 狀態列

狀態列是用來顯示編輯文件的狀態，包括文件內游標所在的頁數、文件總頁數、字數、插入／取代模式等資訊。另外，在狀態列的右邊有一個「顯示比例」功能鈕，可藉由拖曳滑桿來改變文件的檢視比例，可說是相當的實用。

■ 捲動軸

用來調整編輯區顯示於視窗上的位置，分為水平與垂直捲動軸。

15-2 文件編修基本操作

在啓動Word的同時，即已開啓了一個新的檔案，若要再增加其餘新的文件，可切換到「檔案」標籤，執行「新增」指令，再選擇「空白文件」鈕，即可開新一空白文件檔案。

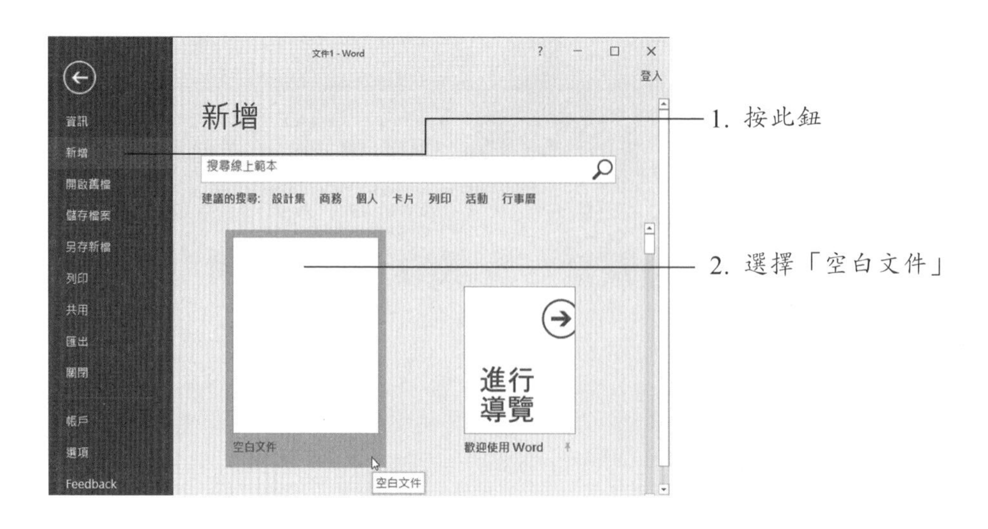

15-2-1 開啓舊檔

已存檔的檔案在關閉後，可切換到「檔案」標籤，執行「開啓舊檔」指令，即可在如下視窗中選擇要開啓的檔案。

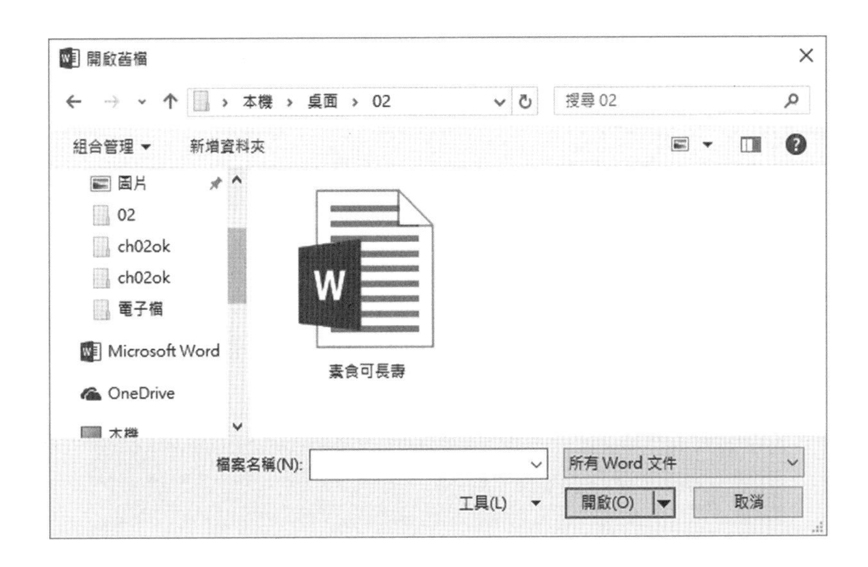

15-2-2 插入點的移動

插入點的移動，除了可以使用滑鼠外，也可以使用方向鍵來移動。請看下表的說明：

方法	說明
使用鍵盤上的↑↓←→鍵	在一段文字內，每按一下，插入點就可往上、往下、往左或往右移動一格。
使用快速鍵	按下Home鍵，可將插入點移至該行文字的最前端。 按下End鍵，可將插入點移至該行文字的最尾端。 按下Ctrl+Home鍵，可將插入點移至該段文字的最前端。 按下Ctrl+End鍵，可將插入點移至該段文字的最尾端。

方法	說明
以滑鼠點選	以滑鼠改變插入點位置的彈性最大，只需將滑鼠移置要插入的文字間，並點一下滑鼠左鍵，隨即可將插入點移到最想要的位置上。

15-2-3 文字換行

各位輸入文字時，會發現在插入點後方有一個 ↵ 的符號，此即文字的換行符號。當輸入的文字長度大於整個Word文件的頁面時，所輸入的文字就會自動換至下一行，此一情形稱之爲「自動換行」。除了自動換行外，另外還有一種「強迫換行」的方式，筆者介紹如下：

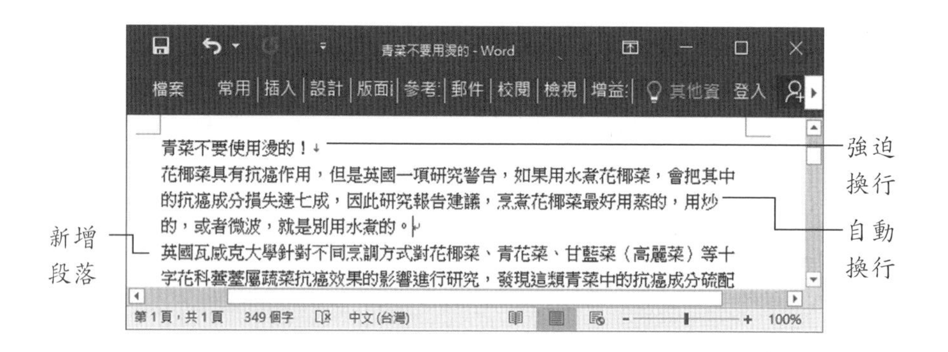

其中 ↵ 爲 Enter 換行的段落符號，而 ↓ 則是 Shift + Enter 換行的段落符號。

15-2-4 資料的修改

發現文件內的文字輸入錯誤時，第一聯想到的就是修改，在文字修改上，可使用Del鍵或Backspace鍵先將文字刪除，再補入需加入的文字即可。Del鍵可刪除插入點後方的文字，而Backspace鍵則可刪除插入點前方的文字。在編輯文件過程中，選取是常用的基本動作。基本上，透過選取功能才能執行其他的動作，例如「複製」或者「格式化」等動作。以下將介紹常見的選取方式：

■ 選取單字

此方法較常應用在英文單字上（但中文的特定名詞也可以），只需在該文字上點兩下滑鼠左鍵，即可選取文字。

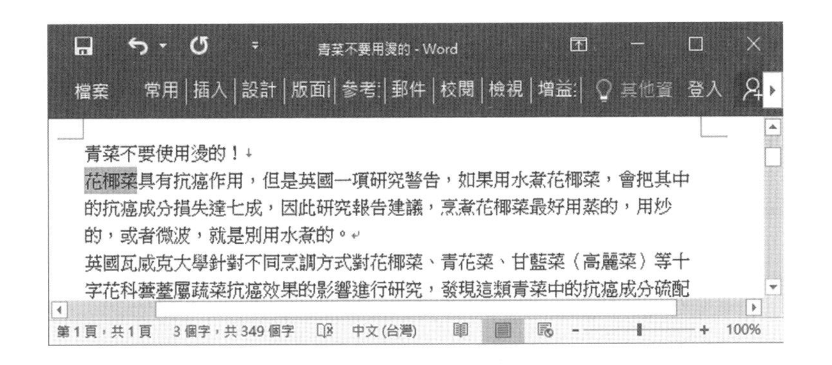

若要取消選取的狀態，請於文件任一處點一下滑鼠左鍵即可。

■ 選取一整列文字

滑鼠指標變成白色箭頭時，按下滑鼠可以選取整列。

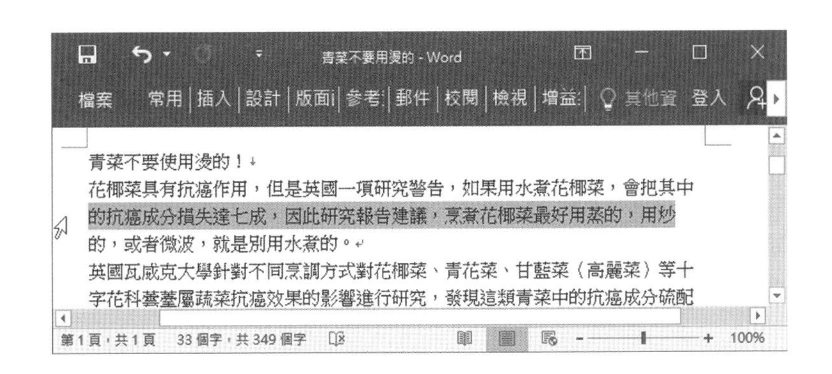

CHAPTER 15

■ 選取不連續的文字

選取不連續的文字，需搭配 Ctrl 鍵一起使用。先選取要選取的文字，接著再按住 Ctrl 鍵，選取位於其它位置的文字即可。

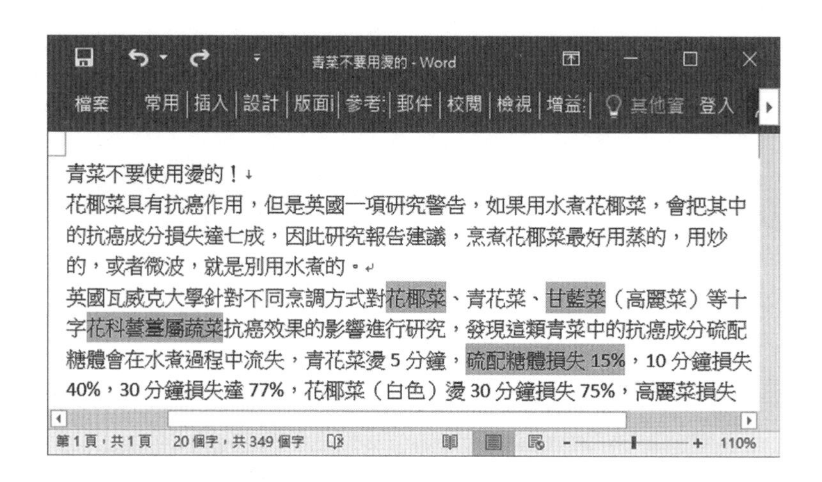

15-2-5 搬移與複製

使用複製與貼上功能可幫助您快速複製相同的文件內容。請選取要複製的文件內容，再按下「常用」標籤中的「複製」鈕，接著將插入點移到要貼上複製文件的地方，再按下「常用」標籤上的「貼上」鈕即可。類似的情況，使用「剪下」及「貼上」功能就可以達到搬移的效果，其中「剪下」指令的快速鍵爲「Ctrl+X」鍵。「複製格式」鈕可幫助您快速複製某文字的格式至指定的文字上。

15-2-6 檔案存檔

執行檔案儲存的動作後，被儲存的檔案即可重覆使用，而不需另花時間重新製作。儲存檔案時，可切換到「檔案」標籤，執行「儲存檔案」指令或「另存新檔」指令，即可儲存文件。

執行過存檔動作後的檔案，若再次執行「儲存檔案」指令，就不會再次開啟「另存新檔」視窗，而是將目前的檔案內容依照原先的檔案名稱及存檔位置覆蓋舊有的檔案內容。若希望將檔案以其它的檔案名稱或位置儲存，請切換到「檔案」標籤，執行「另存新檔」指令，即可另存檔案名稱與位置了。

15-2-7 顯示文件比例

使用整頁模式編輯文件時，Word會自動依據視窗大小調整文件顯示的比例，如果想改變顯示比例，請由「檢視」標籤按下「顯示比例」鈕，並在「顯示比例」視窗中加以設定。

15-2-8 文字格式設定

文字格式除了可直接在「常用」標籤中進行設定外，也可以按滑鼠右鍵選擇「字型」，開啟「字型」視窗加以設定。「常用」標籤中提供了許多改變文字格式的功能，相關功能說明如下：

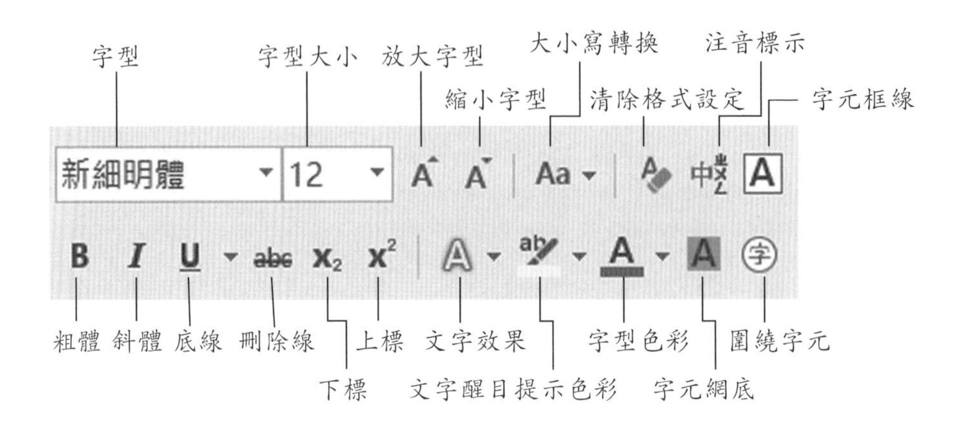

15-2-9 自動拼字與文法檢查

輸入文字內容時，偶爾總有粗心大意的時候，為了避免錯字連篇，或是英文單字的輸入錯誤，可以使用「校閱 / 拼字及文法檢查」指令來進行檢閱：

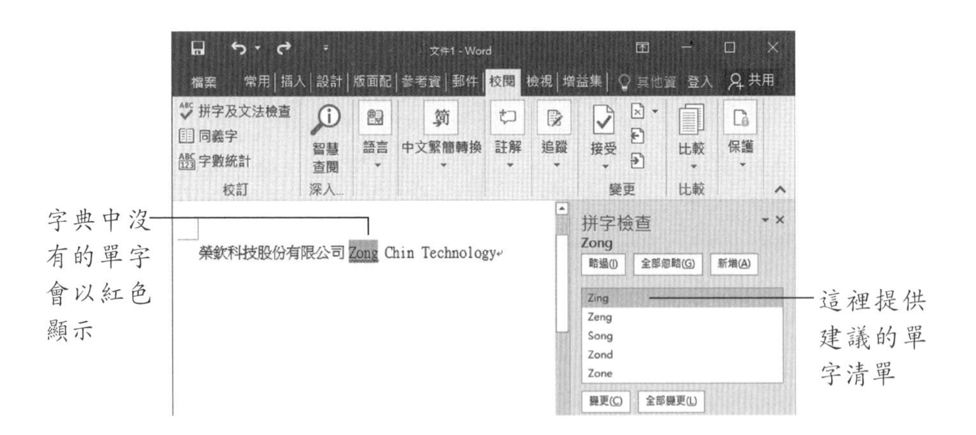

15-2-10 智慧查閱

在編輯文件時，常會有需要查詢的網頁或圖片，往往都需要另開網頁才能搜尋，若想更便利搜尋到資訊，可使用「校閱 / 智慧查閱」指令，能直接將網路上查到的資料拖拉到文件中，不需要離開當下使用中的文件。

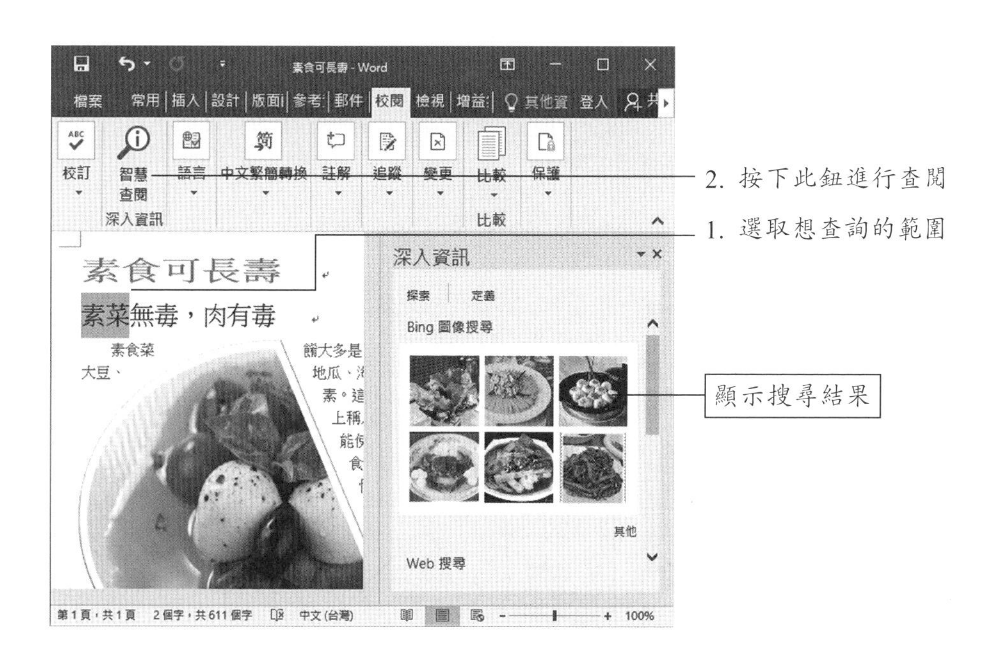

15-2-11 直書與橫書

常用的中文書信如公文、函等，通常以直書顯示，因此Word提供了直書與橫書切換功能，它不僅用在一般文件中，還可以用在表格及文字方塊。請由「版面配置」標籤中按下「文字方向」鈕，再下拉選擇「直書 / 橫書選項」指令，開啓「直書 / 橫書」對話框，就可以決定文字的方向。

15-2-12 亞洲方式配置

Word常用功能表中的有兩項專爲中文設計的專屬功能，其中包括爲文字加上注音符號與環繞文字。下圖爲上述兩項功能的外觀：

■ 圍繞字元

圍繞字元功能可讓各位將單一文字外圍套上圓形、正方形、三角形或菱形的外框。

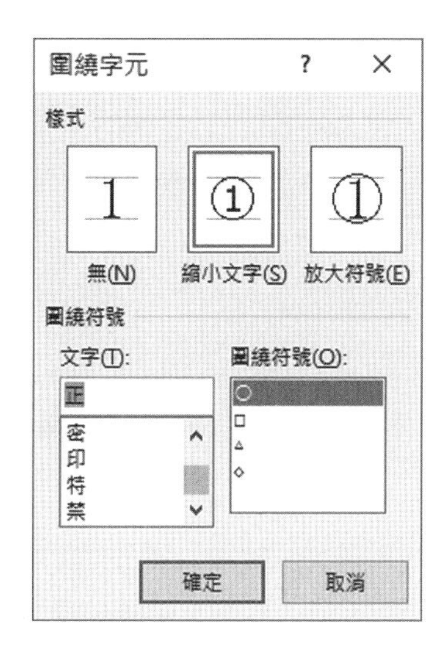

若要移除圍繞字元功能，請至「圍繞字元」視窗內，並選擇「無」樣式即可。

■ 注音標示

注音標示功能不但能自動幫在中文字旁邊加上注音符號之外，而且還會分辨常用的破音字喔，不會受到直書或橫書的影響。

注音標示
基本文字(B):
注音標示(R):
注 ㄓㄨˋ
音 ㄧㄣ
標 ㄅㄧㄠ
示 ㄕˋ
逐詞(G)
逐字(M)
清除讀音(C)
預設讀音(D)
對齊方式(L): 右側垂線
位移(O): 0 點
字型(F): 新細明體
大小(S): 4 點
預覽
注音標示
確定
取消

15-2-13 欄與分隔設定

在閱讀報章雜誌時，常以多欄的方式來爲文章內容進行介紹，增加文件的可讀性。另外，爲了使文章的段落更加鮮明，因此可以將那些橫跨兩頁的段落分隔到同一頁，這樣閱讀起來也比較有連貫性，關於這些功能，常是文件製作時會被運用到的技巧。

Word要編排多欄式文件，可由「版面配置」標籤按下「欄」鈕，並選取欄樣式，或者由「欄」鈕下拉選擇「其他欄」指令，開啓「欄」視窗：

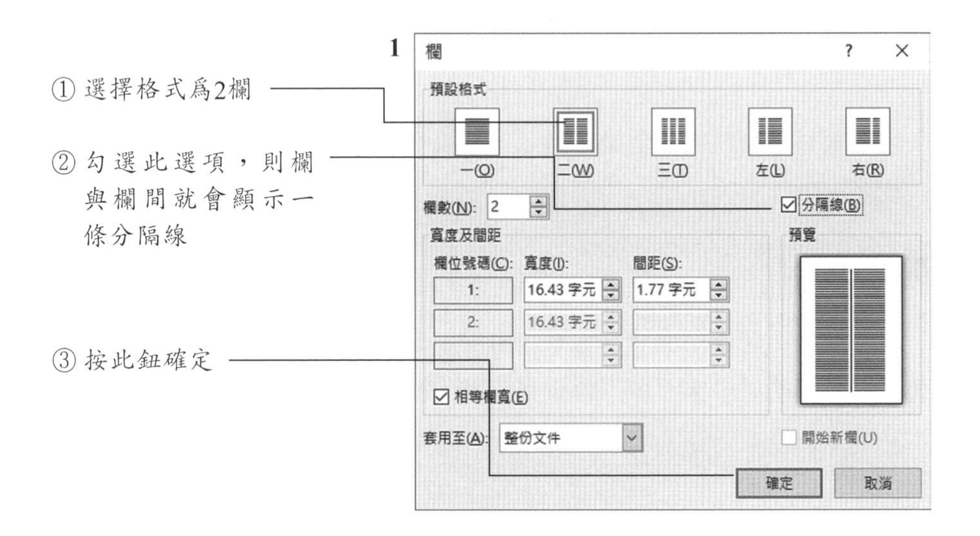

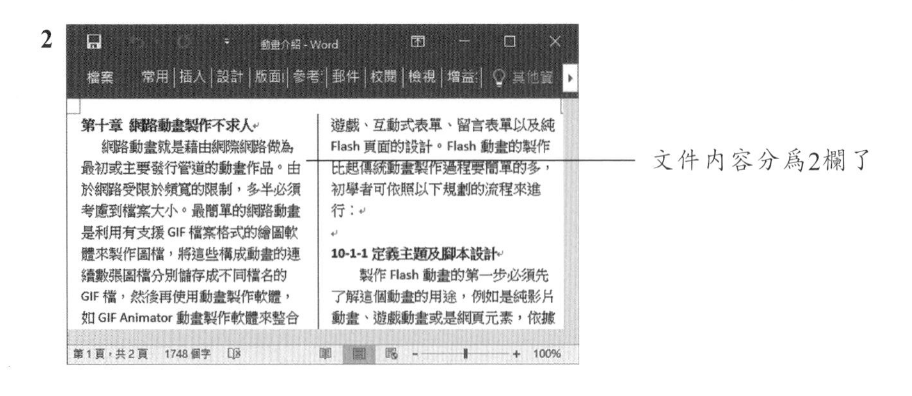

15-3 段落格式設定

善用尺規與定位點的功能，可以幫助各位的文件編輯得更加整齊劃一。另外，適當的段落格式設定，可以使文件段落層次分明，提升閱讀效率。

15-3-1 尺規縮排鈕與定位點

在垂直尺規與水平尺規交叉的地方有一個 ∟ 的圖示鈕，這就是「定位點」。定位點的功用在指定文字輸入的起始位置。首先我們從尺規上的縮排鈕開始談起。請看下表的整理說明：

縮排鈕	說明
首行縮排鈕	拖曳此鈕，可將該段文字第一行的開始位置拖曳至指定的位置上
首行凸排鈕	拖曳此鈕，可將該段文字的左處整個向左或向右移動至指定的位置
右邊縮排鈕	拖曳此鈕，可將該段文字的右處整個向左或向右移動至指定的位置

至於Word中的定位點的圖示及功能則整理如下：

名稱	功能說明
靠右定位點	所輸入的資料會由此定位點向左方展開
靠左定位點	所輸入的資料會由此定位點向右方展開
置中定位點	所輸入的資料會由此定位點向左右兩方展開

名稱	功能說明
對齊小數點的定位點	輸入的資料若是帶有小數點的數值，則會以小數點爲中心，向兩方展開
分隔現定位點	在定位點所在位置插入垂直的分隔線
首行縮排	所輸入的資料，可將該段文字第一行的開始位置移至指定的位置上
首行凸排	所輸入的資料，可將該段文字的左邊整個向左或向右移動至指定的位置

使用定位點時，必須先按該圖示鈕來切換要選擇定位點類型，然後在尺規上點一下，尺規上就會出現定位點符號。如果要取消多餘的定位點，只需將定位點拖曳出尺規範圍即可。當在文件中設定好定位點後，按下「Tab」鍵就能移動至下一個定位點繼續輸入文字。

15-3-2 段落間距與縮排

段落間距主要加大或縮減段落與段落間的距離。請先選取要設定段落間距的段落，接著由「常用」標籤的「段落」處按下 鈕，即可開啓「段落」的對話框。

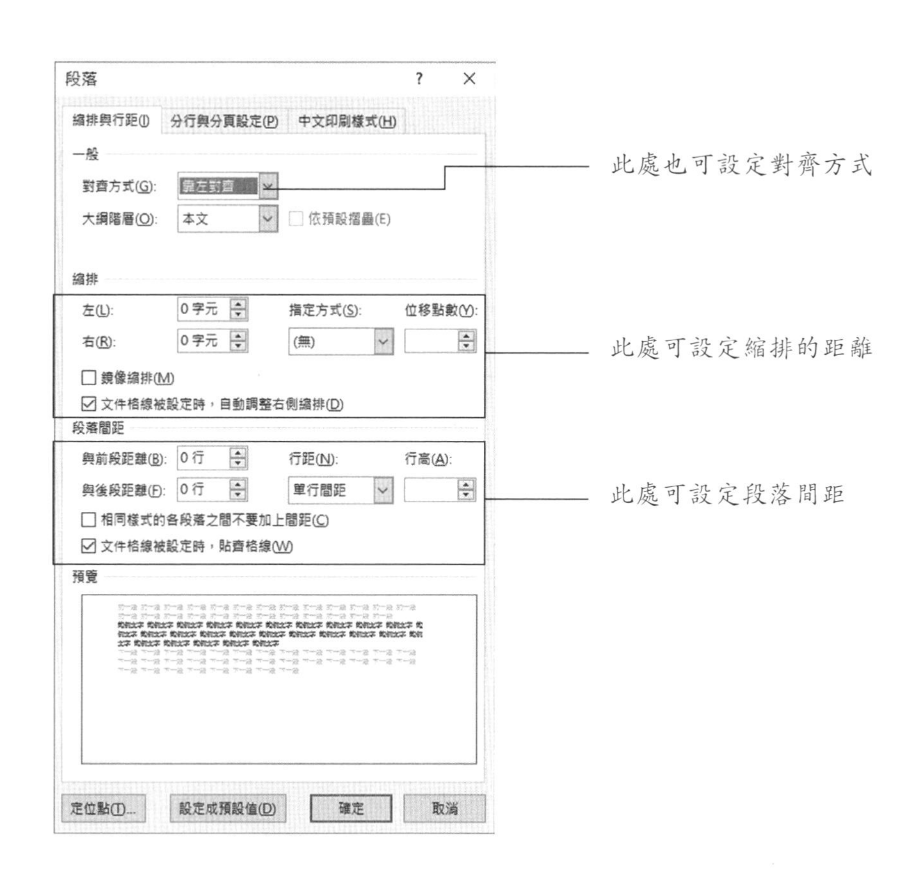

15-3-3 對齊方式

「常用」標籤中的對齊方式共有五項，「左右對齊」、「靠左對齊」、「置中對齊」、「靠右對齊」以及「分散對齊」。請看下表圖示說明：

對齊方式	效果圖示
左右對齊	文書處理（Word Processing）泛指各種文件工作的處理，例如人事公告、商業買賣合約書、廣告傳單、商業書信、論文報告等。在眾多的文書軟體中，又屬 Word 的使用率最爲普及。
靠左對齊	文書處理（Word Processing）泛指各種文件工作的處理，例如人事公告、商業買賣合約書、廣告傳單、商業書信、論文報告等。在眾多的文書軟體中，又屬 Word 的使用率最爲普及。
置中	文書處理（Word Processing）泛指各種文件工作的處理，例如人事公告、商業買賣合約書、廣告傳單、商業書信、論文報告等。在眾多的文書軟體中，又屬 Word 的使用率最爲普及。
靠右對齊	文書處理（Word Processing）泛指各種文件工作的處理，例如人事公告、商業買賣合約書、廣告傳單、商業書信、論文報告等。在眾多的文書軟體中，又屬 Word 的使用率最爲普及。
分散對齊	文書處理（Word Processing）泛指各種文件工作的處理，例如人事公告、商業買賣合約書、廣告傳單、商業書信、論文報告等。在眾多的文書軟體中，又屬 Word 的 使 用 率 最 爲 普 及 。

【課後評量】

一、選擇題

1. (　　) 按下下列哪一圖示鈕即可進入整頁模式？ (A) (B) (C)

2. (　　) 使用下列哪一工具鈕可快速複製文字的格式？ (A) (B) (C)  (D)

3. (　　) 下列何項功能可使文字轉爲橫向配置？ (A)注音標示 (B)橫向文字 (C)並列文字 (D)首字放大

4. (　　) 下列哪一動作可用來儲存文件檔案？ (A)按下 工具鈕 (B)執行「檔案／另存新檔」指令 (C)按下Ctrl+S快速鍵 (D)以上皆可

二、實作題

1. 請依下列步驟建立一份文件，並將檔案儲存為「孩子的世界.docx」。

①執行「版面配置/版面設定」，將上、下、右、左邊界值各設為「3cm」。

②輸入內容

願我能在我孩子的世界裡，佔一角清淨地。我知道有星星害他說話，天空也在他面前垂下，用痴雲和彩虹來娛悅他。願我能在孩子心中的道路遊行，解脫了一切的束縛；在那兒，使用奉了無所謂的使命，奔走於不知來歷的諸王的國土裡；在那兒，理智以她的定律造風箏來放，眞理也使事實從桎梏中得到自由！

③輸入的內容如下圖所示：

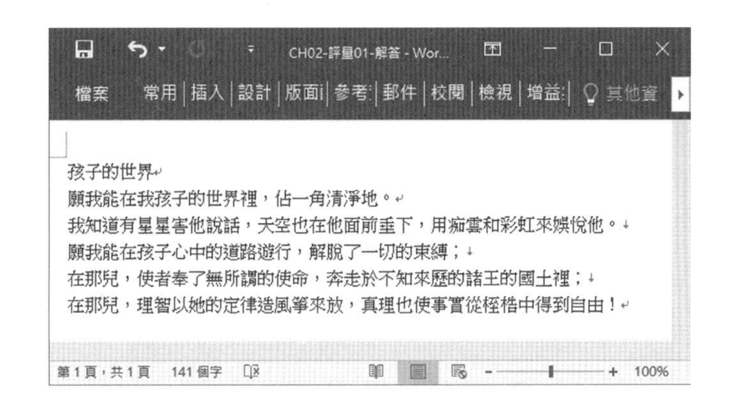

2. 延續上面的範例，完成如下圖所示的設定：

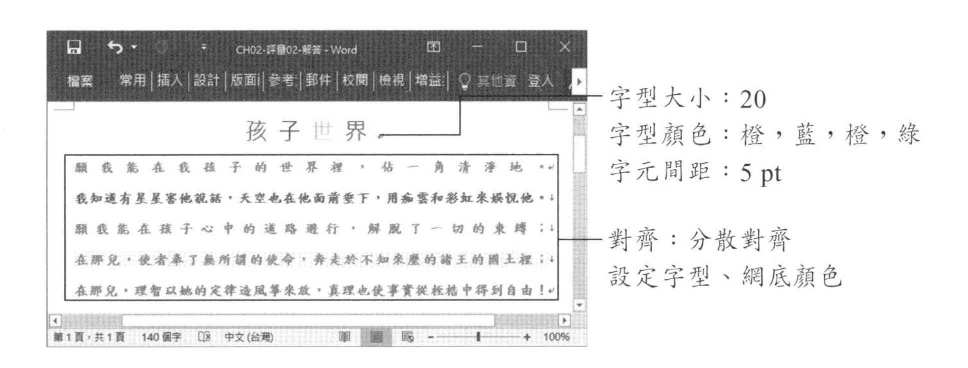

3.請開啓「公開徵求1」習題檔，將標號修改成圖片項目符號。（圖檔：Bing圖像搜尋：愛心）

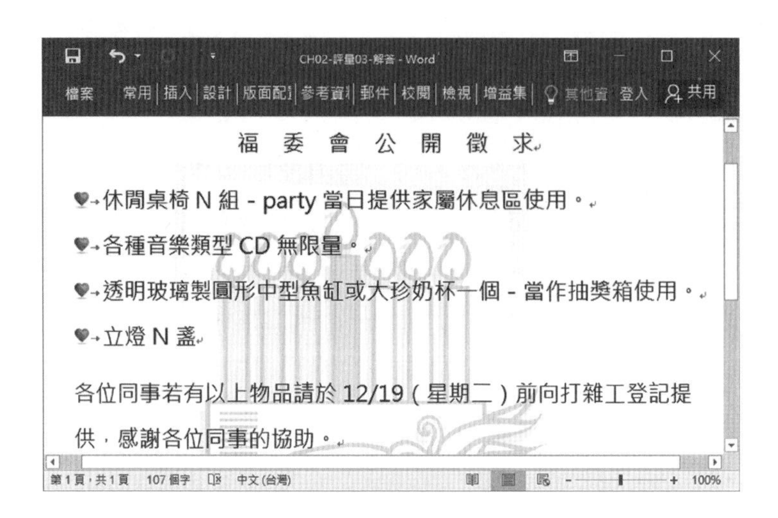

第十六章 

Excel 快速上手

Excel是商用試算表軟體，透過它可以進行資料分析、排序、統計、圖表建立等功能。在日常生活、學校課業、甚至連商業上的應用也處處可見。基本上，Excel具備以下三種基本功能：

■ 電子試算表

具有工作表建立、資料編輯、運算處理、檔案存取管理及工作表列印等功能。

■ 統計圖表

依照工作表資料的設定所繪出各種統計圖表，如直線圖、立體圖或圓形圖等，可透過圖形物件的附加，來點綴工作表的資料內容。

■ 資料分析

建立資料清單，並進行資料的排序，將符合條件的資料，加以篩選或進行樞鈕分析等資料庫管理操作。

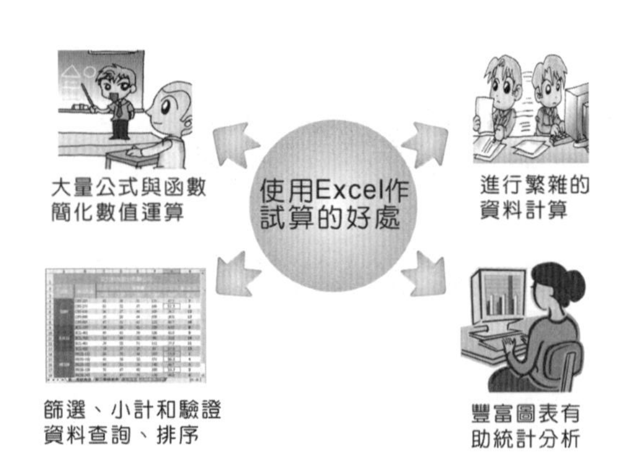

16-1 認識Excel

啓動Excel最常見的方式就是執行在Windows的開始功能表中的Excel指令，即可開啓Excel視窗。當啓動Excel軟體後，會自動開啓一個新檔案，稱之爲「活頁簿」，預設檔案名稱爲Book1、Book2等依序自動編列。每個活頁簿中包含3個預設工作表（Sheet），而每一個工作表由許多縱橫交錯的「儲存格」組成，所以類似表格的主編輯區是EXCEL最大的特徵：

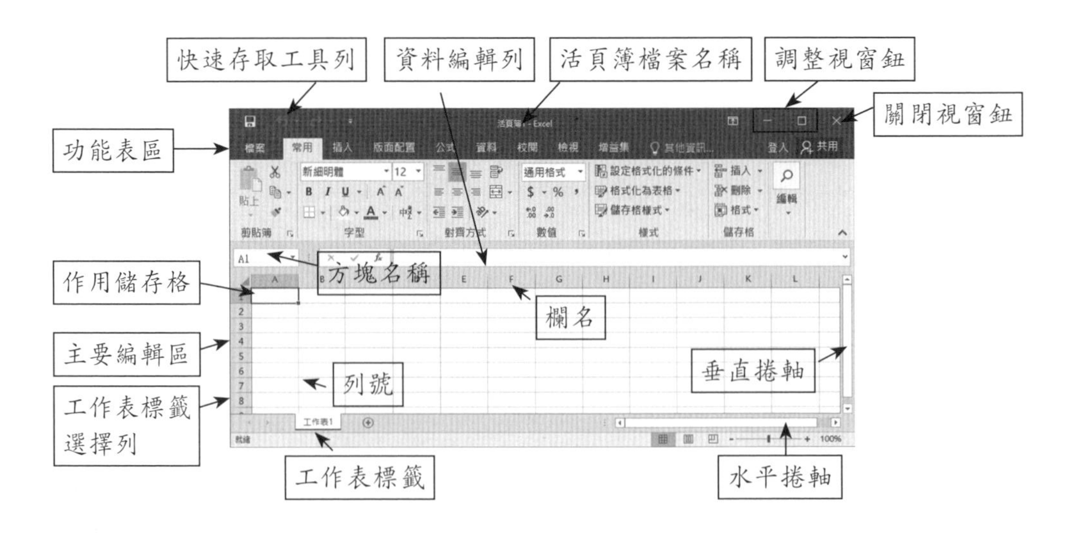

工作表的基本單位是「儲存格」，正在使用的儲存格稱之爲「作用儲存格」，所在位置會顯示在「方塊名稱」之中，由於儲存格位置是由「欄名」與「列號」交叉位置命名之，所以在上圖的作用儲存格方塊名稱顯示位置爲「A1」（A爲欄名；1爲列號）。

關閉Excel程式有兩種方法，第一種在「檔案」標籤，執行「結束」指令，第二種就是直接按工作視窗上的「關閉視窗」鈕，關閉Excel程式。

16-1-1 Excel檔案管理

Excel版本不斷升級，提供功能愈來愈多，但是隨著版本不同，可供儲存的檔案類型不同，都有可能造成像無法開啓檔案、格式不支援等這類極困擾的情況發生。基本上，Excel常見的檔案類型有下列幾種：

檔案類型	說明
.XLSX	Excel 2010/2016活頁簿檔案預設的存檔類型
.XLS	Excel 97-Excel 2003 二進位檔案格式
.XLTX	Excel 2007範本檔
.HTML	Web網頁畫面
.TXT	純文字檔

CHAPTER 16

首先介紹開啓舊檔的方法很簡單，從Excel程式視窗中，於「檔案」標籤，執行「開啓舊檔」指令，即可開啓檔案資料夾視窗：

而在檔案資料夾中看到副檔名為「.xlsx」，或是帶有 X 圖示的檔案名稱，就是使用Excel軟體所儲存活頁簿檔案，只要點選該檔案名稱，按「開啓」鈕；或是按滑鼠右鍵執行「開啓舊檔」指令；亦或是直接在檔案名稱上，快按滑鼠左鍵2下，均可開啓舊檔。

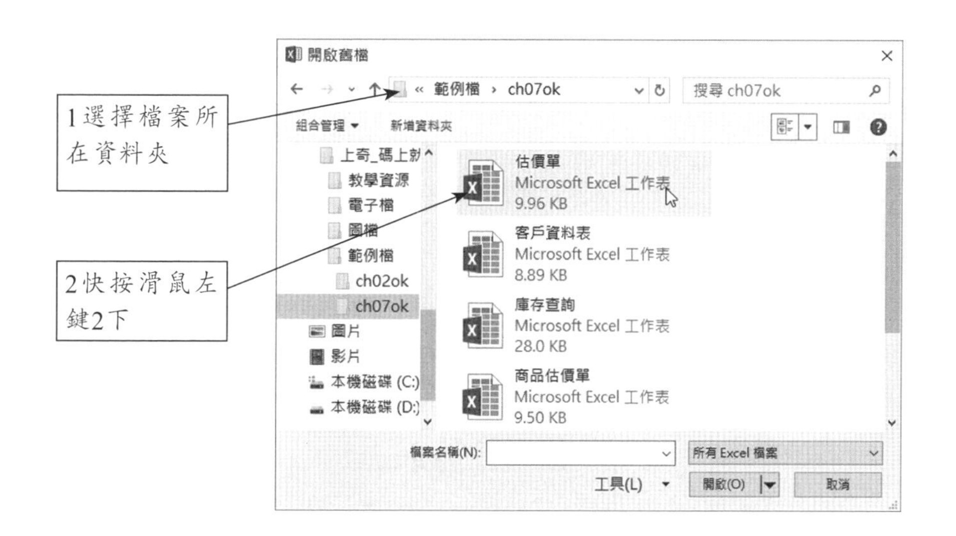

儲存檔案的方法十分容易，只要按下「快速存取」工具列上 「儲存檔案」圖示鈕，或是在鍵盤上按「Ctrl」+「S」鈕就可以依照舊有檔名儲存。

16-1-2 檔案加密與唯讀

使用Excel所製作的文件可能涉及營業機密，如果不想遭人任意開啓或竄改，不妨替檔案進行加密。請先執行「儲存檔案」或是「另存新檔」指令，開啓「另存新檔」視窗畫面，執行「工具／一般選項」指令：

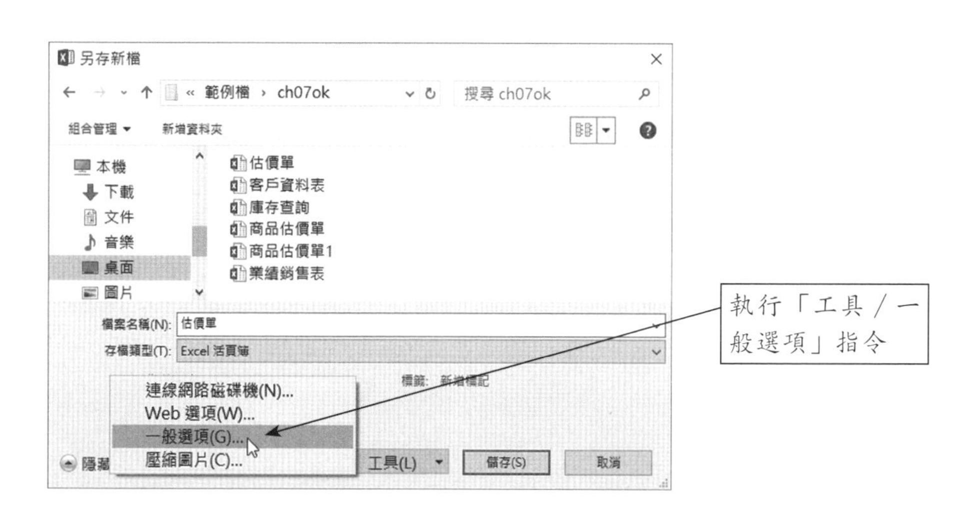

「一般選項」視窗中若勾選「建立備份」選項，每次存檔都會自動儲存一個備份檔案。若勾選「建議唯讀」選項，每次開啟檔案時都會建議以唯讀的方式開啟。

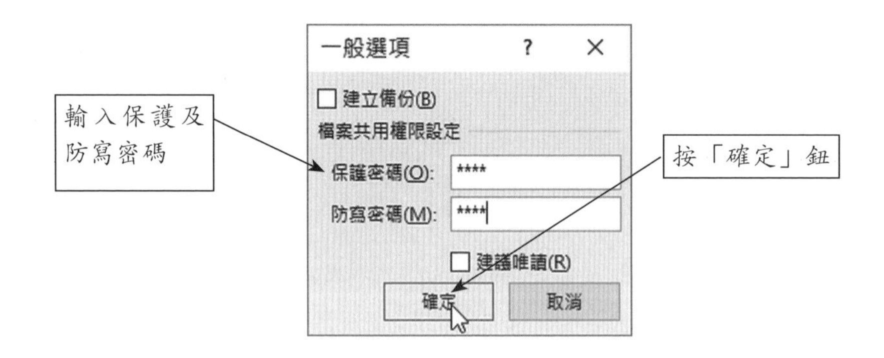

保護密碼經設定確認後，當下次開啟檔案時，則會要求輸入保護密碼，若密碼錯誤則無法開啟檔案。防寫密碼經設定確認後，當下次開啟檔案時，則會要求輸入防寫密碼若密碼錯誤，檔案將以唯讀的方式開啟。

16-2 Excel基本操作功能

開始進行Excel文件編輯之前，必須先了解Excel基本操作概念，才能達到事半功倍的學習效果。

16-2-1 選取儲存格技巧

輸入資料或修改資料時，必需先將儲存格選取成「作用儲存格」，如果選取多個儲存格，這些被選取的範圍稱之爲「作用範圍」。儲存格的選取方式大致分爲下列幾種：

✧選取單一儲存格

將滑鼠游標移到欲選取的儲存格，按一下滑鼠左鍵即可

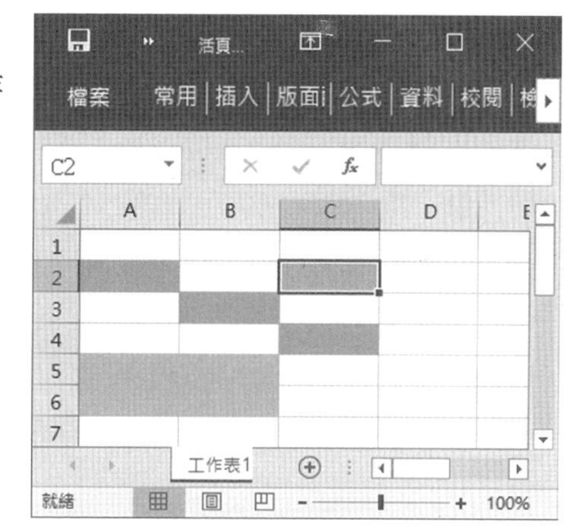

✧選取不相鄰儲存格

先選取第一個儲存格，按住Ctrl鍵，再選取另外一個儲存格，則可選取不相鄰儲存格

✧選取相鄰儲存格

將滑鼠移到欲選取範圍其中一角的儲存格，按住滑鼠左鍵並拖曳選取所要範圍的對角儲存格即可，或者先選取第一個儲存格，再按Shift鍵選取此相鄰區域最後一個的儲存格亦可

✧選取整欄儲存格

將滑鼠移到欲選取的欄名上，當游標變成 ⬇ 形狀，按下滑鼠左鍵，則可選取整欄。若想選取相鄰的欄，只要拖曳選取所有的欄名。若要選取不相鄰的欄，則按住Ctrl鍵，再以點選其他要選取的欄名即可

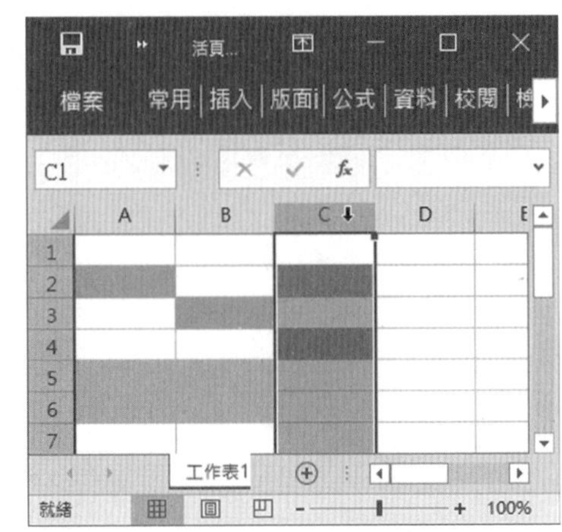

✧選取整列儲存格

將滑鼠移到欲選取的列號上，當游標變成 ➡ 形狀，按下滑鼠左鍵，則可選取整列。如果想選取相鄰的列，只要拖曳選取所有的列號。若要選取不相鄰的列，則按住Ctrl鍵，再以點其他選要選取的列號即可

✧選取整張工作表

只要將游標移到將工作表左上角的「全選」鈕，按下則可選取整個工作表

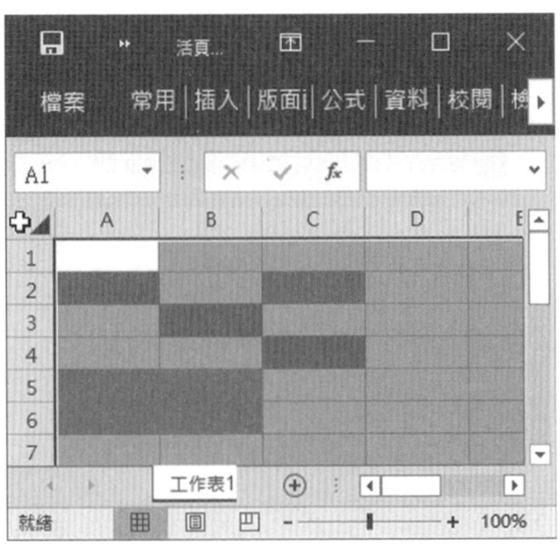

16-2-2 搬移及複製儲存格

已經輸入資料的儲存格若是想要搬移到其他位置，最簡單的方法就是選取該儲存格，直接拖曳到新的位置。第二種方式是選取儲存格後，執行「常用／剪下」指令，接著在新位置執行「常用／貼上」指令，就可以完成搬移儲存格：

若是要複製儲存格，只要拖曳時加上「Ctrl」鍵，或執行「常用／複製」指令，其他與搬移方式相同。

1

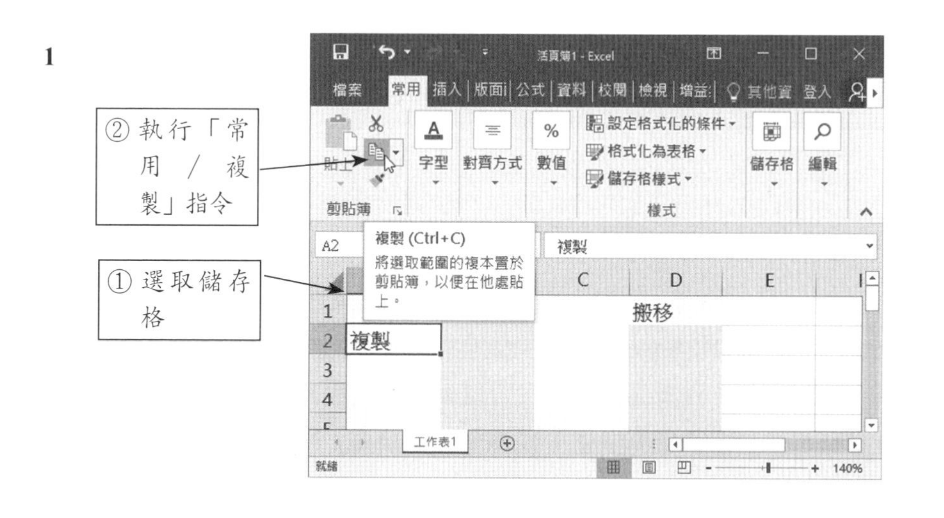

2

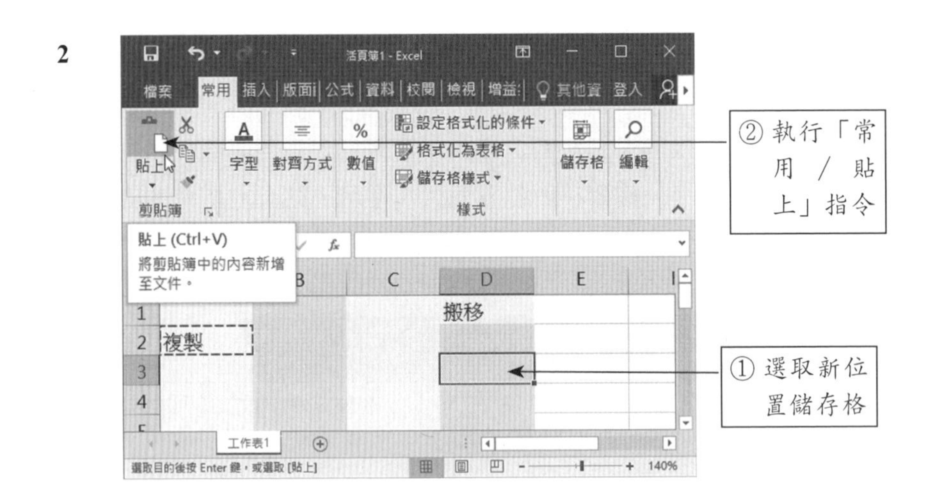

3

16-2-3 工作表使用技巧

在一個新的活頁簿中，預設三個空白工作表，預設名稱分別爲Sheet1、Sheet2及Sheet3，工作表是我們操作Excel 時的工作底稿。工作表名稱顯示於活頁簿底端，可以滑鼠點選來切換不同的工作表。當我們以滑鼠點選某一個工作表標籤，就會成爲「作用工作表」。

Excel提供有多種變更工作表名稱的功能，讓使用者可以重新命名工作表達到管理工作表的目的。變更工作表的方法有兩種，一、選取欲修改的工作表標籤，按滑鼠右鍵執行「重新命名」指令。二、直接在工作表標籤名稱上，快按滑鼠兩下，當名稱反白時輸入新名稱亦可：

1

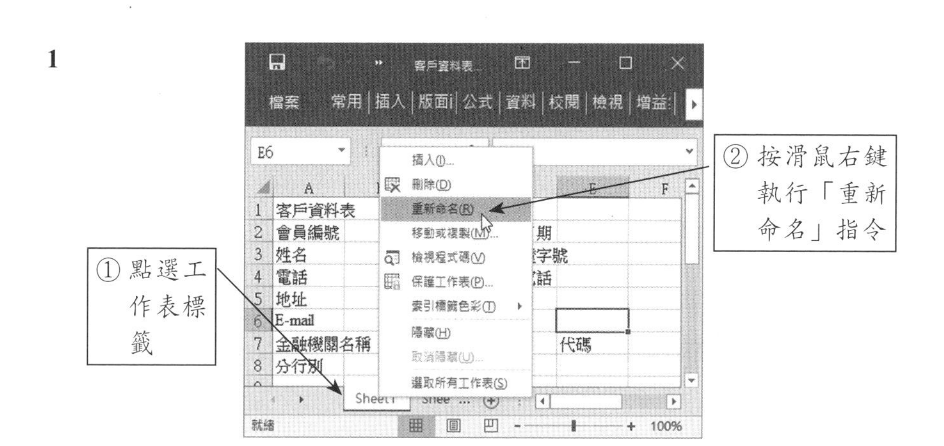

2

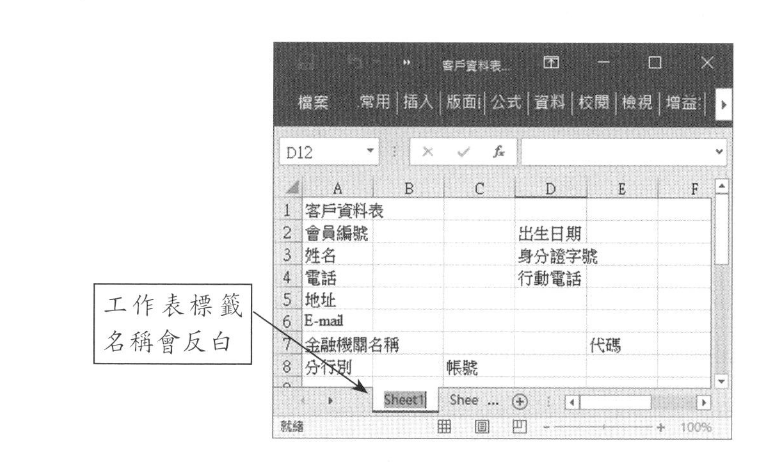

3

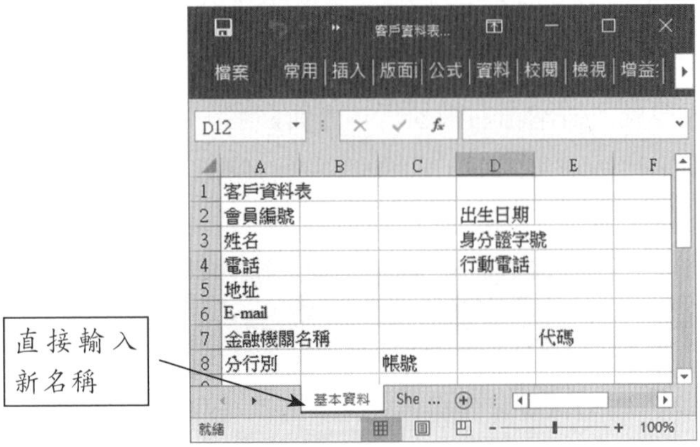

直接輸入新名稱

當開啓Excel活頁簿檔案時，通常會出現3個預設的工作表，使用者可以依據實際需要新增或刪除工作表。最快的方法就是先選取工作表標籤，再按滑鼠右鍵執行「插入」或「刪除」指令：

1

執行此指令

2

3

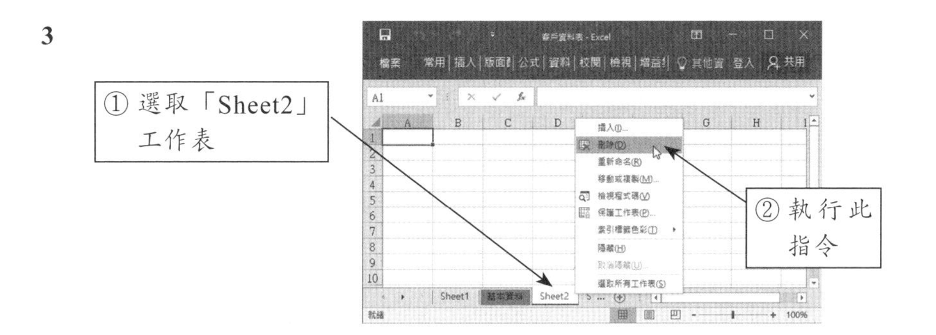

4

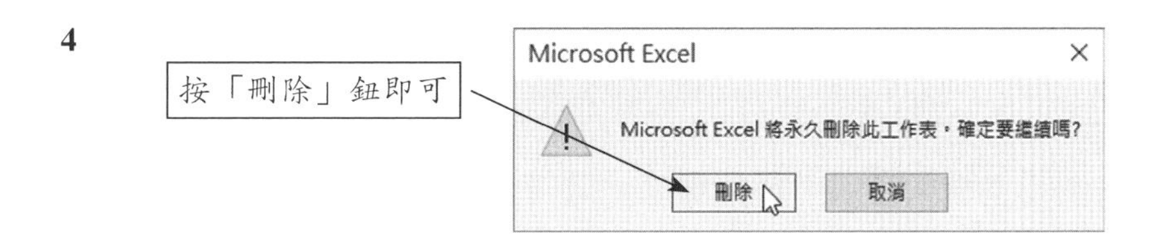

如果只是想在使用活頁簿中變更工作表順序時，最簡單的方式就是直接拖曳工作表標籤到新位置。如果要複製該工作表只要加按鍵盤上「Ctrl」鍵：

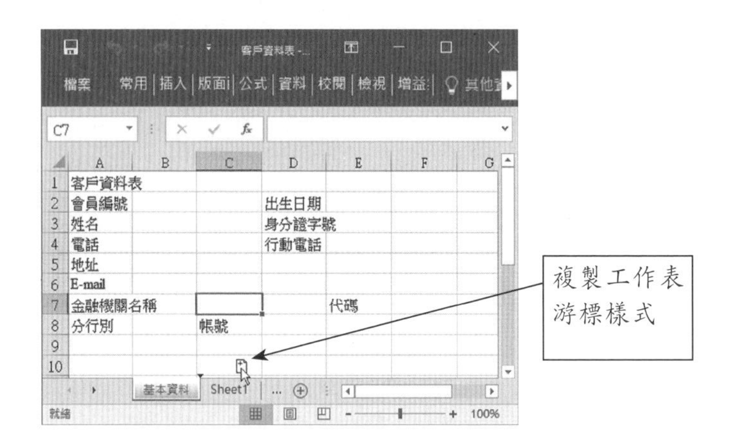

例如要將工作表搬移到別的活頁簿檔案，就必須執行「移動或複製」指令，透過「移動或複製」視窗，重新選擇欲搬移到新活頁簿名稱，以及新檔案工作表標籤排列的順序。如果要複製該工作表到新活頁簿只要勾選「建立複本」選項即可：

CHAPTER
16

1

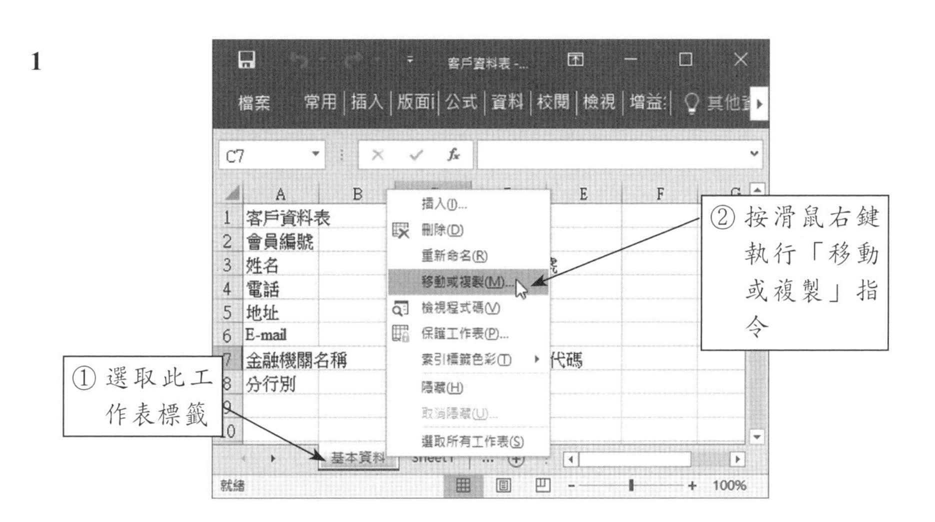
客戶資料表 -...
檔案
常用
插入
版面
公式
資料
校閱
檢視
C7
客戶資料表
會員編號
姓名
電話
地址
E-mail
金融機關名稱
分行別
插入(I)...
刪除(D)
重新命名(R)
移動或複製(M)...
檢視程式碼(V)
保護工作表(P)...
索引標籤色彩(T)
隱藏(H)
取消隱藏(U)...
選取所有工作表(S)
基本資料
就緒
100%
① 選取此工作表標籤
② 按滑鼠右鍵執行「移動或複製」指令

2

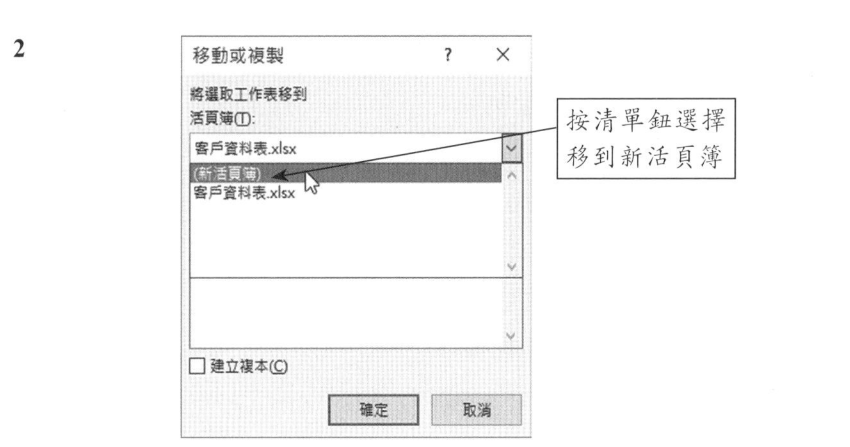
移動或複製
將選取工作表移到
活頁簿(T):
客戶資料表.xlsx
(新活頁簿)
客戶資料表.xlsx
建立複本(C)
確定
取消
按清單鈕選擇移到新活頁簿

3

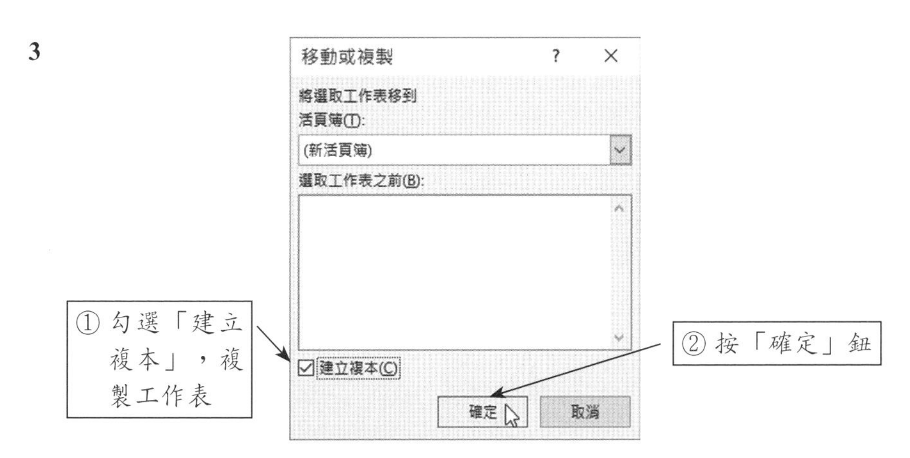
移動或複製
將選取工作表移到
活頁簿(T):
(新活頁簿)
選取工作表之前(B):
建立複本(C)
確定
取消
① 勾選「建立複本」，複製工作表
② 按「確定」鈕

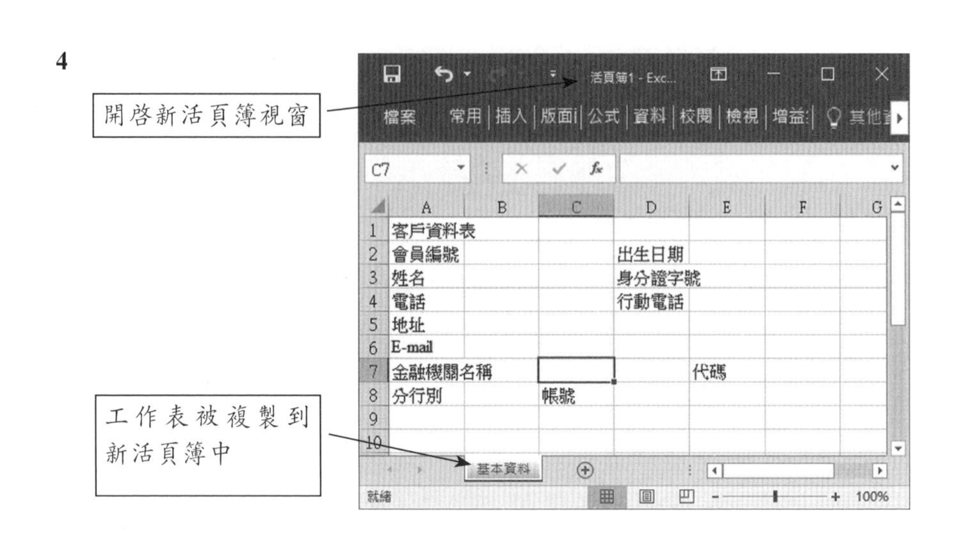

16-3 簡易表格編輯

認識Excel基本環境及操作之後，接著介紹一些入門的Excel功能，利用「格式」工具及「框線」工具，就可以編輯簡易的表格。

16-3-1 格式設定工具

格式設定工具中最主要是包含常用的儲存格格式設定工具，這與其他Office家族軟體中的格式工具大同小異，在此則不贅述，僅常用的Excel格式工具作簡易的介紹：

■ 跨欄置中 ：

工作表是由儲存格組合成，如果遇到輸入文字超出儲存格寬度時，除了可以調整儲存格寬度外，亦可使用「跨欄置中」功能合併多個儲存格，並自動將文字置於儲存格中央，通常這項功能可用來製作文件標題。

1

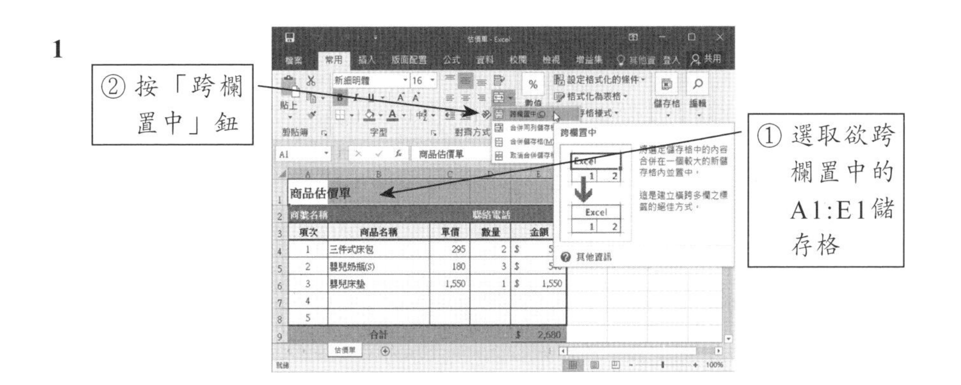

2

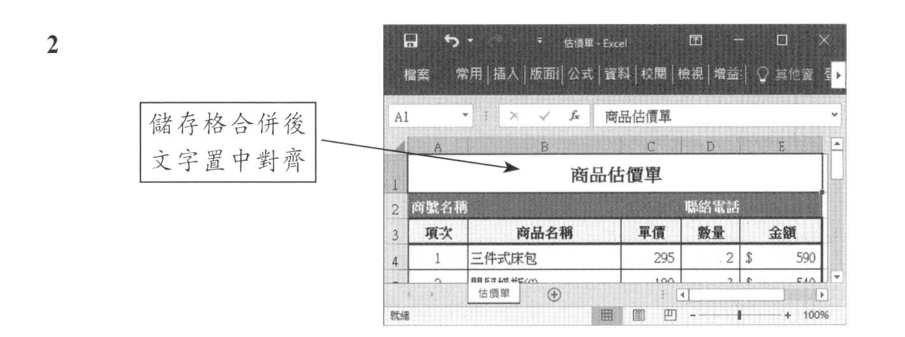

執行「跨欄置中」功能之後，亦可重新設定儲存格文字的對齊方向，不會影響合併儲存格。若要取消「跨欄置中」功能，只需再按一次「跨欄置中」圖示鈕即可。

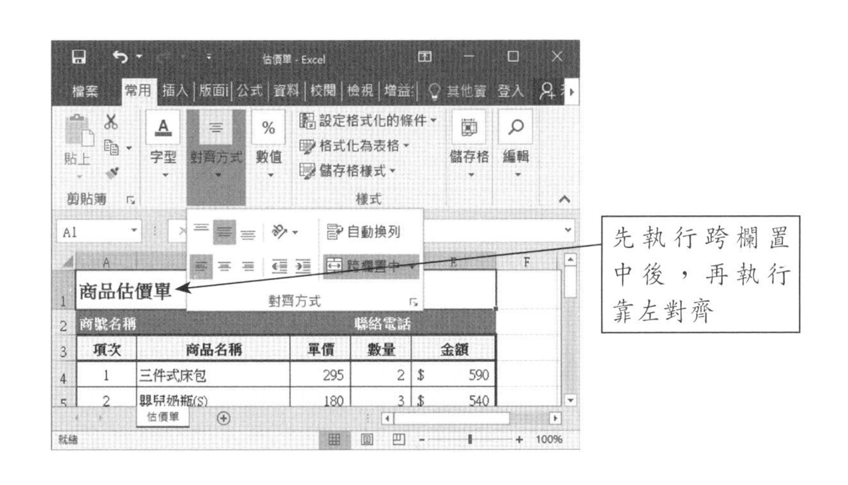

■ 貨幣樣式 $ ：

儲存格中可輸入文字或數字型態，商業用途中經常需要辨識數字代表的涵義，屬於金錢的數值則會標示貨幣符號。當選取儲存格按下此圖示鈕後，數字前方則會出現＄符號，並給予2位數的小數點位數。

■ 千分位樣式 , ：

千分位符號也是經常被使用在商業用途上，它可以讓使用者快速讀出數字，當選取儲存格按下此圖示鈕後，數字會從小數點左邊第一位，由右到左每三位數標示一個千分位符號。和貨幣樣式一樣，當設定千分位樣式時，Excel會自動給予2位數小數點位數。

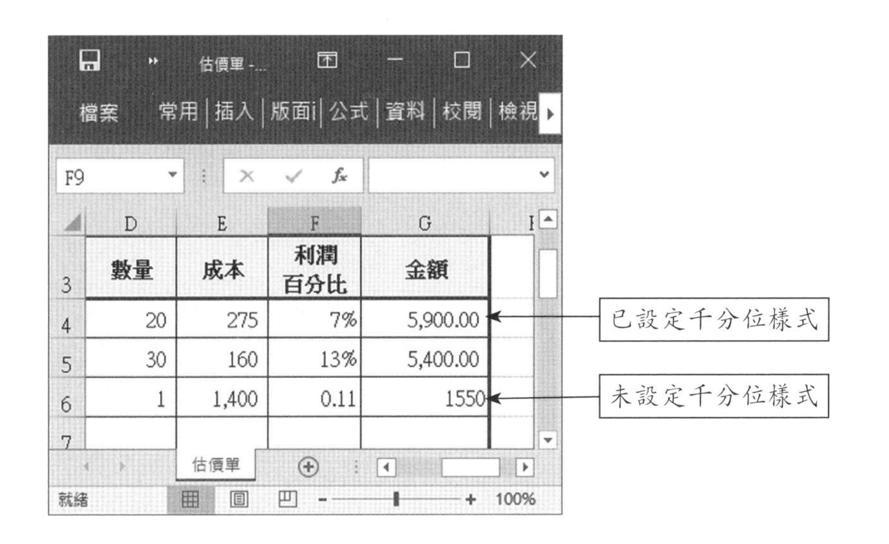

■ 增加小數位數 和減少小數位數 ：

儲存格中數值若是代表金錢時，一般習慣通常只會顯示到整數位數，但是設定貨幣樣式及千分位樣式後，會自動出現小數位數，這時候就可以使用 「減少小數位數」圖示鈕，將小數位數取消，每按鈕一次則會減少一位數。反之若按「增加小數位數」則可增加小數位數。

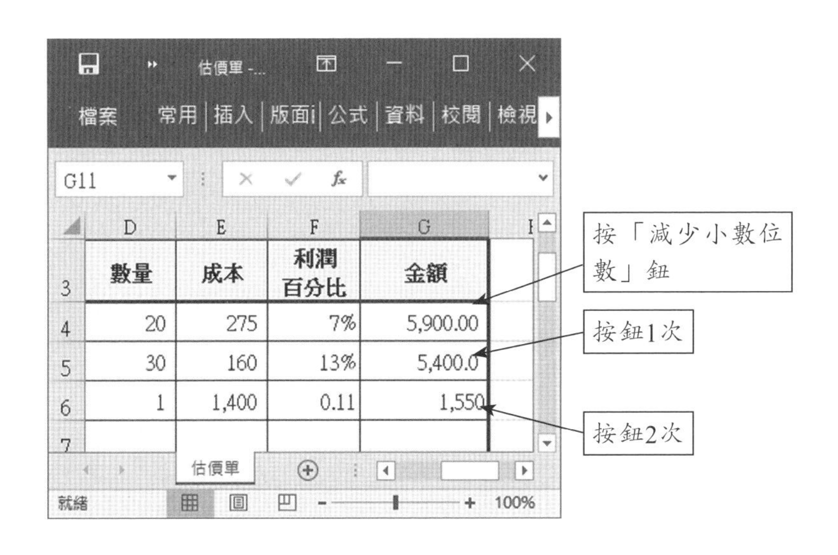

16-3-2 框線設定工具

大範圍儲存格框線可使用「常用」功能表列上的框線功能鈕快速繪製完成，若是屬於小部分較精細的框線，或是要變換線條樣式及色彩時，則必須使用繪製框線、線條色彩或線條樣式等工具。

■ 繪製框線：

使用「繪製框線」指令的方法很簡單，只要點選此指令功能鈕，按住滑鼠左鍵，拖曳要繪製框線的儲存格範圍即可。特別說明「繪製框線」功能鈕項下有兩個選項，這裡選項下的格線不是指Excel工作表預設的淺灰色格線，而是以「格線」表示內框線，而以「框線」則是表示外框線部分，方便繪製線條時所做的區分。如果要繪製單一線條，不論哪一個選項，只需拖曳成一直線即可。兩者功能上差異說明如下：

功能名稱	功能說明	游標圖示	繪製效果
繪製框線	繪製拖曳範圍儲存格的外框		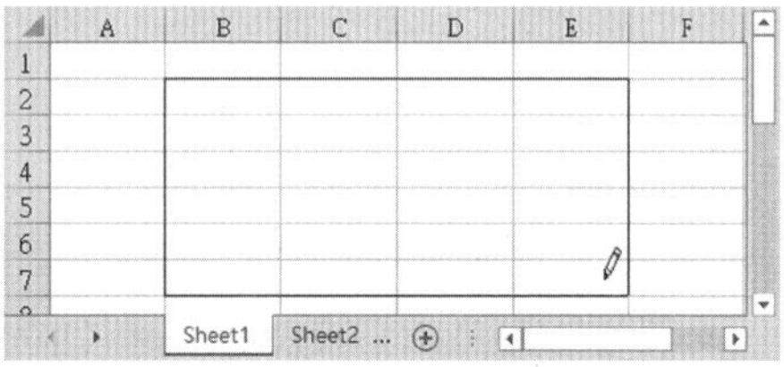
繪製框線格線	繪製拖曳範圍儲存格的外框及內框線		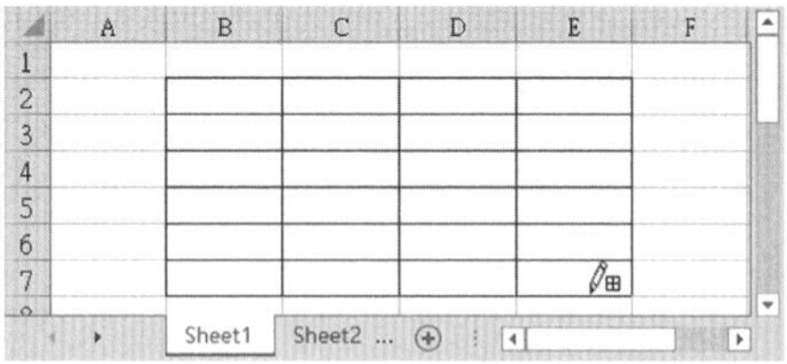

■ 清除框線 ：

清除框線也是使用拖曳的方式選取要清除的儲存格範圍或是單一線條即可。

1

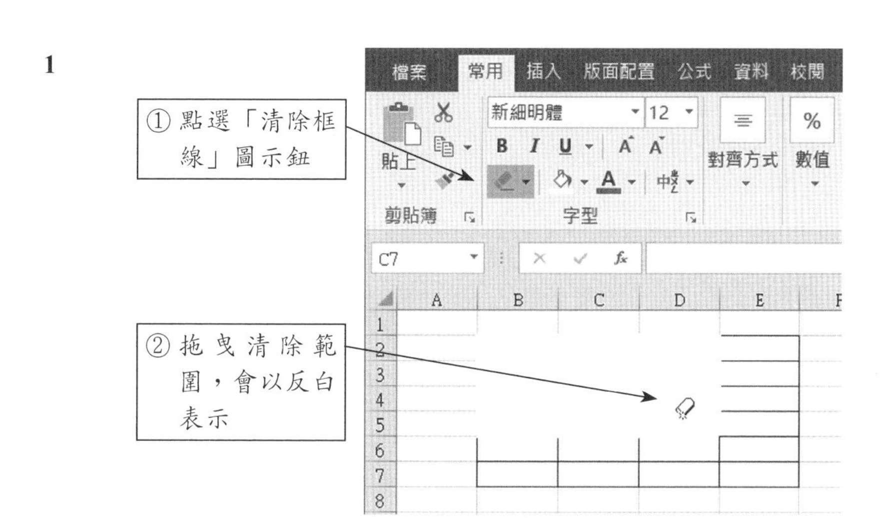

2

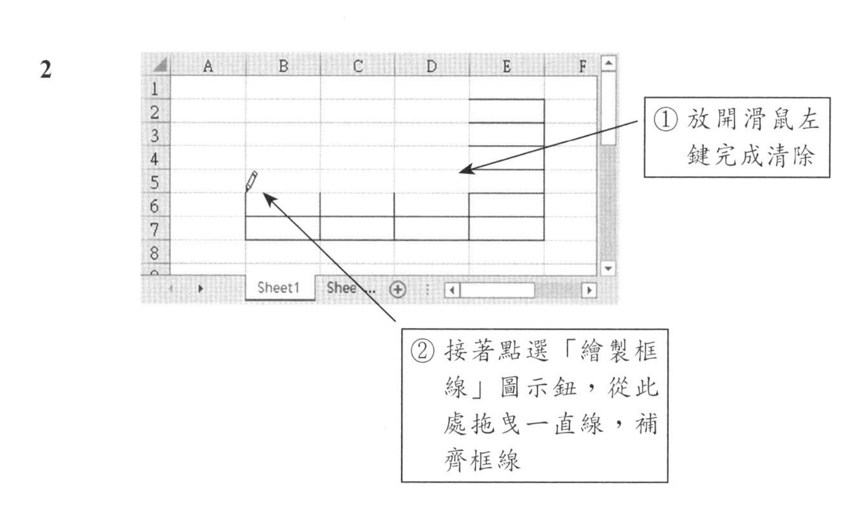

3

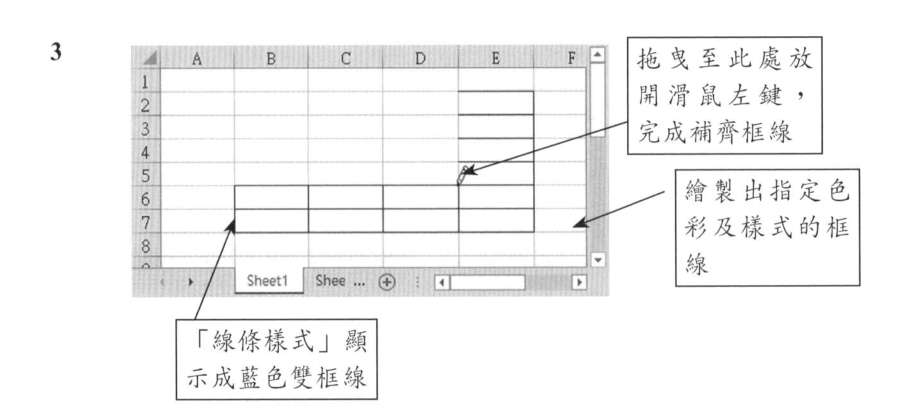

16-3-3 調整欄寬與列高

跨欄置中可合併多個儲存格以解決欄位寬度不夠的問題，但是遇到確實需要更寬或更高的欄位時，就必須調整儲存格的欄寬與列高。調整欄位寬度或列高最簡單的方法，就是直接拖曳欄位名稱至適當的寬度或列高，配合儲存格的選取方式，可一次調整多欄或多列。

1

2

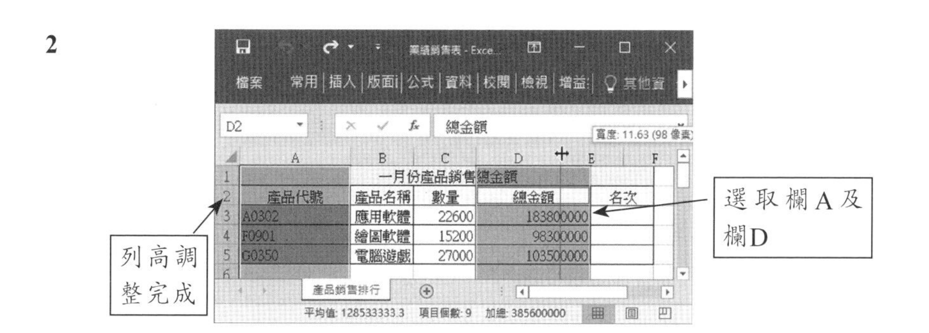

3

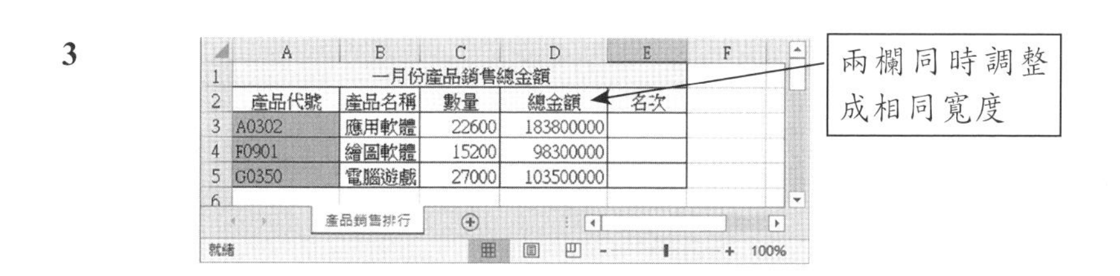

【課後評量】

一、選擇題

1. (　　) 將插入點移到要換行文字前方，並按下哪個按鍵，即可於同一儲存格內進行換行的動作？ (A)Alt+Enter (B)Alt+Shift (C)Shift+Enter (D)Ctrl+Enter
2. (　　) 下列何者為Excel並排顯示的排列方式？ (A)水平並排 (B)磚塊式並排 (C)垂直並排 (D)以上皆是
3. (　　) 關於視窗的敘述下列何者有誤？ (A)開新視窗功能可另開啓一個與目前活頁簿檔案內容相同的視窗 (B)凍結窗格時，可拖曳凍結窗格的線條來改變視窗的凍結位置 (C)並排檢視的功能主要可讓兩份文件在移動捲軸時，一併捲動方便做比較 (D)使用隱藏視窗功能可將暫時用不到的視窗暫時隱藏

4. (　　) 下列有關版面設定的敘述何者有誤？ (A)可設定工作表的列印範圍 (B)可設定是否於每個頁面列印標題列或標題欄 (C)可於工作表視窗上直接編輯頁首與頁尾 (D)可設定列印內容爲水平或垂直的置中方式
5. (　　) 下列有關Excel的介紹何者爲非？ (A)一個工作表內可包含多個活頁簿 (B)一個工作表內包含多個儲存格 (C)儲存爲活頁簿的Excel檔案副檔名爲.xlsx (D)每個儲存格都有自己的儲存格位址

二、實作題

請開啓練習檔「客戶資料表.xlsx」，依照下面指示完成客戶資料表。

1. 將多餘的工作表刪除，接著複製「Sheet1」工作表，並變更「Sheet1」工作表標籤色彩爲黑色，最後將複製後的工作表重新命名爲「客戶資料表」。

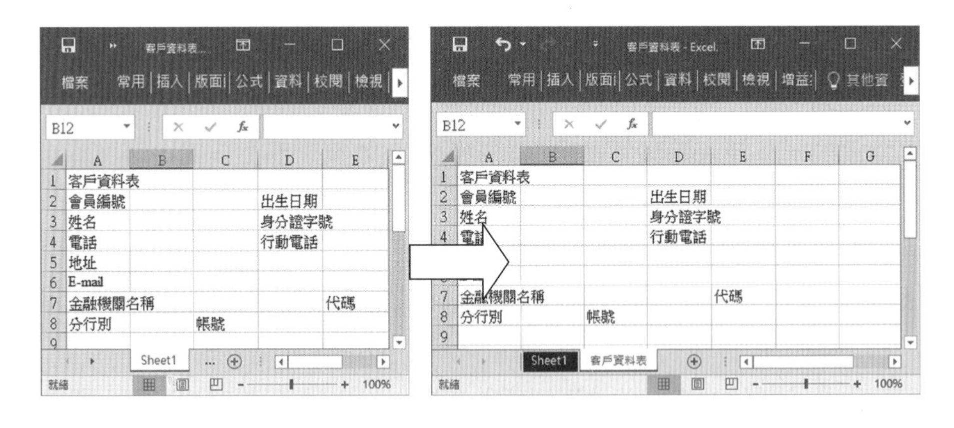

2. 將活頁簿檔案中所有標題文字字體加粗。

	A	B	C	D	E	F	G
1	客戶資料表						
2	會員編號			出生日期			
3	姓名			身分證字號			
4	電話			行動電話			
5	地址						
6	E-mail						
7	金融機關名稱				代碼		
8	分行別		帳號				

Sheet1 客戶資料表

3. 使用「跨欄置中」功能合併儲存格，並將對齊方式修改成靠左對齊。
   合併欄位如圖所示：

4. 使用填滿色彩功能將儲存格分區填色，並適當調整欄寬及列高。

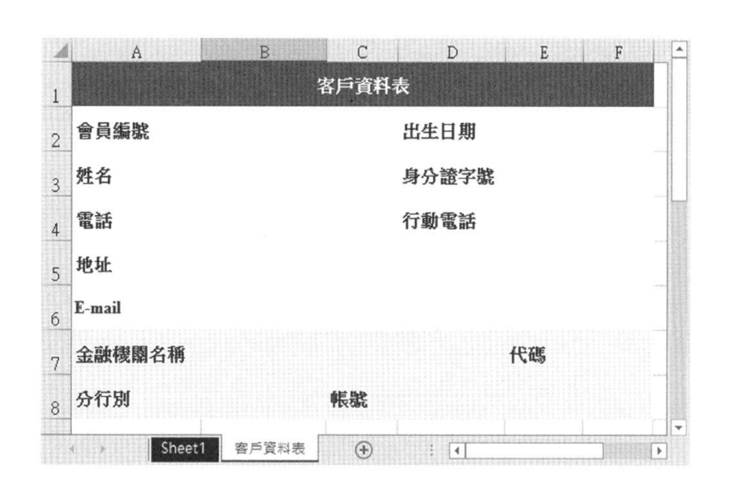

CHAPTER 16

第十七章

PowerPoint 簡報製作

簡報製作在現今生活或工作場合上，被運用的比例愈來愈高，舉凡個人報告、工作報告、產品推銷、業務說明、企劃提案等，無不利用簡報軟體來設計出符合需求的各項簡報。而簡報軟體中，又以PowerPoint最爲普遍，因爲同爲Office成員之一，使用者不需要再額外花費金錢來購買軟體，和其他Office軟體整合時也相當容易，因此成爲多數人製作簡報時的唯一選擇。

優秀的簡報技巧是職場成功的利器

除此之外，簡報完成的內容，要修改或更新都非常容易，使用的場地也較不受限制，只要有電腦、投影機和投射螢幕，就能將簡報檔播放出來，又能獨立一個人完成，不需假手他人，完成的檔案轉換成網頁或列印出來都非常容易，接下來透過本章介紹就能輕鬆學會簡報的製作技巧。

17-1 認識PowerPoint

啟動PowerPoint最常見的方式就是執行在Windows的開始功能表中的PowerPoint指令，即可開啟PowerPoint視窗，開啟視窗後，若要關閉程式，可由「檔案」標籤下拉選擇「結束」指令或按下「關閉」 ✕ 鈕即可。

17-1-1 PowerPoint視窗介面認識

PowerPoint的視窗介面大致區分如下：

17-1-2 功能表區與指令

通常檔案的存取或指令的下達都是透過功能表來執行，PowerPoint將各種功能指令，以圖示按鈕的方式分置於各功能表中，只要按下功能表上的指令鈕，就能快速執行某項命令。

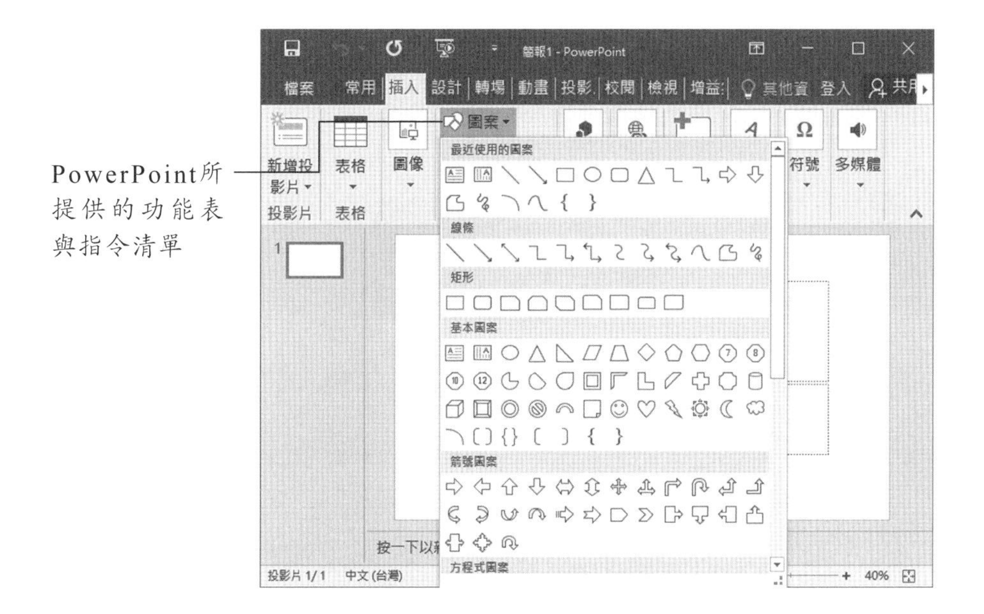

17-1-3 投影片編輯視窗

投影片編輯視窗是編輯投影片的地方，預設都會包含標題、副標題或內文兩個文字方塊，通常只要點選文字方塊，就能編輯簡報內容。

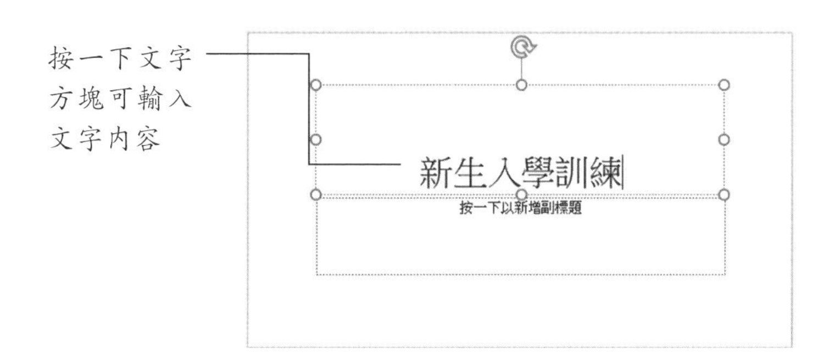

17-1-4 大綱/投影片索引標籤

在「檢視」標籤頁上按下「大綱」索引標籤頁，就可透過「大綱」工具列控制文字內容的升降階，以及「標準」索引標籤頁，可看到每張投影片的縮圖，藉以快速跳到某張投影片進行編輯：

17-1-5 備忘稿編輯窗格

「備忘稿編輯窗格」提供簡報者輸入演講內容，以備緊張忘詞時的參考，也可以在「檢視」標籤頁上按下「備忘稿」鈕，即可切換到備忘稿模式，它會將投影片畫面與備忘稿的文字方塊並存，直接在文字方塊中輸入備忘內容就可以了。此部分在演講時並不會顯示出來，因此多數人都不會去編輯它。

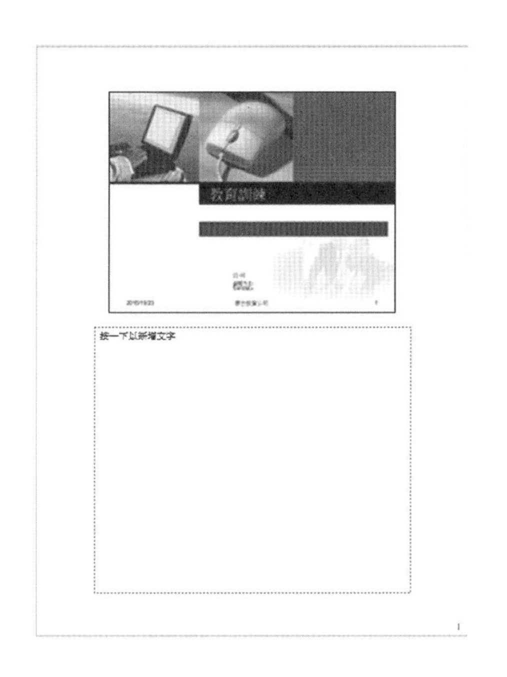

17-1-6 模式切換

在視窗右下方包含四個檢視模式：由左而右依序爲「標準模式」、「投影片瀏覽模式」、「閱讀檢視」模式，以及「投影片放映模式」，也可以從「檢視」功能表做切換：

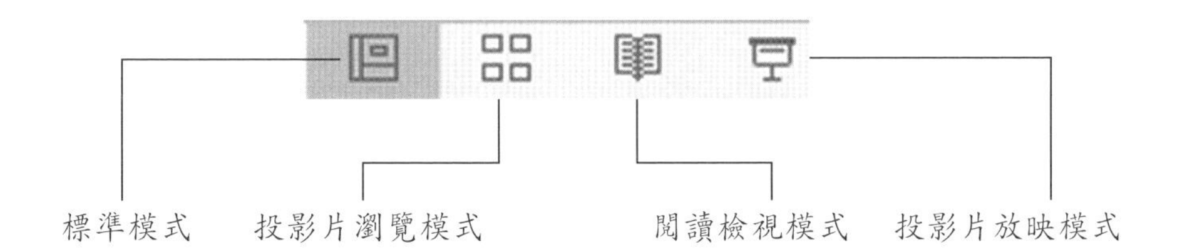

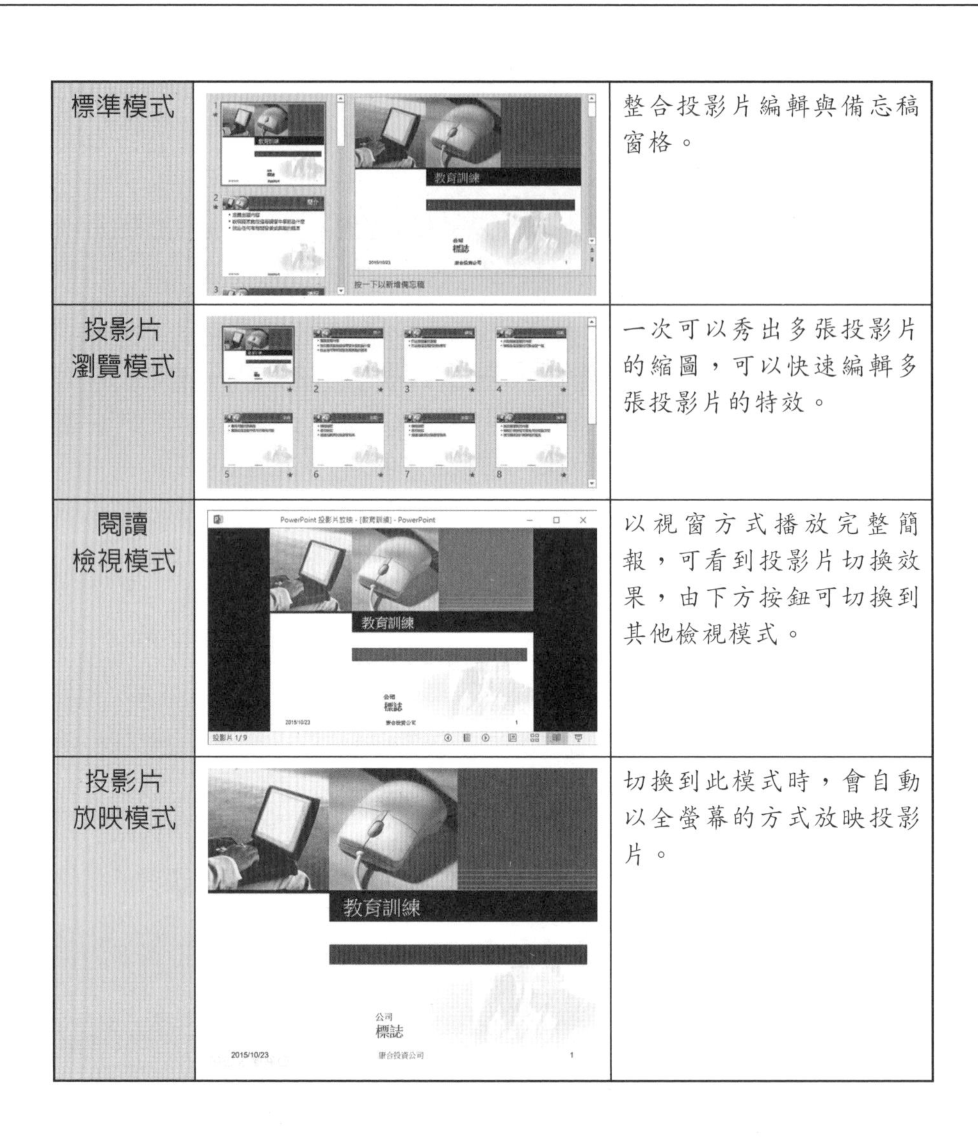

模式	畫面	說明
標準模式		整合投影片編輯與備忘稿窗格。
投影片瀏覽模式		一次可以秀出多張投影片的縮圖，可以快速編輯多張投影片的特效。
閱讀檢視模式		以視窗方式播放完整簡報，可看到投影片切換效果，由下方按鈕可切換到其他檢視模式。
投影片放映模式		切換到此模式時，會自動以全螢幕的方式放映投影片。

17-2 簡報製作的開端

當各位對於簡報的工作環境有所了解之後，現在準備開始來進行簡報製作。如果對於簡報的內容還沒有構想，可透過「範本」來套用現成的簡報，再依照自己的需求進行修改。胸有成竹則可以直接開始開啓新檔來編輯，如果有現成的簡報檔案，也可以開啓來加以修改調整。現在我們就針對這幾個重點來探討。

17-2-1 開啓舊檔

如果有現成的簡報檔，可切換到「檔案」標籤，執行「開啓舊檔」指令將它開啓，而開啓的方式還可以設爲「唯讀檔案」或「開啓複本」。

17-2-2 開新檔案

切換到「檔案」標籤，執行「新增」指令，並於視窗中按下「空白簡報」鈕，PowerPoint會開啓一個空白的簡報檔案，只要在文字方塊中按一下，就能分別輸入標題文字或內文：

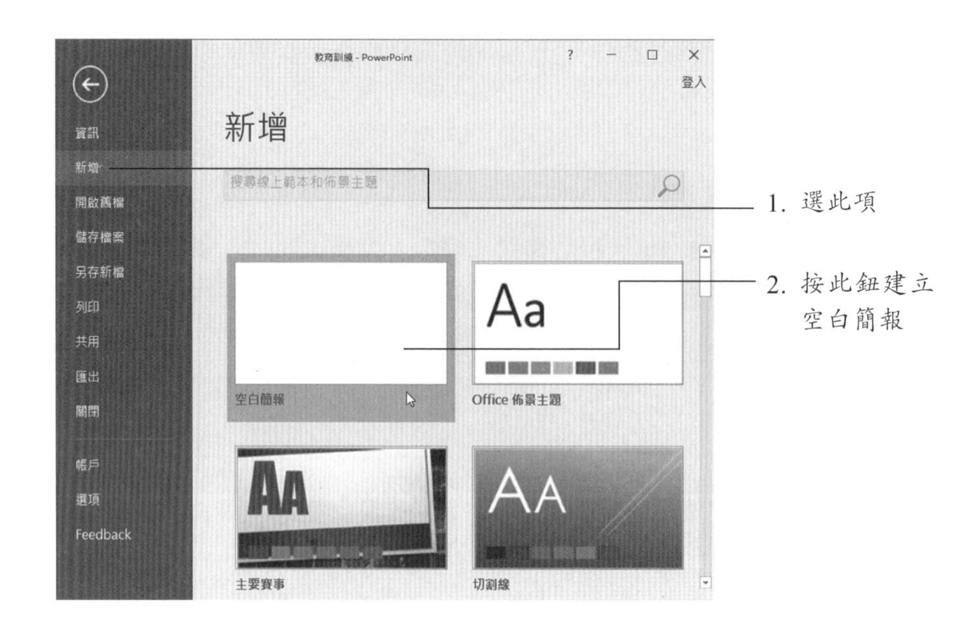

如果想要先決定簡報背景樣式，可以在「新增簡報」視窗中選取「已安裝的範本」標籤，並選取想要套用的範本。也可以透過網際網路線上選擇微軟所提供的簡報範本。而選定的範本除了可以指定套用到整個簡報，也可以只套用於特定的投影片中：

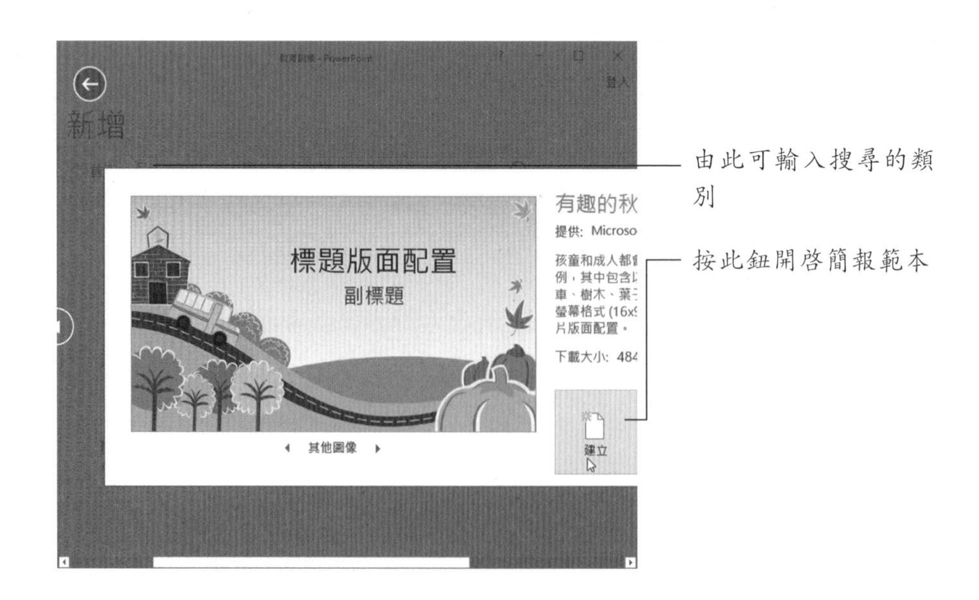

17-2-3 新增與刪除投影片

在套用簡報範本後，點選投影片中的文字方塊，就能依序輸入文字內容，如果要新增投影片，按「Ctrl」+「M」鍵，另外在「投影片索引標籤」中點選投影片縮圖，再按下「Enter」鍵也可以新增投影片。

如果想要刪除投影片，按右鍵於投影片縮圖上執行「刪除投影片」指令，或是在投影片縮圖上按下鍵盤中的「BackSpace」鍵，一樣可以刪除投影片。

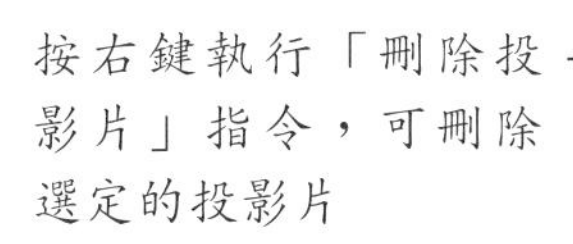

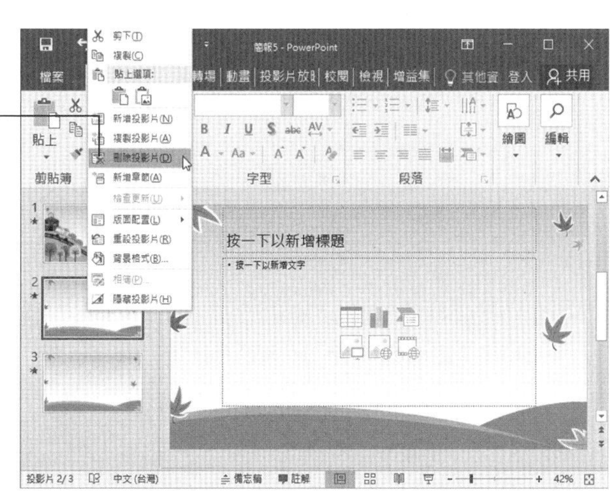

17-2-4 設定文字屬性

在文字方塊中輸入文字內容後，如果要改變文字的字體樣式或大小，只要透過「常用」標籤的「字型」或「段落」類別，即可更改字型、字型大小、樣式、對齊或色彩。

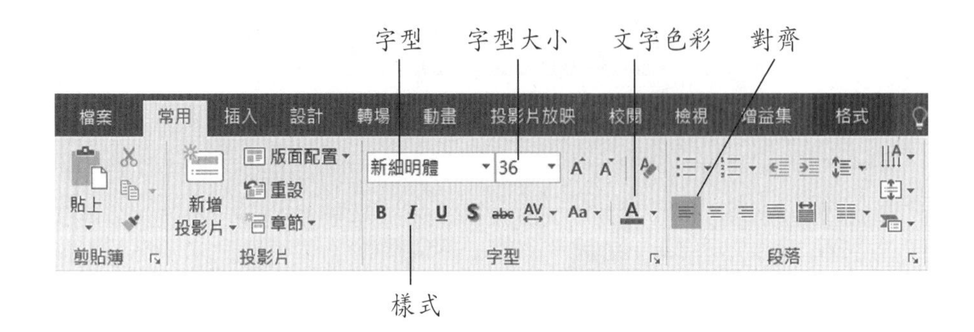

17-2-5 插入符號與特殊符號

在輸入文字的過程中，如果需要加入一些特殊的符號，諸如：©、® 等特殊的符號，可以由「插入」標籤頁上按下「符號」指令，然後在開啓的視窗中點選符號即可插入。

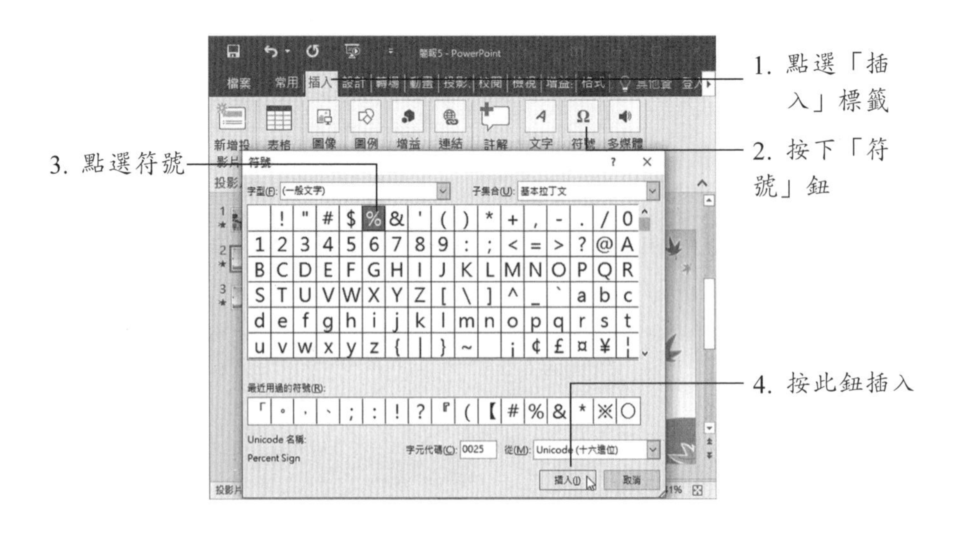

17-2-6 「大綱」索引標籤簡介

輸入簡報內容時，除了透過前面的方式在各投影片的文字方塊輸入文字外，也可以從「檢視」標籤頁上按下「大綱模式」指令，透過升、降階指令來控制文字內容階層：

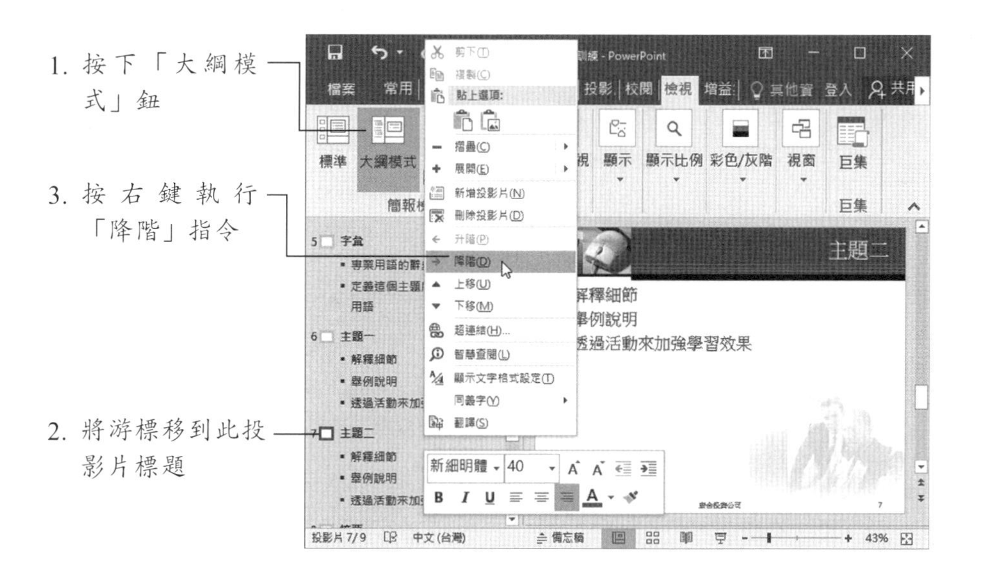

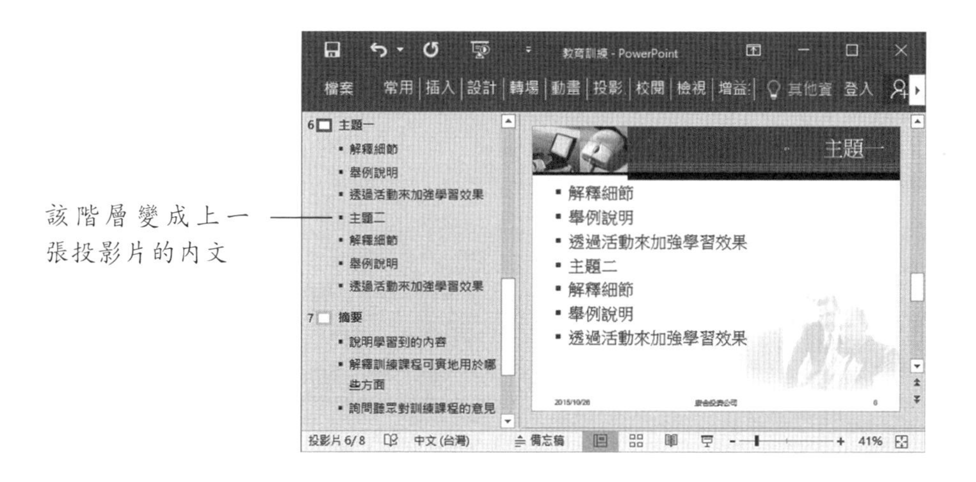

CHAPTER 17

17-2-7 從大綱插入投影片

如果有現成的文字內容，也可以將它在記事本中做調整，透過「Tab」鍵控制文字的升降階層，使顯現如下的效果：

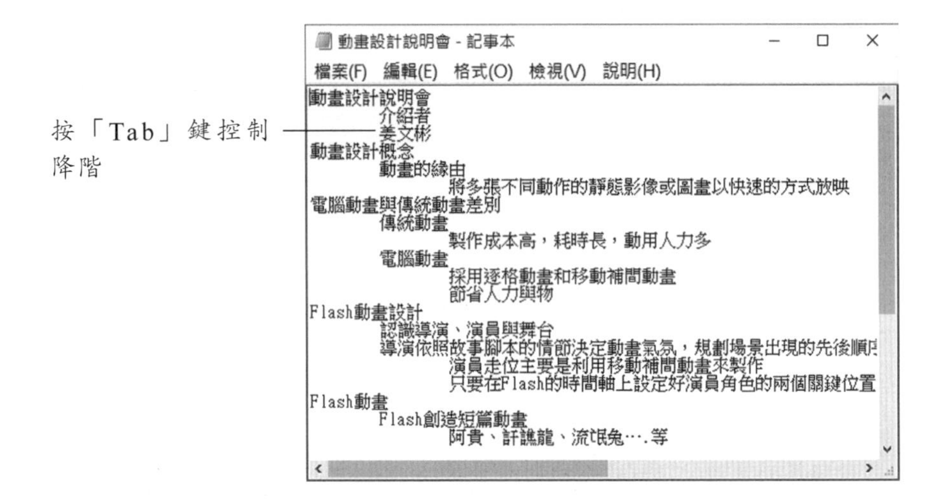

設定之後，執行「常用/新增投影片/從大綱插入投影片」指令，就能快速完成內容的輸入工作：

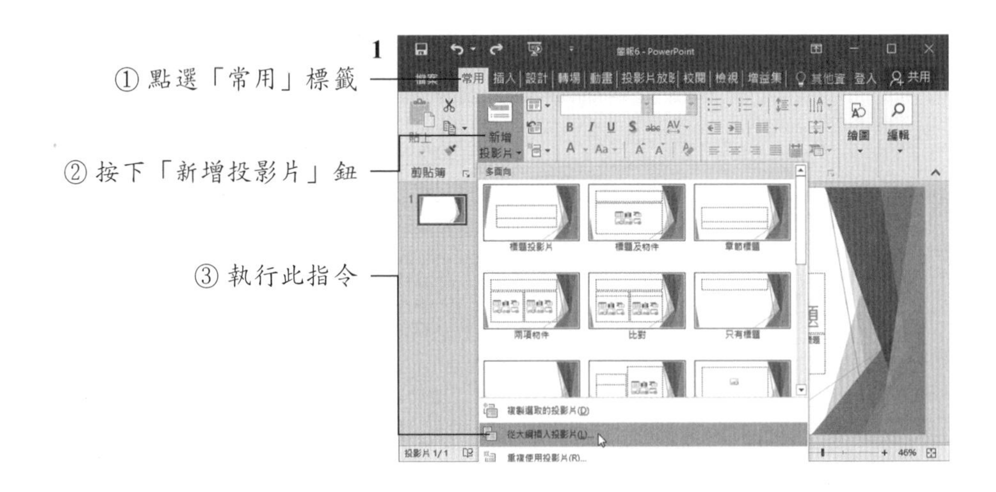

2

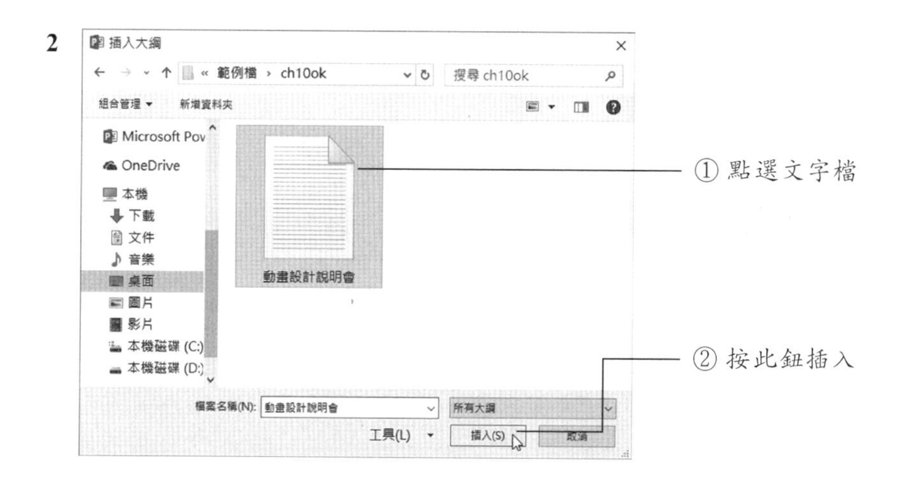

3

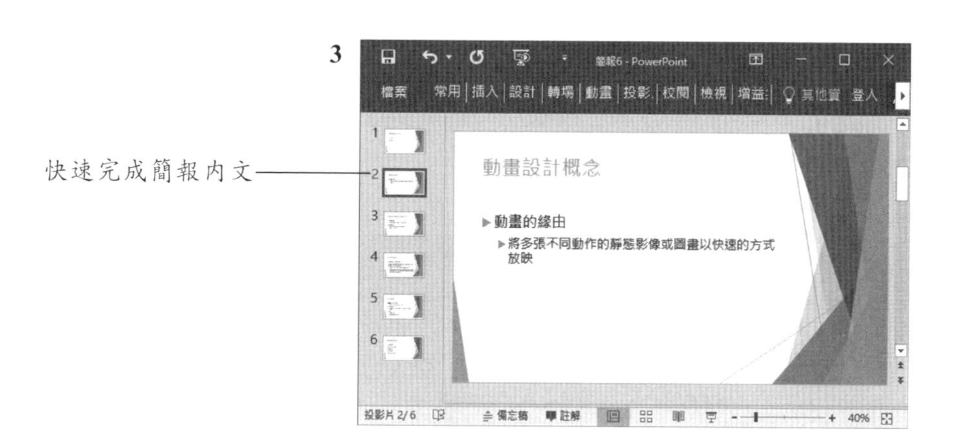

17-2-8 插入文字方塊

簡報中預設的文字方塊只包含標題和內文兩個，如果需要加入其他的文字內容，則必須透過「插入 / 文字方塊」指令中的「水平文字方塊」或「垂排文字方塊」來加入：

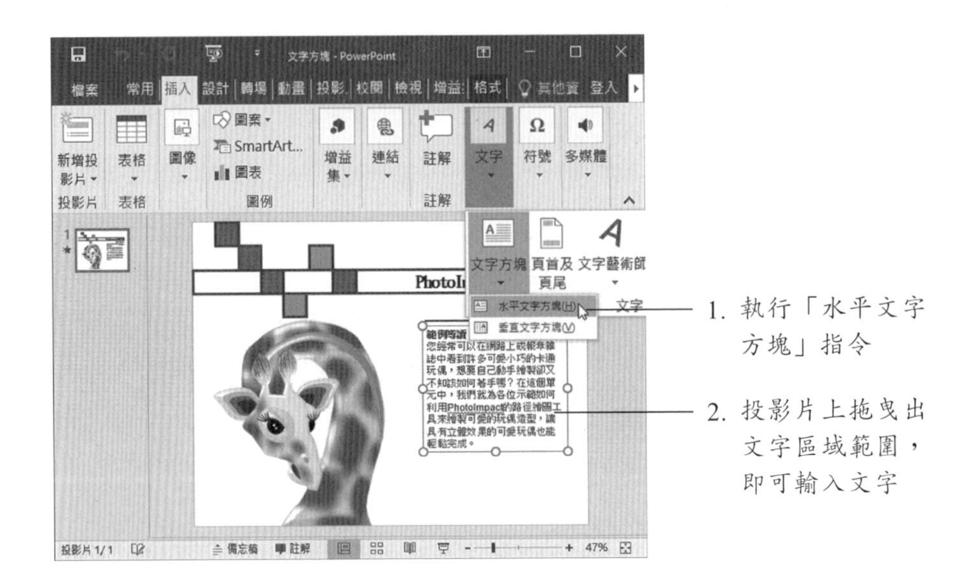

而文字方塊如果要加入填滿的色彩，可以從「格式」標籤中的「填滿色彩」指令中進行設定。

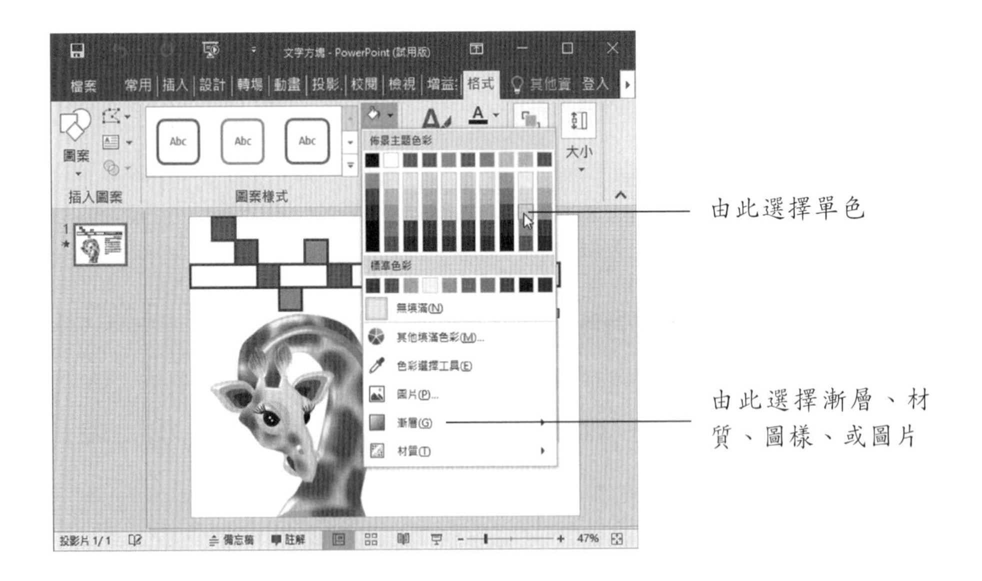

17-2-9 投影片的搬移

對於完成的投影片，如果需要調整投影片的先後順序，可以切換到「投影片瀏覽」的模式下，直接將投影片拖曳到想要放置的位置就行了：

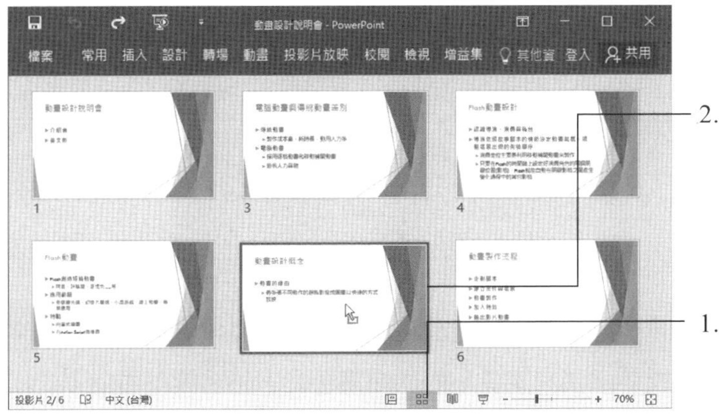

2. 點選要調整的投影片縮圖，按住滑鼠不放，拖曳到新的順序上

1. 按此鈕切換到「投影片瀏覽」模式

17-2-10 插入文字藝術師文字

簡報中，如果想要加入較特殊的文字效果，可以考慮使用「文字藝術師」的功能。執行「插入／文字藝術師」指令，將會顯示如下的樣式清單，直接選擇喜歡的藝術師樣式套用即可。

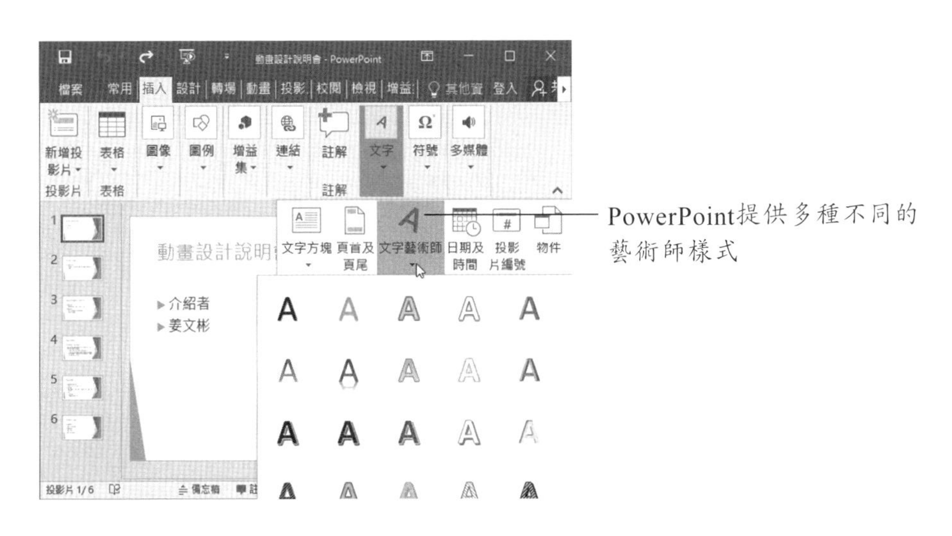

緊接著輸入要顯示的文字內容，並移動至適當位置即可。

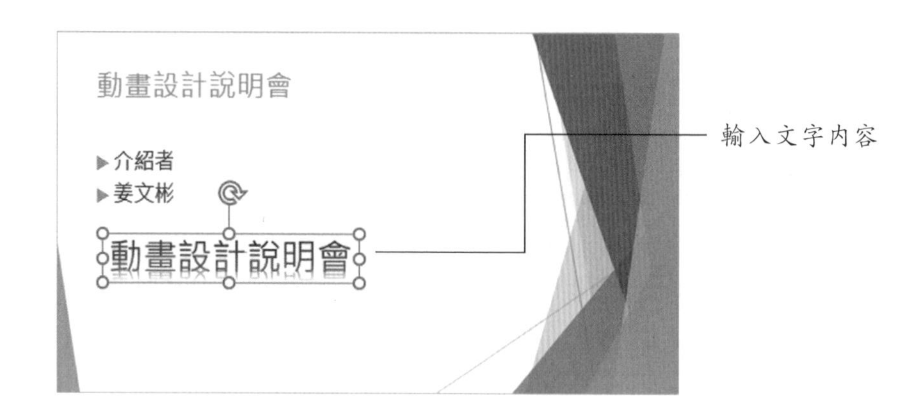

設定之後，即可在投影片上，看到所設定的藝術文字。而完成的文字色彩，還可透過「文字填滿」工具上的「填滿色彩」指令調整顏色：

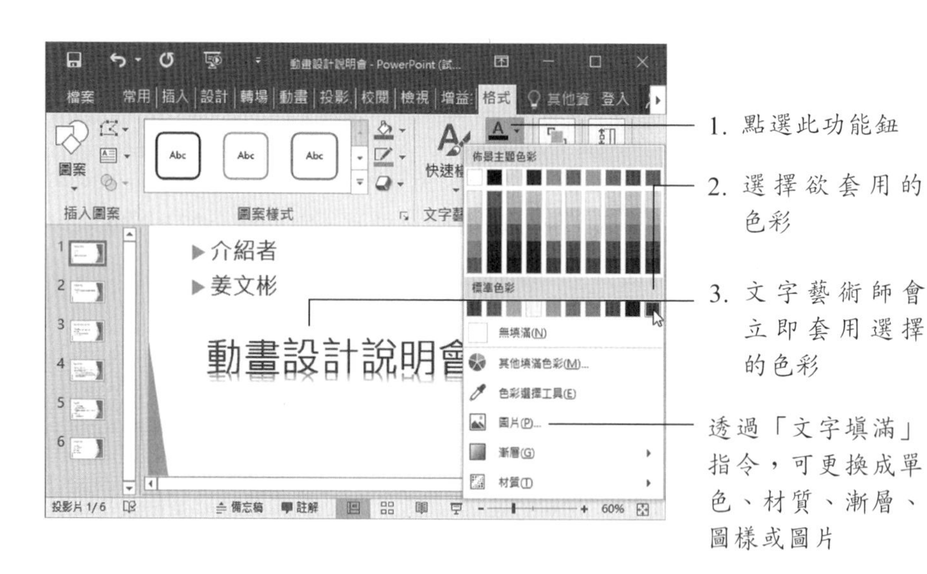

17-2-11 儲存檔案

簡報編輯到一個程度，為了避免因電腦當機，或一時的不小心關閉了檔案，最好養成隨時隨地儲存檔案的習慣。各位要儲存新檔，請切換到「檔案」標籤，執行「儲存檔案」指令，就可以進入下圖視窗進行儲存的工作。同樣地，如果要將簡報以不同的名稱做儲存，可切換到「檔案」標籤，執行「另存新檔」指令，也能進入相同的視窗，選定儲存的位置後，輸入檔案名，再按下「儲存」鈕儲存檔案：

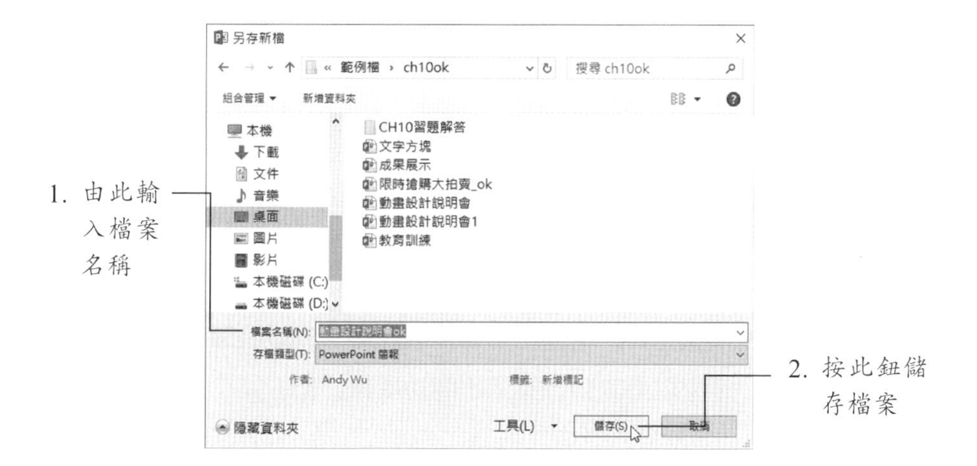

完成簡報的編輯後，如果要關閉簡報檔，可切換到「檔案」標籤，執行「關閉」指令或按下右上方「關閉」 × 鈕即可。

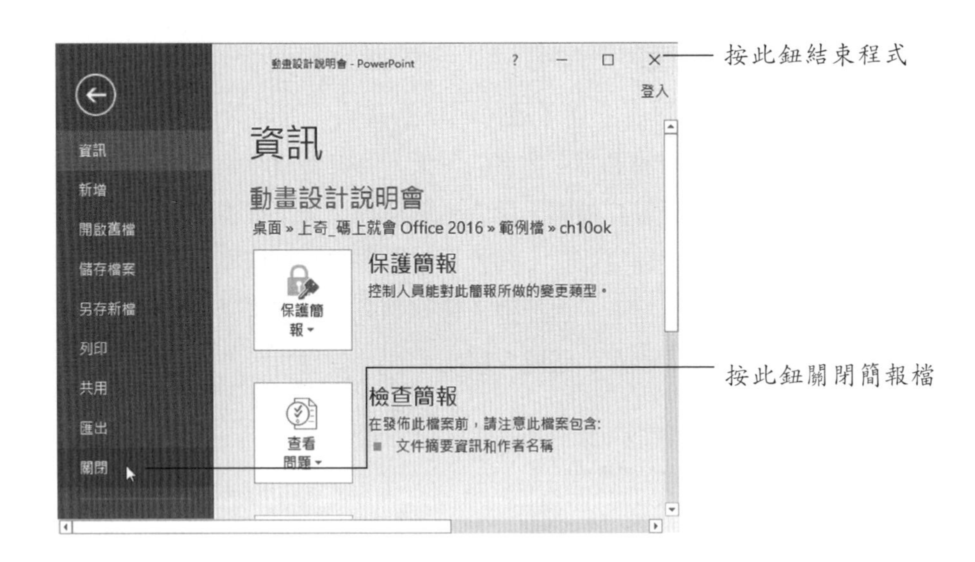

17-3 投影片的播放與列印

辛苦完成的簡報，最終目的就是要播放簡報，或是將簡報內容列印出來，因此這一小節中就針對播放與列印的功能做介紹。

17-3-1 播放簡報

想要從頭開始觀看簡報的效果，可先將投影片縮圖切換到第一張的位置上，再從PowerPoint視窗右下角按下 鈕，就能以全螢幕的方式開始播放簡報。在播放簡報的過程中，按下滑鼠左鍵可以切換到下一張投影片，或按「Page Down」鍵及「Page Up」鍵來切換前後張的投影片。當放映到最後時，會出現一張全黑的投影片，這代表簡報將結束放映，只要按下左鍵，就會回到放映前的檢視模式。如果放映一半時，想要結束放映的內容，可按「Esc」鍵退出：

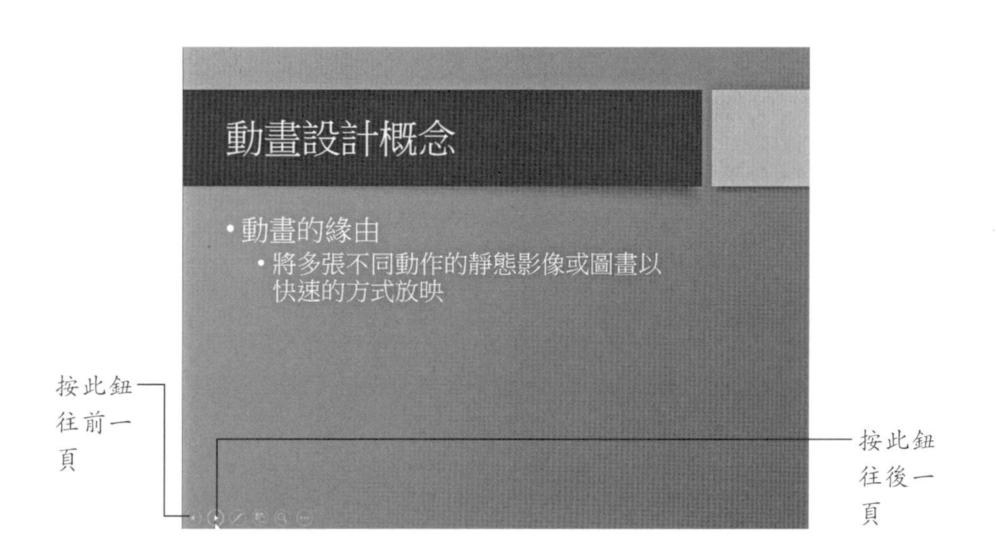

另外，在簡報播放的過程中，也可以透過視窗做下角的按鈕來控制簡報的播的內容。按 鈕前往前一頁，按 鈕往下一頁，而按下 鈕則可以查看所有投影片：

在解說簡報內容時，也可以使用滑鼠在投影片上圈畫重點，使用時可先按下簡報左下角的 鈕，再選擇畫筆、或螢光筆的畫筆類型，即可在簡報上圈選出注意的重點。

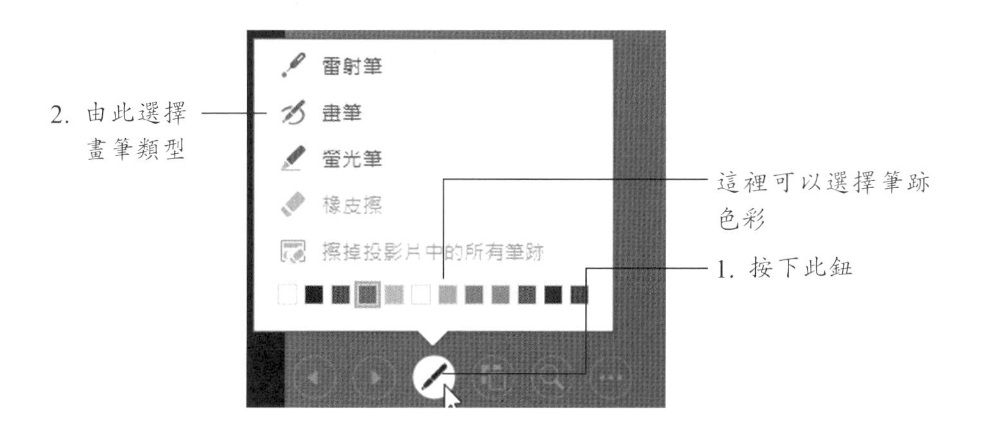

如果畫筆的色彩與投影片中的文字顏色或底色太過接近，也可以更換畫筆的顏色。按 鈕選擇「筆跡色彩」，再挑選適當的顏色，如果需要擦除註解的筆跡，可以選擇「橡皮擦」或「擦掉投影片中的所有筆跡」的指令。

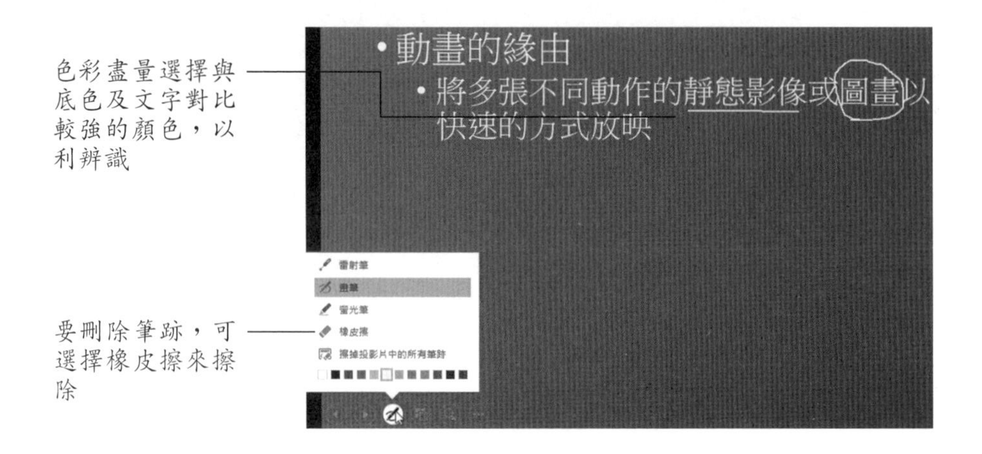

17-3-2 列印投影片或講義

簡報除了透過電腦和單槍投影機放映出來外，如果放映設備是一般的投影機，就必須將簡報內容列印出來，再影印在透明膠片上才能使用。另外，簡報也可能要列印成書面文件，以便給廠商或作文件保存之用。

要列印簡報，可切換到「檔案」標籤，執行「列印」指令，即可由視窗右側做設定：

在列印項目方面，除了列印成投影片外，也可以選擇列印成講義、備忘稿、或大綱模式。設定方式如下圖所示：

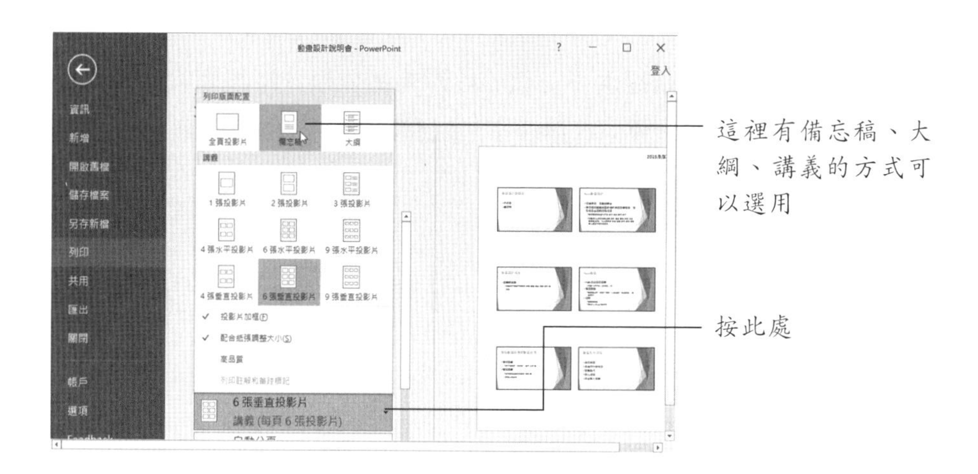

選擇列印的內容，並預覽無誤後，接下來就可以按下「列印」鈕，就會開始列印。

【課後評量】

一、選擇題

1. (　　) 變更投影片背景的敘述，下列何者有誤？ (A)可將投影片背景變更爲單一色彩 (B)可選擇將設定的背景套用至選定的投影片或簡報內的所有投影片 (C)套用簡報範本後，就不能再變更投影片的背景 (D)可以圖片做爲投影片背景
2. (　　) 關於投影片切換的敘述何者爲非？ (A)設定投影片切換效果，可在「切換」標籤中做設定 (B)同一簡報中的不同投影片皆可套用不同的切換效果 (C)若要取消套用投影片的切換效果，可再「切換」標籤中點選「無」的效果 (D)投影片切換效果只有在投影片播放模式下才會顯示出來
3. (　　) PowerPoint提供了三種於投影片播放模式下編輯投影片的筆跡效果，下列何者爲非？ (A)雷射筆 (B)簽字筆 (C)畫筆 (D)螢光筆
4. (　　) 若將投影片檔案儲存爲「PowerPoint簡報」類型，那麼該副檔名應爲下列何者？ (A).pptx (B).xlsx (C).docx (D).potx
5. (　　) 播放投影片的方式不包括下列何者？ (A)「從首張投影片」鈕 (B)按下F6快速鍵 (C)「從目前投影片」鈕 (D)按下 [icon] 檢視模式切換鈕

二、實作題

1. 請開啓「評量01」的簡報檔，利用文字藝術師功能，完成如圖的標題投影片設計。

2. 請將完成的淡水風光的投影片，利用列表機列印成每頁4張的講義形式。

3. 請播放上題的簡報檔，利用橘色的「畫筆」，為簡報內容加入強調說明的文字，並保留註解筆跡，使呈現如圖的畫面效果。

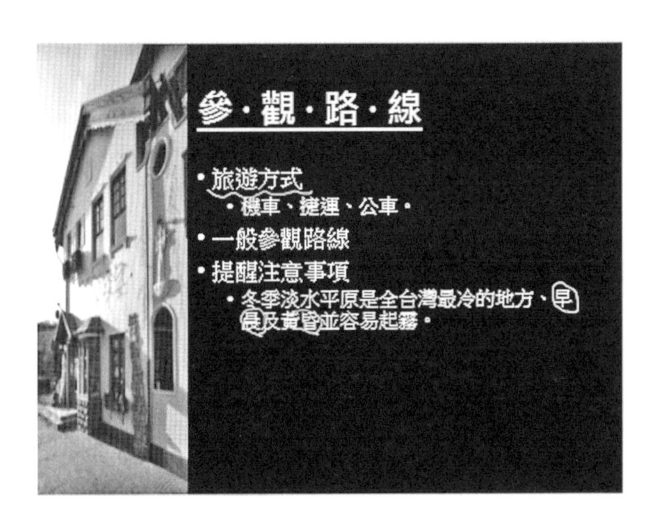

第一章　課後評量解答

一、選擇題

題號	1	2	3	4	5	6	7
答案	A	B	B	B	C	D	D
題號	8	9	10	11	12	13	14
答案	A	B	A	B	B	C	B
題號	15	16	17	18	19	20	
答案	D	D	D	A	B	C	

二、問答題

1. 解答：旅遊、教學、國防。
2. 解答：桌上型電腦、筆記型電腦、平板式電腦、掌上型電腦、Mac 系列電腦、迷你個人電腦。
3. 解答：快速執行能力、大量儲存能力、精確運算能力、網路通訊能力。
4. 解答：超級電腦、大型電腦、迷你電腦、工作站、個人電腦。
5. 解答：所謂未來電腦，或稱爲第五代電腦，也就是具有人工智慧的電腦。此類型電腦可與人類交談，並擁有接近人類的智慧、推理能力、邏輯判斷、圖形、語音辨識等能力。
6. 解答：積體電路就是將電路元件，如電阻、二極體、電晶體等濃縮在一個矽晶片上。而在1964年，由美國IBM公司使用積體電路設計的IBM SYSTEM-360型電腦推出後，開啓了積體電路電腦的時代。
7. 解答：MHz是CPU執行速度（執行頻率）的單位，是指每秒執行百萬次運算，而GHz則是每秒執行10億次。

8. 解答：「智慧性家電」（Information Appliance）是從電腦、通訊、消費性電子產品3C領域匯集而來，是一種可以做資料雙向交流與智慧判斷並做適當應用。目前較能夠看到的是電腦與通訊的互相結合，來所有家電都會整合在智慧型家庭網路內，並藉由管理平台連結外部廣域網路服務。

9. 解答：平板電腦（tablet PC）是下一代移動商務PC的代表，外型類似平板狀的小型電腦，透過觸控螢幕的概念，取代了滑鼠與鍵盤。提供了接近筆記型電腦的功能，除了可儲存大量電子書外，還可隨時隨地、方便使用者貼身攜帶，而且能接受手寫觸控螢幕輸入或使用者的語音輸入模式來使用。

第二章　課後評量解答

一、選擇題

題號	1	2	3	4	5	6	7
答案	B	B	D	C	C	D	B
題號	8	9	10	11	12	13	14
答案	B	A	C	B	D	C	B
題號	15						
答案	C						

二、問答題

1. 解答：07D4

2. 解答：$(1100.01)_2$

3. 解答：如果負數採用2的補數方式表示，所代表的意義是將正數取1的補數後再加上1。因此此題倒推回去，先將10010111減1得

10010110，再取其1的補數，得01101001，將此2進位數字轉換成十進位得105。所以此題所代表的負數是−105。

4. 解答：使用n個位元來表示帶號整數所能表示的最大範圍爲：如果利用2's 補數法，表示範圍是$(-2^{n-1})\sim(2^{n-1}-1)$，將n = 8代入，得到的範圍爲−128～127。

5. 解答：$146_{(8)}$

6. 解答：答案(A)

7. 解答：−1000至1000之間的所有整數共有2001個，2的10次方只有1024，不足表示這2001個整數，所以至少要11個位元，即2的11次方只有2048，才足以表達−1000至1000之間的所有整數。

8. 解答：24*24/8 = 72

9. 解答：先將5轉換成2進位，得0101，再取其1的補數加1，即其2的補數，所得到的答案爲1011。

10. 解答：ASCII碼、EBCDIC碼、BIG5碼、Unicode碼

11. 解答：1111_2、17_8、F_{16}

12. 解答：5170516_8

13. 解答：$40*2^{30}$ bytes

14. 解答：TB > GB > MB > KB

15. 解答：$(11010101)_2$

16. 解答：10110010

17. 解答：35.75

18. 解答：A < B < C

19. 解答：101101

第三章　課後評量解答

一、選擇題

題號	1	2	3	4	5	6	7
答案	A	D	A	C	C	D	D
題號	8	9	10	11	12	13	14
答案	D	D	C	A	C	C	C
題號	15						
答案	B						

二、問答題

1. **解答**：控制單元、算術邏輯單元、記憶單元、輸出單元與輸入單元。
2. **解答**：工作時脈、內部快取記憶體、MMX技術。
3. **解答**：唯讀記憶體和隨機存取記憶體。
4. **解答**：主機板上面有CPU插槽、PCI插槽、BIOS、記憶體插槽、AGP擴充槽、I/O連接埠、時脈產生器、AGP插槽、晶片組（包含南僑晶片與北橋晶片）等各種主要元件與插槽，也有人稱作「母板」。
5. **解答**：選購主機板時，除了「本身需求與價格」的基本因素外，包括記憶體規格、CPU架構、傳輸介面與晶片組品牌都是考量因素。
6. **解答**：快取記憶體（Cache）則是記憶體層次最高，速度最快，可用來儲存剛被參考（reference）的資料或指令，可減少對主記憶體的存取次數。目前的快取記憶體分為三種，分別是 L1、L2、L3，存取速度L1 > L2 > L3。
7. **解答**：內頻就是中央處理器（CPU）內部的工作時脈，也就是CPU本身的執行速度。例如Pentium 4-3.8G，則內頻爲3.8GHz。CPU讀取資料時在速度上需要外部週邊設備配合的資料傳輸速度，速度比CPU本身的運算慢很多，可以稱爲匯流排（BUS）時脈、前置匯流排、外部時脈等。速率愈高效能愈好。而倍頻就是內頻與外頻間的固定比例倍數。其中：

CPU執行頻率（內頻）= 外頻*倍頻係數

例如以Pentium 4　1.4GHz計算，此CPU的外頻爲400MHz，倍頻爲3.5，則工作時脈則爲$400MH_z \times 3.5 = 1.4GHz$。內頻就是中央處理器（CPU）內部的工作時脈，也就是CPU本身的執行速度。例如Pentium 4-3.8G，則內頻爲3.8GHz。

8. 解答：$400 \times 64 = 25600$ Mb/s = 3.2 GB/s。

9. 解答：暫存器分成下列四大類：一般暫存器、區段暫存器、指位暫存器、旗標暫存器。

10. 解答：對於CPU所執行的任何工作，都是不斷進行擷取、解碼、執行與儲存的四種動作，所花費的時間則稱爲「CPU指令週期」。

第四章　課後評量解答

一、選擇題

題號	1	2	3	4	5	6	7
答案	C	D	D	B	D	A	D
題號	8	9	10	11	12	13	14
答案	A	D	C	B	A	D	D
題號	15						
答案	D						

二、問答題

1. 解答：GPL是一份由自由軟體基金會（GNU）所提出的智慧財產權聲明書，它強調軟體的原始碼（Source Code）可以自由地流通，軟體公司不能單純地將編譯過的程式賣給客戶，而是必須著重於系統整合與服務的工作。透過GPL所發行的軟體任何人都可以自由取得，亦可修改原始碼的內容，並且必須將修改後的原始碼再釋放出來，提供更多人使用。

2. 解答：負責電腦中資源的分配與管理，並擔任軟體（Software）與硬體（Hardware）間的介面，工作內容包括啓動、載入、監督管理軟體、執行輸出入設備與檔案存取等。

3. 解答：「程式語言」（programming language）就是一種人類用來和電腦溝通的語言。不過程式語言也並非撰寫（code）完畢後，即可馬上在電腦執行，還必須經過一道翻譯（translate）過程，才可將原始程式碼（source code）轉換為電腦眞正可以解讀的機器語言（machine code）。事實上，不論是系統軟體或各種應用軟體都是由程式語言撰寫完成。

4. 解答：例如文書處理軟體、試算表軟體、簡報製作軟體、資料庫軟體、影像繪圖軟體與遊戲軟體等。

5. 解答：單人單工作業系統（Single user Single tasking）、單人多工作業系統（Single user Multi tasking）、多人多工作業系統（Multi user Multi tasking）。

6. 解答：第一代語言：機器語言（Machine Language）、第二代語言：組合語言（Assembly Language）、第三代語言：高階語言（High-level Language）、第四代語言：非程序性語言（Non-procedural Language）、第五代語言：自然語言（Natural Language）

7. 解答：嵌入式系統（Embeded System）是軟體與硬體結合的完美綜合

體，主要是強調「量身定做」的基本架構原則，幾乎涵蓋所有微電腦控制的裝置。嵌入式系統的產業是一個龐大的市場，最初是為了工業電腦而設計，近年來隨著處理器演算能力不斷強化以及通訊晶片能力的進步，嵌入式系統已廣泛運用在資訊產品與數位家電。

8. 解答：Android是Google公布的智慧型手機軟體開發平台，結合了Linux核心的作業系統，可讓人使用Android的軟體開發套件。承襲Linux系統一貫的特色，也就是開放原始碼（Open Source Software, OSS）的精神，在保持原作者原始碼的完整性條件下，不但完全免費，而且可以允許任意衍生修改及拷貝，以滿足不同使用者的各自需求。

9. 解答：

①在小時鐘上按一下滑鼠左鍵，在所出現的視窗中按一下「變更日期和時間設定值」。

②您也可以點選「控制台」中的「時鐘、語言和地區」並在所產生的視窗中按下「設定日期及時間」。

10. 解答：「檔案區」中檔案內容的顯示方式，可區分為「超大型圖示」、「大圖示」、「中型圖示」、「小型圖示」、「清單」、「詳細資料」、「並排」等七種

第五章　課後評量解答

一、選擇題

題號	1	2	3	4	5	6	7
答案	A	A	A	D	C	B	A
題號	8	9	10	11	12	13	14
答案	B	D	A	C	B	A	B

二、問答題

1. 解答：「多媒體」（Multimedia）一詞，我們可以這樣定義：「同時運用與整合一個以上的媒體來進行資訊的傳播，而媒體的範圍則包含了文字、圖形、聲音、視訊及動畫等素材」。
2. 解答：內容多樣化、與使用者互動、內容整合與數位化、多平台執行環境。
3. 解答：卡片式（Card-based）、圖像式（Icon-based）、時間式（Timeline-based）、語言式（Language-based）。
4. 解答：文字編輯軟體、影像處理軟體、3D動畫軟體、視訊處理軟體、音效處理軟體、多媒體整合編輯軟體。
5. 解答：多媒體既然包括了文字、影像、音效、視訊、動畫等各類型的資料。
6. 解答：

檔案格式	說明
bmp	bmp是Windows作業系統的標準點陣圖格式，它支援RGB、索引色、灰階等色彩模式，影像在儲存後不會造成失眞的情形，是大部分的繪圖軟體都支援的檔案格式。
gif	gif是目前網際網路上最常使用的影像壓縮格式，它有GIF87a及GIF89a兩種版本，而其中的GIF89a除了可作交錯圖和透明圖外，還可以LZW的壓縮方式來壓縮影像，並支援動畫效果的儲存。
jpg	jpg格式能提供不同的壓縮比率，儲存後的影像會造成失眞的現象，但壓縮比率可達相當高的程度，可支援儲存最少8位元，最高32位元的影像。
tif	tif格式相容於各種不同的作業平台，它支援儲存CMYK的色彩模式，能儲存Alpha色版，適合用於輸出或印刷排版之用。
psd	爲Photoshop軟體所特有的檔案格式，可以儲存各圖層中的資料，目前很多繪圖軟體也支援此檔案格式。

7. 解答：

檔案格式	說明
wav	爲波形音訊常用的檔案格式，其錄製格式可分爲8位元集16位元，且每一個聲音又可分爲單音或立體聲。
mid	MIDI是Musical Instrument Digital Interface的縮寫，爲電子樂器與電腦的數位化界面溝通的標準，它的特點是容量小，音質佳。
mp3	MP3是MPEG 1 Layer 3的簡稱，它是將wav純聲音檔，經由MP3的壓縮技術，而產生壓縮比例大約1：10的音樂聲音檔，是屬於失真性的壓縮格式。

8. 解答：目前國際間對於視訊的處理主要有NTSC、PAL、以及SECAM三種標準。

9. 解答：

檔案格式	說明
mpg	mpg的動態影像壓縮標準分成兩種，mpeg-1用於vcd，在燒成vcd光碟後，可在vcd播放機上觀看，而mpeg-2則是用於DVD上。
avi	avi是微軟所發展出來的影片格式，它可分爲未壓縮與壓縮兩種，一般來講，網路上的avi檔都是經過壓縮的，若是未壓縮的avi檔則檔案容量會很大。
mov	爲Mac平台所使用的影片格式，不過現今的PC平台也有QuickTime軟體的播放程式。
wmv	用於網路電影，每秒有15個畫格，由於經過壓縮，所以檔案很小，必需使用Windows Media Player 7.0以上的版本才能看得到。
asf	和wmv相同。

10. 解答：文字編輯軟體、影像處理軟體、3D動畫軟體、視訊處理軟體、音效處理軟體與多媒體整合軟體。

第六章　課後評量解答

一、選擇題

題號	1	2	3	4	5	6	7
答案	A	A	C	D	B	D	C
題號	8	9	10	11	12	13	14
答案	D	B	B				

二、討論與問答題

1.解答：

資料	對事實客觀的紀錄，不具目的及意義
資訊	經過處理過的資料，因爲某種目的或意義
知識	包含資訊及經驗與思想

2.解答：人員：包括企業內部的資料提供者、資料處理者、資料使用者、決策者及使用「資訊科技產品」的相關專業人員。

機器：即是「資訊科技產品」，包括了電腦硬體、軟體及電話、傳眞機、網路等通訊設備。

資訊：當組織成員作決策時，所有經過處理的資料。

組織：是指人類爲達成某些共同目標，經由權責分配所結合的完整結構，例如一般的企業組織與公民營機關。

3.解答：「資料」可以看成是一種未經處理的原始文字（Word）、數字（Number）、符號（Symbol）或圖形（Graph），也就是一種沒有評估價值的基本元素或項目。而所謂「資訊」，就是經過「處理」（Process），而且具備某種意義或目的的資料，而這個處理程序就稱爲「資料處理」（Data Processing），包括對於資料進行記錄、排序、合併、整合、計算與統計等動作。

4. 解答：企業的資訊資源包括了「內部檔案式資訊資源」、「內部文件式資源」、「外部檔案式資訊資源」、「外部文件式資訊資源」四種。

5. 解答：①資訊技術管理：包含資訊相關設備的管理與維護，人機整合與溝通等。
②成本績效管理：嘗試利用先進的資訊設備，並找出低成本、高效率的方法來改善企業體質與增加獲利。
③人員行爲管理：透過資訊技術來改善人員與組織的溝通意願及方式，並尋求適當的激勵與監督方法。

6. 解答：「企業電子化」的定義可以描述如下：「適當運用資訊工具；包括企業決策模式工具、經濟分析工具、通訊網路工具、活動模擬工具、電腦輔助軟體工具等，來協助企業改善營運體質與達成總體目標。」

7. 解答：EDPS的特色包括以下五點：
①快速處理：處理速度極快，通常是以微秒或毫秒計。
②大量儲存：能夠儲存大量資料，永久保存。
③高精密度：自動驗証並改正錯誤，準確度幾達百分之百。
④高保密性：具有經常檢查診斷與預先警告的功能，資料還可進行加密動作，故在系統使用期間，非常隱密可靠。
⑤最佳資訊品質：能夠綜合多項有關資訊，分析比較後作出最佳建議，提供使用者抉擇。

8. 解答：「資訊管理」著重在「管理」，而MIS著重在「系統」。MIS是一種「觀念導向」（Concept-Driven）的整合性系統，不像EDPS所著重的是作業效率的增加，MIS的功用則是加強改進組織的決策品質與管理方法的運用效果。

9. 解答：專家系統的組成架構，有下列五種元件：知識庫（Knowledge

Base）、推理引擎（Inference Engine）、使用者交談介面（User Interface）、知識獲取介面（Knowledge Acquisition Interface）、工作暫存區（Working Area）。

10. 解答：擬訂總體策略目標、由目標來尋找策略、選擇與應用資訊技術。

11. 解答：企業建置資料倉儲的目的是希望整合企業的內部資料，並綜合各種整體外部資料來建立一個資料儲存庫，是作爲支援決策服務的分析型資料庫，能夠有效的管理及組織資料，並能夠以現有格式進行分析處理，進而幫助決策的建立

12. 解答：線上分析處理（Online Analytical Processing, OLAP）可被視爲是多維度資料分析工具的集合，使用者在線上即能完成的關聯性或多維度的資料庫（例如資料倉儲）的資料分析作業並能即時快速地提供整合性決策，主要是提供整合資訊，以做爲決策支援爲主要目的。

13. 解答：關聯式資料結構、階層式資料結構、網狀式資料結構、物件導向資料庫結構、物件關聯式資料庫結構。

14. 解答：目前國內主流的ERP系統供應商爲鼎新，而國際大廠則爲SAP以及Oracle。

15. 解答：供應鏈管理系統的最終目標是在提昇客戶滿意度、降低公司的成本及企業流程品質最優化的三大前提下，利用資訊與網路科技對於供應鏈的所有環節以有效的組織方式進行綜合管理，希望能達到對於買方而言，可以降低成本，提高交貨的準確性，對於賣方而言，能消除不必要的倉儲與節省運輸成本，強化企業即時供貨的能力與整體生產力。

第七章　課後評量解答

一、選擇題

題號	1	2	3	4	5	6	7
答案	B	A	A	B	A	C	B
題號	8	9	10	11	12	13	14
答案	D	C	C	B	A	B	A
題號	15	16	17	18	19	20	21
答案	C	B	B	A	C	B	B
題號	22	23	24	25	26	27	28
答案	A	C	B	A	D	A	D
題號	29	30					
答案	C	A					

二、討論與問答題

1. 解答：「網路」（Network），最簡單的定義就是利用一組通訊設備，透過各種不同的媒介體，將兩台以上的電腦連結起來，讓彼此可以達到「資源共享」與「傳遞訊息」的功用。

2. 解答：①引導式媒介（guided media）：是一種具有實體線材的媒介，例如雙絞線（twisted pair）、同軸電纜（coaxial cable）、光纖等。

   ②非引導式媒介（unguided media）：又稱為無線通訊媒介，例如紅外線、無線電波、微波等。

3. 解答：

①主從式網路

在通訊網路中，安排一台電腦做為網路伺服器（server），統一管理網路上所有用戶端（client）所需的資源（包含硬碟、列表機、檔案等）。優點是網路的資源可以共管共用，而且透過伺服器取得資源，安全性也較高。缺點是必須有相當專業的網管人員負責，軟硬體的成本較高。

②對等式網路

在對等式網路中，並沒有主要的伺服器，每台網路上的電腦都具有同等級的地位，並且可以同時享用網路上每台電腦的資源。優點是架設容易，不必另外設定一台專用的網路伺服器，成本花費自然較低。缺點是資源分散在各部電腦上，管理與安全性都有缺陷。

4. **解答**：區域網路（Local Area Network, LAN）、都會網路（Metropolitan Area Network, MAN）、廣域網路（Wide Area Network, WAN）。

5. **解答**：單工（simplex）、半雙工（half-duplex）、全雙工（full-duplex）。

6. **解答**：自然界中的許多訊號都是屬於類比訊號，例如聲波、光波、電波等。利用這種方式來進行訊號傳輸時，因爲是屬於一種連續性的規則變化，所以便容易累積錯誤的訊號。數位訊號的傳輸方式，是從發送端利用0與1的資料來區分成高電位和低電位。因爲數位訊號具有非連續的特性，所以較不受傳送時間與距離的影響，容易還原，也較不容易失真，對於雜訊的處理也比類比訊號爲佳。

7. **解答**：「應用層」、「表達層」、「會議層」、「傳輸層」、「網路層」、「連接層」及「實體層」。

8. **解答**：應用層、傳輸層、網路層及連結層。

9. **解答**：路由表（Routing Table）就是可以讓路由器將封包送到正確目的地的一個表格，也就是決定封包下一站所應前往之位置。

11. **解答**：雲端運算將虛擬化公用程式演進到軟體即時服務的夢想實現，

也就是利用分散式運算的觀念，將終端設備的運算分散到網際網路上眾多的伺服器來幫忙，讓網路變成一個超大型電腦。未來每個人面前的電腦，都將會簡化成一台最陽春的終端機，只要具備上網連線功能即可。

12. 解答：隨著網際網路的快速普及與廣泛應用，隨時隨地都能提供使用者上網服務與資訊搜尋功能，由於網路無遠弗屆的影響力，不但讓資訊的流通更為驚人，加上開放軟硬體平台資源愈來愈多，「Open Source」的概念加快許多研究的開發速度，硬體設計與製造也變得容易許多，目前全球紛紛掀起一股名為「自造」的浪潮，讓喜歡手自己動手作的創意者可以透過創新交流迅速分享技術。近年經濟不景氣使約得宅經濟（Stay at Home Economic）大行其道，在家自行創業的風氣也逐漸甦醒。每個人都可以是創客，這股風起雲湧的創客運動將製造業民主化，以小眾市場創造具有經濟價值的產品為目標來製造就業機會，更造就了創客經濟熱潮。

13. 解答：物聯網（Internet of Things, IOT）是近年資訊產業中一個非常熱門的議題，被認為是網際網路興起後足以改變世界的第三次資訊新浪潮。它的特性是將各種具裝置感測設備的物品，例如RFID 、環境感測器、全球定位系統（GPS）雷射掃描器等裝置與網際網路結合起來而形成的一個巨大網路系統，並透過網路技術讓各種實體物件、自動化裝置彼此溝通和交換資訊。

14. 解答：網路電視（Internet Protocol Television, IPTV）就是一種利用機上盒（Set Top Box，STB），透過網際網路來進行視訊節目的直播，也是一種串流技術的應用，可以提供用戶在任何時間、任何地點可以任意選擇節目的功能，而且終端設備可以是電腦、電視、智慧型手機、資訊家電等各種多元化平台，不過影片播放的品質高寡還是會受到網路服務和裝置性能上的限制。

15. 解答：智慧家庭（Smart Home）堪稱是利用網際網路、物聯網、雲端運算、智慧終端裝置等新一代技術，所有家電都會整合在智慧型家庭網路內，可以利用智慧手機APP，提供更爲個人化的操控，甚至更進一步做到能源管理，。例如家用洗衣機也可以直接連上網路，用手機APP控制洗衣流程，甚至用LINE和家電系統連線，馬上就知道現在冰箱庫存，就連人在國外，手機就能隔空遙控家電，輕鬆又省事，家中音響連上網，結合音樂串流平台，即時了解使用者聆聽習慣，推薦適合的音樂及網路行銷廣告。

第八章　課後評量解答

一、選擇題

題號	1	2	3	4	5	6	7
答案	C	D	D	C	A	D	C
題號	8						
答案	D						

二、討論與問答題

1. 解答：「熱點」（Hotspot），是指在公共場所提供無線區域網路（WLAN）服務的連結地點，讓大衆可以使用筆記型電腦或PDA，透過熱點的「無線網路橋接器」（AP）連結上網際網路，無線上網的熱點愈多，無線上網的涵蓋區域便愈廣。

2. 解答：無線網路的種類有「無線廣域網路」（Wireless Wide Area Network, WWAN）、「無線都會網路」（Wireless Metropolitan

Area Network, WAN）、「無線個人網路」（Wireless Personal Area Network, WPAN）與「無線區域網路」（Wireless Local Area Network, WPAN）。

3. 解答：目前常見的第三代行動通信標準（3G）技術種類有CDMA2000（劃碼多路進階2000）、W-CDMA（寬頻劃碼多路進階）以及TDS-CDMA（同步CDMA）三種規格。

4. 解答：無線廣域網路（Wireless Wide Area Network, WWAN）是行動電話及數據服務所使用的數位行動通訊網路（Mobil Data Network），由電信業者所經營，其組成包含有行動電話、無線電、個人通訊服務（Personal Communication Service, PCS）、行動衛星通訊等。可以包括現在通行的GSM，CDMA，GPRS與第三代行動通訊系統（3G）。

5. 解答：GSM的優點是不易被竊聽與盜拷，可進行國際漫遊。但缺點為通話易產生回音與品質較不穩定，另外由於採用蜂巢式細胞概念來建構其通訊系統所以需要較多的基地台才能維持理想的通話品質。不過最致命的缺點，是它只具備9.6Kbps的傳輸速率，以現今行動上網的技術發展來看，還是太慢了，因此後來才會有GPRS通訊系統的產生，期待達到行動上網的最終理想。

6. 解答：Wi-Fi（Wireless Fidelity）是泛指符合IEEE802.11無線區域網路傳輸標準與規格的認証。也就是當消費者在購買符合 802.11 規格的關產品時，只要看到 Wi-Fi 這個標誌，就不用擔心各種廠牌間的設備不能互相溝通的問題。

7. 解答：最常見的無線個人網路（Wireless Personal Area Network, WPAN）應用就是紅外線傳輸，目前幾乎所有筆記型電腦都已經將紅外線網路（Infrared Data Association, IrDA）作為標準配備，優點是耗電省，成本也低廉。速度約為 100Kbps，多應用在少量的資料傳輸，例如電視機、冷氣機、床頭音響等遙控器，均是利用紅外線來傳遞控制指令。

8. **解答**：藍牙是一種無線傳輸的技術，它可以讓個人電腦、筆記型電腦、行動電話、印表機、掃瞄器、數位相機等數位產品之間進行短距離的無線資料傳輸。藍牙技術主要支援「點對點」（point-to-point）及「點對多點」（point-to-multi points）的連結方式，它使用2.4GHz頻帶，目前傳輸距離大約有10公尺，每秒傳輸速度約為1Mbps，預估未來可達12Mbps，它不僅僅具有1Mbps的高傳輸速率，同時也可以進行加密編碼的動作，並且還具備了每秒1600次的跳頻頻率，大大的提升被其它電磁波所攔截或阻斷的安全性保障。

9. **解答**：HomeRF也是短距離無線傳輸技術的一種。HomeRF（Home Radio Frequency）技術是由「國際電信協會」（International Telecommunication Union, ITU）所發起，它提供了一個較不昂貴，並且可以同時支援語音與資料傳輸的家庭式網路，也是針對未來消費性電子產品數據及語音通訊的需求，所制訂的無線傳輸標準。

11. **解答**：LTE是以現有的GSM/UMTS的無線通信技術為主來發展，最快的理論傳輸速度可達170Mbps以上，例如各位傳輸1個95M的影片檔，只要3秒鐘就完成，全球LTE快速布建的計畫，包含日、德、美、中等都已著手發展LTE，所以未來4G技術將成為LTE與WiMAX之間的競爭。

12. **解答**：NFC瞄準行動裝置市場，以13.56MHz頻率範圍運作，可讓行動裝置在20公分近距離內進行交易存取，目前以智慧型手機為主，因此成為行動交易、服務接收工具的最佳解決方案。

13. **解答**：無線射頻辨識技術（radio frequency identification, RFID），就是一種非接觸式自動識別系統，可以利用射頻訊號以無線方式傳送及接收數據資料。RFID是一種內建無線電技術的晶片，主要是包括詢答器（Transponder）與讀取機（Reader）兩種裝置。

14. 解答：802.11p主要是應用於車載通訊（Telematics），可用於「專用短距離通訊」（Dedicated Short Range Communication, DSRC），使用5.9 GHz（5.85～5.925GHz）波段，此頻帶上有75MHz的頻寬，以10MHz爲單位切割，將有七個頻道可供操作。

第九章　課後評量解答

一、選擇題

題號	1	2	3	4	5	6	7
答案	B	B	C	A	B	C	B
題號	8	9	10	11	12	13	14
答案	C	A	C	B	C	C	A
題號	15	16	17	18	19	20	21
答案	B	D	C	C	D	B	B
題號	22	23	24	25	26		
答案	C	B	D	B	A		

二、討論與問答題

1. 解答：因此ISP最簡單的解釋，就是提供使用者連上Internet的各種服務，例如提供帳號、出租硬碟空間、架設伺服器（sever）、製作網頁（Home Page）、網域名稱申請、電子郵件等等。

2. 解答：分別是IP位址與網域名稱系統（DNS）兩種。

3. 解答：主機名稱.機構名稱.機構類別.地區名稱

4. 解答：撥接式上網、ADSL數據機、纜線數據機（Cable Modem）、衛星直播（Direct PC）。

5. 解答：Cable Modem的功能，主要是讓電腦的數位資料能夠與有線電視的類比資料，同時透過有線電視的同軸纜線進行傳輸的設定。廣義而言，這整個的資料傳輸過程所使用的技術，我們稱為「Cable Modem寬頻上網」。

6. 解答：包括「光纖到交換箱」（Fiber To The Cabinet, FTTCab）、「光纖到路邊」（Fiber To The Curb, FTTC）、「光纖到樓」（Fiber To The Building, FTTB）、「光纖到家」（Fiber To The Home, FTTH）。

7. 解答：URL就是WWW伺服主機的位址用來指出某一項資訊的所在位置及存取方式；嚴格一點來說，URL就是在WWW上指明通訊協定及以位址來享用網路上各式各樣的服務功能。

8. 解答：IPv6位址表示法整理如下：
   - 以128Bits來表示每個IP位址
   - 每16Bits為一組，共分為8組數字
   - 書寫時每組數字以16進位的方法表示
   - 書寫時各組數字之間以冒號「：」隔開

9. 解答：web 3.0的精神就是網站與內容都是由使用者提供，每台電腦就是一台伺服器，網路等於包辦一切工作。Web3.0最大價值不再是提供資訊，而是建造一個更加人性化且具備智慧功能的網站，並能針對不同需求與問題，交給網路提出一個完全解決的系統。

10. 解答：檔案傳輸分為兩種模式：下載（Download）和上傳（Upload）。下載是從PC透過網際網路擷取伺服器中的檔案，將其儲存在PC電腦上。而上傳則相反，是PC使用者透過網際網路將自己電腦上的檔案傳送儲存到伺服器電腦上。

11. 解答：入口網站：是進入WWW的首站或中心點，提供各種豐富個別化的服務與導覽連結功能，並讓所有類型的資訊能被所有使用者存取，例如Yahoo、Google、蕃薯藤、新浪網等。部落格（Blog）：是一種新興的網路創作與出版平台，內容可以是旅遊趣聞、個人日記等，像BBS一樣可自由發表文章，不過功能比BBS還多。

12. 解答：雖然P2P軟體建構出一個新的資訊交流環境，可是凡事有利必有其弊，如今的P2P軟體儼然成為非法軟體、影音內容及資訊文件下載的溫床。各位只要在P2P軟體上輸入所要搜尋的文字，即可對搜尋的資料（包括MP3音樂、原版軟體等）進行下載，雖然在使用上有其便利性、高品質與低價的優勢，不過也帶來了病毒攻擊、商業機密洩漏、非法軟體下載等問題。

13. 解答：網路新聞匯集系統（Really Simple Syndication, RSS）是XML語言所撰寫的檔案，主要用來分發和搜集網頁內容，它的運作方式是由提供RSS服務的網站將最新的內容標題產生一個通知列表，稱為RSS Feed，讀者再利用閱讀器（Reader）定時到網站取得RSS Feed。

14. 解答：Podcast是蘋果電腦的iPod和Broadcast兩字的結合，同時具備MP3隨身聽與網路廣播的功能。Podcast是數位廣播技術的一種，簡單來說，它就是一種「可訂閱、下載及自行發佈的網路廣播」。

15. 解答：影音部落格（Video web log, Vlog），也稱為「影像網路日誌」，主題非常廣泛，是傳統純文字或相片部落格的衍生類型，允許網友利用上傳影片的方式來編寫網誌分享作品。

第十章　課後評量解答

簡答題

1. 解答：+（或空格）、-和OR
2. 解答：Google 雲端硬碟（Google Drive）可讓您儲存相片、文件、試算表、簡報、繪圖、影音等各種內容，並讓您無論透過智慧型手機、平板電腦或桌機在任何地方都可以存取到雲端硬碟中的檔案。另外，雲端硬碟採用 SSL（Secure Sockets Layer）安全協定，更加確保雲端硬碟資料或文件的安全性。當各位申請Google 帳戶就可以免費取得 15 GB 的 Google雲端硬碟線上儲存空間，如果覺得空間不夠大，還可以購買額外的儲存空間。
3. 解答：使用「Google 地球」能以各種視覺化效果檢視地理相關資訊，透過「Google地球」可以快速觀看地球上任何地方的衛星圖像、地圖、地形圖、3D 建築物，甚至到天際中探索星系。
4. 解答：所謂的「頁庫存檔」是Google在特定的時間裡對該網頁的內容進行快照與複製存檔，當某些原因，該網站沒能讓各位連結至想要前往的網頁時，我們還可以在頁庫存檔版本上找到所需的資訊。
5. 解答：這是Google最新提供的功能，提供各位尋找商家、查尋地址、或是感興趣的位置。只要輸入地址或位置，它就會自動搜尋到鄰近的商家、機關或學校等網站資訊。在地圖資料方面，可以採用地圖、衛星、或是地形等方式來檢視搜尋的位置，也可以將地圖放大或縮小檢視，而搜尋的結果也可以列印、或是以mail方式傳送給親朋好友，功能相當的完善。
6. 解答：Google公司所提出的雲端Office軟體概念，稱為Google文件軟體（Google docs），可以讓使用者以免費的方式，透過瀏覽器及雲端運算就可以編輯文件、試算表及簡報。Google文件軟體（Google docs）包含了四大功能主要有：「Google文件」、「Google試算表」、「Google簡報」、「Google繪圖」。

7. **解答**：所謂「雲端」其實就是泛指「網路」，雲端運算將虛擬化公用程式演進到軟體即時服務的夢想實現，也就是利用分散式運算的觀念，將終端設備的運算分散到網際網路上眾多的伺服器來幫忙，讓網路變成一個超大型電腦。未來每個人面前的電腦，都將會簡化成一台最陽春的終端機，只要具備上網連線功能即可。

8. **解答**：例如：Gmail、日曆、Google文件、雲端硬碟、相片管理、Google+、Google Play等。

9. **解答**：Google文件軟體（Google docs）包含了四大功能主要有：「Google文件」、「Google試算表」、「Google簡報」、「Google繪圖」。

10. **解答**：Google相簿支援 Windows、Mac、Android 與 iOS 平台。

第十一章　課後評量解答

簡答題

1. **解答**：物聯網（Internet of Things, IOT）是近年資訊產業中一個非常熱門的議題，被認為是網際網路興起後足以改變世界的第三次資訊新浪潮。它的特性是將各種具裝置感測設備的物品，例如RFID 、環境感測器、全球定位系統（GPS）雷射掃描器等裝置與網際網路結合起來而形成的一個巨大網路系統，並透過網路技術讓各種實體物件、自動化裝置彼此溝通和交換資訊。

2. **解答**：GPU（graphics processing unit）可說是近年來科學計算領域的

最大變革，是指以圖形處理單元（GPU）搭配 CPU，GPU 則含有數千個小型且更高效率的CPU，不但能有效處理平行運算（Parallel Computing），還可以大幅增加運算效能，藉以加速科學、分析、工程、消費和企業應用，GPU應用更因爲人工智慧的快速發展開始有了截然不同的新轉變。

3. 解答：人工智慧（Artificial Intelligence, AI）的概念最早是由美國科學家John McCarthy於1955年提出，目標爲使電腦具有類似人類學習解決複雜問題與展現思考等能力，舉凡模擬人類的聽、說、讀、寫、看、動作等的電腦技術，都被歸類爲人工智慧的可能範圍。簡單地說，人工智慧就是由電腦所模擬或執行，具有類似人類智慧或思考的行爲，例如推理、規劃、問題解決及學習等能力。

4. 解答：機器學習（Machine Learning, ML）是大數據與人工智慧發展相當重要的一環，算是人工智慧其中一個分支，機器通過演算法來分析數據、在大數據中找到規則，機器學習是大數據發展的下一個進程，可以發掘多資料元變動因素之間的關聯性，進而自動學習並且做出預測，充分利用大數據和演算法來訓練機器，讓它學習如何執行任務，其應用範圍相當廣泛，從健康監控、自動駕駛、機台自動控制、醫療成像診斷工具、工廠控制系統、檢測用機器人到網路行銷領域。

5. 解答：大數據（又稱大資料、大數據、海量資料，big data），由IBM於2010年提出，是指在一定時效（Velocity）內進行大量（Volume）且多元性（Variety）資料的取得、分析、處理、保存等動作，主要特性包含三種層面：大量性（Volume）、速度性（Velocity）及多樣性（Variety）。

6. 解答：Hadoop是 Apache 軟體基金會底下的開放原始碼計畫，是一個能夠儲存並管理大量資料的雲端平台，主要是爲了因應雲端運算與大數據發展所開發出來的技術，使用 Java 撰寫並免費開放原始碼，優點在於有良好的擴充性，程式部署快速等，不但儲存超過一個伺服器所能容納的超大檔案，同時儲存、處理、分析幾千幾萬份這種超大檔案，連Wal-Mar 與eBay都是採用Hadoop來分析顧客搜尋商品的行爲，並發掘出更多的商機。

7. 解答：最近快速竄紅的Apache Spark，是由加州大學柏克萊分校的AMPLab 所開發，是目前大數據領域最受矚目的開放原始碼（BSD授權條款）計畫，Spark相當容易上手使用，可以快速建置演算法及大數據資料模型，目前許多企業也轉而採用Spark做爲更進階的分析工具，是目前相當看好的新一代大數據串流運算平台。

8. 解答：類神經網路是模仿生物神經網路的數學模式，取材於人類大腦結構，使用大量簡單而相連的人工神經元（Neuron）來模擬生物神經細胞受特定程度刺激來反應刺激架構爲基礎的研究，由於類神經網路具有高速運算、記憶、學習與容錯等能力，可以利用一組範例，透過神經網路模型建立出系統模型，便可用於推估、預測、決策、診斷的相關應用。要使得類神經網路能正確的運作，必須透過訓練的方式，讓類神經網路反覆學習，經過一段時間的經驗值，才能有效的學習產生初步運作的模式。

第十二章　課後評量解答

一、選擇題

題號	1	2	3	4	5	6	7
答案	A	D	D	A	D	C	D
題號	8	9	10	11	12	13	14
答案	D	D	B	C	B	A	B

題號	15	16	17	18	19	20	21
答案	C	A	B	B	D	C	A
題號	22	23	24	25	26	27	28
答案	D	D	A	D	A	C	D
題號	29						
答案	C						

二、問答題

1. 解答：社交工程陷阱（social engineering）是利用大眾的疏於防範的資訊安全攻擊方式，例如利用電子郵件誘騙使用者開啓檔案、圖片、工具軟體等，從合法用戶中套取用戶系統的秘密，例如用戶名單、用戶密碼、身分證號碼或其他機密資料等。

2. 解答：跨網站腳本攻擊（Cross-Site Scripting, XSS）是當網站讀取時，執行攻擊者提供的程式碼，例如製造一個惡意的URL 連結（該網站本身具有XSS弱點），當使用者端的瀏覽器執行時，可用來竊取用戶的cookie，或者後門開啓或是密碼與個人資料之竊取，甚至於冒用使用者的身份。

3. 解答：殭屍網路（botnet）的攻擊方式就是利用一群在網路上受到控制的電腦轉送垃圾郵件，被感染的個人電腦就會被當成執行DoS攻擊的工具，不但會攻擊其他電腦，一遇到有漏洞的電腦主機，就藏身於任何一個程式裡，伺時展開攻擊、侵害，而使用者卻渾然不知。後來又發展出DDoS（Distributed DoS）分散式阻斷攻擊，受感染的電腦就會像傀殭屍一般任人擺佈執行各種惡意行為。

4. 解答：

①密碼長度儘量大於8～12位數。

②最好能**英文+數字+符號**混合，以增加破解時的難度。

③為了要確保密碼不容易被破解，最好還能在每個不同的社群網站使用不同的密碼，並且定期進行更換。

④密碼不要與帳號相同，並養成定期改密碼習慣，如果發覺帳號有異常登出的狀況，可立即更新密碼，確保帳號不被駭客奪取。

⑤儘量避免使用有意義的英文單字做為密碼。

5. **解答**：「加密」最簡單的意義就是將資料透過特殊演算法（algorithm），將原本檔案轉換成無法辨識的字母或亂碼。而當加密後的資料傳送到目的地後，將密文還原成名文的過程就稱為「解密」（decrypt）。

6. **解答**：實體安全、資料安全、程式安全、系統安全。

7. **解答**：

①防火牆僅管制與記錄封包在內部網路與網際網路間的進出，對於封包本身是否合法卻無法判斷。

②防火牆必須開啓必要的通道來讓合法的資料進出，因此入侵者當然也可以利用這些通道，配合伺服器軟體本身可能的漏洞，來達到入侵的目的。

③防火牆無法確保連線時的可信賴度，因為雖然保護了內部網路免於遭到竊聽的威脅，但資料封包出了防火牆後，仍然有可能遭到竊聽。

④對於內部人員或內賊所造成的侵害，至今仍無法得到有效解容。

8. **解答**：依照防火牆在TCP/IP協定中的工作層次，可以區分為IP過濾型防火牆與代理伺服器型防火牆。

第十三章　課後評量解答

簡答題

1. 解答：企業對企業間的電子商務（B2B）、企業對客戶型的電子商務（B2C）、客戶對客戶型的電子商務（C2C）。
2. 解答：整個電子商務的交易流程是由消費者、網路商店、金融單位與物流業者等四個組成單元。
3. 解答：由物流配公司配送商品後代收貨款之付款方式，例如郵局代收貨款、便利商店取貨付款，或者有些宅配公司都有提供貨到付款服務， 甚至也提供消費者貨到當場刷卡的服務。
4. 解答：使用SSL的優點是消費者不需要經過任何認證的程序，就能夠直接解決資料傳輸的安全問題。不過當商家將資料內容還原準備向銀行請款時，這時候商家就會知道消費者的個人資料。如果商家心懷不軌，還是有可能讓資料外洩，或者可能不肖的員工盜用消費者的信用卡在網路上買東西等問題。不過SSL協定並無法完全保障資料在傳送的過程中不會被擷取解密，還是有可能遭有心人破解加密後的資料。
5. 解答：SET與SSL的最大差異是在於消費者與網路商家再進行交易前必須先行向「認證中心」（Certificate Authority, CA）取得「數位憑證」（Digital Certificate），才能經由線上加密方式來進行交易。
6. 解答：行動支付（Mobile Payment），就是指消費者通過手持式行動裝置對所消費的商品或服務進行賬務支付的一種支付方式。
7. 解答：O2O就是整合「線上（Online）」與「線下（Offline）」兩種不同平台所進行的一種行銷模式，因爲消費者也能「Always Online」，讓線上與線下能快速接軌，透過改善線上消費流程，直接帶動線下消費，消費者可以直接在網路上付費，而在實體商店中享受服務或取得商品，全方位滿足顧客需求。

8.解答：行動商務（M-Commerce，Mobile Commerce）基本的定義，簡單來說即是使用者以行動化的終端設備透過行動通訊網路來進行商業交易活動。由於行動商務的出現，不僅突破了傳統定點式電子商務受到空間與時間的侷限，而且在競爭日趨激烈的數位時代裡，還能夠大幅提升企業與個人的作業效率。使用者可以透過隨身攜帶的任何行動終端設備，結合無線通訊，無論人在何處，都能夠輕鬆上網，處理各種個人或公司事務，真正達到「任何時間、地點皆可以完成任何作業」的境界。

第十四章　課後評量解答

一、選擇題

題號	1	2	3	4	5	6	7
答案	D	D	B	A	D	B	C
題號	8	9	10	11	12	13	14
答案	D	C	C	C	C	B	B
題號	15	16	17	18	19	20	
答案	A	A	C	A	A	D	

二、簡答題

1.解答：資訊精確性的精神就在討論資訊使用者擁有正確資訊的權利或資訊提供者必須提供正確資訊的責任，也就是除了確保資訊的正確性、真實性及可靠性外，還要規範提供者如果提供錯誤的資訊，所必須負擔的責任。

2.解答：資訊存取權最直接的意義，就是在探討維護資訊使用的公平性，包括如何維護個人對資訊使用的權利？如何維護資訊使用的公平性？與在哪個情況下，組織或個人所能存取資訊的合法範圍。

3.解答：

標誌	意義	說明
	姓名標示	允許使用者重製、散布、傳輸、展示以及修改著作，不過必須按照作者或授權人所指定的方式，標示著作人的姓名。
	禁止改作	僅可重製重製、散布、展示作品，不得不得改變、轉變或進行任何部份的修改與產生衍生作品。
	非商業性	允許使用者重製、散布、傳輸以及修改著作，但不得爲商業性目的而使用此著作。
	相同方式分享	可以改變作品，但必須與原著作人採用與相同的創用CC授權條款來授權或分享給其他人使用。

4.解答：創用CC 授權的主要精神是來自於善意換取善意的良性循環，不僅不會減少對著作人的保護，同時也讓使用者在特定條件下能自由使用這些作品，這種方式讓大眾共享智慧成果，並激發出更多的創作理念。

5.解答：「網域名稱」（Domain Name）是以一組英文縮寫來代表以數字爲主的IP位址，例如榮欽科技的網域名稱是www.zct.com.tw。由於「網域名稱」採取「先申請先使用」之原則，許多企業因爲早期尚未意識到網域名稱的重要性，導致無法以自身之商標或公司名稱作爲網域名稱，近年來網路出現了出現了一群搶先一步登記知名企業網域名稱的「域名搶註者」

（Cybersquatter），俗稱為「網路蟑螂」，讓網域名稱爭議與搶註糾紛愈來愈多。

6. 解答：姓名表示權、禁止不當修改權、公開發表權。

7. 解答：專利權是指專利權人在法律規定的期限內，對保其發明創造所享有的一種獨占權或排他權，並具有創造性、專有性、地域性和時間性。但必須向經濟部智慧財產局提出申請，經過審查認為符合專利法之規定，而授與專利權。

8. 解答：由於線上寶物目前一般已認為具有財產價值，這已構成了意圖為自己或第三人不法之所有或無故取得、竊盜與刪除或變更他人電腦或其相關設備之電磁紀錄的罪責。

第十五章　課後評量解答

一、選擇題

題號	1	2	3	4			
答案	B	C	B	D			

第十六章　課後評量解答

一、選擇題

題號	1	2	3	4	5		
答案	A	D	B	C	A		

第十七章　課後評量解答

一、選擇題

題號	1	2	3	4	5		
答案	C	D	B	A	B		

國家圖書館出版品預行編目(CIP)資料

最新計算機概論／陳德來作. --初版. --臺北市：五南圖書出版股份有限公司, 2023.08
面； 公分
ISBN 978-626-343-977-1(平裝)

1.CST: 電腦

312 112004295

5R53

最新計算機概論

作　　者 — 陳德來
策　　劃 — 數位新知（526）
發 行 人 — 楊榮川
總 經 理 — 楊士清
總 編 輯 — 楊秀麗
副總編輯 — 王正華
責任編輯 — 張維文
封面設計 — 姚孝慈
出 版 者 — 五南圖書出版股份有限公司
地　　址：106台北市大安區和平東路二段339號4樓
電　　話：(02)2705-5066　　傳　　真：(02)2706-6100
網　　址：https://www.wunan.com.tw
電子郵件：wunan@wunan.com.tw
劃撥帳號：01068953
戶　　名：五南圖書出版股份有限公司

法律顧問　林勝安律師

出版日期　2023年8月初版一刷
定　　價　新臺幣560元